高等院校智能制造应用型人才培养系列教材

"北京市属高等学校高水平教学创新团队建设支持计划项目-高水平应用型智能制造类专业工程教育团队 (The Project of Construction and Support for High-level Teaching Teams of Beijing Municipal Institutions: The Engineering Education Team of High-level Application-oriented Intelligent Manufacturing Specialty)"资助

智能制造装备基础

罗学科　王莉　刘瑛　编著

U0231352

Fundamental of
Intelligent Manufacturing
Equipment

化学工业出版社

·北京·

内 容 简 介

本书是"高等院校智能制造应用型人才培养系列教材"之一，面向智能制造相关专业，目标是打造适合培养智能制造工程应用型人才的教材体系，以培养适应智能制造发展需求的应用型人才。

全书共 8 章，讲述了智能制造装备的基础知识以及系统组成；介绍了智能制造装备的关键智能赋能技术，包括工业物联网、工业大数据、云计算、人工智能、数字孪生、工业互联网、工业元宇宙等新兴先进技术；对智能机床、智能数控系统、工业机器人、增材制造机床等典型智能制造关键技术装备进行了阐述；对应用智能制造装备的智能工厂进行了介绍。

本书可作为高等工科院校智能制造工程专业的教材和学习参考书，亦可供相关领域的工程技术人员阅读参考。

图书在版编目（CIP）数据

智能制造装备基础/罗学科，王莉，刘瑛编著. —北京：
化学工业出版社，2023.8
高等院校智能制造应用型人才培养系列教材
ISBN 978-7-122-43522-4

Ⅰ.①智…　Ⅱ.①罗…　②王…　③刘…　Ⅲ.①智
能制造系统-高等学校-教材　Ⅳ.①TH166

中国国家版本馆 CIP 数据核字（2023）第 088705 号

责任编辑：曾　越　张兴辉　　　　　　　文字编辑：张　宇　陈小滔
责任校对：李雨晴　　　　　　　　　　　装帧设计：韩　飞

出版发行：化学工业出版社（北京市东城区青年湖南街 13 号　邮政编码 100011）
印　　刷：三河市航远印刷有限公司
装　　订：三河市宇新装订厂
787mm×1092mm　1/16　印张 21　字数 508 千字　2023 年 9 月北京第 1 版第 1 次印刷

购书咨询：010-64518888　　　　　　　　售后服务：010-64518899
网　　址：http://www.cip.com.cn
凡购买本书，如有缺损质量问题，本社销售中心负责调换。

定　价：79.80 元　　　　　　　　　　　　　　版权所有　违者必究

高等院校智能制造应用型人才培养
教材建设委员会

序

　　党的二十大报告指出，要建设现代化产业体系，坚持把发展经济的着力点放在实体经济上，推进新型工业化，加快建设制造强国、质量强国、航天强国、交通强国、网络强国、数字中国。实施产业基础再造工程和重大技术装备攻关工程，支持专精特新企业发展，推动制造业高端化、智能化、绿色化发展。推动战略性新兴产业融合集群发展，构建新一代信息技术、人工智能、生物技术、新能源、新材料、高端装备、绿色环保等一批新的增长引擎。其中，制造强国、高端装备等重点工作都与智能制造相关，可以说，智能制造是我国从制造大国转向制造强国、构建中国制造业全球优势的主要路径。

　　制造业是一个国家的立国之本、强国之基，历来是世界各主要工业国高度重视和发展的重要领域。改革开放以来，我国综合国力得到稳步提升，到 2011 年中国工业总产值全球第一，分别是美国、德国、日本的 120%、346% 和 235%。党的十八大以来，我国进入了新时代，发展的格局更为宏大，"一带一路"倡议和制造强国战略使我国工业正在实现从大到强的转变。我国不但建立了全球最为齐全工业体系，而且在许多重大装备领域取得突破，特别是在三代核电、特高压输电、特大型水电站、大型炼化工、油气长输管线，大型矿山采掘与炼矿综采重点工程建设项目、重大成套装备、高端装备、航空航天等领域取得了丰硕成果，补齐了短板，打破了国外垄断，解决了许多"卡脖子"难题，为推动重大技术装备高质量发展，实现我国高水平科技自立自强奠定了坚实基础。进入新时代的十年，制造业增加值从 2012 年的 16.98 万亿元增加到 2021 年的 31.4 万亿元，占全球比重从 20% 左右提高到近 30%；500 种主要工业产品中，我国有四成以上产量位居世界第一；建成全球规模最大、技术领先的网络基础设施……一个个亮眼的数据，一项项提气的成就，勾勒出十年间大国制造的非凡足迹，标志着我国迎来从"制造大国""网络大国"向"制造强国""网络强国"的历史性跨越。

　　最早提出智能制造概念的是美国人 P.K.Wright，他在其 1988 年出版的专著 *Manufacturing Intelligence*（制造智能）中，把智能制造定义为"通过集成知识工程、制造软件系统、机器人视觉和机器人控制来对制造技工们的技能与专家知识进行建模，以使智能机器能够在没有人工干预的情况下进行小批量生产"。当然，因为智能制造仍处在发展阶段，各种定义层出不穷，国内外有不同专家给出了不同的定义，但智能机器、智能传感、智能算法、智能设计、解决制造过程中不确定问题的智能方法、智能维护是智能制造的核心关键词。

从人才培养的角度而言，实现智能制造还任重道远，人才紧缺的局面很难在短时间内扭转，相关高校师资力量也不足。据不完全统计，近五年来，全国有 300 多所高校开办了智能制造专业，其中既有双一流高校也有许多地方院校和民办高校，人才培养定位、课程体系、教材建设、实践环节都面临一系列问题，严重制约着我国智能制造业未来的长远发展。在此情况下，如何培养出适应不同行业、不同岗位要求的智能制造专业人才，是许多开设该专业的高校面临的首要任务。

智能制造的特点决定了其人才培养模式区别于其他传统工科：首先，智能制造是跨专业的，其所涉及的知识几乎与所有工科门类有关；其次，智能制造是跨行业的，其核心技术不仅覆盖所有制造行业，也适用于某些非制造行业。因此，智能制造人才培养既要考虑本校专业特色，又不能脱离社会对智能制造人才的需求，既要遵循教育的基本规律，又要创新教育体系和教学方法。在课程设置中要充分考虑以下因素：

- 考虑不同类型学校的定位和特色；
- 考虑学生已有知识基础和结构；
- 考虑适应某些行业需求，如流程制造，离散制造，混合制造等；
- 考虑适应不同生产模式，如多品种、小批量生产、大批量生产等；
- 考虑让学生了解智能制造相关前沿技术；
- 考虑兼顾应用型、技能型、研究型岗位需求等。

改革开放 40 多年来，我国的高等教育突飞猛进，高等教育的毛入学率从 1978 年的 1.55% 提高到 2021 年的 57.8%，进入了普及化教育阶段，这就意味着高等教育担负的历史使命、受教育的对象都发生了深刻的变化。面对地方应用型高校生源差异化大，因材施教，做好应用型智能制造人才培养，解决应用型高校智能制造人才培养就是本系列教材的使命和定位。

要解决好这个问题，首先要有一个好的定位，有一个明确的认识，这套教材定位于智能制造工程应用人才培养需求，就是要解决应用型人才培养的知识体系如何构造，应用型智能制造人才的课程内容如何搭建。我们知道，应用型高校学生培养的主要目的是为应用型学科专业的学生打牢一定的理论功底，为培养德才兼备、五育并举的应用型人才服务，因此在课程体系、基础课程、专业教育、实践能力培养上与传统综合性大学和"双一流"学校比较应有不同的侧重，应更着眼于学生的实用性需求，应培养满足社会对应用技术人才的需求，满足社会实际生产和社会实际发展的需求，更要考虑这些学校学生的实际，也就是要面向社会发展需求，为社会各行各业培养"适销对路"的专业人才。因此，在人才培养的过程中，对实践环节的要求更高，要非常注重理论和实践相结合。据此，在应用型人才培养模式的构建上，从培养方案、课程体系、教学内容、教学方式、教材建设上都应注重应用型人才培养的规律，这正是我们编写这套应用型高校智能制造相关专业教材的目的。

这套教材的突出特色有以下几点：

① 定位于应用型，这套教材不仅编写了适应智能制造应用型人才培养的专业主干课程和选修课程，而且编写了基于机械类专业向智能制造转型的专业基础课教材，专业基础课教材的编写中以应

用为导向，突出理论的应用价值。在编写中引入现代教学方法和手段，结合教学软件和工业仿真软件，使理论教学更为生动化、具象化，努力实现理论课程搭建通向专业教学的桥梁作用。例如，在制图课程中较多地使用工业界成熟设计软件，使学生掌握比较扎实的软件设计能力；在工程力学教学中引入有限元软件，实现设计计算的有限元化；在机械设计中引入模块化设计的概念；在控制工程中引入 MATLAB 仿真和计算机编程内容，实现基础教学内容的更新和对专业教育的支撑，凸显应用型人才培养模式的特点。

② 专业教材突出实用性、模块化、柔性化。智能制造技术是利用先进的制造技术，数字化、网络化、智能化等知识和控制理论来解决制造过程中不确定和非固定模式的问题，使得制造过程具有智能的技术，它的特点是综合性和知识内涵的丰富性以及知识本身的创新性。因此，在教材建设上与以前传统的知识技术技能模式应有大的区别，更应注重对学生理念、意识、认知、思维方式和系统解决问题能力的培养。同时考虑到各行业，各地和各校发展阶段和实际办学水平的不同，希望这套教材尽可能为各校合理选择教学内容提供一个模块化、积木式结构，并在实际编写中尽量提供项目化案例，以便学校根据具体情况做柔性化选择。

③ 本系列教材注重数字资源建设，更多地采用多媒体的互动方式，如配套课件、教学视频、测试题等，使教材呈现形式多样化，数字内容更为丰富。

由于编写时间紧张，智能制造技术日新月异，编写人员专业水平有限，书中难免有不当之处，敬请读者及时批评指正。

高等院校智能制造应用型人才培养教材建设委员会

前　言

　　制造业是国民经济的主体，是立国之本、兴国之器、强国之基。而智能制造装备是实现智能制造的核心载体，它是具有感知、决策、执行功能的各类制造装备的统称，是先进制造技术、信息技术以及人工智能技术在制造装备上的集成和深度融合，是实现高效、高品质、节能环保和安全可靠生产的新一代制造装备。智能制造装备作为智能制造产业的重要组成部分，能够显著提高生产效率和产品的制造精度，是制造业转型升级的重点发展方向。本书将近年来国内外国际机床展会舞台上出现的先进概念、先进设备、先进技术引入课本，推陈出新，以帮助读者学习和探索前沿技术的应用和发展。

　　为贯彻落实"十四五"规划，工信部、国家发改委等8个部门正式印发了《"十四五"智能制造发展规划》，以加快推动智能制造发展，智能制造成为国家级的重点发展产业。智能制造工程专业是顺应"中国制造2025""两化融合"国家战略及"新工科"建设，由教育部审批而设立的新专业，以培养"跨专业、高融合、强创造"的高素质智能制造工程技术人才。制造业转型升级、智能制造"落地"的关键是培养大批高素质应用型技术人才，因此要求相关教育及配套设施必须跟上。鉴于此，由高等院校智能制造工程专业应用型人才教材建设委员会、化学工业出版社共同组织，启动了"高等院校智能制造应用型人才培养系列教材"建设项目。《智能制造装备基础》是"高等院校智能制造应用型人才培养系列教材"建设项目之一。该项目面向智能制造相关专业，目标是打造适合培养智能制造工程应用型人才的教材体系，以培养适应智能制造发展需求的应用型人才。

　　本书由北京石油化工学院罗学科、北方工业大学王莉、北方工业大学刘瑛编写。全书共8章。第1章介绍了智能制造装备的定义、特征、重要性、分类、发展现状以及系统组成。第2章主要介绍工业物联网、工业大数据、云计算、人工智能、数字孪生、工业互联网、工业元宇宙等智能制造装备的关键智能赋能技术，这些新兴先进技术是使装备本体具有自感知、自适应、自诊断、自决策、自学习、自执行等智能特征的关键途径。第3章从高档数控机床的基础知识和关键技术发展引入，主要介绍智能机床的基础知识、技术演化、控制原理、主要功能以及最新典型案例。第4章主要介绍机床智能数控系统的基础知识、技术演变发展、物理平台框架、控制体系架构、关键技术、先进案例以及数控系统云服务平台典型案例。第 5 章主要介绍工业机器人的基础知识、结构和功能、关键技术、典型应用及系统集成。第 6 章主要介绍增材制造技术的基础知识，重点介绍熔融沉积成形机床、立体光固化成形机床、激光选区烧结成形机床、激光选区熔化成形机床等典型增材制造机床知识。第 7 章主要介绍智能传感器的基础知识、智能传感器的结构和功能、智能传感器产品分类、智能传感器的应用与发展。第 8 章从数字化工厂引入，主要介绍智能工厂的内涵和基本特征、智能工厂的基本构架、智能工厂的典型案例等。

本书配有课件，同时提供了各章习题答案，可扫描下方二维码获取相关电子资源。

由于作者学术水平所限，同时智能制造的发展也是日新月异，书中难免有不足之处，敬请各位专家学者批评指正。

编著者

2023 年 4 月

扫码获取本书资源

目 录

第2章　智能制造装备关键赋能技术　　28

第3章 智能机床结构与功能 <kbd>82</kbd>

第4章　机床智能数控系统　153

第 5 章 工业机器人   206

第6章　增材制造技术与装备　　225

第7章 智能传感器 270

第1章

智能制造装备概述

 本章思维导图

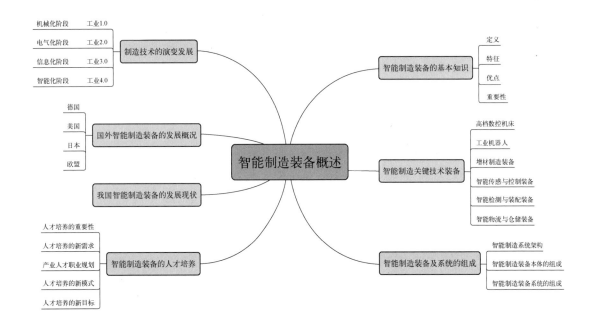

 导　读

　　本章从制造技术的演变发展过程引入，主要介绍智能制造装备的国内外发展概况以及智能制造装备的人才培养特色，重点介绍智能制造装备的基本知识、智能制造关键技术装备分类、智能制造装备及系统的组成。

 学习目标

　　了解：制造技术的演变发展过程，国外智能制造装备的发展概况，以及国内智能制造装备发展的重大政策和发展现状，智能制造装备的人才培养特色。
　　掌握：智能制造装备的基本知识，智能制造关键技术装备分类，智能制造装备及系统的基本组成。

　　制造业作为我国经济的"压舱石"，是立国之本、强国之基。近年来，制造技术面临着诸多挑战，如产品性能指标要求越来越高且呈个性化，交付期、成本和环保压力等不断增加，制造场景日益复杂。同时，新一代信息通信技术和新一代人工智能技术也在与制造技术深度融合，给制造业带来新的理念、模式、技术和应用，展现出未来制造技术和制造业发展的新前景。各国不约而同地将智能制造确定为其振兴工业发展战略的关键，智能制造由此成为全球工业界关注的重点和学术界研究的热点。智能制造日益成为产业智能升级的关键支撑。

　　智能制造装备是制造业的核心，是智能制造的基础，是高端装备制造业的重点发展方向，也是信息化与工业化深度融合的重要体现。智能制造装备还是保障国家安全的战略性、基础性和全局性产业。大力培育和发展智能装备，有利于提升产业核心竞争力，促进实现制造过程的智能化和绿色化发展。

　　近些年，我国智能制造发展呈现良好态势，供给能力不断提升，智能制造装备市场满足率超过50%，主营业务收入超10亿元的系统解决方案供应商达40余家。推广应用成效明显，试点示范项目生产效率平均提高45%、产品研制周期平均缩短35%、产品不良品率平均降低35%，涌现出离散型智能制造、流程型智能制造、网络协同制造、大规模个性化定制、远程运维服务等新模式新业态。当前，智能制造装备已形成了完善的产业链，包括关键基础零部件、智能化高端装备、智能测控装备和重大集成装备等环节。数据显示，继2020年我国智能制造装备行业的产值规模突破两万亿元后，智能装备产业迎来新增长期。

1.1　制造技术的演变发展

　　制造活动是人类进化、生存、生活和生产活动中一个永恒的主题，是人类建立物质文明和精神文明的基础。与工业化进程和产业革命紧密相连，制造业先后已经历了机械化、电气化和信息化三个阶段，目前工业革命进入了第四个阶段也就是智能化阶段，这四个阶段现在普遍被

称为四次工业革命（分别称为工业 1.0、工业 2.0、工业 3.0 和工业 4.0），如图 1-1 所示。纵观世界工业的发展历史，科技创新始终是推动人类社会生产生活方式产生深刻变革的重要力量。

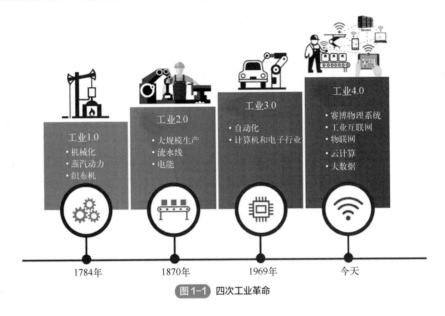

图1-1　四次工业革命

1.1.1　工业 1.0

第一次工业革命（工业 1.0）起始于 18 世纪后期，近代力学、热力学在理论上取得重大突破，促进了蒸汽机技术的发展和蒸汽机的广泛应用，拉开了第一次产业革命的序幕，人类步入了"蒸汽时代"。第一次工业革命以机器代替手工劳动，以工厂工业化生产代替小作坊制作，以技术革命给全球带来了一场深刻的社会变革。人类从农业社会进入工业社会，制造业从手工作坊生产逐步走向大规模生产。现代意义上的"制造"概念形成于"工业 1.0"之后，它是指通过机器进行制作或者生产产品，特别是大批量地制作或生产产品。

1.1.2　工业 2.0

第二次工业革命（工业 2.0）起始于 19 世纪中期，随着西方国家资本主义经济的发展，新发现、新技术、新发明层出不穷。由于电现象、磁现象、电磁感应现象的发现，电力技术成为科技研究的重点，发电、照明、通信等发明创造，极大地推动了生产力和经济的发展。电力的发明及其在各种工业生产领域的广泛应用，极大地提高了生产力并改变了人类的生活方式，人类社会进入了具有深远影响的"电气时代"。

从"工业 1.0"到"工业 2.0"的变化特点是从依赖工人技艺的作坊式机械化生产，走向产品和生产的标准化以及简单的刚性自动化。标准化表现在许多不同的方面：零件设计的标准化、制造步骤的标准化、检验和质量控制的标准化等。刚性自动化的目的是提高制造过程的速度，同时考虑过程的可重复性。刚性自动化系统最大的不足是在设计中并不关注工艺的柔性，即一旦自动化系统完成和投入生产，不能再改变其设定的动作或生产过程。如 1908 年的福特 T 型汽车生产线，该汽车的巨大成功来自亨利·福特的数项革新，其中一项最重要的革新是以标准化的流水装配线大规模作业代替传统个体手工制作。

1.1.3 工业 3.0

第三次工业革命（工业 3.0）起始于 20 世纪中期，第二次世界大战以后，半导体物理、相对论、量子力学、计算机科学、通信科学、控制论、生物科学、智能科学和现代数学等基础理论的突破，促进了原子技术、电子技术、信息技术、能源技术、空间技术、制造技术及一系列高新技术的发展。其核心是广泛应用信息控制技术。第三次工业革命是人类科技和工业的又一次飞跃，它不仅带来了生产和经济领域的变革，也引起了人类生活方式和思维方式的重大变化。

从"工业 2.0"发展到"工业 3.0"，产生了复杂的自动化、数字化和网络化生产。"工业 3.0"产业结构由劳动密集型产业为主逐步转向技术密集型产业为主。这个阶段相对于"工业 2.0"具有更复杂的自动化特征，追求效率、质量和柔性。先进的数控机床、机器人技术、PLC 和工业控制系统可以实现敏捷的自动化，从而允许制造商以合理的响应能力和精度质量，适应产品的多样性和批量大小的波动，实现变批量柔性化制造。"工业 3.0"的另一个特点是在制造装备（如数控机床、工业机器人等）上开始安装各种传感器和仪表，以采集装备状态和生产过程数据，用于制造过程的监测、控制和管理。此外，"工业 3.0"具有网络化支持，通过联网，机器与机器、工厂与工厂、企业与企业之间能够进行实时和非实时通信、连通，实现数据和信息的交互和共享。传感器、数据共享和网络为制造业提供了全新的发展驱动力，当然，也带来了网络安全风险。

1.1.4 工业 4.0

正在发生的第四次工业革命是由物联网和服务网应用于制造业引发的。工业物联网、工业互联网、工业大数据、云计算、人工智能、数字孪生、工业元宇宙等新一代信息技术与制造技术的高度融合，将会使得企业的机器、存储系统和生产设施融入赛博物理系统 CPS（Cyber Physical System）中，构建智能工厂。其中的智能机器、存储系统和生产设施将能够感知、处理、共享和交换信息，进行自主决策，实现对设备、生产过程的优化管控，实现虚实结合的全新生产方式，制造业开始走向"工业 4.0"时代。

从"工业 3.0"到"工业 4.0"，制造技术发展将面临四大转变（图 1-2）：从相对单一的制造场景转变到多种混合型制造场景的变化；从基于经验的决策转变到基于证据的决策；从解决可见的问题转变到避免不可见的问题；从基于控制的机器学习转变到基于丰富数据的深度学习。为了适应上述转变，"工业 4.0"的制造技术将呈现出新的技术特征：

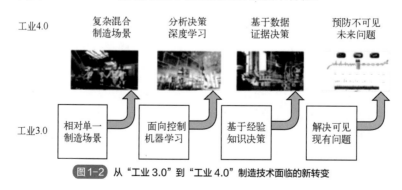

图 1-2　从"工业 3.0"到"工业 4.0"制造技术面临的新转变

① 基于先验知识和历史数据的传统优化将发展为基于数据分析、人工智能、深度学习的具有预测和适应未知场景能力的智能优化；

② 面向设备、过程控制的局部或内部的闭环将扩展为基于泛在感知、工业物联网、工业互联网、云计算的大制造闭环；

③ 大制造闭环系统中的数据处理不仅是结构化数据，而且包括大量非结构化数据，如图像、自然语言甚至社交媒体中的信息等；

④ 基于设定数据的虚拟仿真、按给定指令计划进行的物理生产过程，将转向以不同层级的数字孪生、赛博物理生产系统的形式将虚拟仿真和物理生产过程深度融合，从而形成虚实交互融合、数据信息共享、实时优化决策、精准控制执行的生产系统和生产过程，使之不仅能满足"工业3.0"时代的性能指标（如生产率、质量、可重复性、成本和风险），并且能进一步满足诸如灵活性、适应性和韧性（能从失败或人为干预中学习和复原的能力）等新指标。

为适应从"工业3.0"到"工业4.0"制造技术面临的上述新变化和新需求，众多研究者和工程师自20世纪80年代开始，就展开了针对智能制造理论、技术和系统的研究，近年来，从学者到企业家，从研究机构到政府，已形成共识——智能制造是未来制造业发展的必然趋势和主攻方向。

1.2 国外智能制造装备的发展概况

20世纪80年代，工业发达国家已开始对智能制造进行研究，并逐步提出智能制造系统和相关智能技术。进入21世纪，网络信息技术迅速发展，特别是互联网、工业大数据、云计算、新材料、新能源、生命科学等前沿领域不断取得突破，实现智能制造的条件逐渐成熟，使当前全球制造业格局面临重大调整，我国制造业转型升级、创新设计发展迎来重大机遇。近年来，我国制造业在转型升级中，国家颁布了一系列发展智能制造的国家战略，期望以发展制造业刺激国内经济增长，实现从制造大国到制造强国的转型。智能制造装备的水平在全球范围内持续提升。不同国家的科学研究和实际开发水平不同，这就会在一定程度上导致不同国家在智能制造装备方面的研究水平有差异。美国、德国、日本和欧盟等已经有比较完善的研究体系和生产水平。尽管受到新冠疫情影响，各国仍然坚持推进制造业向智能制造转型升级，以期确保其在制造业的领先地位，刺激经济并创造就业。为抢占智能制造的最高峰，世界各发达国家都在抢先布局智能制造，纷纷提出各自的发展战略和扶持政策。

1.2.1 德国

2013年4月，在汉诺威工业博览会上，德国最先提出德国"工业4.0"概念，在该博览会上，德国政府正式推出了《德国工业4.0战略计划实施建议》，对"工业4.0"的愿景、战略、需求、有限行动领域等内容进行了分析。"工业4.0"已上升为德国国家战略，成为德国面向2020年高科技战略的十大目标之一。其目的是支持工业领域技术的研发与创新，保持德国的国际竞争力。实质上，"工业4.0"是以智能制造为主导的第四次工业革命。德国"工业4.0"可以概括为一个核心、两重战略和三大集成。此外，其"工业4.0"确定了8个优先行动领域：标准化和参考架构，制定参考架构的标准，促进企业之间网络的形成；复杂系统的管理，开发生产制造系统的模型；一套综合的工业基础宽带设施，大规模扩展网络基础设施；安全和安保，确保生产设施和产品具有安全性，防止数据被滥用；工作的组织和设计，工作的内容、流程等将发生改变；培训和持续职业发展，进行培训，研究数字化学习技术；法规制度，对现有的制度、法律进行调整；资源效率，提高资源的利用效率。

"工业4.0"发布之后，德国各大企业如西门子等积极响应，产业链不断完善，已经形成"工业4.0"生态系统。而且，德国的"工业4.0"平台发布了"工业4.0"参考架构（RAMI4.0）。2014年8月，德国出台《数字议程（2014—2017）》，这是德国《高技术战略2020》的十大项目之一，旨在将德国打造成"数字强国"。议程包括"网络普及""网络安全"和"数字经济发展"等方面内容。2016年，德国发布《数字化战略2025》，目的是将德国建成最现代化的工业化国家。该战略指出，德国数字未来计划由12项内容构成："工业4.0"平台、未来产业联盟、数字化议程、重新利用网络、数字化技术、可信赖的云、电动车用信息通信技术、德国数据服务平台、中小企业数字化、创客竞赛、进入数字化、经济领域信息技术安全。2019年11月，为继续保持在全球工业领域的领先地位，德国发布《国家工业战略2030》，主要内容包括改善德国作为工业基地的框架条件、加强新技术研发和调动私人资本、在全球范围内维护德国工业的技术主权。该战略提出当前最重要的突破性创新是数字化，尤其是人工智能的应用；提出要强化对中小企业的支持，尤其是数字化进程，同时培育龙头企业。为了促进目标的实现，德国提出降低能源价格、税收优惠、放宽垄断法等一系列政策措施。德国是全球制造业的"众厂之厂"，正以"工业4.0"打造着德国制造业的新名片。

1.2.2 美国

美国是国际智能制造思想的发源地之一，其"工业互联网"整合着全球工业网络资源，保持全球领先地位。美国政府高度重视智能制造的发展，并且已经把它作为21世纪占领世界制造技术领先地位的基石。20世纪80年代，美国率先提出智能制造的概念。从20世纪90年代开始，美国国家科学基金（NSF）就着重资助有关智能制造的诸项研究，项目覆盖了智能制造的绝大部分领域，包括制造过程中的智能决策、基于多主体（multi-agent）的智能协作求解、智能并行设计、物流传输的智能化等。2005年，美国国家标准与技术研究所（NIST）提出了"聪慧加工系统（smart machining system，SMS）"研究计划，这一系统实质就是智能化。2006年，美国国家科学基金委员会就提出了智能制造的核心概念，其核心技术是计算、通信、控制，同年，成立智能制造领导联盟SMLC（Smart Manufacturing Leadership Coalition），打造智能制造共享平台，推动美国先进制造业的发展。美国将"制造业复兴"和"再工业化"战略作为制造业发展的重要途径，2009年，美国发布《重振美国制造业政策框架》，支持高技术研发。2011年，美国实施"先进制造伙伴（AMP）"计划。该计划认为智能自动化技术让很多企业获益，为避免市场失灵，应采用政府联合投资形式发展先进机器人技术，提高产品质量、劳动生产率等，所以要投资先进机器人技术。2012年，美国发布《美国先进制造业国家战略计划》，该计划客观描述了全球先进制造业的发展趋势及美国制造业面临的挑战，明确提出了实施美国先进制造业战略的五大目标：加快中小企业投资，提高劳动者技能，建立健全伙伴关系，调整优化政府投资，加大研发投资力度。计划为推进智能制造的配套体系建设提供政策与计划保障。2012年，美国政府宣布启动"国家制造业创新网络"计划，后更名为"美国制造"，计划在重点技术领域建设

45 家制造业创新中心。目前美国已经建成了数字化制造与设计创新中心、智能制造的清洁能源制造创新研究所、先进机器人制造中心等。2012 年，美国通用电气公司（GE）发布《工业互联网：打破智慧与机器的边界》，提出了工业物联网概念，将智能制造设备、数据分析和网络人员作为未来制造业的关键要素，以实现人机结合的智能决策。之后，AT&T、思科、通用电气、IBM和英特尔在美国波士顿成立工业互联网联盟。目前该联盟的成员已经超过 200 个。2014 年，美国国防部牵头成立"数字制造与设计创新机构"，以期推动美国数字制造的发展。2017 年，美国清洁能源智能制造创新研究院（CESMII）发布了 2017～2018 路线图，该路线图从商业实施、技术、智能制造平台、人才等方面提出了具体内容。2018 年，美国发布《先进制造业美国领导力战略》，提出三大目标，即开发和转化新的制造技术、培育制造业劳动力、提升制造业供应链水平，具体的目标之一就是大力发展未来智能制造系统，如智能与数字制造、先进工业机器人、人工智能基础设施、制造业的网络安全。2019 年，特朗普政府发布《人工智能战略：2019 年更新版》，为人工智能的发展制定了一系列的目标，确定了八大战略重点。美国国家科学基金会已经连续 14 年将工业互联网核心技术信息物理系统的研发列入国家科学基金会的资助范围。美国智能制造相关政策的实施，促进了美国智能制造技术的高水平发展，加深了智能制造产业化应用，完善了智能制造产业体系。

1.2.3　日本

日本是提出智能制造较早的国家，日本非常重视技术的自主创新和以科学技术立国。日本在智能制造领域积极部署，着力构建智能制造的顶层设计体系，实施机器人新战略、互联工业战略等措施，巩固日本智能制造在国际上的领先地位。2015 年，日本发布《机器人新战略》，该战略提出要保持日本机器人大国的优势地位，促进信息技术、工业大数据、人工智能等与机器人的深度融合，打造机器人技术高地，引领机器人的发展。该战略提出了三大目标：世界机器人创新基地，巩固机器人产业培育能力；世界第一的机器人应用国家；迈向世界领先的机器人新时代。2016 年 12 月，日本正式发布了工业价值链参考架构（IVRA），形成独特的日本智能制造顶层架构。2017 年 3 月，日本明确提出"互联工业"的概念，其中三个主要核心是：人与设备和系统相互交互的新型数字社会，通过合作与协调解决工业新挑战，积极推动培养适应数字技术的高级人才。"互联工业"已经成为日本国家层面的愿景。为了强化制造业竞争力，2019 年4 月 11 日，日本政府概要发布了 2018 年度版《日本制造业白皮书》，明确了"互联工业"是日本制造的未来。日本希望通过人工智能、互联网、工业大数据等技术的深度应用，推动产业发展，实现"社会 5.0"，这与"互联工业"密切相关。

为推动"互联工业"，日本提出未来发展的五个重要领域，如图 1-3 所示，既无人驾驶移动服务、生产制造机器人学、生物材料、工厂基础设施安保、智慧生活。日本提出了三类横向政策：实时数据的共享与使用；加强基础设施建设，提高数据有效利用率，如培养人才、网络安全等；加强国际、国内的各种协作。2019 年，日本决定开放限定地域内的无线通信服务，通过推进地域版 5G，鼓励智能工厂的建设。日本企业制造技术的快速发展和政府制定的一系列战略计划为日本对接"工业 4.0"时代奠定了良好的基础。

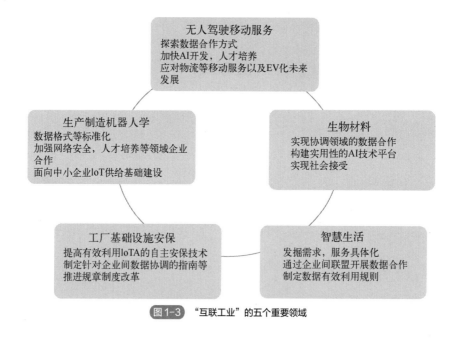

图1-3 "互联工业"的五个重要领域

1.2.4 欧盟

随着智能制造的兴起,欧洲各国都提出了相应的战略计划。欧盟在整合各国战略的基础上,提出数字化欧洲工业计划,用于推进欧洲工业的数字化进程。计划主要通过工业物联网、工业大数据和人工智能三大技术来增强欧洲工业的智能化程度;将5G、云计算、工业物联网、数据技术和网络安全等五个方面的标准化作为发展重点之一,以增强各国战略计划之间的协同性;同时,投资五亿欧元打造数字化区域网络,大力发展区域性的数字创新中心,实施大型的工业物联网和先进制造试点项目,期望利用云计算和工业大数据技术把高性能计算和量子计算有效结合起来,以提升工业大数据在工业智能化方面的竞争力。

1.3 我国智能制造装备的发展现状

我国制造业规模位列世界第一,门类齐全,体系完整,在支撑我国经济社会发展方面发挥着重要作用。在制造业重新成为全球经济竞争制高点,我国经济逐渐步入中高速增长的新常态下,我国制造业亟待突破大而不强的旧格局。目前,我国在促进高端装备制造业发展方面,连续出台《中国制造2025》《国家智能制造标准体系建设指南》《新一代人工智能发展规划》等指导政策,旨在提高工业制造业智能控制技术,加快制造业从自动化、信息化向智能化发展。

自2015年以来,我国将智能制造作为制造强国战略的主攻方向,国家相关部委陆续出台推进智能制造发展的政策文件。随着国家层面对智能制造各项重点任务的部署,智能制造工程、智能制造试点示范等专项工作的不断展开落实,智能制造在不同地区、不同行业逐渐呈梯次发展局面,我国智能制造生态系统初步形成。总体上表现在以下几个方面。

① 从智能制造的政策支撑体系来看,自2015年《中国制造2025》发布以来,国家诸多部门陆续出台了多项相关政策措施,协同推进智能制造的可持续发展。2015年2月,工业和信息

化部等相关部门联合颁布《国家增材制造产业发展推进计划（2015—2016 年）》，2017 年 12 月，工业和信息化部联合其他 11 部门发布《增材制造产业发展行动计划（2017—2020 年）》，以加快发展增材制造产业，提升增材制造专用材料装备及核心器件质量。2016 年 4 月，工信部、发改委、财政部联合发布《机器人产业发展规划（2016—2020 年）》，提出在机器人产业领域要完成十大标志性产品、五大关键零部件及四项基础能力建设。2016 年 9 月，工信部、科技部、发改委、财政部联合发布《智能制造工程实施指南（2016—2020 年）》。2016 年 12 月，工信部发布《智能制造工程发展规划（2016—2020 年）》。2017 年 4 月，科技部发布《"十三五"先进制造技术领域科技创新专项规划》。2017 年 7 月，国务院发布《新一代人工智能发展规划》，提出"三步走"的战略目标，加快推进人工智能理论、技术与应用的发展，逐步建立人工智能创新中心，推动互联网和实体经济深度融合，打造工业互联网创新发展新动能。2017 年 10 月，工信部发布《高端智能再制造行动计划（2018—2020 年）》；2017 年 12 月工信部又发布《促进新一代人工智能产业发展三年行动计划（2018—2020 年）》，进一步深化发展智能制造。《国家智能制造标准体系建设指南（2018 年版）》提出，到 2018 年，累计制修订 150 项以上智能制造标准，基本覆盖基础共性标准和关键技术标准；到 2019 年，累计制修订 300 项以上智能制造标准，全面覆盖基础共性标准和关键技术标准，逐步建立起较为完善的智能制造标准体系；建设智能制造标准试验验证平台，提升公共服务能力，提高标准应用水平和国际化水平。建设思路是构建智能制造系统构架、智能制造标准体系结构、智能制造标准体系框架。建设内容包括基础共性标准、关键技术标准、行业应用标准。此外，各地方政府也相继推出发展智能制造的鼓励政策以落实国家的战略计划，这表明智能制造已经成为新时代我国产业变革的重大战略和创新驱动的重要方向。

② 从智能制造的区域分布及产业发展成效来看，中国智能制造产业发展迅速，对区域分工格局和产业转型带来比较深刻的影响。根据《世界智能制造中心发展趋势报告（2019）》数据显示，从智能制造的区域分布来看，我国筹建国家制造业创新中心 9 个，目前已批准国家级智能制造类试点项目 816 项，制造业与互联网融合发展试点示范项目 195 项，分布在全国 27 个省市，大部分集中在全国经济最为发达的长三角、珠三角、中部、环渤海和西南地区五大区域。根据《2019 世界智能制造中心城市潜力榜》数据，基于对世界 50 个主要智能制造中心城市在科研水平、智能生产、产业融合、发展潜力及政府扶持等五个方面的评价结果表明，中国 22 个城市入围该榜单，其中上海、深圳、苏州和天津进入前十名。此外，北京、重庆、佛山、宁波等地区的智能制造潜力也相对较强。

③ 从智能制造产业市场规模来看，2016 年中国智能制造产业市场规模达 12233 亿元。全球智能制造产值规模为 8687 亿美元，中国智能制造产业占全球比重达 21.2%。2017 年中国智能制造产业市场规模增长至 15150 亿元，增长率为 22.6%。与市场规模相对应，2016—2018 年，智能制造融资数量和融资规模也显著增长。2018 年，智能制造融资金额达到 325.15 亿美元，融资数量为 942 起。从智能制造企业数量来看，2014—2015 年，制造业和互联网科技创新企业拓展业务领域，迈入智能制造行业，新增企业数量分别为 1047 家和 1273 家。到 2016 年，中国智能制造新增企业数量进入稳步增长阶段。结合当前智能制造行业发展情况，德勤中国针对 150 余家生产型和技术服务型的大中型企业调研结果显示，企业的智能制造利润贡献率明显提升，利润贡献率超过 50% 的企业由 2013 年的 14% 上升到 2017 年的 33%。我国智能制造系统解决方案市场规模已达 1280 亿元，同比增长 20.8%。2017 年工信部发布的第一批《智能制造系统解决

方案供应商推荐目录》中有 23 家企业入选，2018 年增加至 82 家。中国智能制造企业总体呈地域性差异分布，大多数智能制造企业在一线城市，广东第一位，此外，北京、上海、江苏的智能制造企业相对较多。智能制造发展呈现显著的"东强西弱"分布特征。

④ 从智能制造的技术领域及技术结构来看，我国智能制造企业主要集中于通信技术、汽车制造等领域，在高档数控机床领域、工业机器人领域、航天装备领域、农业装备领域的发展仍然不足。例如，目前我国高档数控机床的国内市场占有率相对较低，高档数控机床仍然主要依赖进口，产品结构矛盾较为严重；我国农业领域数字化设计生产应用能力和技术水平普遍不高，仅在部分整机产品和关键零部件方面形成较高水平的数字化设计生产能力。而从全球范围来看，美国、德国、日本仍然处于全球智能制造领域的领先地位，在基础共性技术研究、设计、制造和应用上均处于先进水平，其在智能制造装备跨国企业中的产业集中度非常高。其中，日本工业机器人的装备量约占世界工业机器人装备量的 60%，日、德、美等发达国家占全球数控机床市场份额的 90% 以上，全球前 50 家智能控制系统企业排行榜中 74% 为美、德、日企业，排名前 10 位的企业中有半数是美国企业。同时，2017 年我国工业软件行业市场规模达到 1412.4 亿元，电子信息、机械设备行业工业软件需求和信息化程度较高，国内企业数量超过了 2/3，但研发设计类工业软件仍被国际厂商持续垄断。此外，从智能制造技术人才领域来看，2018 年我国人工智能人才超过两万人，占全球人工智能人才的 10% 左右，仅次于美国。但按高 H 因子衡量的杰出人才方面，中国占全球的比重仅为 5% 左右，排名世界第 6。总体上，我国企业的自动化装备数量和智能化程度与本行业国际先进水平和国外高端制造业仍有较大差距。

当前我国智能制造还处于初级阶段，与世界智能制造强国的发展水平还有一定的差距。而新一轮科技革命和产业发展新周期为我国产业转型升级提供了前所未有的机遇和挑战。我国应抓住智能制造的发展契机，以工业化、信息化与智能化的深度融合带动产业结构的全面转换升级。

1.4 智能制造装备人才培养

1.4.1 人才培养的重要性

实现制造强国的战略目标，关键在人才。在全球新一轮科技革命和产业变革中，世界各国纷纷将发展制造业作为抢占未来竞争制高点的重要战略，把人才作为实施制造业发展战略的重要支撑，加大人力资本投资，改革创新教育与培训体系。当前，我国经济发展进入新常态，制造业发展面临着资源环境约束不断强化、人口红利逐渐消失等多重因素的影响，人才是第一资源的重要性更加凸显。

《中国制造 2025》第一次从国家战略层面描绘建设制造强国的宏伟蓝图，并把人才作为建设制造强国的根本，对人才发展提出了新的更高的要求。提高制造业创新能力，迫切要求着力培养具有创新思维和创新能力的拔尖人才、领军人才；强化工业基础能力，迫切要求加快培养掌握共性技术和关键工艺的专业人才；信息化与工业化深度融合，迫切要求全面增强从业人员的信息技术应用能力；发展服务型制造，迫切要求培养更多复合型人才进入新业态、新领域；发展绿色制造，迫切要求普及绿色技能和绿色文化；打造"中国品牌""中国质量"，迫切要求提升全员质量意识和素养等。

面对新的形势和挑战，必须把制造业人才发展摆在更加突出的战略位置，加强顶层设计，发挥资源优势，抓好体制机制改革，强化人才队伍基础，补齐人才结构短板，优化人才发展环境，充分发挥人才在制造强国建设中的引领作用。

《制造业人才发展规划指南》对制造业十大重点领域人才需求进行了探讨，我国至2025年，新一代信息技术产业人才预测缺口达950万人，高档数控机床和机器人领域人才缺口达450万人。智能制造过程在企业内部呈现出多学科知识的集成化、技术复杂化和工艺综合化运行状态。人才是技术创新的基础，是实现技术创新的长久动力。目前，我国在智能制造装备产业发展方面还存在缺少对该产业精英专业人才的系统培训的问题，与智能制造装备产业相关的科研队伍或者人才梯队没有形成。人才是第一生产力，精英人才培养不足也导致了我国智能制造装备产业创新能力不强。我国制造业正处于由制造"大国"向"强国"迈进、由"制造"向"智造"转型升级的关键进程之中。高等职业教育作为高素质技术技能人才培养的重要支撑力量，必须主动回应制造业转型升级的诉求，培养适应智能制造产业发展所需的多层次、多类型、高素质技术技能人才。我国的智能制造装备产业正在蓬勃发展，人才培养必须跟上，这样才能保证我国的智能制造装备产业长久进步和发展。

1.4.2　人才培养的新需求

（1）智能制造需求"复合型"人才

智能制造时代必然会带来一种全新的工作方式、生产方式和生活方式。智能制造利用新一代信息技术将生产中的各种信息智慧化、数据化，极大增强了生产活性与弹性，最终实现智能化生产；智能生产方式要求劳动者的工作方式发生改变，简单、重复的工作将逐渐被工业机器人所替代，智能工厂将越来越需要精通机电、熟悉软件、应变灵活的高素质技术技能人才。在智能制造的背景下，各种新模式、新技术、新设备的出现必将使工具技术进一步得到强化，传统制造企业中可替代性较强、简单重复的工作岗位将逐渐被先进的技术和工具替代。随着制造过程的智能化、柔性化和集成化，智能制造背景下的工作内容复杂程度越来越高，懂技术、会管理又具备操作技能的高端复合型智能制造专业技术人才应当成为高等职业教育人才培养的新目标。

（2）智能制造需求"创新型"人才

智能制造意味着"自动化"逐渐向"智能化""数字化""机器换人"的方向发展，技术技能人才将不再是设备的简单重复操作者，他们不仅要懂得智能生产设备的操作应用、维修维护，以便解决现场问题，还要能够对智能制造系统实际应用的信息提出反馈意见，实际参与智能制造系统的设计与改进，这就要求技术技能人才必须具备较强的创新能力。智能制造系统最大潜力的发挥有赖于员工的创造性应用，同时经过员工的问题反馈、创新性设计与改进，智能制造系统才能升级换代并不断完善。因而，智能制造背景下技术技能人才的创新能力是综合素养提升的核心要素。在智能化转型过程中，工作流程的优化及生产方式的精细化同样需要大量能够主动参与设计与研发的创新型技术技能人才。因此，相关院校应当不断挖掘、充实各专业的创新创业教育资源，培养学生的创造性思维、批判性思维。

（3）智能制造需求"智慧型"人才

《中国制造2025》指出，应加速促进制造业与新一代信息技术的深度融合，并明确融合的主攻方向为"智能制造"，应重点发展智能产品和智能装备，实现生产过程智能化，加快提升企业设计与研发、生产与管理的智能化水平。智能制造不仅是制造业本身的设备、生产及管理的自动化，更需要的是智慧型的技术技能人才。智能产品与智能装备的设计研发与生产管理、生产过程的逐渐智能化，管理、销售与服务方式的智能化，都需要职业院校能培养一批批的"智慧型"人才。智能产品与智能装备的设计研发与生产管理本身是一个充满智慧的过程，需要从业者具有探索未知、解决现实问题的能力。能够智慧决策、深度感知、自动执行功能的工业机器人、增材制造装备、数控机床等智能制造装备的操作与维修维护，同样需要技术技能人才的大胆创新、精准制造。销售与服务方式的智能化，同样需要发挥从业人员的智慧潜质，进而提高基于智能制造全流程的智慧化水平。总之，智能制造时代所需的技术技能人才的培养目标中，智慧品质尤其重要。

1.4.3 产业人才职业规划

智能制造生产线的日常维护、修理、调试操作等方面都需要各方面的专业人才来处理，目前中小型企业最缺的是具备智能设备操作、维修能力的技术人员。按照职能划分，一般的智能制造企业内部技术员工可分为四类：智能生产线操作员、智能生产线运维员、智能生产线规划工程师和智能生产线总体设计工程师。

（1）智能生产线操作员

智能生产线操作员的岗位职责主要包括能够独立、熟练地进行智能生产线设备操作和基本的程序编制以及基本的设备维护保养。该岗位工作人员需要具备数控编程加工、工业机器人编程及操作、智能制造系统集成等智能制造相关的理论知识和实践技能。

（2）智能生产线运维员

智能生产线运维员主要是指对智能生产线进行数据采集、状态监测、故障分析与诊断、维修及预防性维护与保养作业的人员。当生产线上的自动化设备、智能化设备出现故障时，维修人员要根据自动化设备、智能化设备发生故障的机理、特点、判断方法等，迅速地找出故障的原因，然后依据一定的维修思路、维修步骤对设备进行快速维修。

（3）智能生产线规划工程师

智能生产线规划工程师的岗位职责主要包括产品自动化工艺路线设计规划。岗位的任职要求包括具备生产工艺或生产流程的规划能力，能够进行生产线工艺流程编排、现场标准化作业指导书编制、生产控制计划编制；具备各类生产要求，包括精度、节拍、质量等的综合分析能力；熟悉各类传感器、自动识别技术（条码、RFID等）、PLC系统、传送装置、运动结构、通信技术与工业总线、工业机器人技术、视觉技术以及制造执行系统（MES）、数据采集与监视控制系统（SCADA）等。

（4）智能生产线总体设计工程师

智能生产线总体设计工程师是企业所需要的高端人才，需要熟悉机械工程、控制科学与工程、工业工程、计算机科学与技术等多个领域的知识和技能，负责完成智能生产线总体规划，智能生产线信息化、网络化、数字化的初步设计，以及完成智能生产线实施过程的项目管理工作。

1.4.4 人才培养的新模式

为贯彻落实《中国制造 2025》，健全人才培养体系，创新人才发展体制机制，进一步提高制造业人才队伍素质，为实现制造强国的战略目标提供人才保证，2017 年中国教育部、人社部、工信部联合印发了《制造业人才发展规划指南》（以下简称"指南"）。"指南"中指出，要大力培养技术技能紧缺人才，鼓励企业与有关高等学校、职业学校合作，面向制造业十大重点领域建设一批紧缺人才培养培训基地，开展"订单式"培养。"指南"对制造业大十大重点领域人才需求进行了预测，见表 1-1。"指南"指出要支持基础制造技术领域人才培养；加强基础零部件加工制造人才培养，提高核心基础零部件的制造水平和产品性能；加大对传统制造类专业建设投入力度，改善实训条件，保证学生"真枪实练"；采取多种形式支持学校开办、引导学生学习制造加工等相关学科专业。

表 1-1　制造业十大重点领域人才需求预测（2017）　　　　　单位：万人

序号	十大重点领域	2015 年	2020 年		2025 年	
		人才总量	人才总量预测	人才缺口预测	人才总量预测	人才缺口预测
1	新一代信息技术产业	1050	1800	750	2000	950
2	高档数控机床和机器人	450	750	300	900	450
3	航空航天装备	49.1	68.9	19.8	96.6	47.5
4	海洋工程装备及高技术船舶	102.2	118.6	16.4	128.8	26.6
5	先进轨道交通装备	32.4	38.4	6	43	10.6
6	节能与新能源汽车	17	85	68	120	103
7	电力装备	822	1233	411	1731	909
8	农机装备	28.3	45.2	16.9	72.3	44
9	新材料	600	900	300	1000	400
10	生物医药及高性能医疗器械	55	80	25	100	45

拥有必要的专业知识是构建专业能力的前提和基础，在智能制造时代更是如此。美国社会学家丹尼尔·贝尔（Daniel Bell）认为尽管知识在工业社会的运转中从未缺位，但在后工业时代知识的性质发生变化，理论知识超越了经验的地位并占据了社会的首要位置，也就是说后工业社会的运行和发展是围绕知识而非经验展开的。为了解释工作过程中存在的系统的、全盘的问题解决能力，德国教授费利克斯·劳耐尔（Felix Rauner）曾提出专业知识的概念，并指出它是在工作世界中理解和掌控任务的必要条件。

这种以理论知识为基础的专业知识具备以下三个特点：

① 以系统全面、跨界交叉为特征。实现智能生产的空间和载体是智能工厂，高度集成化的智能工厂需要跨学科的交叉型技术人才作为人力支撑。由于割裂的知识含量很难发生迁移，所

以技术人才必须掌握系统完整的专业知识储备。这种专业知识必须是系统化的跨学科知识，只有这样才能让培养出来的技术人才适应复杂的工作环境。

② 以设计和决策知识为属性。在智能制造时代，机器不仅能够替代劳动者的体力工作，而且可以接管一些脑力劳动，劳动者的角色定位由此发生转变。在原来的工作岗位中，劳动者更多扮演的是操作执行者的角色，而在智能机器面前，劳动者需要成为相应的规划决策者。完成这种转变，需要以设计和决策知识为属性的专业知识作为保障，并且为了确保设计和决策过程的科学性，专业知识应当以扎实的理论知识为基础。

③ 以分析和判断工作情境为功能。由于生产技术越来越高端，劳动者在工作情境中面对的岗位问题也变得更加复杂，这就需要劳动者掌握系统的专业知识，保证分析判断的准确性。所以说专业知识实现的主要功能就是帮助现场工作人员提升对工作情境的分析与判断，以更好地应对和解决实际的生产问题。

1.4.5 人才培养的新目标

培养适应智能制造时代的人才，必须从提升制造业人才关键能力和素质着手，主要有以下5个方面。

（1）大力培育工匠精神

倡导以工匠精神为核心的工业精神，出台推动工业文化发展的相关指导意见，弘扬优秀工业文化，提升我国工业软实力。制造业企业要把培育精益求精的工匠精神作为职工继续教育的重要内容，增强职工对职业理念、职业责任和职业使命的认识与理解。不断深化"中国梦·劳动美"教育实践活动。推进工匠精神进校园、进课堂，帮助学生树立崇高的职业理想和良好的职业道德，培养崇尚劳动、敬业守信、精益求精、敢于创新的制造业人才。

（2）注重创新能力培养

引导制造业企业深入开展劳模创新工作室创建活动，为职工创新搭建平台、提供政策扶持，鼓励制造业从业人员立足岗位创新，重点提升关键核心技术研发能力、创新设计和改造能力、科技成果转化能力、精密测量计量能力、标准研制能力。加强应用技术推广中心和众创空间等平台建设。把创新创业教育融入人才培养全过程，面向高校学生开设研究方法、学科前沿、创业基础、就业创业指导等方面的必修课和选修课。改革考试考核内容和方式，注重考查学生运用知识分析、解决问题的能力。发展创新设计教育，在工业设计等专业教学中加强创造性、综合性设计能力培养。

（3）增强信息技术应用能力

在制造业企业推进首席信息官制度建设，推进信息技术与企业各项业务融合，在制造业国有大中型企业全面实行首席信息官制度。强化企业专业技术人员和经营管理人员在研发、生产、管理、营销、维护等核心环节的信息技术应用能力，提高生产一线职工对工业机器人、智能生产线的操作使用能力和系统维护能力。加强面向先进制造业的信息技术应用人才培养，在相关专业教学中强化数字化设计、智能制造、信息管理、电子商务等方面内容。

（4）提升绿色制造技术技能水平

在制造业行业开展绿色制造教育培训，引导制造业人才树立绿色观念，增强绿色制造技术技能，养成绿色生产方式和行为规范。鼓励高等学校、职业学校根据绿色制造发展需要积极开设节能环保、清洁生产等相关学科专业，与行业企业联合加强实习实训基地建设、研究开发课程教材；减少或取消设置限制类、淘汰类产业相关学科专业，推动制造业传统学科专业向低碳化、智能化发展。鼓励学校参与传统制造业绿色改造、参与绿色产品研发和相关标准制（修）订等。

（5）提高全员质量素质

鼓励制造业企业加大质量培训力度，全面提高企业经营管理人员和一线职工的质量意识和质量管理水平。引导和鼓励大中型企业实施首席质量官制度。在中小学开展质量意识普及教育，在高等学校、职业学校加强质量相关学科专业建设，在相关专业教学中增加国家质量技术基础和质量管理知识教育内容。加强质量专家库建设。组织制定企业全员质量素质教育和评价标准。开展全国"质量月"等活动，加强消费者质量知识宣传和教育，推动形成具有中国特色的质量文化。

1.5 智能制造装备的基本知识

什么是智能制造？我国工信部制定的《国家智能制造标准体系建设指南（2021版）》中，对"智能制造"的定义为：智能制造（intelligent manufacturing，IM）是基于先进制造技术与新一代信息技术深度融合，贯穿于设计、生产、管理、服务等产品全生命周期，具有自感知、自决策、自执行、自适应、自学习等特征，旨在提高制造业质量、效率效益和柔性的先进生产方式。

为什么需要智能制造？首先，每个客户的需求是不一样的，个性化或定制化的产品不可能进行大批量生产，因此智能制造必须解决的第一个问题是使单件小批量生产达到与大批量生产相近的效率和成本，构建能生产高质量和个性化产品的智能工厂，其愿景是在生产技术、环境和社会/人三方面和谐的前提下，实现可持续发展。智能制造可以有效缩短产品研制周期、降低运营成本、提高生产效率、提升产品质量、降低资源能源消耗。其灵活化、方便化和个性化的生产组织方式，也使得中小型企业在竞争中更具有优势，承担的风险更低。

智能制造可分为三个层次：一是智能制造装备，智能制造离不开智能装备的支撑，包括高级数控机床、配备新型传感器的智能机器人、智能化成套生产线等，通过智能装备可以实现生产过程的自动化、智能化、高效化；二是智能制造系统，这是一种由智能设备和人类专家结合物理信息技术共同构建的智能生产系统，可以不断进行自我学习和优化，并随着技术进步和产业实践动态发展；三是智能制造服务，与工业物联网相结合的智能制造过程涵盖产品设计、生产、管理、服务的全生命周期，可以根据用户需求对产品进行定制化生产，最终形成全生产服务生态链。智能制造企业对产品生产到经营的全生命周期进行管控，通过融合生产工艺流程、供应链物流和企业经营模式，有效串联业务与制造过程，最终使工厂在一个柔性、敏捷、智能的制造环境中运行，大幅度优化了生产效率和制造系统的稳定性。

1.5.1 智能制造装备的定义

智能制造装备是智能制造技术的重要载体。智能制造装备自 2010 年发布的《国务院关于加快培育和发展战略性新兴产业的决定》中首次作为发展重点明确提出，近几年在制造业内外都得到了广泛的关注。2012 年颁布的《智能制造装备产业"十二五"发展规划》将智能制造装备明确定义为：智能制造装备（intelligent manufacturing equipment，IME）是具有感知、决策、执行功能的各类制造装备的统称，是先进制造技术、信息技术以及人工智能技术在制造装备上的集成和深度融合，是实现高效、高品质、节能环保和安全可靠生产的下一代制造装备。智能制造装备作为智能制造产业的重要组成部分，能够显著提高生产效率和产品的制造精度，是制造业转型升级的重点发展方向。

目前我国在智能制造领域的发展重点是智能装备制造业。智能制造装备是《国务院关于加快培育和发展战略性新兴产业的决定》（2010 年 10 月）和《中华人民共和国国民经济和社会发展第十二个五年规划纲要》（2011 年 3 月）中明确的高端装备制造业领域中的重点方向，关系到国家的经济发展潜力和未来发展空间。考虑到智能制造装备的战略地位，以及在推动制造业产业结构调整和升级中的重要作用，"十二五"期间国家持续加大了对智能制造装备研发的财政支持力度。2012 年 5 月，我国工业和信息化部印发了《高端装备制造业"十二五"发展规划》，作为其子规划的《智能制造装备产业"十二五"发展规划》也同时发布，该子规划重点围绕关键智能基础共性技术、核心智能测控装置与部件、重大智能制造成套装备等智能制造装备产业核心环节提出了重点发展方向。

1.5.2 智能制造装备的特征

智能制造装备是机电系统与人工智能系统的高度融合，充分体现了制造业向智能化、数字化、网络化发展的需求。和传统的制造装备相比，智能制造装备的主要特征包括以下几个方面，智能制造装备具有对装备运行状态和环境的实时感知、处理和分析的能力；根据装备运行状态变化自主规划、控制和决策的能力；对故障的自诊断自修复的能力；对自身性能劣化的主动分析和维护的能力；参与网络集成和网络协同的能力；模拟人类专家的智能的特性，自我学习能力、智能预测的能力。

（1）自感知能力

自感知能力是指智能制造装备具有收集和理解工作环境信息、实时获取自身状态信息的能力，智能制造装备能够准确获取表征装备运行状态的各种信息，并对信息进行初步的理解和加工，提取主要特征成分，反映装备的工作性能。自感知能力是整个制造系统获取信息的源头。智能制造装备通过传感器获取所需信息，并对自身状态与环境变化进行感知，而自动识别与数据通信是实现实时感知的重要基础。与传统的制造装备相比，智能制造装备需要获取数据量庞大的信息，且信息种类繁多，获取环境复杂，目前，常见的传感器类型包括视觉传感器、位置传感器、射频识别传感器、音频传感器与力/触觉传感器等。

（2）自适应能力

自适应能力是指智能制造装备根据感知的信息对自身运行模式进行调节，使系统处于最优或较优的状态，实现对复杂任务不同工况的智能适应。智能制造装备在运行过程中不断采集过程信息，以确定加工制造对象与环境的实际状态，当加工制造对象或环境发生动态变化后，基于系统性能优化准则，产生相应的调控指令，及时地对系统结构或参数进行调整，保证智能制造装备始终工作在最优或较优的运行状态。制造装备在使用过程中不可避免地会存在损耗，因此传统的机器或系统的性能会不断退化，而智能制造装备能够依据设备实时的性能，调整本身的运行状态，保证装备系统的正常运行。

（3）自诊断能力

自诊断能力是指智能制造装备在运行过程中，对自身故障和失效问题能够做出自我诊断，并通过优化调整保证系统可以正常运行。智能制造装备通常是高度集成的复杂机电一体化设备，当外部环境发生变化后，会引起系统发生故障甚至是失效，因此，自我诊断与维护能力对于智能制造设备十分重要。此外，通过自我诊断和维护，智能制造装备还能建立准确的智能制造设备故障与失效数据库，这对于进一步提高装备的性能与寿命具有重要的意义。

（4）自决策能力

自决策能力是指智能制造装备在无人干预的条件下，基于所感知的信息，进行自主的规划计算，给出合理的决策指令，并控制执行机构完成相应的动作，实现复杂的智能行为。自主规划和决策能力以人工智能技术为基础，结合系统科学、管理科学和信息科学等其他先进技术，是智能制造装备的核心功能。通过对有限资源的优化配置及对工艺过程的智能决策，智能制造装备可以满足实际生产中不同的需求。

（5）自学习能力

自学习能力是指智能制造装备能够自主建立强有力的知识库和基于知识的模型，并以专家知识为基础，通过运用知识库中的知识，进行有效的推理判断，并进一步获取新的知识，更新并删除低质量知识，在系统运行过程中不断地丰富和完善知识库，通过学习使知识库不断进化得更加丰富、合理。通过学习和知识库积累，系统得到不断进化，智能制造装备对环境变化的响应速度和准确度越来越高。

（6）自执行能力

精准控制自执行是智能制造的关键，它要求智能制造系统在状态感知、实时分析和自主决策基础上，对外部需求、企业运行状态、研发和生产等做出快速反应，对各层级的自主决策指令准确响应和敏捷执行，使不同层级子系统和整体系统运行在最优状态，并对系统内部或来自外部的各种扰动变化具有自适应性。精准控制自执行是指在智能制造模式下，网络空间与物理空间的界线逐渐模糊，众多物理实体通过工业物联网成为信息系统的新元素。自执行精准控制要求自动协调、控制业务流程的各个环节，同时还要求底层物理设备自行对自身运作状态进行分析与精准控制。

1.5.3 智能制造装备的优点

作为近几年国家新确定的高端装备制造业的重点发展方向之一，智能制造装备始终与生产制造息息相关，几乎可以在每一个生产环节中加以运用和体现。智能制造装备提高了生产效率，降低了成本，其优点主要体现在以下几个方面。

（1）精密化

速度、精度和效率是装备制造技术的关键性能指标。由于采用了高速 CPU 芯片、RISC 芯片、多 CPU 控制系统以及带高分辨率检测元件的交流数字伺服系统，同时采取了改善机床动、静态特性等有效措施，机械装备的速度、精度、效率大大提高。

（2）自动化

先进制造技术的发展是和自动化技术的发展紧密联系在一起的。自动化技术，特别是智能控制技术，大多首先应用于先进制造技术的发展领域。

（3）信息化

信息技术，特别是计算机技术，大大改变了制造的面貌，它是先进制造技术发展与制造科学形成的主要条件。但信息技术的发展离不开制造技术的发展，制造业依然是发展信息产业乃至整个知识经济的基础工业。当然，制造技术的发展也离不开信息技术的发展。

（4）柔性化

柔性化包含数控系统本身的柔性和群控系统的柔性两方面。数控系统本身的柔性是指数控系统采用模块化设计，功能覆盖面广，系统可裁剪性强，便于满足不同用户的需求。群控系统的柔性是指同一群控系统能依据不同生产流程的要求，使物料流和信息流自动进行动态调整，从而最大限度地发挥群控系统的效能。

（5）图形化

用户界面是数控系统与使用者之间的对话接口。由于不同用户对界面的要求不同，因此开发用户界面的工作量极大。当前，Internet、虚拟现实、科学计算可视化及多媒体等技术也对用户界面提出了更高要求。图形用户界面极大地方便了非专业用户的使用。人们可以通过窗口和菜单进行操作，实现蓝图编程和快速编程、三维彩色立体动态图形显示、图形模拟、图形动态跟踪和仿真、不同方向的视图和局部显示比例缩放功能。

（6）智能化

早期的实时系统通常针对相对简单的理想环境，其作用是调度任务，以确保任务在规定期限内完成；而人工智能则试图用计算模型实现人类的各种智能行为。在科学技术不断发展的今天，人工智能正朝着具有实时响应、更现实的领域发展，而实时系统也朝着具有智能行为、更加复杂的应用发展，人工智能和实时系统相互结合，由此产生了实时智能控制这一新的领域。

（7）可视化

科学计算可视化可用于高效处理数据和解释数据，使信息交流不再局限于用文字表达，而是可以直接使用图形、图像、动画等可视信息表达。可视化技术与虚拟环境技术相结合，进一步拓宽了其应用领域，这对缩短产品设计周期、提高产品质量、降低产品成本具有重要意义。在数控技术领域，可视化技术可用于 CAD/CAM，如自动编程设计、参数自动设定、刀具补偿和刀具管理数据的动态处理和显示、加工过程的可视化仿真演示等。

（8）多媒体化

多媒体技术集计算机、声像和通信技术于一体，使计算机具有综合处理声音、文字、图像和视频信息的能力。在先进制造技术领域，应用多媒体技术可以实现信息处理综合化、智能化，在实时监控系统和生产现场设备的故障诊断、生产过程参数监测等方面有着重大的应用价值。

（9）集成化

采用高度集成化 CPU、RISC 芯片和大规模可编程集成电路 FPGA、专用集成电路 ASIC 芯片等，可提高数控系统的集成度和软硬件运行速度；应用 LED 平板显示技术，可提高显示器性能。平板显示器具有科技含量高、重量轻、体积小、功耗低、携带方便等优点，可实现超大尺寸显示。应用先进封装和互联技术，可将半导体和表面安装技术融为一体。可通过提高集成电路密度等方式，降低产品价格、改进产品性能、减小组件尺寸，并提高系统的可靠性。

（10）网络化

制造装备联网可进行远程控制和无人化操作。制造装备通过联网，可在任何一台制造装备上对其他装备进行编程、设定、操作、运行，不同装备的画面可同时显示在每一台装备的屏幕上。智能化是人类利用技术改造自然的极致，而绿色化是人类与自然和谐相处的见证。在绿色化、智能化装备的生产过程中，能量的消耗更低、材料更少、重量更轻，使用时所需的驱动能量更小，效率更高。

1.5.4　智能制造装备的重要性

（1）智能制造装备是未来制造装备发展的必然趋势

制造装备经历了机械装备到数控装备的转变，而智能制造装备是制造装备未来发展的必然趋势。智能制造装备自感知、自适应、自诊断、自决策、自学习、自执行的特点和优势，将在航空、航天、汽车、能源等重点制造领域得到充分的体现。例如传统面向航空大型结构件加工的制造装备，当加工环境（如温度）发生变化后，无法自动感知并进行相应调整，影响加工精度，而发展相应的智能制造装备，通过实时感知工况并进行状态检测，给出合理的决策指令，调整系统运行状态，可以有效降低加工过程中的静/动态误差，并提高对切削力干扰的抵抗能力，使得加工精度与稳定性得到大幅度提升，满足现代航空制造的需求。此外，相比传统制造装备，智能制造装备可以实现低污染、节能加工，对推动可持续发展具有重要的战略意义。智能制造技术是技术创新累积到一定程度的必然结果，智能化、绿色化的制造方式已经成为制造业发展的必然趋势。工业发达国家始终致力于以技术创新引领产业升级，智能制造装备的产业发展已成为世界各国竞争的焦点。

（2）智能制造装备是衡量国家工业化水平的重要标志

装备制造业是支撑国民经济发展和国防建设的基础性产业，是各行业产业升级、技术进步的根本保障，集中体现了国家的综合实力和技术水平。智能制造装备作为高端装备制造业的重点发展方向，其产业水平已经成为当今衡量一个国家工业化水平的重要标志。智能制造装备不仅仅是海洋工程、轨道交通工程、卫星、航空航天等高端装备的基础，也是培育和发展十大战略性新兴产业发展水平的装备支撑。发展智能制造装备产业对于带动产业结构优化升级，提升生产效率、技术水平和产品质量，降低能源、资源消耗，实现制造过程的自动化、智能化、精密化、绿色化发展具有重要意义。

（3）智能制造装备是全面发展社会生产力的重要基础

当今企业处于一个瞬息多变的市场环境中，市场的需求和国际化的竞争环境对制造产业提出了更高的要求，社会需求的转变也使得产品的生产模式从大批量、规模化的生产模式转向小批量、定制化单件产品的生产模式。企业必须从产品的时间、质量、成本、服务和环保等方面考虑，来提高自身的竞争力，以快速响应市场频繁的变化，因此要求企业的制造装备表现出更高的灵活性和智能性。过去人们对制造技术的注意力主要偏重制造过程的自动化，自动化程度的提高极大地解放了生产过程中的体力劳动，但脑力劳动的自动化程度（即决策自动化程度）却难以满足生产要求。制造过程中各种问题的最终决策或解决，在很大程度上依然依赖于决策者的智慧，随着市场竞争的加剧和信息量的增加，这种依赖程度将越来越大，进行决策的难度也越来越高。另一方面，专业人才的匮乏导致部分技术人员对出现的问题很难进行准确的决策。因此，未来的制造系统需要具有智能加工信息的能力，通过智能制造系统和智能制造装备，减少制造过程对人类智慧的依赖，解决人才供应的矛盾。发展具有自决策能力的智能制造装备，可以有效弥补"人主观决策"的缺点，在产业发展的过程中释放出巨大的能量，满足各个领域对智能化发展的需求，在生产、分配、交换、消费等各个环节建立起新的模式，成为推动社会生产力全面发展的重要基础。

（4）智能制造装备是推动我国制造业转型升级的核心力量

智能制造装备是智能化、信息化与自动化深度融合的体现，大力发展智能制造装备对加快我国制造业向"高端制造"转型升级，提升制造效率、技术水平与产品质量，降低能源与资源消耗，推动制造过程智能化和可持续发展具有十分重要的战略意义。我国目前正处于制造业转型升级的关键时期，站在新的历史节点，我们必须大力培育和发展智能制造装备，形成相应的产业，提高国家制造业核心竞争力，带动产业升级和其他新兴领域的发展，推动"中国制造"向"中国智造"转变。

1.6　智能制造关键技术装备

　　智能制造装备属于高端装备制造业重点发展领域，覆盖了庞大的业务领域，在各个领域中的应用和需求逐渐增多，其重要性也随着制造产业的发展逐渐凸显。现阶段，我国装备制造业经过改革开放 30 年的发展，已经形成了门类齐全、具有相当规模和技术水平的产业体系。《智能制造工程实施指南（2016—2020 年）》中明确发展的五类关键技术装备为高档数控机床与工业机器人、增材制造装备、智能传感与控制装备、智能检测与装配装备、智能物流与仓储装备。

1.6.1　高档数控机床

　　机床是用来制造机器和装备的工业母机，数控机床即数字控制机床，是一种装有程序控制系统的自动化机床。数控机床解决了复杂、精密、小批量、多品种的零件加工问题，代表了现代机床控制技术的发展方向。根据数控机床的性能、档次的不同，数控机床产品可分为高档数控机床、中档数控机床、低档数控机床三种。高档数控机床集成了高速、精密、智能、复合、多轴联动、网络通信等多功能于一体，是衡量一个国家装备制造业发展水平和产品质量的重要标志。

　　智能机床是高档数控机床发展的高级形态，是先进制造技术、信息技术和智能技术集成与深度融合的产物。智能机床是一种对机床和加工过程具有信息感知、数据分析、优化决策、适应控制和通用网络互联等能力的高性能数控机床。智能机床具有多功能化、集成化、智能化和绿色化等特点，能够感知和获取机床状态和加工过程的信号及数据，通过变换处理、建模分析和数据挖掘，形成支持决策的信息和指令，实现对机床及加工过程的监测、预报、优化和控制，同时，还具有符合通用标准的通信接口和信息共享机制，使机床满足高效柔性生产和自适应优化控制的要求。在 2006 年 9 月的美国芝加哥国际机械制造技术展会上，日本 Mazak 公司展出了世界上第一台智能机床，在此之后，日本 OKUMA 公司、瑞士米克朗公司等著名制造厂商也相继推出了智能机床，实现了主动振动控制、智能热屏蔽、智能安全、智能工艺监视等功能。

　　智能机床是智能制造装备推进的重点，将成为智能制造系统中最重要的物质基础。智能化是高档数控机床的标志，是未来机床的重要发展方向之一。近年来，中国机床已向高档化转型升级，缩小了差距，实现了"跟跑"，但仍不足以打破国外几十年积累的工艺经验、品牌和所形成的产业生态圈，导致我国仍然大量进口国外高档数控机床。加快新一代人工智能技术与数控机床融合应用，将为数控机床产业带来新的变革。这将是中国机床行业"换道超车"，最终实现从"跟跑"到"领跑"的重大机遇。

1.6.2　工业机器人

　　工业机器人是面向工业领域的多关节机械手或多自由度的机器人，是自动执行工作的机器装置，是靠自身动力和控制能力来实现各种功能的一种机器；它接受人类的指令后，将按照设定的程序执行运动路径和作业。工业机器人的典型应用包括焊接、喷涂、组装、采集和放置（例如包装和码垛等）、产品检测和测试等。工业机器人涉及机械、电子、控制、计算机、人工智能、传感器、通信与网络等多个学科和领域，是多种高新技术发展成果的综合集成，因此它的发展与上述学科发展密切相关。工业机器人在制造业的应用范围越来越广阔，其标准化、模块化、网络化和智能化的程度也越来越高，功能越来越强，并向着成套技术和装备的方向发展。

工业机器人作为先进制造业的支撑技术和信息化社会的新兴产业，将对未来生产和社会发展起着越来越重要的作用。广泛采用工业机器人，不仅可提高产品的质量与产量，而且对保障人身安全、改善劳动环境、减轻劳动强度、提高劳动生产率、节约原材料消耗以及降低生产成本，有着十分重要的意义。

未来工业机器人将在智能制造中扮演日益重要的角色，其技术发展趋势聚焦在四个方面，即高速化、精密化、柔性化和智能化，以满足加工应用中越来越高的效率和质量要求、产品个性化生产要求以及"感知与决策、灵巧作业、人机共融"的智能化要求，从而成为一种可融入人类生产、工作和生活环境，与人优势互补、合作互助，具备可变作业能力的人类助手型机器人。

1.6.3 增材制造装备

增材制造是以数字模型为基础，将材料逐层堆积制造出实体物品的新兴制造技术，体现了信息网络技术与先进材料技术、数字制造技术的密切结合，正深刻影响着传统工艺流程、生产线、工厂模式和产业链组合，是先进制造业的重要组成部分，已成为世界各国积极布局的未来产业发展新增长点。近年来，我国高度重视增材制造产业发展，将其作为《中国制造2025》的发展重点。增材制造产业正从起步阶段向高速成长阶段迈进，加快增材制造技术发展，尽快形成产业规模，对于推进我国制造业转型升级具有重要意义。

增材制造装备是以增材制造技术进行加工的制造装备。随着工艺技术研究的持续深入和制造技术的不断创新，我国增材制造装备性能稳步提升，在大型化、高精度、高效率方面取得一系列进展。激光选区熔化技术（SLM）装备的研发难度随成形尺寸的增加而加大，如苏州西帝摩三维打印科技有限公司在大尺寸SLM增材制造装备领域取得突破，其研发的XDM750型装备成形尺寸达到750mm×750mm×500mm，是目前国内成形尺寸最大的铺粉增材制造设备；深圳摩方材料公司自主研发的面投影微立体光刻装备，成形精度已达微米级，在微流控芯片领域的应用前景广阔；2017年，珠海赛纳打印科技股份有限公司推出基于白墨填充式（WJP）多喷头技术的彩色多材料增材制造装备J501pro，通过3组高精度喷头（共计3840个喷孔）将高分子聚合物喷射后通过光固化打印，实现多达6种材料的复合彩色成形，最大分辨率达14μm和1800dpi。

1.6.4 智能传感与控制装备

智能传感器是指将待感知、待控制的参数进行量化并集成应用于工业网络的高性能、高可靠性与多功能的新型传感器，其通常带有微处理系统，具有信息感知、信息诊断、信息交互的能力。智能传感器是集成技术与微处理技术相结合的产物，是一种新型的系统化产品，其核心技术涉及五个方面，分别是压电技术、热式传感器技术、微流Bio MEMS技术、磁传感技术和柔性传感技术。多个智能传感器还可以组建成相应的全网络拓扑，并且具备从系统到单元的反向分析与自主校准能力。在当前工业大数据网络化发展的趋势下，智能传感器及其网络拓扑将成为推动制造业信息化、网络化发展的重要力量。

1.6.5　智能检测与装配装备

随着人工智能技术的不断发展，各种算法不断优化，智能检测和装配技术在航空、航天、汽车、半导体、医疗等重点领域都得到了广泛应用。基于机器视觉的多功能智能自动检测装备可以准确分析目标物体存在的各类缺陷和瑕疵，确定目标物体的外形尺寸和准确位置，进行自动化检测、装配，实现产品质量的有效稳定控制，增加生产的柔性、可靠性，提高产品的生产效率。数字化智能装配系统可以根据产品的结构特点和加工工艺特点，结合供货周期要求，进行全局装配规划，最大限度地提高各装配设备的利用率，尽可能地缩短装配周期。除此之外，智能检测和装配装备在农林和环保等领域也具有巨大的潜力。

1.6.6　智能物流与仓储装备

在"工业4.0"智能工厂框架中，智能物流与仓储位于后端，是连接制造端和客户端的核心环节，由硬件（智能物流仓储装备）和软件（智能物流仓储系统）两部分组成。其中，硬件主要包括自动化立体仓库、多层穿梭车、巷道堆垛机、自动分拣机、自动引导搬运车（AGV）等；软件按照实际业务需求对企业的人员、物料、信息进行协调管理，并将信息联入工业物联网，使整体生产高效运转。智能物流与仓储在减少人力成本消耗和空间占用、大幅提高管理效率等方面具有优势，是降低企业仓储、物流成本的终极解决方案。无人化是智能物流与仓储重要的发展趋势，搬运设备根据系统给出的网络指令，准确定位并抓取货物搬运至指定位置，常见的轨道AGV在未来将会被无轨搬运机器人取代。

1.7　智能制造装备及系统的组成

1.7.1　智能制造系统架构

《国家智能制造标准体系建设指南（2021）》中提出从生命周期、系统层级、智能特征3个维度建立智能制造系统架构，对智能制造所涉及的要素、装备、活动等内容进行描述，主要用于明确智能制造的标准化对象和范围。智能制造系统架构如图1-4所示。

（1）生命周期

生命周期涵盖从产品原型研发到产品回收再制造的各个阶段，包括设计、生产、物流、销售、服务等一系列相互联系的价值创造活动。生命周期的各项活动可进行迭代优化，具有可持续性发展等特点，不同行业的生命周期构成和时间顺序不尽相同。

① 设计是指根据企业的所有约束条件以及所选择的技术来对需求进行实现和优化的过程；
② 生产是指将物料进行加工、运送、装配、检验等活动来创造产品的过程；
③ 物流是指物品从供应地向接收地的实体流动过程；
④ 销售是指产品或商品等从企业转移到客户手中的经营活动；
⑤ 服务是指产品提供者与客户接触过程中所产生的一系列活动的过程及其结果。

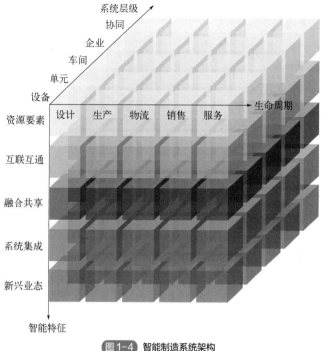

图1-4 智能制造系统架构

（2）系统层级

系统层级是指与企业生产活动相关的组织结构的层级划分，包括设备层、单元层、车间层、企业层和协同层。

① 设备层是指企业利用传感器、仪器仪表、机器、装置等，实现实际物理流程并感知和操控物理流程的层级；

② 层是指用于企业内处理信息、实现监测和控制物理流程的层级；

③ 层是实现面向工厂或车间的生产管理的层级；

④ 企业层是实现面向企业的经营的管理的层级；

⑤ 协同层是企业实现其内部和外部信息互联和共享，实现跨企业间业务协同的层级。

（3）智能特征

智能特征是指制造活动具有的自感知、自决策、自执行、自学习、自适应之类功能的表征，包括资源要素、互联互通、融合共享、系统集成和新兴业态等5层智能化要求。

① 资源要素是指企业从事生产时所需要使用的资源或工具及其数字化模型所在的层级；

② 互联互通是指通过有线或无线网络、通信协议与接口，实现资源要素之间的数据传递与参数语义交换的层级；

③ 融合共享是指在互联互通的基础上，利用云计算、工业大数据等新一代信息通信技术，实现信息协同共享的层级；

④ 系统集成是指企业实现智能制造过程中装备、生产单元、生产线、数字化车间、智能工厂之间，以及智能制造系统之间的数据交换和功能互连的层级；

⑤ 新兴业态是指基于物理空间不同层级资源要素和数字空间集成与融合的数据、模型及系

统，建立的涵盖了认知、诊断、预测及决策等功能，且支持虚实迭代优化的层级。

1.7.2　智能制造装备本体的组成

一个智能制造装备本体大概由机械执行系统、智能感知系统、运动控制系统、智能决策系统四部分组成。

（1）机械执行系统

装备的机械执行系统，也就是机械执行机构，是机械工具的进一步延伸。现阶段的装备机械执行系统，是包括产生特定运动的机构和驱动机构运动的电机、发动机、气动马达等驱动设备。通过装备机械执行系统，智能制造装备可以进行高于人类的高精度、高稳定性的操作。目前机械执行系统最需要突破的是各类能实现复杂功能的末端执行器，由于末端执行器需要和大量的感知传感器配合交互，且期望尺寸较小，因此末端执行器的研制是集成商最关注的方向。

（2）智能感知系统

感知是智能的输入和起点，也是智能发挥作用的基础。感知系统模拟智能体的视觉、听觉、触觉等。要注意的是，智能制造装备不是完全仿真人类的智能，而是参考人类的智能去解决实际问题，因此它会有所拓展，会发展各种超越人类感知能力的传感器，比如超声、红外……目前感知系统是智能制造装备高速发展的一个方向，更新、更高精度的传感器是研究学者和业界不懈的追求目标。智能制造装备常用的传感器有：视觉传感器（如摄像头）、距离传感器（如激光测距仪）、射频识别（RFID）传感器、声音传感器、触觉传感器等。

（3）运动控制系统

运动控制系统是智能发挥作用的桥梁。控制系统可以使执行系统按照给定的指令进行复杂的操作。使人类从烦琐的人机交互中脱离从来，极大地提高了效率和降低了出错的可能性。控制系统为智能提供了基础，它通过感知系统进行反馈控制为装备提供了初级的"智能"。工业上用的精密控制，除了各种感知技术外，主要依靠计算机的计算、存储能力，在已知的抽象和逻辑（算法）下，为执行机构提供"智能"的指令。

（4）智能决策系统

智能决策系统根据各种感知系统收集的信息，进行复杂的决策计算，优化出合理的指令，指挥控制系统来驱动执行系统，从而最终实现复杂的智能行为。智能决策系统是目前智能制造装备发展的瓶颈，目前工业领域事实上还没有好的通用解决方案。

以智能机床为例，其机械执行系统为高性能的机床机械本体，具有极佳的性能，如定位/重复定位精度、动/静刚度、主轴转动平稳性等。在此基础上，智能感知系统的各种传感器使得机床能够自主感知加工条件的变化，如利用温度传感器感知环境温度，利用加速度传感器感知工件振动，利用视觉传感器感知是否出现断刀。进一步对机床运行过程中的数据进行实时采集与分类处理，形成机床运行工业大数据知识库。智能决策系统通过人工智能、云计算等技术实现故障自诊断并给出智能决策，最终实现智能抑振、智能热屏蔽、智能安全、智能监控等功能，使装备具有自适应、自诊断、自决策、自学习与自执行等特征。

1.7.3　智能制造装备系统的组成

智能制造装备单体虽然具备智能特征，但其功能和效率始终是有限的，无法满足现代制造规模化发展的需求，因此，需要基于智能制造设备，进一步发展和建立智能制造系统。图 1-5 所示为智能制造系统的组成。其中，最下层为不同功能的智能制造装备，如智能机床、智能机器人以及智能测量仪等；多台智能制造装备组成了数字化生产线，实现了各智能制造装备的连接；多条数字化生产线组成了数字化车间，实现了各数字化生产线的连接；最后多个数字化车间组成了智能工厂，实现了各数字化车间的连接；最上一层为应用层，由工业物联网、工业云计算、工业大数据、人工智能、数字孪生、工业互联网、工业元宇宙等赋能技术组成，为各级智能制造系统提供技术支撑与服务。

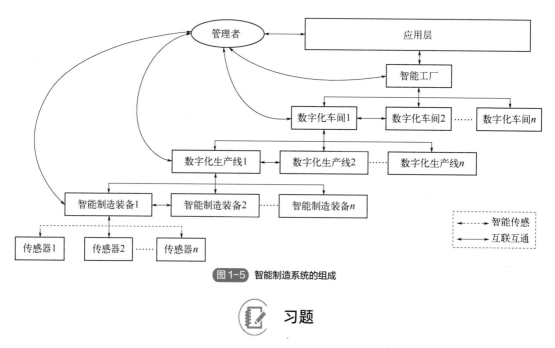

图 1-5　智能制造系统的组成

习题

一、填空题

1. 制造业先后已经历了（　　　）、（　　　）和（　　　）三个阶段，目前工业革命进入了第四个阶段也就是（　　　）阶段，这四个阶段现在普遍被称为四次工业革命。

2.《中国制造 2025》中的五大工程包括（　　　）、（　　　）、（　　　）、（　　　）、（　　　）。

3.（　　　）是具有感知、决策、执行功能的各类制造装备的统称，是先进制造技术、信息技术以及人工智能技术在制造装备上的集成和深度融合，是实现高效、高品质、节能环保和安全可靠生产的下一代制造装备。

二、判断题

1. 智能制造是基于先进制造技术与新一代信息技术深度融合，贯穿于设计、生产、管理、服务等产品全生命周期，具有自感知、自决策、自执行、自适应、自学习等特征，旨在提高制造业质量、效率效益和柔性的先进生产方式。（　　）

2. 自适应能力是指智能制造装备具有收集和理解工作环境信息、实时获取自身状态信息的能力，智能制造装备能够准确获取表征装备运行状态的各种信息；并对信息进行初步的理解和加工，提取主要特征成分，反映装备的工作性能。（　　）

3. 生命周期涵盖从产品原型研发到产品回收再制造的各个阶段，包括设计、生产、物流、销售、服务等一系列相互联系的价值创造活动。（　　）

三、简答题

1. 智能制造装备人才培养有哪些新需求？

2. 智能制造装备的优点有哪些？

3. 智能制造装备本体由哪几部分组成？各部分的主要作用是什么？

扫码获取答案

参考文献

[1] 刘强. 智能制造理论体系架构研究. 中国机械工程, 2020, 31(01): 25.
[2] 刘强. 探索智能制造发展之路. 数字印刷, 2019(01): 16.
[3] 吴旺延. 智能制造促进中国产业转型升级的机理和路径研究.西安财经大学学报, 2020, 33(03): 19.
[4] 郧彦辉. 我国智能制造政策研究. 机器人产业, 2020(06): 106.
[5] 中国科协智能制造学会联合体. 中国智能制造重点领域发展报告 2018. 北京: 机械工业出版社, 2019.
[6] 董伟. 智能制造行业技能人才需求与培养匹配分析研究. 高等工程教育研究, 2018(6): 131.
[7] 李伟, 石伟平. 智能制造背景下高职人才培养目标新探: 基于技术哲学的视角. 教育与职业, 2017(21): 5.
[8] 周兰菊, 曹晔. 智能制造背景下高职制造业创新人才培养实践与探索. 职教论坛, 2016(22): 64.
[9] 薛茂云, 王国庆. 破解小专业服务大产业: 高职教育专业集群建设路径选择. 中国职业技术教育, 2018(34): 43.
[10] 万志远. 智能制造背景下装备制造业产业升级研究. 世界科技研究与发展, 2018, 40(03): 316.
[11] 张容磊. 智能制造装备产业概述. 智能制造, 2020(07): 15.
[12] 张小红, 秦威. 智能制造导论. 上海: 上海交通大学出版社, 2019.
[13] 王立平. 智能制造装备及系统. 北京: 清华大学出版社, 2020.
[14] 宋志婷. 智能制造信息系统鲁棒性分析与控制. 广州: 华南理工大学, 2018.
[15] 杨拴昌. 解读智能制造装备“十二五”发展路线. 电器工业, 2012(5): 17.
[16] 周祐佑, 陈长年. 智能机床——数控机床技术发展新的里程碑: IMTS2006 观后感之制造技术与机床, 2007(4): 43.
[17] 谭文君. 我国工业机器人行业的发展现状及启示. 宏观经济管理, 2018(04): 42.
[18] 左世全, 李方正. 我国增材制造产业发展趋势及对策建议. 经济纵横, 2018(01): 75.
[19] 张乔石.SLM 成形质量影响因素分析与提高. 合肥: 合肥工业大学, 2016.
[20] 左世全, 李方正. 我国增材制造产业发展趋势及对策建议. 经济纵横, 2018(01): 74.
[21] OLAOS T, VAGGELIS G, DUNCAN M, et al.Adaptive Storage Location Assignment for Ware-houses Using Intelligent Products . Nature Communications, 2015, 6(1): 271.
[22] 万志远, 戈鹏, 张晓林, 等. 智能制造背景下装备制造业产业升级研究. 世界科技研究与发展, 2018, 40(03): 316.
[23] 李鸿. 智能制造在钢铁领域中的应用与研究. 机械工程学报, 2022, 58(04): 87.

第 2 章

智能制造装备关键赋能技术

 本章思维导图

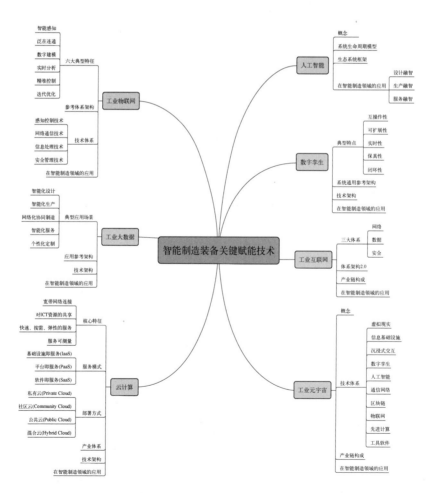

导 读

　　本章主要介绍智能制造装备的关键智能赋能技术，包括工业物联网、工业大数据、云计算、人工智能、数字孪生、工业互联网、工业元宇宙等新兴先进技术。

学习目标

　　掌握：工业物联网、工业大数据、云计算、人工智能、数字孪生、工业互联网、工业元宇宙等技术的概念、体系构架、技术体系。

　　了解：工业物联网、工业大数据、云计算、人工智能、数字孪生、工业互联网、工业元宇宙等技术在智能制造领域的应用。

　　智能制造装备通常包含装备本体与相关的智能赋能技术，装备本体需要具备优异的性能指标，如精度、效率及可靠性，而相关的赋能技术则是使装备本体具有自感知、自适应、自诊断、自决策、自学习、自执行等智能特征的关键途径。智能制造装备的组成如图 2-1 所示，其中典型的智能赋能技术包括工业物联网、工业大数据、云计算、人工智能、数字孪生、工业互联网、工业元宇宙等新兴先进技术。

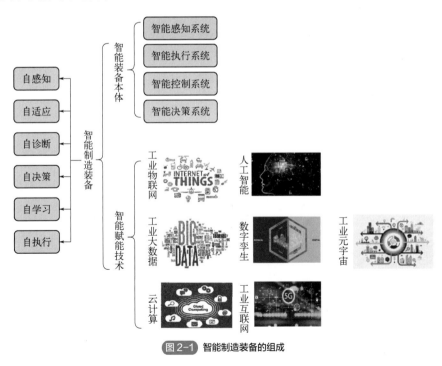

图 2-1　智能制造装备的组成

2.1　工业物联网

物联网（internet of things,IoT）的概念最早在美国 20 世纪 90 年代被提出。1991 年，美国麻省理工学院（MIT）的凯文·艾希顿（Kevin Ashton）教授，其被称为物联网之父，首次提出了物联网的概念。他当时在保洁公司做品牌管理，为了解决库存问题，他设想利用芯片和无线网络使得零售商能够实时获知货架上还有哪些商品，及时知道哪些商品需要补货。其理念是基于射频识别（RFID）、电子产品代码（EPC）等技术，在互联网的基础上，通过信息传感技术把所有的物品连接起来，构造一个实现物品信息实时共享的智能化网络，即物联网。2005 年，在突尼斯举行的信息社会世界峰会上，国际电信联盟（ITU）发布了《ITU 互联网报告 2005：物联网》，正式提出了物联网的概念，全面而透彻地分析了物联网的可用技术、市场机会、潜在挑战和美好前景等内容。这标志着物联网时代的到来，物联网成为继计算机、互联网后的第三次信息技术革命。在此之后，随着 5G 等通信技术的高速发展，物联网技术在智能物流、智能交通、智能家居、智能农业、智能零售等领域得到了广泛应用。从智能手机、汽车到冰箱、恒温器和镜子，这些连接的"事物"正在慢慢进入我们生活的方方面面。

工业物联网（industrial internet of things，IIoT），就是在工业系统中使用物联网技术，使机器之间以及机器与其环境和其他基础设施进行通信，实现智能化操作。根据统计网站 Statista 的数据，在 2021 年，全球工业物联网市场规模超过了 2630 亿美元。预计未来几年其市场规模将大幅增长，到 2028 年将达到约 1.11 万亿美元。

2.1.1　工业物联网的概念

中国电子技术标准化研究院编写的《工业物联网白皮书（2017 版）》中指出，工业物联网是通过工业资源的网络互连、数据互通和系统互操作，实现制造原料的灵活配置、制造过程的按需执行、制造工艺的合理优化和制造环境的快速适应，达到资源的高效利用，从而构建服务驱动型的新工业生态体系。工业物联网表现出六大典型特征：智能感知、泛在连通、精准控制、数字建模、实时分析和迭代优化。

（1）智能感知

智能感知是工业物联网的基础。面对工业生产、物流、销售等产业链环节产生的海量数据，工业物联网利用传感器、射频识别等感知手段获取工业全生命周期内的不同维度的信息数据，具体包括人员、机器、原料、工艺流程和环境等工业资源状态信息。

（2）泛在连通

泛在连通是工业物联网的前提。工业资源通过有线或无线的方式彼此连接或与互联网相连，形成便捷、高效的工业物联网信息通道，实现工业资源数据的互联互通，拓展了机器与机器、机器与人、机器与环境之间连接的广度和深度。

（3）数字建模

数字建模是工业物联网的方法。数字建模将工业资源映射到数字空间中，在虚拟的世界里模拟工业生产流程，借助数字空间强大的信息处理能力，实现对工业生产过程全要素的抽象建模，为工业物联网实体产业链运行提供有效决策。

（4）实时分析

实时分析是工业物联网的手段。工业物联网针对所感知的工业资源数据，通过技术分析手段，在数字空间中进行实时处理，获取工业资源状态在虚拟空间和现实空间的内在联系，将抽象的数据进一步直观化和可视化，完成对外部物理实体的实时响应。

（5）精准控制

精准控制是工业物联网的目的。工业物联网通过工业资源的状态感知、信息互联、数字建模和实时分析等过程，将基于虚拟空间形成的决策，转换成工业资源实体可以理解的控制命令，进行实际操作，实现工业资源精准的信息交互和无间隙协作。

（6）迭代优化

迭代优化是工业物联网的效果。工业物联网体系能够不断地自我学习与提升，通过对工业资源数据进行处理、分析和存储，形成有效且可继承的知识库、模型库和资源库，面向工业资源制造原料、制造过程、制造工艺和制造环境，进行不断迭代优化，达到最优目标。

2.1.2　工业物联网参考体系结构

工业物联网参考体系结构是工业物联网系统组成的抽象描述，为不同工业物联网结构设计提供参考。工业物联网参考体系结构是依据 GB/T 33474—2016《物联网　参考体系结构》中的物联网概念模型给出，从系统的角度，给出了工业物联网系统各功能域中主要实体及实体之间的接口关系，如图 2-2 所示。

工业物联网参考体系结构由用户域、目标对象域、感知控制域、服务提供域、运维管控域和资源交换域组成。目标对象域主要为在制品、原料、流水线、环境、作业工人等，这些对象被感知控制域的传感器、标签所感知、识别和控制，其生产、加工、运输、流通、销售等各个环节的信息被获取。感知控制域采集的数据最终通过工业物联网网关传送给服务提供域。服务提供域主要包括通用使能平台、资产优化平台和资源配置平台，提供远程监控、能源管理、安全生产等服务。运维管控域从系统运行技术性管理和法律法规符合性管理两大方面保证工业物联网其他域的稳定、可靠、安全运行等，主要包括工业安全监督管理平台和运行维护管理平台。资源交换域根据工业物联网系统与其他相关系统的应用服务需求，实现信息资源和市场资源的交换与共享功能。用户域是支撑用户接入工业物联网，使用物联网服务的接口系统，具体包括产品供应商、制造商、解决方案供应商、客户和政府等。

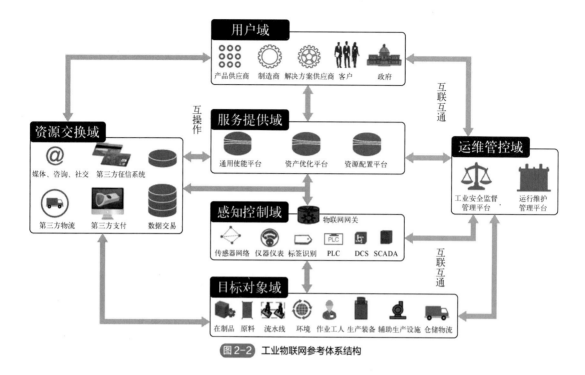

图 2-2　工业物联网参考体系结构

2.1.3　工业物联网技术体系

工业物联网技术体系主要分为感知控制技术、网络通信技术、信息处理技术和安全管理技术。感知控制技术主要包括传感器、射频识别、多媒体、工业控制等，是工业物联网部署实施的核心；网络通信技术主要包括工业以太网、短距离无线通信技术、低功耗广域网等，是工业物联网互联互通的基础；信息处理技术主要包括数据清洗、数据分析、数据建模和数据存储等，为工业物联网应用提供支撑；安全管理技术包括加密认证、防火墙、入侵检测等，是工业物联网部署的关键。

（1）感知控制技术

工业传感器能够测量或感知特定物体的状态和变化，并转化为可传输、可处理、可存储的电子信号或其他形式的信息，是实现工业物联网中工业过程自动检测和自动控制的首要环节。射频识别是一种非接触型的自动识别技术，其主要原理是利用无线电磁信号传输特性和空间耦合原理，来完成对目标物体的自动识别过程。工业控制系统包括数据采集与监视系统（SCADA）、分布式控制系统（DCS）和其他较小的控制系统如可编程逻辑控制器（PLC）。

（2）网络通信技术

工业以太网、工业现场总线、工业无线网络是目前工业通信领域的三大主流技术。工业以太网是指在工业环境的自动化控制及过程控制中应用以太网的相关组件及技术。工业无线网络则是一种新兴的利用无线技术进行传感器组网以及数据传输的技术，无线网络技术的应用使得工业传感器的布线成本大大降低，有利于传感器功能的扩展。工业无线技术的核心技术包括时间同步、确定性调度、跳信道、路由和安全技术等。

（3）信息处理技术

信息处理技术是对采集到的数据进行数据解析、格式转换、元数据提取、初步清洗等预处理工作，再按照不同的数据类型与数据使用特点选择分布式文件系统、关系数据库、对象存储系统、时序数据库等不同的数据管理引擎，实现数据的分区选择、落地存储、编目与索引等操作。

（4）安全管理技术

不同的工业物联网系统会采取不同的安全防护措施，主要包括预防（防止非法入侵）、检测（万一预防失败，则在系统内检测是否有非法入侵行为）、响应（如果查到非法入侵，应采取什么行动）、恢复（对受破坏的数据和系统，如何尽快恢复）等阶段。

2.1.4　工业物联网在智能制造领域的应用

工业物联网能够帮助制造企业整合供应链信息，互联供应链上下游的机器、信息系统、原材料、传感器等，对工业数据进行深度感知、传输交换与高级分析，进而进行智能管控并优化运营，以实现供应链整体的降本增效。工业物联网的价值体现主要包括：提升价值、优化资源、升级服务和激发创新。

（1）提升价值

工业物联网使丰富的生产、机器、人、流程、产品数据进行互联，使数据达到前所未有的深度和广度的集成，建立物理世界与信息世界的映射关系，使数据的价值得以挖掘利用，提升数据的价值。

（2）优化资源

工业物联网通过网络通信技术将工业资源全面互联，通过数据处理和智能分析，对工业领域所有过程得出科学合理的决策，反馈至物理世界并对资源进行调度重组，使工业资源的利用达到前所未有的高效。

（3）升级服务

工业物联网的应用使制造企业改变原有的产品短期交易的状态，向以数据为核心的制造服务转变，打破传统的产业界限。升级服务重构企业与用户的商业关系，也帮助企业形成以数据价值为特征的新资产。

（4）激发创新

工业物联网在工业领域架起一座物理世界和信息世界连通的桥梁，并且提供接口供应用访问物理世界和信息世界，为资源高效灵活利用的开发提供无限可能，营造创新环境。

本书以一种基于物联网的精密门窗铰链智能制造系统为例，系统的网络结构如图2-3所示。该系统基于面向服务的架构（SOA），采用结构化查询语言数据库（SQL），应用无线射频技术（RFID）把人、机、料接入物联网，通过用户数据报协议（UDP）实现在制品实时生产信息与服务器数据库数据的交互。该系统在铰链制造过程中实时记录了每个工件所经过的生产流程、工位和操作人员，并通过对设备仪器采集的数据进行分析，使管理人员可以清楚地掌握所有工件的实时生产信息，并对产品质量和生产排程做出实时性的追踪与管控。

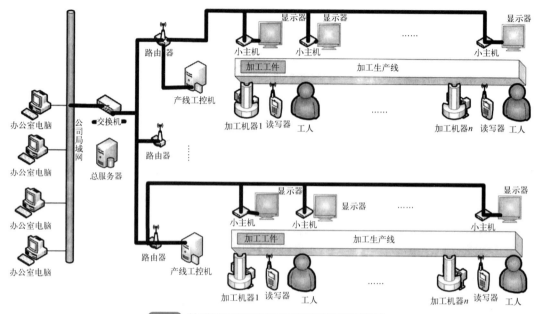

图2-3 基于物联网的精密门窗铰链智能制造系统网络结构

该精密门窗铰链智能制造系统应用工业物联网技术实现网络化、智能化的管理模式，构成闭环生产管理，把现场实时采集的数据通过网络传送，达到实时信息共享，及时掌控生产现状以及对异常问题做出及时处理，通过对生产数据进行大数据分析，可以发现车间现场的一些问题，指导现场的作业。同时，其保存的数据也可作为历史追溯的依据。

2.2 工业大数据

早在1980年，阿尔文·托夫勒（Alvin Toffler）就在他的著作《第三次浪潮》（*The Third Wave*）中提出了他对大数据（big data）的畅想，而在40年后的今天，大数据已经迅速发展成为学术界和产业界各个领域，甚至是世界各国政府所关注的热点。2012年，美国奥巴马政府宣布"大数据研究和发展计划"，6个联邦政府的部门和机构共计投资2亿美元，以提高从大量数字数据中访问、组织、收集、发现信息的工具和技术水平，覆盖科学、工程、国家安全和教学研究等多个方面。同年3月，我国科技部发布《"十二五"国家科技计划信息技术领域2013年度备选项目征集指南》，其中明确提出要发展"面向大数据的先进存储结构及关键技术"，国家"973计划""863计划"、国家自然科学基金等也分别设立了针对大数据的研究计划和专项。2015年9月，国务院印发《促进大数据发展行动纲要》，明确指出大数据将成为推动经济转型发展的新动力、重塑国家竞争优势的新机遇、提升政府治理能力的新途径。该文件对我国大数据发展工作进行了系统性的部署，包括开展政府数据资源共享开放，国家大数据资源统筹发展，政府治理大数据、公共服务大数据、工业和新兴产业大数据、现代农业大数据等工程项目。

工业大数据（industrial big data）是指在工业领域中应用的大数据。近年来，随着全球工业化改革的发展，全球工业大数据的规模不断增加。2019 年，全球工业大数据的市场规模为 313 亿美元，当年全球大数据市场规模为 540 亿美元，工业大数据占全球大数据总规模超过 50%，可见工业大数据已经成为全球大数据行业发展的主要领域。"十三五"时期，我国大数据产业年均复合增长率超过 30%，2021 年产业规模突破 1.3 万亿元。工信部数据显示我国大数据产业规模快速增长，大数据产业链初步形成。

2.2.1　工业大数据的概念

中国电子标准化研究院和全国信息技术标准化技术委员会大数据标准工作组共同编制的《工业大数据白皮书（2019 版）》定义，工业大数据是指在工业领域中，围绕典型智能制造模式，从客户需求到销售、订单、计划、研发、设计、工艺、制造、采购、供应、库存、发货和交付、售后服务、运维、报废或回收再制造等整个产品全生命周期各个环节所产生的各类数据及相关技术和应用的总称。工业大数据以产品数据为核心，极大地延展了传统工业数据范围，同时还包括工业大数据相关技术和应用。

随着信息化与工业化的深度融合，工业企业所拥有的数据也日益丰富，包括设计数据、传感数据、自动控制系统数据、生产数据、供应链数据等，数据驱动的价值体现及其带来的洞察力贯穿于智能制造生命周期的全过程。行业领军企业以平台为载体，不断形成针对制造业应用场景的大数据解决方案。制造和自动化领域的领军企业也依托长期积累的核心技术和行业知识，大力推广大数据在工业领域的应用，推动制造企业形成以数据驱动、快速迭代、持续优化的工业智能系统。面向制造业企业陆续形成的工业大数据平台正在为工业大数据在制造业的深入应用提供新技术、新业态和新模式。工业大数据已经成为工业企业生产力、竞争力、创新能力提升的关键，相关技术及产品已经逐步应用于工业企业和产业链的各环节，是驱动智能化产品、生产与服务，实现创新、优化的重要基础，体现在产品全生命周期中的各个阶段，正在加速工业企业的转型升级。近年来由智能制造、工业互联网发展催生的新模式、新应用，再次丰富了工业大数据的应用场景。

依据工业大数据支撑产品从订单到研发设计、采购、生产制造、交付、运维、报废、再制造的整个流程考虑，将工业大数据典型的应用场景主要概括为智能化设计、智能化生产、网络化协同制造、智能化服务和个性化定制等五种模式，如图 2-4 所示。

（1）智能化设计

智能化设计是支撑工业企业实现全流程智能化生产的重要条件。设计数据包括企业设计人员或消费者借助各类辅助工具所设计的产品模型、个性化数据及相关资料，例如计算机辅助设计（CAD）、计算机辅助制造（CAM）、计算机辅助工程（CAE）、计算机辅助工艺设计（CAPP）、产品数据管理（PDM）等。工业大数据在设计环节的应用可以有效提高研发人员创新能力、研发效率和质量，推动协同设计。客户与工业企业之间的交互和交易行为将产生大量数据，挖掘和分析这些客户动态数据，能够帮助客户参与到产品的需求分析和产品设计等创新活动中，实现新型产品创新和协作的新模式。例如，西门子在数字环境下构建基于模型和仿真的研发设计，有效提升了设计质量、节约了研发成本；玛莎拉蒂通过数字化工具加速产品设计，实现开发效率提高 30%。

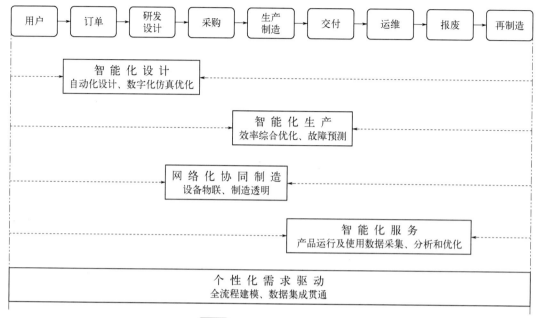

图2-4　工业大数据典型应用场景

（2）智能化生产

智能化生产是新一代智能制造的主线，通过智能系统及设备升级改造及融合，促进制造过程自动化，流程智能化。从数据采集开始，生产阶段工业大数据的驱动力体现在数据关联分析和数据反馈指导生产。在生产阶段，对所采集的数据进行清洗、筛选、关联、融合、索引、挖掘，构建应用分析模式，实现数据到信息知识的有效转化。在制造阶段，通过对制造执行系统中所采集的生产单元分配、资源状态管理、产品跟踪管理等信息进行关联分析，为合理的库存管理、计划排程制定提供数据支撑；并且结合实时数据，对产品生产流程进行评估及预测，对生产过程进行实时监控、调整，并为发现的问题提供解决方案，实现全产业链的协同优化，完成数据由信息到价值的转变。工业大数据通过采集和汇聚设备运行数据、工艺参数、质量检测数据、物料配送数据和进度管理数据等生产现场数据，利用大数据技术分析和反馈并在制造工艺、生产流程、质量管理、设备维护、能耗管理等具体场景应用，实现生产过程的优化。

（3）网络化协同制造

在制造业向着大型、精密、数控、全自动趋势不断靠拢的时代下，基于工业大数据技术，将制造环节与设计、经销、运行、维护直至回收处理联系起来，由传统的数据孤岛转为信息化协同管理，推动产业链各环节的并行组织和协同优化。另一方面，借助大数据平台，将产业链各个环节的数据进行采集并输入到全生命周期数据库形成总知识库，通过信息技术、自动化技术、现代管理技术与制造技术相结合，构建面向企业的网络化协同制造系统，推动制造全产业链智能协同，优化生产要素配置和资源利用，消除低效中间环节，整体提升制造业发展水平和世界竞争力。工业大数据在网络化协同制造的应用主要体现在协同研发与制造、供应链管理体系优化、制造能力资源优化等方面。

（4）智能化服务

现代制造企业不再仅仅是产品提供商，而是提供产品、服务、支持、自我服务和知识的"集合体"。工业大数据与新一代技术的融合应用，赋予市场、销售、运营维护等产品全生命周期服务全新的内容，不断催生出制造业新模式、新业态，从大规模流水线生产转向规模化定制生产和从生产型制造向服务型制造转变，推动服务型制造业与生产型服务业大发展。

（5）个性化定制

个性化定制也是工业大数据应用的热点模式之一。通过工业大数据技术及解决方案，实现制造全流程数据集成贯通，构建千人千面的用户画像，并基于用户的动态需求，指导需求准确地转化为订单，满足用户的动态需求变化，最终形成基于数据驱动的工业大规模个性化定制新模式。

2.2.2　工业大数据应用架构

《工业大数据白皮书（2019版）》给出了工业大数据应用参考架构，如图2-5所示。工业大数据应用参考架构构件包括系统协调者、数据提供者、大数据应用提供者、大数据框架提供者、数据消费者、安全和隐私、管理。

（1）系统协调者

系统协调者的职责在于规范和集成各类所需的数据应用活动。系统协调者的职能包括配置和管理工业大数据应用参考架构中其他构件执行一个或多个工作负载，以确保各项工作能正常运行；为其他组件分配对应的物理或虚拟节点；对各组件的运行情况进行监控；通过动态调配资源等方式来确保各组件的服务质量水平达到所需要求。系统协调者的功能可由管理员、软件或二者的组合以集中式或分布式的形式实现。

（2）数据提供者

数据提供者的基本功能是将原始数据收集起来经过预处理后提供给工业大数据应用提供者。数据提供者主要包括数据源和系统两部分，数据源是数据的产生处，它产生的数据由系统进行收集、分析和分类后提供给工业大数据应用提供者。

（3）工业大数据应用提供者

工业大数据应用提供者的基本职能主要是围绕数据消费者的需求，将来自数据提供者的数据进行处理和提取，提供给数据消费者，主要包括收集、预处理、分析、可视化和访问五个活动。"收集"负责处理与数据提供者的接口和数据引入，根据工业大数据的数据格式、类型的不同，通过引用对应的工业应用或构件，完成数据的识别和导入。"预处理"包括数据清洗、数据归约、标准化、格式化和存储。"分析"是指基于数据科学家的需求或垂直应用的需求，利用数据建模、处理数据的算法以及工业领域专用算法，实现从数据中提取知识的技术。"可视化"是指将经过处理、分析运算后的数据，通过合适的显示技术，如大数据可视化技术、工业 2D 或 3D 场景可视化技术等，呈现给最终的数据消费者。"访问"与"可视化"和"分析"功能交互，

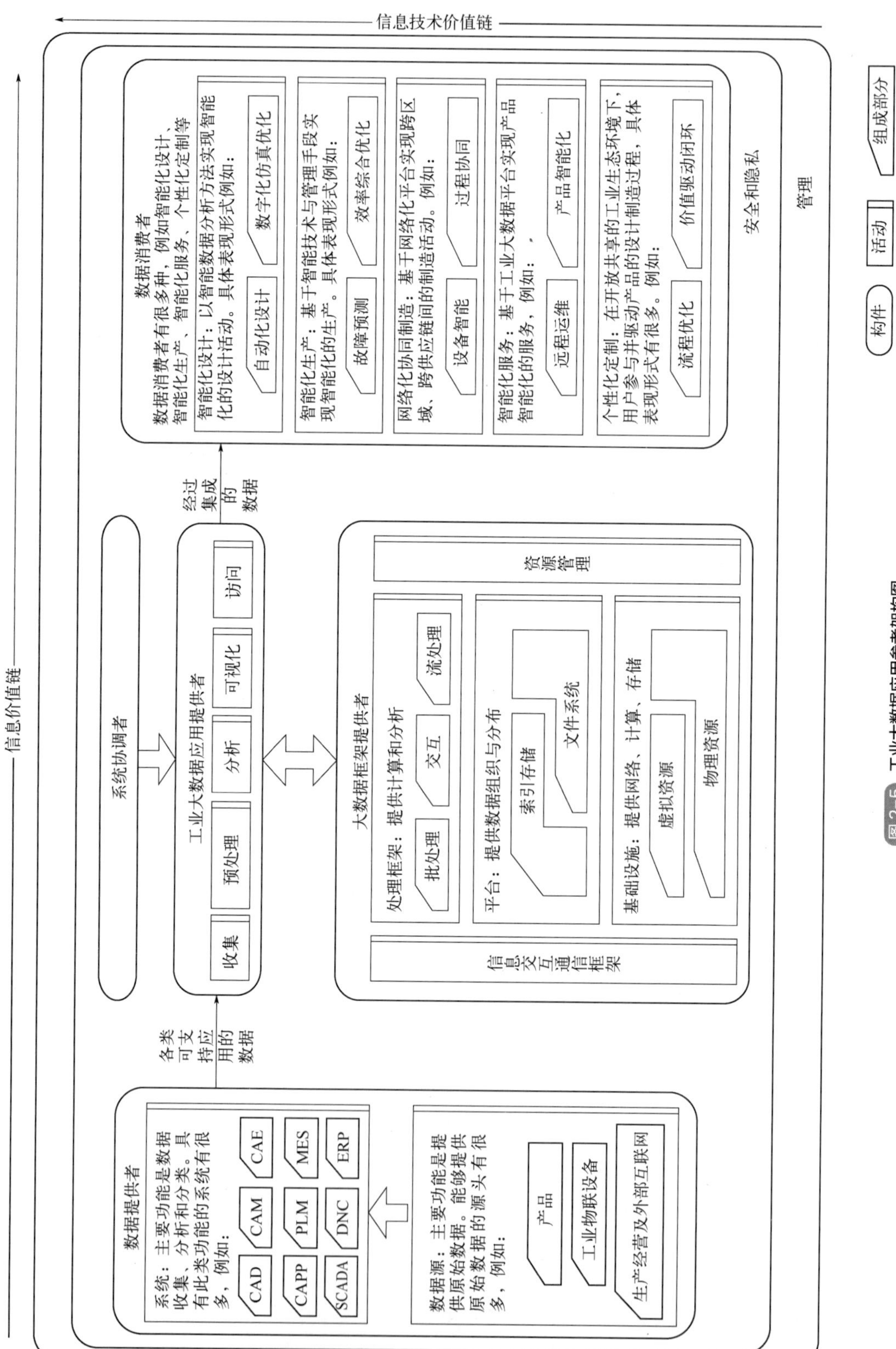

图2-5 工业大数据应用参考架构构图

响应数据消费者和应用程序的请求。

（4）大数据框架提供者

大数据框架提供者主要是为工业大数据应用提供者在创建具体应用时提供使用的资源和服务。大数据框架提供者包括基础设施、平台、处理框架、信息交互/通信和资源管理 5 个活动。

"基础设施"为大数据系统中的所有其他要素提供必要的资源，这些资源由一些物理资源的组合构成，这些物理资源可以控制/支持相似的虚拟资源，包括网络、计算、存储、环境等。

"平台"包含逻辑数据的组织和分布，支持文件系统方式存储和索引存储。

"处理框架"通过提供必要的基础设施软件来使应用程序能够满足数据数量、速度和多样性的处理，包括批处理、流处理，以及两者的数据交换与数据操作。

"信息交互/通信"包含点对点传输和存储转发两种通信模型。在点对点传输模型中，发送者通过信道直接将所传输的信息发送给接收者；而在后者中，发送者会将信息先发送给中间实体，中间实体再逐条转发给接收者。点对点传输模型还包括多播这种特殊的通信模式，在多播中，一个发送者可将信息发送给多个而不是一个接收者。

"资源管理"主要指计算、存储及实现两者互联互通的网络连接管理。其主要目标是实现分布式的、弹性的资源调配，具体包括对存储资源的管理和对计算资源的管理。

（5）数据消费者

数据消费者是通过调用工业大数据应用提供者提供的接口按需访问信息，并进行加工处理，以达到特定的目标。数据消费者有很多种，典型的有智能化设计、智能化生产、网络化协同制造、智能化服务和个性化定制等 5 种应用场景。

（6）安全和隐私

安全和隐私构建，是指通过不同的技术手段和安全措施，构建大数据平台安全防护体系，实现覆盖硬件、软件和上层应用的安全保护，从网络安全、主机安全、应用安全、数据安全四个方面来保证大数据平台的安全性。

（7）管理

管理构件主要包括三方面功能。一是提供大规模集群统一的运维管理系统，能够对包括数据中心、基础硬件、平台软件和应用软件进行集中运维、统一管理，实现安装部署、参数配置、监控、告警、用户管理、权限管理、审计、服务管理、健康检查、问题定位、升级和补丁等功能。二是具有自动化运维的能力，通过对多个数据中心的资源进行统一管理，合理地分配和调度业务所需要的资源，做到自动化按需分配。三是对主管理系统节点及所有业务组件中心管理节点实现高可靠性的双机机制，采用主备或负荷分担配置，避免单点故障场景对系统可靠性的影响。

2.2.3　工业大数据技术架构

围绕工业大数据的全生命周期，《工业大数据白皮书（2019 版）》提出了工业大数据技术参考架构，如图 2-6 所示。工业大数据技术参考架构以工业大数据的全生命周期为主线，从纵向维度可分为平台/工具域和应用/服务域。平台/工具域主要面向工业大数据采集、存储管理、分析等关键技术，提供多源、异构、高通量、强机理的工业大数据核心技术支撑；应用/服务域则基于平台域提供的技术支撑，面向智能化设计、网络化协同、智能化生产、智能化服务、个性化定制等多场景，通过可视化、应用开发等方式，满足用户应用和服务需求，形成价值变现。

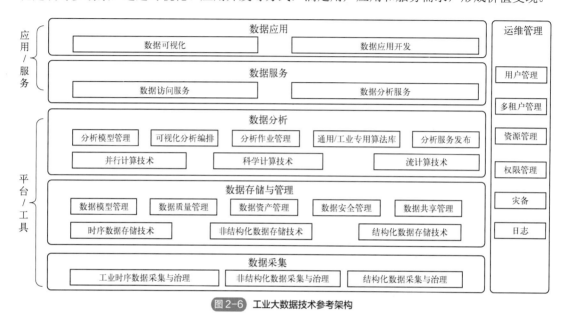

图 2-6 工业大数据技术参考架构

工业大数据技术参考架构从技术层级上具体划分如下。

（1）数据采集层

数据采集层包括时序数据采集与治理、结构化数据采集与治理和非结构化数据采集与实时处理。海量工业时序数据具有 7×24 小时持续发送，质量问题突出等特点，存在峰值和滞后等波动，需要构建前置性数据治理组件与高性能时序数据采集系统。针对结构化与非结构化数据，需要构建同时兼顾可扩展性和处理性能的数据采集系统。数据采集层的数据源主要包括通过ETL 方式同步的企业生产经营相关的业务数据、实时或批量采集的设备物联数据和从外部获取的第三方数据。

（2）数据存储与管理层

数据存储与管理层包括大数据存储技术和管理功能。利用大数据分布式存储的技术，构建在性能和容量上都能线性扩展的时序数据存储、结构化数据存储和非结构化数据存储等。基于以上存储技术并结合工业大数据在数据建模、资产沉淀、开放共享等方面的特殊需求，构建数据模型管理、数据质量管理、数据资产管理、数据安全管理和数据共享管理技术体系。

（3）数据分析层

数据分析层包括基础大数据计算技术和大数据分析服务功能，其中基础大数据计算技术包括并行计算技术、流计算技术和数据科学计算技术。在此之上构建完善的大数据分析服务功能来管理和调度工业大数据分析，通过数据建模、数据计算、数据分析形成知识积累，以实现工业大数据面向生产过程智能化、产品智能化、新业态新模式智能化、管理智能化以及服务智能化等领域的数据分析。

大数据分析服务功能包括分析模型管理、可视化编排、分析作业管理、工业专用/通用算法库和分析服务发布。

（4）数据服务层

数据服务层是利用工业大数据技术对外提供服务的功能层，包括数据访问服务和数据分析服务。其中数据访问服务对外提供大数据平台内所有原始数据、加工数据和分析结果数据的服务化访问接口和功能；数据分析服务对外提供大数据平台上积累的实时流处理模型、机理模型、统计模型和机器学习模型的服务化接口。数据服务层提供平台各类数据源与外界系统和应用程序的访问共享接口，其目标是实现工业大数据平台的各类原始、加工和分析结果数据与数据应用和外部系统的对接集成。

（5）数据应用层

数据应用层主要面向工业大数据的应用技术，包括数据可视化技术和数据应用开发技术。综合原始数据、加工数据和分析结果数据，通过可视化技术，将多来源、多层次、多维度数据以更为直观简洁的方式展示出来，易于用户理解分析，提高决策效率。综合利用微服务开发框架和移动应用开发工具等，基于工业大数据管理、分析技术快速实现工业大数据应用的开发与迭代，构建面向实际业务需求的、数据驱动的工业大数据应用，实现提质、降本与增效。数据应用层通过生成可视化、告警、预测决策、控制等不同的应用，从而实现智能化设计、智能化生产、网络化协同制造、智能化服务和个性化定制等典型的智能制造模式，并将结果以规范化数据形式存储下来，最终构成从生产物联设备层级到控制系统层级、车间生产管理层级、企业经营层级、产业链上企业协同运营管理的持续优化闭环。

此外运维管理层也是工业大数据技术参考架构的重要组成，贯穿从数据采集到最终服务应用的全环节，为整个体系提供管理支撑和安全保障。

2.2.4　工业大数据在智能制造领域的应用

智能制造是工业大数据的载体和产生来源，其各环节信息化、自动化系统所产生的数据构成了工业大数据的主体。另一方面，智能制造又是工业大数据形成的数据产品最终的应用场景和目标。工业大数据描述了智能制造各生产阶段的真实情况，为人类读懂、分析和优化制造提供了宝贵的数据资源，是实现智能制造的智能来源。工业大数据、人工智能模型和机理模型的结合，可有效提升数据的利用价值，是实现更高阶的智能制造的关键技术之一。智能化描述了自动化与信息化之上的智能制造的愿景，通过对工业大数据的展现、分析和利用，可以更好地优化现有的生产体系：通过对产品生产过程工艺数据和质量数据的关联分析，实现控制与工艺调整优化建议，从而提升产品良品率；通过零配件仓储库存、订单计划与生产过程数据分析，实现更优的生产计划排程；通过对生产设备运行及使用数据的采集、分析和优化，实现设备远程点检及智能化告警、智能健康监测；通过对耗能数据的监测、比对与分析，找到管理节能漏洞、优化生产计划，实现能源的高效使用等。

更为广义的智能制造本质是数据驱动的创新生产模式，在产品市场需求获取、产品研发、生产制造、设备运行、市场服务直至报废回收的产品全生命周期过程中，甚至在产品本身的智能化方面，工业大数据都将发挥巨大的作用。例如，在产品的研发过程中，将产品的设计数据、仿真数据、实验数据进行整理，通过与产品使用过程中的各种实际工况数据的对比分析，可以有效提升仿真过程的准确性，减少产品的实验数量，缩短产品的研发周期。再如，在产品销售过程中，从源头的供应商服务、原材料供给，到排产协同制造，再到销售渠道和客户管理，工业大数据在供应链优化、渠道跟踪和规划、客户智能管理等各方面，均可以发挥全局优化的作用。在产品本身的智能化方面，通过产品本身传感数据、环境数据的采集、分析，可以更好地感知产品所处的复杂环境与工况，以提升产品效能、节省能耗、延长部件寿命等优化目标为导向，在保障安全性的前提下，实现在边缘侧对既定的控制策略提出优化建议或者直接进行一定范围内的调整。

数控机床工业大数据继承了大数据规模巨态、表征动态、价值稀态、结构多态的四大特性，并具备工业大数据本身的特点和挑战。高档数控系统以传感器采集底层数据，以总线技术传输信息，数字化显示和控制。现以华中 8 型总线式高档数控系统为示例，如图 2-7 所示，对数控机床网络控制总线的工业大数据采集平台进行分析，主要探究数据的收集与传输方式。网络控制总线技术有闭合线路延迟小、数据处理即时性高等优点，其中的集成电路数据能够完成周期性通信要求，还能够根据相应的安全指标，进行数据检测与发送工作。因此网络控制总线技术，能够从根本上提升数控机床产品生产的效率和质量，推动工业制造向精密加工的方向发展。在网络控制总线技术的前提下，工业大数据采集平台能够对数控机床施加动力、压力和温控等操作，然后用各类传感器接收机床的数据反馈。在数控机床的螺母、轴承等部位，进行温控传感器的安装，从而完成机床温度的检验活动。在数控机床的箱体、床身等部位，进行动力传感器的安装，从而实现机床振动的检验工作。在数控机床进给位移量轴部位，进行光栅尺位移传感器的安装，从而完成对整个机床电路的操控。网络控制总线能够在网络带宽较低的情况下，将生成的差分信号传输到 IO 模块单元和数据存储单元；然后将缓存完成的数据信息传输到总控制系统中，数据传输可以不在屏幕中进行显示。数控机床网络控制总线的工业大数据采集平台，其整体框架如图 2-8 所示。

图 2-7 华中 8 型高档数控系统

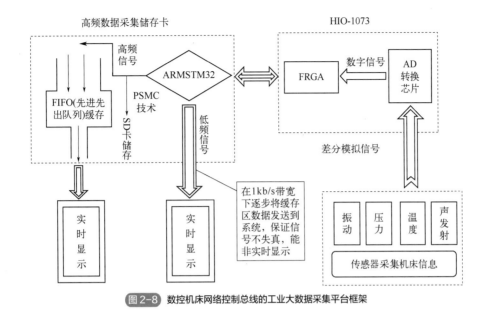

图 2-8　**数控机床网络控制总线的工业大数据采集平台框架**

　　工业大数据采集平台的数据收集，主要包含以下几方面内容：机床在零件加工过程中产生的数据信息，数控机床螺母、轴承的位置信息，光栅尺位移传感器、编码器的位置信息；同时还能够检测到数控轴电流、进给位移量轴电流的信息，以及数控呈现程序 G 指令的执行状况、温控传感器等的数据信息，在传感器数据信息的检测过程中，需要靠近分布点来得到最真实的效果；最后还能对行进精度分析仪中的径向变位、模具冲击形变进行检测，并分析激光位移测量仪的误差信息。

　　使用指令域示波器，进行数控系统中的数据收集与分析时，指令域示波器主要收集以下几方面数据信息：生产的给定脉冲与反馈脉冲差值、振动信息、车床主轴功率、电辊子电流等。通过对以上信息的收集，能够构筑机械运行、信息指令之间的动态关联。而且工业大数据采集平台中，存在着智能化加工模块、可视化信息查看模块。其中智能化加工模块包含加工轨迹控制、振动与切削功率控制、产品工艺控制等方面信息，这些数据控制能够有效提升产品的生产质量。数控机床中的工业大数据信息采集系统，能够对数控机床的加工轨迹、零件位置进行确定，并实时监测机床的工作状况。可视化信息查看模块，包含丝杠热分析与补偿、VEC 误差补偿、主轴动平衡、生产安装诊断等方面信息，能够对存在问题的部位进行预警。通过可视化信息查看模块，工作人员能够清楚了解机床的工作情况。

2.3　云计算

　　早在 20 世纪 60 年代，斯坦福大学的 John McCarthy 教授就指出"计算机可能变成一种公共资源"，加拿大科学家 Douglas Parkhill 在其著作 *The Challenge of the Computer Utility* 中将计算资源类比为电力资源（用户所使用的电由发电厂集中提供,而用户不需要在自家配备发电机），并提出了私有资源、共有资源、社会资源等概念。2001 年，Salesforce 发布在线客户关系管理（CRM）系统，用户只需每月支付租金就可以使用网站上的各种服务，包括联系人管理、订单管理等，这成为云计算 SaaS 模式的第一个成功案例。2006 年，Amazon 推出弹性计算云（elastic compute cloud,EC2）服务，用户可以租用云端电脑运行所需要的系统，同年，Google 在搜索引擎大会上首次提出"云计算"（cloud computing）的概念。随后，云计算迅速成为学术界、IT 界，乃至国家政府部门的研究和发展重点。近十年间，国内外众多 IT 企业纷纷成立云计算研究开发小组，与高校研究机构合作推出了自己的云计算解决方案。我国也积极投入力量支持推进云计算产业的发展，2010 年，国务院发布《国务院关于加快培养和发展战略性新兴产业的决定》，将云计算的研发和示范应用列为发展战略性新兴产业工作的重点之一；2012 年科技部印发《中国云科技发展"十二五"专项规划》，提出要在"十二五"末期突破一批云计算关键技术，包括重大设备、核心软件、支撑平台等方面；2017 年，结合《中国制造 2025》和"十三五"系列规划部署，工业和信息化部编制印发了《云计算发展三年行动计划（2017—2019 年）》。

我国云计算市场呈爆发式增长。2020 年，我国经济稳步回升，云计算整体市场规模达 2091 亿元，增速 56.6%。其中，公有云市场规模达 1277 亿元，相比 2019 年增长 85.2%；私有云市场规模达 814 亿元，较 2019 年增长 26.1%。2020 年对于云计算产业来说称得上是"风云变幻"的一年。一是新冠疫情的出现，加速了远程办公、在线教育等云服务发展，也加快了云计算应用落地进程，中央全面深化改革委员会第十二次会议就提出要鼓励运用云计算等数字技术在新冠疫情分析、病毒溯源、防控救治、资源调配等方面发挥作用。二是全球数字经济背景下，云计算成为企业数字化转型的必然选择，以云计算为核心，融合人工智能、大数据等技术实现企业信息技术软硬件的改造升级，创新应用开发和部署工具，加速数据的流通、汇集、处理和价值挖掘，有效提升了应用的生产率。三是随着新基建的推进，云计算承担了类似"操作系统"的角色，是通信网络基础设施、算力基础设施与新技术基础设施进行协同配合的重要结合点，也是整合"网络"与"计算"技术能力的平台。这些都为云计算产业带来了新机遇和新格局。

2.3.1　云计算的概念

工业和信息化部电信研究院编制的《云计算白皮书（2012 年）》中，定义云计算（cloud computing）是一种通过网络统一组织和灵活调用各种信息和通信技术（information and communication technology，ICT）信息资源，实现大规模计算的信息处理方式。云计算利用分布式计算和虚拟资源管理等技术，通过网络将分散的 ICT 资源（包括计算与存储、应用运行平台、软件等）集中起来形成共享的资源池，并以动态按需和可度量的方式向用户提供服务。用户可以使用各种形式的终端（如 PC、平板电脑、智能手机甚至智能电视等）通过网络获取 ICT 资源服务。

（1）云计算的四个核心特征

"云"是对云计算服务模式和技术实现的形象比喻。"云"由大量组成"云"的基础单元（云元，cloud unit）组成。"云"的基础单元之间由网络相连，汇聚为庞大的资源池。云计算具备四个方面的核心特征：

① 宽带网络连接，"云"不在用户本地，用户要通过宽带网络接入"云"中并使用服务，"云"内节点之间也通过内部的高速网络相连；

② 对 ICT 资源的共享，"云"内的 ICT 资源并不为某一用户所专有；

③ 快速、按需、弹性的服务，用户可以按照实际需求迅速获取或释放资源，并可以根据需求对资源进行动态扩展；

④ 服务可测量，服务提供者按照用户对资源的使用量进行计费。云计算的物理实体是数据中心，由"云"的基础单元（云元）和"云"操作系统，以及连接云元的数据中心网络等组成。

（2）云计算的三种服务模式

云计算三种服务模式包括基础设施即服务（infrastructure as a service，IaaS）、平台即服务（platform as a service，PaaS）、软件即服务（software as a service，SaaS）。

① 基础设施即服务（IaaS）。云服务提供商通过把硬件虚拟化为一个资源池，之后将资源池提供给用户使用。它把数据中心机房的各种硬件设备包括 CPU、内存和硬盘等硬件设备整合成一个虚拟的资源池，为用户提供计算服务、存储服务和网络服务等。

② 平台即服务（PaaS）。云产品供应商为用户提供一个可以开发的环境作为一种租用服务。它也是将软件的研发平台作为一种产品，以平台就是服务方式交付给用户使用。

③ 软件即服务（SaaS）。服务提供商把各类软件上传在云服务器上，用户会根据自己的应用需求来订购其提供的软件服务，用户只负责使用软件，不需要担心底层硬件是否满足软件的要求，而提供商则要保证软件可正常提供给用户使用。用户就可以通过上网和装有 IE 的瘦终端机或者普通电脑获得所需的软件服务。只需要有能够上网的瘦终端机或者普通的 PC 机，就可以不受时间地点限制地享受提供商提供的云服务，一切软硬件由服务商进行管理与维护，用户完全不用管机房在哪里，不用担心硬件配置设施如何。这就是这种服务模式的优势所在。

（3）云计算的四种部署方式

云计算的四种常见部署方式包括私有云（private cloud）、社区云（community cloud）、公共云（public cloud）、混合云（hybrid cloud）。

① 私有云（private cloud）。私有云的云计算资源只提供给一个单位内的用户使用。在私有云中，云端的日常管理、应用的使用和资源的调用的所有权并没有严格的规定，云端部署的位置也没有严格的限制，但一般由该单位来组织和运营。

② 社区云（community cloud）。社区云的云计算资源服务于固定的几个单位内的用户，且这些单位对云端有相同的要求（如共同的安全要求、共同的合规性要求等）。

③ 公共云（public cloud）。公共云的云计算资源服务于社会公共大众，用户通过公共云提供商提供的接口和网络，以按需计费的方式享受公共云计算资源来完成相关业务。使用期间，用户无须关心公共云资源的投入和建设，但用户对公共云资源只有相应的使用权而没有控制权，因此也承担着一定的风险。

④ 混合云（hybrid cloud）。混合云强调基础设施是由两个或两个以上的不同类型的云来组成的，这些云是独立分开的，但有专门的方法把它们连接起来，这些方法能使这些云里的数据和应用程序平滑流转，使它们对外呈现一个完整的实体。在部署混合云期间，用户通常将重要数据保存在自己的私有云中，并将不重要的数据部署到公共云里。

2.3.2　云计算产业体系

云计算产业由云计算服务业、云计算制造业、基础设施服务业以及支持产业等组成，如图 2-9 所示。

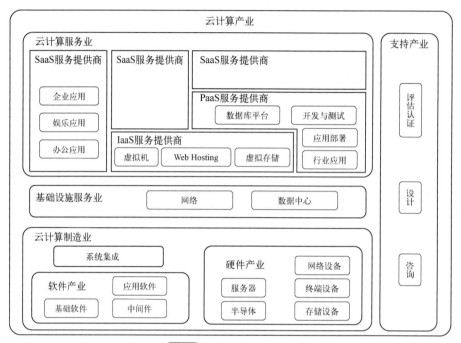

图 2-9　云计算产业体系构成

（1）云计算服务业

云计算服务业包括基础设施即服务（IaaS）、平台即服务（PaaS）和软件即服务（SaaS）。IaaS 服务最主要的表现形式是存储服务和计算服务，主要服务商如亚马逊、Rackspace、Dropbox 等公司。PaaS 服务提供的是供用户实施开发的平台环境和能力，包括开发测试、能力调用、部署运行等，提供商包括微软、谷歌等。SaaS 服务提供实时运行软件的在线服务，服务种类多样、形式丰富，常见的应用包括客户关系管理（CRM）、社交网络、电子邮件、办公软件、OA 系统等，服务商有 Salesforce、GigaVox、谷歌等。

（2）云计算制造业

云计算制造业涵盖云计算相关的硬件、软件和系统集成领域。软件厂商包括基础软件、中间件和应用软件的提供商，主要提供云计算操作系统和云计算解决方案，知名企业如威睿（VMware）、思杰（Citrix）、红帽、微软等；硬件厂商包含网络设备、终端设备、存储设备、元器件、服务器等的制造商，如思科、惠普、英特尔等。一般来说，云计算软硬件制造商通过并购或合作等方式成为新的云计算系统集成商的角色，如 IBM、惠普等，同时传统系统集成商也在这一领域占有一席之地。

（3）基础设施服务业

基础设施服务业主要包括为云计算提供承载服务的数据中心和网络。数据中心既包括由电信运营商与数据中心服务商提供的租用式数据中心，也包括由云服务提供商自建的数据中心。网络提供商目前仍主要是传统的电信运营商，同时谷歌等一些国外云服务提供商也已经开始自建全球性的传输网络。

（4）云计算支持产业

云计算支持产业包括云计算相关的咨询、设计和评估认证机构。传统 IT 领域的咨询、设计和评估机构，如 Uptime、LEED、Breeam 等，均已不同程度地涉足云计算领域。

2.3.3　云计算技术架构

如图 2-10 所示，在云计算技术架构中，由数据中心基础设施层与 ICT 资源层组成的云计算"基础设施"和由资源控制层功能构成的云计算"操作系统"，是目前云计算相关技术的核心和发展重点。

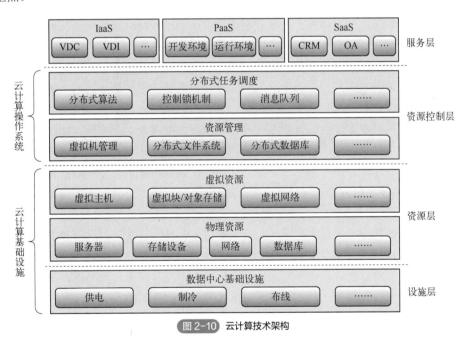

图 2-10　云计算技术架构

云计算"基础设施"是承载在数据中心之上的，以高速网络（目前主要是以太网）连接各种物理资源（服务器、存储设备、网络设备等）和虚拟资源（虚拟机、虚拟存储空间等）。云计算"基础设施"的主要构成元素基本上都不是云计算所特有的，但云计算的特殊需求为这些传统的 ICT 设施、产品和技术带来了新的发展机遇。如数据中心的高密度、绿色化和模块化，服务器的定制化、节能化和虚拟化等；而且一些新的 ICT 产品形式将得到长足的发展，并可能形成新的技术创新点和产业增长点，如定制服务器、模块化数据中心等。云计算"基础设施"关键技术包括服务器、网络和数据中心相关技术。

云计算"操作系统"是对 ICT 资源池中的资源进行调度和分配的软件系统。云计算"操作系统"的主要目标是对云计算"基础设施"中的资源（计算、存储和网络等）进行统一管理，构建具备高度可扩展性，并能够自由分割的 ICT 资源池；同时向云计算服务层提供各种粒度的计算、存储等能力。虽然云计算"操作系统"的体系结构和表现形态与单机操作系统有很大区别，但从宏观上来看，云计算"操作系统"向下控制底层资源，向上提供计算、存储等资源接口，功能上与单机操作系统类似。云计算"操作系统"的主要关键技术包括实现底层资源池化管理的"资源池"管理技术和向用户提供大规模存储、计算能力的分布式任务和数据管理技术。

2.3.4　云计算在智能制造领域的应用

工业云通常指基于云计算架构的工业云平台和基于工业云平台提供的工业云服务。工业云将弹性的、可共享的资源和业务能力通过网络的形式，以按需自服务方式面向工业供应和管理。工业云构建了安全、稳定、知识共享及高度适应且可扩展的云端资源能力集。资源包括计算资源、网络资源、存储资源、人力资源、装备资源、物料资源、知识资源、环境资源和数据资源。业务能力包括研发设计能力、采购能力、生产制造能力、检测能力、物流能力、营销能力、售后能力和其他能力。工业云服务常见的方式有工业 SaaS 云服务、工业 IaaS 云服务、工业 PaaS 云服务等。

工业云是智能制造的信息中枢，是智能制造的实现基础，同时智能制造又能促进工业云门类的丰富，形成更为完善和丰富的工业云应用市场。目前，许多企业已将工业云作为实现服务化转型的重要引擎，作为降低成本、创新驱动的重要手段，通过应用工业云，提升信息化水平，降低创新门槛。工业云在研发设计、生产制造、销售服务等环节的融合渗透，提高了工业的自动化、智能化、集成化和现代化水平，促进了工业企业的协同创新与资源信息共享，创造出产业发展新优势。国内已建设完成一批工业云平台，面向企业提供工业软件、知识库、标准库、制造装备等资源集成共享服务，形成按需使用、以租代买的服务模式，实现市场需求和制造能力的实时在线查询、匹配、比对和交易，打造工业软件服务新业态，有效降低企业信息化建设成本。《工业云应用发展白皮书（2016）》中据不完全统计，国内公共工业云服务平台累计注册用户已超过 1500 万，有效推动了工业云服务的应用落地，合力打造出"化云为雨"的新局面。

航天云网公司是我国工业互联网领域的技术运用领先单位。航天云网以 INDICS+CMSS 平台为基础，如图 2-11 所示，其主要板块可以分为五个部分，包括整体架构、产品服务、智能生产、大数据运用、网络安全等，在平台实际运用阶段，以互联网平台为基础，推动智能制造项目发展，为社会带来综合服务，并逐步形成自主性强、可控度高的工业互联网环境，形成满足云制造需要的产业集群，建设符合新经济形势发展需要的新业态，为提高我国制造产业整体竞争力带来积极影响。INDICS 云平台以 Cloud Foundry 基础框架为底层支持，通过 PaaS 云平台提供的应用环境，为工业云建设创造条件，并采取自建数据库的方式，为基础层、通用层带来云服务。CMSS 支撑环境能够在云制造环境下，为企业或整个工业领域提供服务，并实现各项服务集成，且能够实现协同效应，业务覆盖区块链制造服务，包括企业认证、服务动态集成等。数字孪生技术相关业务，如云化产品全生命周期管理(CPDM)、云化制造执行过程管理(CMES)等，能够使得工业领域专用软件和模块按照价值差异进行配对组合。应用 APPs 层，具体可以分成工业领域、生态领域两部分，其中前者主要涉及智慧服务、高精密制造、智能化生产、企业智慧管理系统运行等，侧重于管理改进；后者主要涉及智能改造，通过云端、生态应用等高科技 APP，侧重于智能元素引入，打造生态应用，为企业长效发展带来推动力。

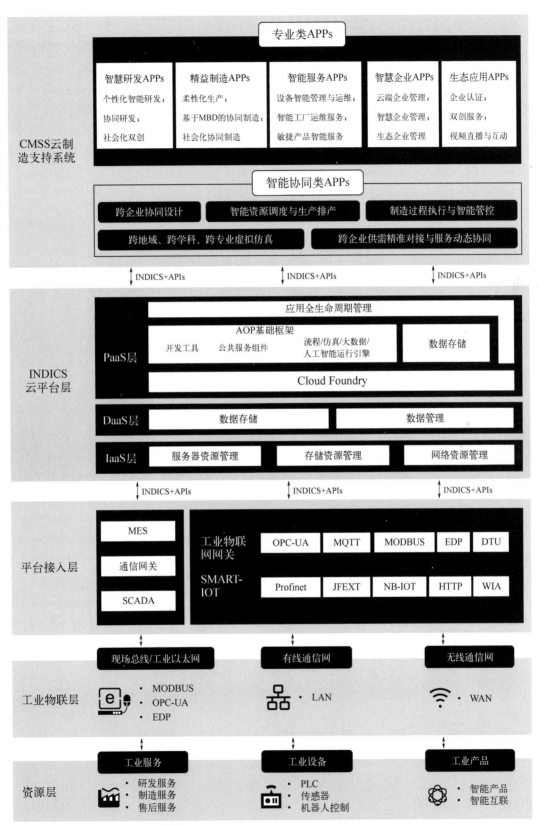

图 2-11 航天云网工业（INDICS+CMSS）互联网平台架构

国外，通用电气（GE）公司为工业开发者推出了 Predix 工业云平台，它是国际上首个专门为工业生产领域进行数据整理和信息分析所研发出的专项操作系统，同时也是首个可以实现数字孪生优化的系统，该平台在使用过程中可以完成云服务。不同的组织，能在该平台上面控制数据的连接，并使用第三方开发者的分析软件。一方面，Predix 工业云平台能够为大量开发者提供便利，开发各种工业级 APP，在此之下，开发者只需将关注点置于问题的解决层面，无须关心如何获取以及连接数据；另一方面用户作为数据托管方，则可以使用这些 APP，进行设备管理、运营维护等。Predix 工业云平台在长时间使用过程中不断完善，其功能也逐渐扩展，不再仅限于平台，而是可以完成边缘、平台和应用一体化发展（图 2-12）。

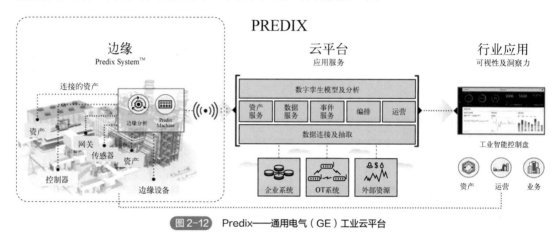

图 2-12　Predix——通用电气（GE）工业云平台

西门子面向市场推出了"Mind Sphere—西门子工业云平台"，该平台被设计为一个开放的生态系统，工业企业可将其作为数字化服务（譬如预防性维护、能源数据管理以及工厂资源优化）的基础。菲尼克斯电气公司为工业定制的工业云平台"ProfiCloud"，能够提供从设备端数据采集，到数据上云平台，再到 PaaS 和 SaaS 服务的完整解决方案。客户可直接使用菲尼克斯现成的云服务，或通过软件开发套件快速创建个性化云服务。发那科与思科、罗克韦尔自动化发布了 Fanuc Intelligent Edge Link and Drive（FIELD）系统，FIELD 系统能实现自动化系统中的机床、机器人、周边设备及传感器的连接并可提供先进的数据分析。KUKA 在其子公司 CONNYUN 开发的软件和服务基础上，通过建立"工业 4.0"云平台来扩展设备与云系统之间的连接。

除了 GE、西门子等工业企业，亚马逊等电商也开始探索工业云服务。亚马逊公司旗下的 Amazon Web Services（AWS）发布了全新平台 AWS IoT，旨在让制造业客户硬件设备能够方便地连接 AWS 服务。SAP、Oracle 等信息技术公司依靠本企业在信息化领域的领先程度，从云计算操作系统（云 OS）、工业软件等方面推进工业云的发展。

2.4　人工智能

人工智能是新一轮科技革命和产业变革的重要驱动力量。麦肯锡公司的数据表明，人工智能每年能创造 3.5 万亿～5.8 万亿美元的商业价值，使传统行业商业价值提升 60% 以上。党中央、国务院高度重视新一代人工智能发展。2017 年，国务院发布了《新一代人工智能发展规划》等文件，以新一代人工智能技术的产业化和集成应用为重点，以加快人工智能与实体经济融合为主线，着力推动人工智能技术、产业全面健康发展。我国人工智能市场规模巨大，企业投资热情高。埃森哲公司的数据显示，近半数（49%）的中国人工智能企业，近三年的研发投入超过0.5 亿美元。国际数据公司 IDC 预测，到 2023 年中国人工智能市场规模将达到 979 亿美元。

2.4.1　人工智能的概念

　　1950 年，艾伦·图灵（Alan Turing）发表了一篇划时代的论文，文中预言了创造出具有真正智能的机器的可能性。1956 年夏，约翰·麦卡锡（John McCarthy）、马文·明斯基（Marvin Minsky）等科学家在美国达特茅斯学院开会研讨"如何用机器模拟人的智能"，首次提出"人工智能（Artificial Intelligence，AI）"这一概念，标志着人工智能学科的诞生。2006 年以来，随着大数据、云计算、物联网等信息技术的发展，泛在感知数据和通用图形处理器推动以深度神经网络为代表的人工智能技术飞速发展，大幅跨越了科学与应用之间的"技术鸿沟"，迎来爆发式增长的新高潮。

　　人工智能始于 20 世纪 50 年代，至今大致分为三个发展阶段：第一阶段（20 世纪 50 年代至 80 年代），人工智能刚诞生，基于抽象数学推理的可编程数字计算机已经出现，符号主义（Symbolism）快速发展，但由于很多事物不能形式化表达，建立的模型存在一定的局限性，此外，随着计算任务的复杂性不断加大，人工智能发展一度遇到瓶颈；第二阶段（20 世纪 80 年代至 90 年代末），专家系统得到快速发展，数学模型有重大突破，但由于专家系统在知识获取、推理能力等方面的不足，以及开发成本高等原因，人工智能的发展又一次进入低谷期；第三阶段（21 世纪初至今），随着大数据的积聚、理论算法的革新、计算能力的提升，人工智能在很多应用领域取得了突破性进展，迎来了又一个繁荣时期。人工智能具体的发展历程，如图 2-13 所示。

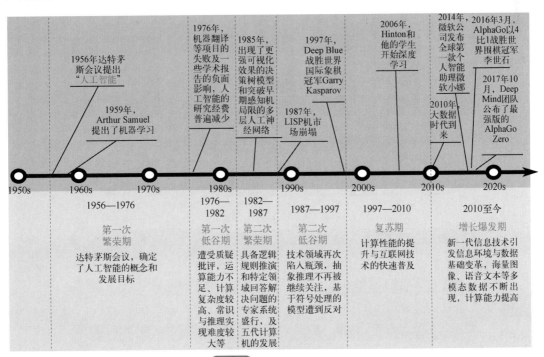

图 2-13　人工智能发展历史

人工智能作为一门前沿交叉学科，其定义一直存有不同的观点。中国电子技术标准化研究院编撰的《人工智能标准化白皮书（2018版）》定义，人工智能是利用数字计算机或者数字计算机控制的机器模拟、延伸和扩展人的智能，感知环境、获取知识并使用知识获得最佳结果的理论、方法、技术及应用系统。人工智能的定义对人工智能学科的基本思想和内容做出了解释，即围绕智能活动而构造的人工系统。人工智能是知识的工程，是机器模仿人类利用知识完成一定行为的过程。

人工智能产业链包括基础层、技术层和应用层：基础层提供了数据及算力资源，包括芯片、开发编译环境、数据资源、云计算、大数据支撑平台等关键环节，是支撑产业发展的基座；技术层包括各类算法与深度学习技术，并通过深度学习框架和开放平台实现了对技术和算法的封装，快速实现商业化，推动人工智能产业快速发展；应用层是人工智能技术与各行业的深度融合，细分领域众多、领域交叉性强，呈现出相互促进、繁荣发展的态势。芯片作为算力基础设施，是推动人工智能产业发展的动力源泉。随着人工智能算法的发展，视频图像解析、语音识别等细分领域算力需求呈爆发式增长，通用芯片已无法满足需求，而针对不同领域推出专用的芯片，既能够提供充足的算力，也可满足低功耗和高可靠性要求。

2.4.2　人工智能系统生命周期模型

国际标准化组织和国际电工组织第一联合技术委员会人工智能分委会（ISO/IEC JTC 1/SC 42）在 ISO/IEC 22989《人工智能概念与术语》中提出了人工智能系统生命周期模型，包括初始、设计与开发、验证与确认、部署、运行与监测、重新评估及退出阶段。该生命周期模型源于系统和软件工程系统生命周期，并在此基础上强调了人工智能领域特性方面，包括开发运营，可追溯性、透明度及可解释性，安全与隐私，风险管理，治理，等，如图2-14所示。

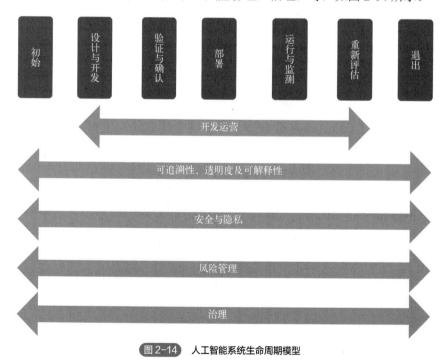

图2-14　人工智能系统生命周期模型

2.4.3　人工智能生态系统框架

ISO/IEC JTC 1/SC 42 在 ISO/IEC 22989《人工智能概念与术语》国际标准中提出了人工智能生态系统框架，该框架从上至下分别包括：垂直行业及研究的应用层，包含人工智能系统、人工智能服务、机器学习技术框架及工程系统的核心技术层，以及依托云计算、边缘计算、大数据等构成的计算环境和计算资源池及其管理和配置的基础层，如图 2-15 所示。

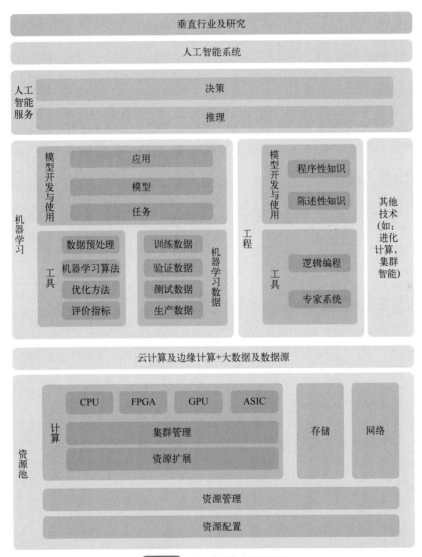

图 2-15　人工智能生态系统框架

人工智能生态系统框架中的机器学习技术框架部分，在 ISO/IEC 23053《运用机器学习的人工智能系统框架》中进行了细化，如图 2-16 所示。机器学习技术框架体现了近年来机器学习学术、产业应用分支中的新型技术路线。

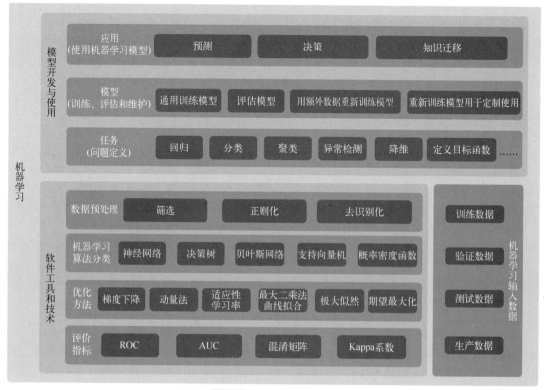

图 2-16　机器学习技术框架

2.4.4　人工智能在智能制造领域的应用

"工业 4.0"之父、德国人工智能研究中心首席执行官沃尔夫冈·瓦尔斯特曾说，人工智能和工业密切相关，人工智能是"工业 4.0"的驱动力，是实现智能制造的一把重要钥匙。目前在工业场景中，从设计到物流环节均存在大量的重复性场景，在机器视觉、语音技术、机器学习等 AI 技术助力下，以上场景均可以依靠计算机辅助或全部依靠计算机完成。AI 技术在工业中的应用，可以大幅提升传统工业的效率，降本增效。一方面，人工智能赋能制造业可通过提高良品率、降低原材料损耗等方式降低生产成本，减少碳排放；另一方面，人工智能可通过全自动化、动态监控等方式提高各生产环节的效率，由此实现降本增效，双重发展。AI 赋能智能制造业，主要体现在三个环节。

（1）设计融智

提升人机协作的智能化设计能力，将大数据与人工智能技术融合于需求分析与产品设计过程，通过大量案例学习，模拟人类思维活动，能够更多、更好地承担设计过程中的各种复杂任务，辅助设计人员开展更有创新的设计工作。

（2）生产融智

增强机器自主生产能力，将人工智能技术嵌入生产流程环节，使得机器能在更多复杂情况下实现自主生产，目前主要应用在工艺优化和智能质检等方面。智能生产的构建如图 2-17 所示。

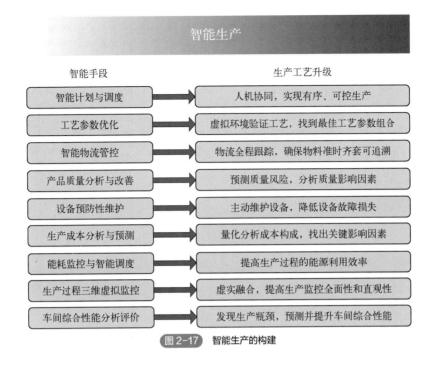

图 2-17　智能生产的构建

（3）服务融智

提高营销和售后的精准服务水平，利用人工智能算法，为制造企业提供更精准的增值服务。三一重工结合腾讯云，把分布全球的 30 万台设备接入平台，利用大数据和智能算法，远程管理庞大设备群的运行状况，实现故障风险预警。智能服务的组成如图 2-18 所示。

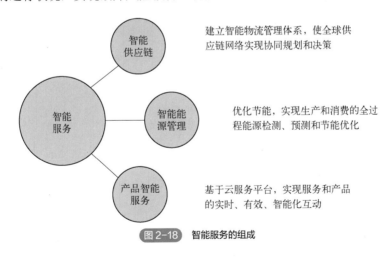

图 2-18　智能服务的组成

2.5　数字孪生

数字化转型是我国经济社会未来发展的必由之路。世界经济数字化转型是大势所趋。数字孪生（digital twin）等新技术与国民经济各产业融合不断深化，有力推动着各产业数字化、网络化、智能化发展进程，成为我国经济社会发展变革的强大动力。未来，所有的企业都将成为数字化的公司,这不只是要求企业开发出具备数字化特征的产品,更指的是通过数字化手段改变整个产品的设计、开发、制造和服务过程,并通过数字化的手段连接企业的内部和外部环境。

近年来,数字孪生得到越来越广泛的传播。同时,得益于工业物联网、工业大数据、云计算、人工智能等新一代信息技术的发展,数字孪生的实施已逐渐成为可能。现阶段,除了航空航天领域,数字孪生还被应用于电力、船舶、城市管理、农业、建筑、制造、石油天然气、健康医疗、环境保护等行业,如图 2-19 所示。特别是在智能制造领域,数字孪生被认为是一种实现信息世界与物理世界交互融合的有效手段。许多著名企业(如空客、洛克希德·马丁、西门子等)与组织(如 Gartner、德勤、中国科协智能制造协会)对数字孪生给予了高度重视,并且开始探索基于数字孪生的智能生产新模式。

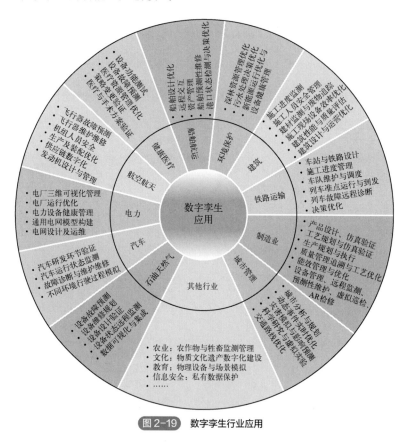

图 2-19 数字孪生行业应用

2.5.1 数字孪生的概念

通俗来讲,数字孪生是指针对物理世界中的物体,通过数字化的手段构建一个在数字世界中一模一样的实体,借此来实现对物理实体的了解、分析和优化。从技术角度而言,数字孪生集成了建模与仿真、虚拟现实、物联网、云边协同以及人工智能等技术,通过实测、仿真和数据分析来实时感知、诊断、预测物理实体对象的状态,通过指令来调控物理实体对象的行为,通过相关数字模型间的相互学习来进化自身,合理有效地调度资源或对相关设备进行维护。

2002 年 10 月,在美国制造工程协会管理论坛上,当时的产品生命周期管理(product lifecycle management,PLM)咨询顾问 Michael Grieves 博士提出了数字孪生最早的概念模型。但是,当时"数字孪生"一词还未被正式提出，Grieves 将这一设想称为"PLM 的概念设想（conceptual ideal for PLM）"，如图 2-20 所示。但由于当时技术和认知上的局限，数字孪生的概念并没有得到重视。直到 2011 年，美国空军研究实验室和 NASA 合作提出了构建未来飞行器的数字孪生体，并定义飞行器数字孪生是一种面向飞行器或系统的高度集成的多物理性、多尺度性、多概率的仿真模型，能够刻画和反映物理系统的全生命周期过程，能够利用虚拟模型、传感器数据和历史数据等反映与该模型对应的实体功能、实时状态及演变趋势等，由此数字孪生被广泛接受并一直沿用至今。

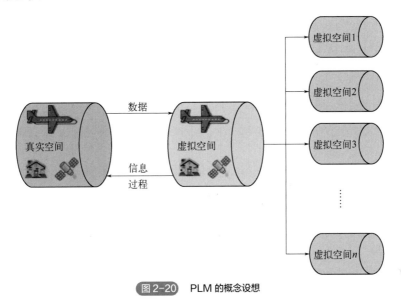

图 2-20　PLM 的概念设想

从数字孪生的定义可以看出，数字孪生具有以下几个典型特点。

（1）互操作性

数字孪生中的物理对象和数字空间能够双向映射、动态交互和实时连接，因此数字孪生具备以多样的数字模型映射物理实体的能力，具有能够在不同数字模型之间转换、合并和建立"表达"的等同性。

（2）可扩展性

数字孪生技术具备集成、添加和替换数字模型的能力，能够针对多尺度、多物理、多层级的模型内容进行扩展。

（3）实时性

数字孪生技术要求数字化，即以一种计算机可识别和处理的方式管理数据来对随时间轴变化的物理实体进行表征。表征的对象包括外观、状态、属性、内在机理，形成物理实体实时状态的数字虚体映射。

（4）保真性

数字孪生的保真性指数字虚体模型和物理实体的接近性。要求虚体和实体不仅要保持几何结构的高度仿真，在状态、相态和时态上也要仿真。值得一提的是在不同的数字孪生场景下，同一数字虚体的仿真程度可能不同。例如工况场景中可能只要求描述虚体的物理性质，并不需要关注化学结构细节。

（5）闭环性

数字孪生中的数字虚体，用于描述物理实体的可视化模型和内在机理，以便于对物理实体的状态数据进行监视、分析推理、优化工艺参数和运行参数，实现决策功能，即赋予数字虚体和物理实体一个大脑。因此数字孪生具有闭环性。

数字孪生是充分利用物理模型、传感器更新、运行历史等数据，集成多学科、多物理量、多尺度、多概率的仿真过程，在虚拟空间中完成映射，从而反映相对应的实体装备的全生命周期过程。数字孪生的两大基础要素便是数字化与网络化，即通过智能传感器的数据捕捉以及现有的工业原理，将人、机器的物理动作转化为电脑可接收、可编辑、可分析的数字信号，同时将所有数据捕获终端进行网络化连接，从而实现虚拟空间中各层线路、各台设备的有机整合，使得物理空间中的所有信息都能够有效地反馈在虚拟数字空间中，完成完整的映射过程。数字孪生技术的普及应用将极大地推动企业在数字化、网络化两个层级的发展，助力企业加速智能制造范式演进的进程，为企业实现智造升级进行双重赋能。

2.5.2　数字孪生系统架构

一个典型的数字孪生系统包括用户域、数字孪生、测量与控制实体、产业物理域和跨域功能实体共五个层次，图2-21所示为数字孪生系统的通用参考架构。

第一层是使用数字孪生的用户域，包括人、人机接口、应用软件以及其他相关的数字孪生。

第二层是与物理实体目标对象对应的数字孪生。它是反映物理对象某一视角特征的数字模型，并提供建模管理、仿真服务和孪生共智三类功能。建模管理涉及物理对象的数字建模与展示、与物理对象模型同步和运行管理。仿真服务包括模型仿真、分析服务、报告生成和平台支持。孪生共智涉及共智孪生体等资源的接口、交互操作、在线插拔和安全访问。建模管理、仿真服务和孪生共智之间传递物理对象的状态感知、诊断和预测所需的信息。

第三层是处于测量控制域、连接数字孪生和物理实体的测量与控制实体，实现物理对象的状态感知和控制功能。

第四层是与数字孪生对应的物理实体目标对象所处的产业物理域。测量与控制实体和产业物理域之间有测量数据流和控制信息流的传递。测量与控制实体、数字孪生以及用户域之间的数据流和信息流传递，需要信息交换、数据保证、安全保障等跨域功能实体的支持。信息交换通过适当的协议实现数字孪生之间交换信息。安全保障负责数字孪生系统安保相关的认证、授权、保密和完整性。数据保证与安全保障一起确保数字孪生系统数据的准确和完整。

第五层是跨域功能实体，承担各实体层级之间的数据互通和安全保障职能。

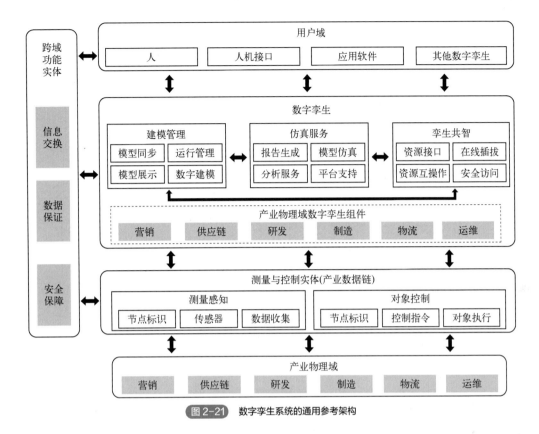

图 2-21　数字孪生系统的通用参考架构

　　数字孪生的核心是使数字虚体空间中的虚拟事物与物理实体空间中的实体事物之间具有可以连接通道、可以相互传输数据和指令的交互关系。数字孪生技术能够有效地使物理空间实体与虚拟数字模型进行协同，这种连接不是简单的信息拷贝和流程形态的简单呈现，而是基于现有数据和信息，在数字虚拟空间进行未来工作流程的演绎和模拟，通过数字模拟先行的方式提前预知可能出现的技术漏洞、工艺瑕疵和质量问题，实现"先预防"模式对于打破实体生产过程中"后维修"模式的升级。

　　由于数字孪生并不是一个极度复杂并且系统庞大的技术，既不会因为漫长的设计过程而导致过多的资金投入从而影响企业现实收益，也不会因为出现技术问题而导致生产线大面积停产，为企业带来不可估量的损失。如今，几乎任何制造商都可以从支持传感器和连接工业物联网的机器及设备中收集生产数据，并将数据与基于"云"的机器学习和熟悉的 CAD 可视化系统结合起来，以数字化方式为物理对象创建虚拟模型，来模拟其在现实环境中的行为，并通过搭建整合制造流程的数字孪生生产系统，实现从产品设计、生产计划到制造执行的全过程数字化。数字孪生将现实与虚拟世界无缝连接，覆盖制造业全生命周期，如图 2-22 所示，提升物理系统在寿命周期内的性能表现和用户体验，并有望在未来借助工业物联网的发展实现对于产业生态体系的数字孪生，进而助力制造业数字化、智能化转型。

　　已经有一些软件服务商通过提高数字孪生能力提高他们的应用能力，为客户提供垂直细分市场的解决方案，通过 APM、物流或 PLM 等应用开发数字孪生模型和组合，比如 GE Digital、Oracle 等。

| 产品概念和
组合管理 | 设计和
系统工程 | 供应链
整合 | 产品仿真/
虚拟原型 | 制造工程 | 制造/
质量控制 | 产品发布 | 产品
运行监控 | 售后服务
和维护 | 产品退市 |

更新：
推动产品和商业创新

更快：
快速响应客户需求

更好：
优化销售和售后服务体验

- 智能产品创意
- 产品概念精炼
- 基于数据的产品策略
- 生成式设计(generative design)
- 沉浸式产品审核
- 按效果收费
- 授权/许可服务
- 基于产品数据的服务

- 快速的产品模拟和迭代
- 更快的供应商整合
- 制造过程的虚拟验证
- 互联员工

- 多媒体营销内容
- 增强或虚拟现实客户体验
- 最优销售配置和建设
- 实时订单跟踪
- 售前到售后服务无缝过渡
- 远程诊断/健康管理
- 智能维护
- 自助服务

图 2-22 数字孪生优化产品生命周期管理

2.5.3　数字孪生技术架构

　　数字孪生以数字化方式拷贝一个物理对象，模拟对象在现实环境中的行为，对产品、制造过程乃至整个工厂进行虚拟仿真，目的是了解资产的状态，响应变化，改善业务运营和增加价值。在万物互联时代，此种软件设计模式的重要性尤为突出，为了达到物理实体与数字实体之间的互动，需要经历诸多的过程，也需要很多基础的支撑技术作为依托，更需要经历很多阶段的演进才能很好地实现物理实体在数字世界中的塑造。首先要构建物理实体在数字世界中对应的实体模型，这就需要利用知识机理、数字化等技术构建一个数字模型，而且对构建的数字模型需要结合行业特性做出评分，判断其是否可以在商业中投入使用；有了模型还需要利用物联网技术将真实世界中的物理实体元信息采集、传输、同步、增强之后得到业务中可以使用的通用数据；通过这些数据可以仿真分析得到数字世界中的虚拟模型，在此基础之上，利用AR/VR/MR/GIS 等技术在数字世界完整复现出来，人们才能更友好地与物理实体交互；基于此，可以结合人工智能、大数据、云计算等技术将数字孪生的描述、诊断、预警/预测及智能决策等共性应用赋能给各垂直行业。数字孪生整体分层架构，如图 2-23 所示。

2.5.4　数字孪生在智能制造领域的应用

　　目前，数字孪生在智能制造领域的主要应用场景有产品研发、工艺规划和生产过程管理、设备维护与故障预测。

（1）数字孪生应用于产品研发

　　传统的研发设计方式下，纸张、3D CAD 是主要的产品设计工具，它建立的虚拟模型是静态的，物理对象的变化无法实时反映在模型上，也无法与原料、销售、市场、供应链等产品生命周期数据打通；对新产品进行技术验证时，要将产品生产出来，进行重复多次的物理实验，才能得到有限的数据。传统的研发设计具有研发周期长、成本造价高昂的特点。

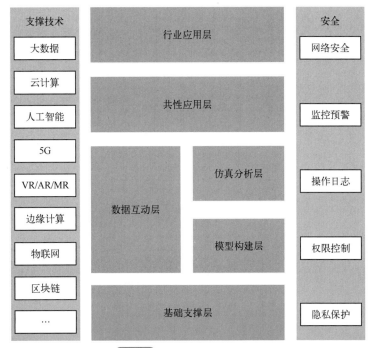

图 2-23 数字孪生整体分层架构

数字孪生突破物理条件的限制，帮助用户了解产品的实际性能，以更少的成本和更快的速度迭代产品和技术。数字孪生技术不仅支持三维建模，实现无纸化的零部件设计和装配设计，还能取代传统通过物理实验取得实验数据的研发方式，用计算、仿真、分析或模拟的方式进行虚拟实验，从而指导、简化、减少甚至取消物理实验。用户利用结构、热学、电磁、流体和控制等仿真软件模拟产品的运行状况，对产品进行测试、验证和优化。以马斯克的弹射分离实验为例，火箭发射出去后扔掉的捆绑火箭，靠爆炸螺栓和主火箭连接，到一定高度后引爆爆炸螺栓释放卫星，但贵重的金属结构爆炸后不能回收使用。马斯克想用机械结构的强力弹簧弹射分离，回收火箭。这项实验用了 NASA 大量的公开数据，在计算机上做建模仿真分析强力弹簧的弹射、弹射螺栓，没有做一次物理实验，最后弹射螺栓分离成功，火箭外壳的回收大幅度降低了发射的价格。类似的案例还有风洞试验、飞机故障隐患排查、发动机性能评估等。数字孪生不仅缩短了产品的设计周期，还提高了产品研发的可行性、成功率，减少了危险，大大降低了试制和测试成本。

（2）数字孪生应用于工艺规划和生产过程管理

随着产品制造过程越来越复杂，多品种、小批量生产的需求越来越强，企业对生产制造过程进行规划、排期的精准性和灵活性，以及对产品质量追溯的要求也越来越高。大部分企业信息系统之间数据未打通，依赖人工进行排期和协调。数字孪生技术可以应用于生产制造过程从设备层、产线层到车间层、工厂层等不同的层级，贯穿于生产制造的设计、工艺管理和优化、资源配置、参数调整、质量管理和追溯、能效管理、生产排程等各个环节，对生产过程进行仿真、评估和优化，系统地规划生产工艺、设备、资源，并能利用数字孪生的技术，实时监控生产工况，及时发现和应对生产过程中的各种异常和不稳定性，日益智能化，实现降本、增效、保质的目标和满足环保的要求。离散行业中，数字孪生在工艺规划方面的应用着重于生产制造环节与设计环节的协同；流程行业中，要求通过数字孪生技术对流程进行机理或者数据驱动的建模。图 2-24 反映了流程工业自动化的总体结构，在这个过程中，数字孪生通过将物理实体流程上的耦合转化为各个数字孪生参数间的耦合，实现整个流程的协同优化，如图 2-25 所示。

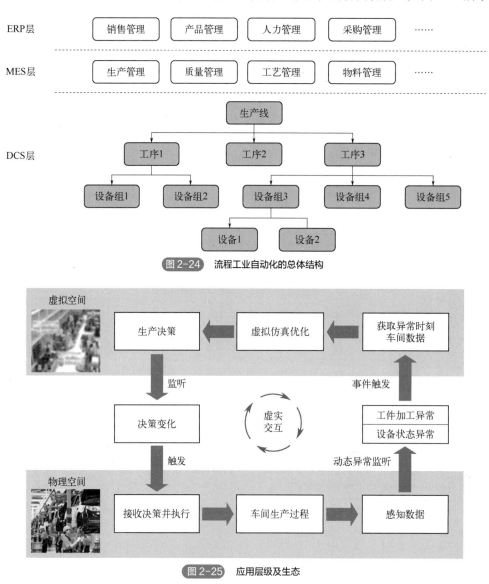

图 2-24 流程工业自动化的总体结构

图 2-25 应用层级及生态

（3）数字孪生应用于设备维护与故障预测

传统的设备运维模式下，当设备发生故障时，要经过"发现故障→致电售后服务人员→售后到场维修"一系列流程才能处理完毕。客户对设备知识的不了解、与设备制造商之间的沟通障碍往往导致故障无法及时解决。解决这一问题的方法在于将依赖客户呼入的"被动式服务"转变为主机厂主动根据设备健康状况提供服务的"主动式服务"。数字孪生提供物理实体的实时虚拟化映射，设备传感器将温度、振动、碰撞、载荷等数据实时输入数字孪生模型，并将设备使用环境数据输入模型，使数字孪生的环境模型与实际设备工作环境的变化保持一致，通过数字孪生在设备出现状况前提早进行预测,以便在预定停机时间内更换磨损部件,避免意外停机。通过数字孪生,可实现复杂设备的故障诊断,如风机齿轮箱故障诊断,发电涡轮机、发动机以及一些大型结构设备(如船舶)的维护保养。典型的企业如达索、GE 聚焦于数字孪生在故障预测和维护方面的应用。GE 是全球三大航空发动机生产商之一,为了提高其核心竞争力和加强市场主导地位,在其航空发动机全生命期过程中引入了增材制造和数字孪生等先进技术。2016 年,GE 与 ANSYS 合作,携手扩展并整合了 ANSYS 行业领先的工程仿真、嵌入式软件研发平台与GE 的 Predix 平台。GE 的数字孪生将航空发动机实时传感器数据与性能模型结合,随运行环境变化和物理发动机性能的衰减,构建出自适应模型,精准监测航空发动机的部件和整机性能,并结合历史数据和性能模型,进行故障诊断和性能预测,实现数据驱动的性能寻优。

(4)应用案例

① 案例概述。

2020 年华润三九作为唯一一家制药企业入选"智能制造标杆企业",华润三九重点突破以在线监测技术为核心的连续性生产模式,着力打造以数字孪生、云计算、IoT、区块链等创新技术为核心驱动的全网络分布式云协同中药制造新模式;在实现生产经营信息化的基础上,打造了中药溯源、生产管理、设备管理、仓储管理、数字孪生等系统,实现了原材料、生产、仓储、质量、设备等制药全产业链数字化管理;通过打通各业务系统,积累全过程业务数据,实现生产决策智慧化;通过数字孪生技术建立了全车间仿真模型,为产能提升提供决策支持。2020 年华润三九实现总生产效率提升 20%,制造成本下降 15%。

在智能制造的大环境下,医药制造现阶段各业务系统数据分散在不同信息化系统中,数据相对独立,系统之间数据缺乏关联和有效整合利用,不能实时了解生产现场中在制品、人员、设备、物料等制造资源和加工任务状态的动态变化;且传统的数据化软件,在兼容性、智能化上仍有不足,无法满足对数字化转型的后续需求,急需强大的智能化平台来构建自己的转型之路。

② 应用场景。

a. 全要素、全流程、全业务数据集成化管控模式。华润三九依托统一的数据标准,采集人员、设备、物料、方法、环境(简称人、机、料、法、环)等要素的数据,并对数据进行归集与标签化,在信息空间中建立数字工厂的镜像,建立统一数字孪生平台来打通数据流、信息流,实现深圳观澜、安徽金蝉和四川雅安三地三个颗粒车间工业生产数据全要素、全流程、全业务的集成式管控。VR 药厂生产线如图 2-26 所示。

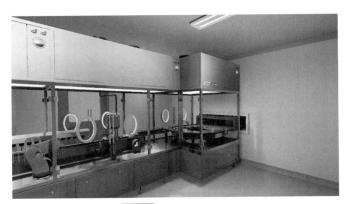

图 2-26　VR 药厂生产线

b. 可复用、可调用信息模型。数据建模将车间的物理设备（包括混合机、制粒机、袋装内包机、瓶装内包机、瓶装外包机、袋装外包机、物料输送设备等）、生产工艺（称量混合、制粒、瓶装包装、袋装包装）、经验、知识及方法，进行模型化、标准化、软件化、复用化，形成可重复使用的设备基础模型、设备零部件基础模型（约 8000 个）、工艺模型集（约 60 个）、部件模型集（约 300 个）、数据驱动模型集（约 430 个）等，同时数据建模服务对外提供标准接口，以供其他 APP 进行调用，使企业具备虚实联动的能力、模型驱动生产的能力，为数字孪生打下基础。

c. 信息空间与物理空间的"精确映射"与"精准执行"。通过颗粒车间采集和加工数据，利用科学的算法分析，形成信息模型，驱动生产执行与精准决策，创建虚拟空间与实体工厂的虚拟映射，实时映射生产过程、设备运行情况、质量跟踪状态，实现数字孪生体与实时生产过程管控、设备运行状态管控、过程质量管控和物料管控同步，并通过建模、仿真及分析再将结果反馈回物理空间，实现实体资源配置优化、生产过程管控优化，提高企业整线设备的使用能力，提升生产管控水平。数字化生产线如图 2-27 所示。

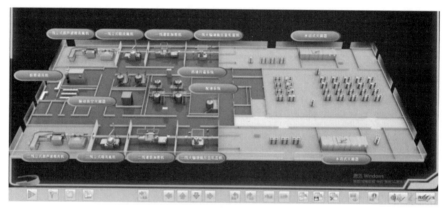

（图片引自《数字孪生产业技术白皮书 2022》）

图 2-27　数字化生产线

d. 部署可调用的数字孪生 APP。基于数字孪生实现设备智能化控制与生产制造执行系统（MES）、数据采集与监视系统（SCADA）等生产应用系统的上下贯通、左右协同，开发部署可调用的数字孪生 APP，可打通"人、机、料、法、环、测"信息流，推动企业各环节信息的互联互通和数据共享。数字孪生 APP 的应用领域从单个设备、单个工艺、单个企业向全要素、全流程、全业务各类资源优化配置，为提高制造业产品质量、生产效率、服务水平、降低成本和能耗提供管理依据和有效工具，从而助力实体经济不断提升核心竞争力，持续高质量发展。

③ 案例总结。数字孪生平台进一步加强了生产制造执行系统（MES）、实验室信息管理系统（LIMS）、数据采集与监视系统（SCADA）、设备等软硬件的集成，建立设备与系统的双向数据传递和控制，通过实体车间与虚拟车间的双向真实映射与实时交互，实现实体车间、虚拟车间数据的集成和融合，在数据模型的驱动下，实现车间生产要素管理、生产活动计划、生产过程控制等在实体车间、虚拟车间的镜像运行，从而在满足特定目标和约束的前提下达到车间生产和管控最优的一种生产运行模式；通过项目对生产车间的所有设备产量、消耗等数据进行综合排名，给管理人员提供有效的数据来分析设备，从而提高综合管理水平；通过多系统信息流实现工厂信息全集成，时刻感知工厂运行状况，进行智能化的决策和调整，提升效率和质量，

降低成本。

2.6　工业互联网

当前，以新一代信息技术为驱动的数字浪潮正深刻重塑经济社会的各个领域，移动互联、物联网、云计算、大数据、人工智能等技术与各个产业深度融合，推动着生产方式、产品形态、商业模式、产业组织和国际格局的深刻变革，并加快了第四次工业革命的孕育与发展。而越来越清晰的是，工业互联网是实现这一数字化转型的关键路径，构筑了第四次工业革命的发展基石。工业互联网作为全新工业生态、关键基础设施和新型应用模式，通过人、机、物的全面互联，实现全要素、全产业链、全价值链的全面连接，正在全球范围内不断颠覆传统制造模式、生产组织方式和产业形态，推动传统产业加快转型升级、新兴产业加速发展壮大。2019 年初，国务院明确将"工业互联网"写入政府工作报告；2020 年，因为新冠疫情对中国经济的巨大冲击，为了促进中国经济的恢复和腾飞，中央政府会议多次提出了"新基建"的计划（5G、特高压、城际高速铁路和城际轨道交通、新能源汽车充电桩、大数据中心、人工智能、工业互联网等）。可见，工业互联网是实现智能制造的核心，是支撑智能制造的关键综合信息基础设施，是信息通信技术创新成果的集中体现。

2.6.1　工业互联网的概念

为应对风起云涌的第四次工业革命浪潮，GE 于 2011 年发布了《工业互联网打破智慧与机器的边界》白皮书，首次提出了工业互联网（Industrial Internet）概念。它将工业互联网定义为一个开放的、全球化的，将人、数据和机器连接起来的网络。其核心三要素包括智能设备，先进的数据分析工具，以及人与设备的交互接口。随后美国政府成立了工业互联网联盟（IIC）。为了贯彻落实《中国制造 2025》，2016 年，工业和信息化部领导成立了工业互联网产业联盟（AII）。

按照中国工业互联网产业联盟的定义，工业互联网是新一代信息技术与工业系统全方位深度融合所形成的产业和应用生态，是工业智能化发展的关键综合信息基础设施。其本质是以机器、原材料、控制系统、信息系统、产品以及人之间的网络互联为基础，通过对工业数据的全面深度感知、实时传输交换、快速计算处理和高级建模分析，实现智能控制、运营优化和生产组织变革。

"网络""数据""安全"构成了工业互联网三大体系。其中，网络是基础，即通过物联网、互联网等技术实现工业全系统的互联互通，促进工业数据的充分流动和无缝集成；数据是核心，即通过工业数据全周期的感知、采集和集成应用，形成基于数据的系统性智能，实现机器弹性生产、运营管理优化、生产协同组织与商业模式创新，推动工业智能化发展；安全是保障，即通过构建涵盖工业全系统的安全防护体系，保障工业智能化的实现。工业互联网的发展体现了多个产业生态系统的融合，是构建工业生态系统、实现工业智能化发展的必由之路。

工业互联网与制造业的融合将带来四方面的智能化提升。一是智能化生产，即实现从单个机器到产线、车间乃至整个工厂的智能决策和动态优化，显著提升全流程生产效率，提高质量，降低成本。二是网络化协同，即形成众包众创、协同设计、协同制造、垂直电商等一系列新模式，大幅降低新产品开发制造成本，缩短产品上市周期。三是个性化定制，即基于互联网获取用户个性化需求，通过灵活柔性组织设计、制造资源和生产流程，实现低成本大规模定制。四是服务化转型，即通过对产品运行的实时监测，提供远程维护、故障预测、性能优化等一系列服务，并反馈优化产品设计，实现企业服务化转型。

工业互联网对我国经济发展有着重要意义。一是化解综合成本上升、产业向外转移风险。部署工业互联网，能够帮助企业减少用工量，促进制造资源配置和使用效率提升，降低企业生产运营成本，增强企业的竞争力。二是推动产业高端化发展。加快工业互联网应用推广，有助于推动工业生产制造服务体系的智能化升级、产业链延伸和价值链拓展，进而带动产业向高端迈进。三是推进创新创业。工业互联网的蓬勃发展，催生出网络化协同、规模化定制、服务化延伸等新模式新业态，推动先进制造业和现代服务业深度融合，促进一二三产业、大中小企业开放融通发展，在提升我国制造企业全球产业生态能力的同时，打造新的增长点。

2.6.2　工业互联网体系架构

中国工业互联网产业联盟在参考美国工业互联网参考架构 IIRA、德国 RAMI 4.0、日本 IVRA 的基础上于 2016 年 8 月发布了《工业互联网体系架构 1.0》。其后在不断总结经验的基础上修订完善，于 2019 年 8 月发布了《工业互联网体系架构 2.0》。工业互联网体系架构 2.0 包括业务视图、功能架构、实施框架三大板块，如图 2-28 所示，形成以商业目标和业务需求为牵引，进而明确系统功能定义与实施部署方式的设计思路，自上向下层层细化和深入。

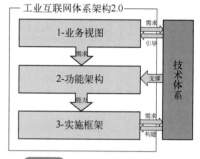

图 2-28　工业互联网体系架构 2.0

（1）业务视图

业务视图明确了企业应用工业互联网实现数字化转型的目标、方向、业务场景及相应的数字化能力。业务视图首先提出了工业互联网驱动的产业数字化转型的总体目标和方向，以及这一趋势下企业应用工业互联网构建数字化竞争力的愿景、路径和举措。这在企业内部将会进一步细化为若干具体业务的数字化转型策略，以及企业实现数字化转型所需的一系列关键能力。业务视图主要用于指导企业在商业层面明确工业互联网的定位和作用，提出的业务需求和数字化能力需求对于后续功能架构设计是重要指引。

业务视图包括产业层、商业层、应用层、能力层四个层次，其中产业层主要定位于产业整体数字化转型的宏观视角，商业层、应用层和能力层则定位于企业数字化转型的微观视角。四个层次自上而下来看，实质是产业数字化转型大趋势下，企业如何把握发展机遇，实现自身业务的数字化发展并构建起关键数字化能力；自下而上来看，实际也反映了企业不断构建和强化的数字化能力将持续驱动其业务乃至整个企业的转型发展，并最终带来整个产业的数字化转型。工业互联网的总体业务视图如图 2-29 所示。

（2）功能架构

功能架构是工业互联网体系架构的核心，用以揭示工业互联网系统中的基本要素、功能模块、交互流转关系和作用范围,如图 2-30 所示,包括以下几个方面。

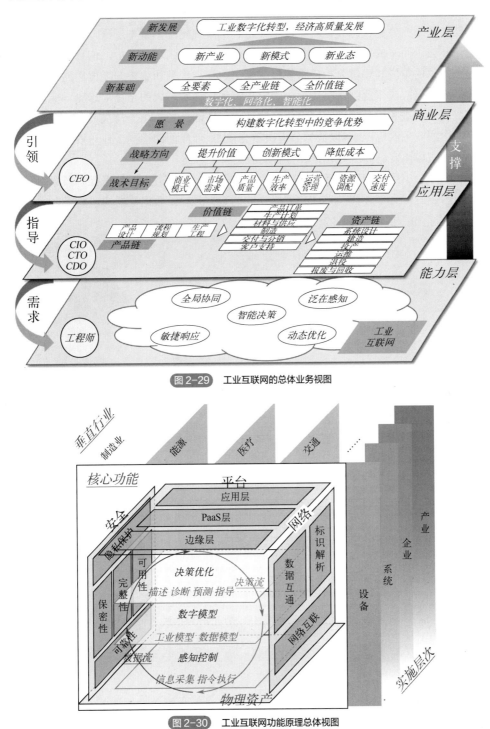

图 2-29 工业互联网的总体业务视图

图 2-30 工业互联网功能原理总体视图

① 功能原理。工业互联网的核心功能原理是基于数据驱动的物理系统与数字空间融合交互,以及在此过程中的智能分析与决策优化。通过"网络""平台""安全"三大体系构建,工业互联网基于数据驱动实现物理与数字一体化、IT 与 OT 融合化,并贯通三大体系形成整体。数字

孪生已经成为工业互联网数据功能的关键支撑，以物理资产为对象，以业务应用为目的，通过资产的数据采集、集成、分析和优化来满足业务需求，形成资产与业务的虚实映射。工业互联网的数据功能体系主要包含感知控制、数字模型、决策优化三个基本层次，以及一个由自下而上的信息流和自上而下的决策流构成的工业数字化应用优化闭环。其中，信息流是从数据感知出发，通过数据的集成和建模分析，将物理空间中的资产信息和状态向上传递到虚拟空间，为决策优化提供依据；决策流则是将虚拟空间中决策优化后所形成的指令信息向下反馈到控制与执行环节，用于改进和提升物理空间中资产的功能和性能。在信息流与决策流的双向作用下，底层资产与上层业务实现连接，以数据分析决策为核心，形成面向不同工业场景的智能化生产、网络化协同、规模化定制和服务化延伸等智能应用解决方案。

② 网络体系。网络是工业互联网发挥作用的基础，由网络互联、数据互通和标识解析三部分组成，如图 2-31 所示。网络互联实现要素之间的数据传输，数据互通实现要素之间传输信息的相互理解，标识解析实现要素的标记、管理和定位。

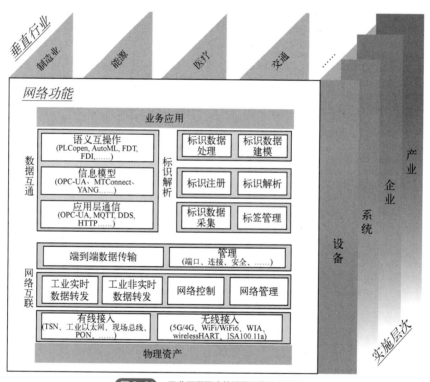

图 2-31　工业互联网功能视图网络体系框架

③ 平台体系。平台是制造业数字化、网络化、智能化的中枢与载体，主要包含边缘层、PaaS 层和应用层三个核心层级，如图 2-32 所示。

④ 安全体系。安全是保障，需要统筹考虑信息安全、功能安全与物理安全，保障工业互联网生产管理等各个环节的可靠性、保密性、完整性、可用性，以及隐私和数据保护，如图 2-33 所示。

（3）实施框架

实施框架阐述了工业互联网在制造业具体应用中的层级结构、功能体系和承载实体，一方

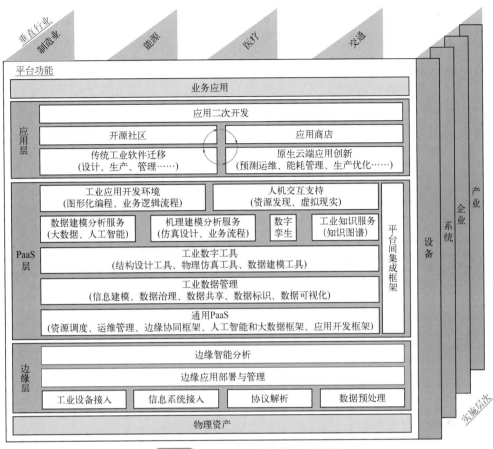

图 2-32　工业互联网功能架构——平台体系

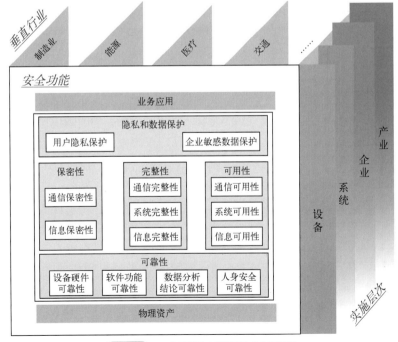

图 2-33　工业互联网功能视图安全体系框架

面纵向展开功能架构，体现功能架构在不同制造环节的落地；另一方面呈现出网络、平台、安全之间的协同联动关系，如图 2-34 所示。

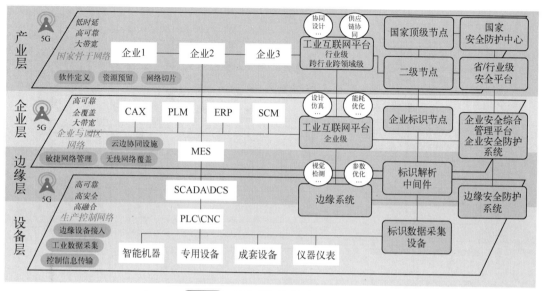

图 2-34　工业互联网实施框架总体视图

工业互联网实施框架是整个体系架构 2.0 中的操作方案，解决"在哪做""做什么""怎么做"的问题。当前阶段工业互联网的实施以传统制造体系的层级划分为基础，适度考虑未来基于产业的协同组织，按"设备、边缘、企业、产业"四个层级开展系统建设，指导企业整体部署。设备层对应工业设备、产品的运行和维护功能，关注设备底层的监控优化、故障诊断等应用；边缘层对应车间或产线的运行维护功能，关注工艺配置、物料调度、能效管理、质量管控等应用；企业层对应企业平台、网络等关键能力，关注订单计划、绩效优化等应用；产业层对应跨企业平台、网络和安全系统，关注供应链协同、资源配置等应用。

（4）技术体系

工业互联网技术体系，如图 2-35 所示，是支撑功能架构实现、实施架构落地的整体技术结构，其超出了单一学科和工程的范围，需要将独立技术联系起来构建成相互关联、各有侧重的新技术体系，在此基础上考虑功能实现或系统建设所需重点技术集合。同时，以人工智能、5G为代表的新技术加速融入工业互联网，不断拓展工业互联网的能力内涵和作用边界。

工业互联网的核心是通过更大范围、更深层次的连接实现对工业系统的全面感知，并通过对获取的海量工业数据建模分析，形成智能化决策，其技术体系由制造技术、信息技术以及两大技术交织形成的融合性技术组成。制造技术和信息技术的突破是工业互联网发展的基础，例如增材制造、现代金属、复合材料等新材料和加工技术不断拓展制造能力边界，云计算、大数据、物联网、人工智能等信息技术快速提升人类获取、处理、分析数据的能力。制造技术和信息技术的融合强化了工业互联网的赋能作用，催生工业软件、工业大数据、工业人工智能等融合性技术，使机器、工艺和系统的实时建模和仿真，产品和工艺技术隐性知识的挖掘和提炼等创新应用成为可能。

工业互联网技术体系要支撑实施框架解决"在哪做""做什么""怎么做"的问题，其核心在于推动重点技术率先嵌入到工业互联网实施系统中,进而带动发挥整体技术体系的赋能作用。随着新一代信息技术的自身发展和面向工业场景的二次开发,5G、边缘计算、区块链、人工智能、数字孪生成为影响工业互联网后续发展的核心重点技术和不可或缺的组成部分。

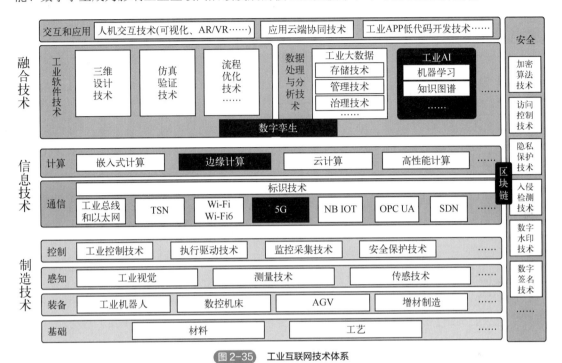

图 2-35　工业互联网技术体系

① 5G 技术。5G 技术是网络连接技术的典型代表,推动无线连接向多元化、宽带化、综合化、智能化的方向发展,其低延时、高通量、高可靠技术,网络切片技术,等弥补了通用网络技术难以完全满足工业性能和可靠性要求的技术短板,并通过灵活部署方式,改变现有网络落地难的问题。5G 技术对工业互联网的赋能作用主要体现在两个方面:一方面,5G 低延时、高通量的特点保证海量工业数据的实时回传;另一方面,5G 的网络切片技术能够有效满足不同工业场景连接需求。5G 网络切片技术可实现独立定义网络架构、功能模块、网络能力(用户数、吞吐量等)和业务类型等,减轻工业互联网平台及工业 APP 面向不同场景需求时的开发、部署、调试的复杂度,降低平台应用落地的技术门槛。

② 边缘计算技术。边缘计算技术是计算技术发展的焦点,通过在靠近工业现场的网络边缘侧运行处理、分析等操作,就近提供边缘计算服务,能够更好满足制造业敏捷连接、实时优化、安全可靠等方面的关键需求,改变传统制造控制系统和数据分析系统的部署运行方式。边缘计算技术的赋能作用主要体现在两个方面。一是降低工业现场的复杂性。目前在工业现场存在超过 40 种工业总线技术,工业设备之间的连接需要边缘计算提供"现场级"的计算能力,实现各种制式的网络通信协议相互转换、互联互通,同时又能够应对异构网络部署与配置、网络管理与维护等方面的艰巨挑战。二是提高工业数据计算的实时性和可靠性。在工业控制的部分场景,计算处理的时延要求在 10ms 以内,如果数据分析和控制逻辑全部在云端实现,难以满足业务的实时性要求。同时,在工业生产中要求计算能力具备不受网络传输带宽和负载影响的"本地存活"能力,避免断网、时延过大等意外因素对实时性生产造成影响。边缘计算在服务实时性

和可靠性方面能够满足工业互联网的发展要求。

③ 区块链技术。区块链技术是数字加密技术、网络技术、计算技术等信息技术交织融合的产物，能够赋予数据难以篡改的特性，进而保障数据传输和信息交互的可信和透明，有效提升各制造环节生产要素的优化配置能力，加强不同制造主体之间的协作共享，以低成本建立互信的"机器共识"和"算法透明"，加速重构现有的业务逻辑和商业模式。区块链技术尚处于发展初期，其赋能作用一是体现在能够解决高价值制造数据的追溯问题，例如欧洲推出基于区块链的原材料认证，以保证在整个原材料价值链中环境、社会和经济影响评估标准的一致性；二是能够辅助制造业不同主体间高效协同，例如波音基于区块链技术实现了多级供应商的全流程管理，供应链各环节能够无缝衔接，整体运转更高效、可靠，流程更可预期。

2.6.3 工业互联网产业链构成

我国工业互联网高速发展，在网络基础、平台中枢、数据要素、安全防护等工业互联网核心体系建设上均取得了一定进展，但工业互联网发展进一步提速也面临着较大挑战。我国工业互联网目前仍在发展初级阶段，产业链并不健全，工业互联网是全球工业系统与高级计算、分析、感应技术以及互联网连接融合的结果，产业链环节的任何短板都会限制其发展，解决"卡脖子"技术问题迫在眉睫。

如图2-36所示，工业互联网产业链主要由网络层、边缘层、IaaS层、平台层（工业PaaS）、应用层（工业SaaS）以及下游应用企业组成，分别处于产业链的上、中、下游，也构成了工业

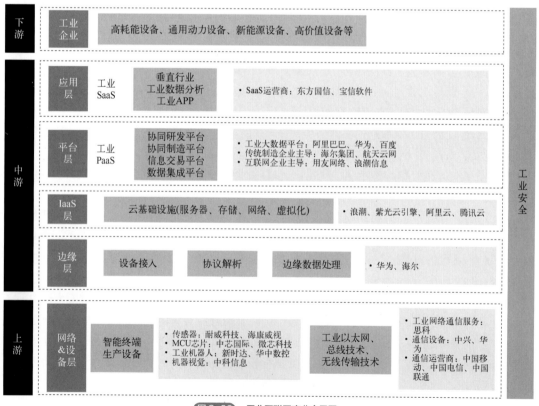

图2-36 工业互联网产业全景图

互联网的网络、平台、安全三大体系。上游主要提供传感环境、网络等基础保障，包括传感器、控制器、工业级芯片、智能机床、工业机器人、网络等，代表企业有思科、中兴、华为等；中游主要为工业互联网提供开发环境、运营环境、软件应用和安全保障等，具体涉及工业互联网平台、工业软件、云计算、数据中台、边缘计算服务等，代表企业有航天云网、用友网络、华为等；下游主要为工业设备企业中应用的典型工业互联网场景，如高耗能设备、通用动力设备、新能源设备、高价值设备等全面系统性优化场景。当前阶段，上游行业在芯片、传感器等领域的制造上仍和发达国家有一定差距，数据采集与感知能力有待提升；中游行业的平台层资源整合能力和综合能力有待加强，应用层工业软件与控制系统落后，工业建模分析能力与数据分析能力较弱，制约了整体的平台开发与应用；下游应用场景适用行业广泛，工业互联网应用场景越来越多，未来融合创新发展潜力巨大，但现阶段工业互联网安全整体形势严峻，迫切需要提升安全保障能力。

要打造产业链坚韧、供应链敏捷的工业互联网产业体系，着力补齐技术短板，全面增强工业互联网产业链核心环节至关重要，建议具体从以下四方面攻关：一要夯实数据与网络基础，提升数据采集与感知能力；二要提升平台技术能力，推动平台开发与应用；三要强化安全技术能力，完善工业互联网安全保障体系；四要推动融合技术创新，构建融通发展新生态。

2.6.4　工业互联网在智能制造领域的应用

工业互联网推动制造业与互联网融合，有利于提升中国在全球制造业竞争格局中的地位，实现制造业转型升级。2017 年 11 月 27 日，国务院正式印发《关于深化"互联网+先进制造业"发展工业互联网的指导意见》重点提出建设跨行业、跨领域平台，建成一批支撑企业数字化、网络化、智能化转型的企业级平台，完善智能制造生态体系的要求。由此可见，我国在制造业转型升级进程中始终关注工业互联网发展主题，凸显出制造强国战略下工业互联网的重要地位。与此同时，众多企业紧紧把握工业互联网发展风口，工业互联网平台的诸多实践成为热潮，代表性的工业互联网平台有三一重工的根云（ROOTCLOUD）平台、海尔 COSMOPlat 平台、华为 FusionPlant 平台等。国内初步形成了平台化的工业互联网产业生态。

工业互联网平台本质是通过工业互联网网络采集海量工业数据，并提供数据存储、管理、呈现、分析、建模及应用开发环境，汇聚制造企业及第三方开发者，开发出覆盖产品全生命周期的业务及创新性应用，以提升资源配置效率，推动工业企业的高质量发展。工业互联网平台基于网络向下接入各种工业设备、产品及服务，并为海量工业数据提供自由流转的平台支撑，是连接工业全要素、全价值链、全产业链的枢纽，是推动制造资源高效配置的核心。

根云（ROOTCLOUD）工业互联网平台（简称"根云平台"）是树根互联股份有限公司以根云工业互联网操作系统为核心打造的工业互联网平台。根云平台从 2019 年开始已连续 3 年，成为中国唯一入选全球著名 IT 研究机构 Gartner 发布的《全球工业互联网平台魔力象限报告》的工业互联网平台，通过横向跨行业、纵向端到端的平台服务能力，为企业数字化转型和价值再造提供新基座。根云平台为工业企业提供工业互联网整体解决方案，为工业企业的生产管理、产品与服务的创新以及产业链协同进行赋能，面向工程机械、装备制造、汽车制造、纺织、金属冶炼等 48 个工业细分行业开发了包括智能化生产、服务化延伸、网络化协同、数字化管理、产业链重构、个性化定制、平台化设计等 403 个解决方案，覆盖的工业场景包括研发设计、生产制造、物流管理、销售管理、服务管理、供应链管理等。根云（ROOTCLOUD）工业互联网平台架构如图 2-37 所示。

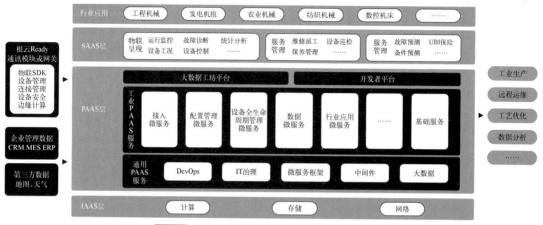

图 2-37 根云（ROOTCLOUD）工业互联网平台架构

依托根云平台，三一重工完成了一系列数字化改造的"灯塔工厂"。例如，借助树根互联"透明工厂"解决方案，三一重工 18 号智能工厂这一亚洲最大的智能化制造车间，实现了设备、能耗和"三现"的全部透明化。管理人员通过掌握"人、机、料、法、环、测"全要素数据，得以科学降低能耗成本，提高设备使用率，实现现场管理流程优化。18 号厂房智能工厂总体结构图如图 2-38 所示。

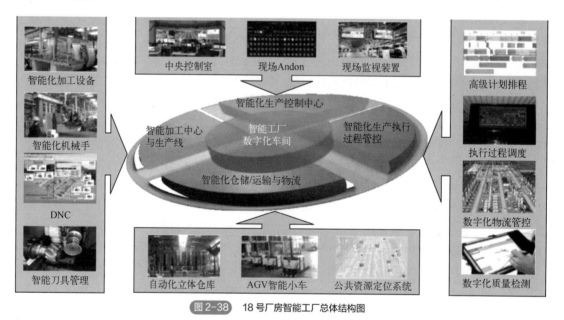

图 2-38 18 号厂房智能工厂总体结构图

2.7 工业元宇宙

元宇宙（Metaverse），由美国科幻作家尼尔·斯蒂芬森（Neal Stephenson）于 1992 年在其著作《雪崩》中提出，是指一个与现实世界平行、相互影响并且始终在线的数字虚拟世界。人们可在元宇宙中生活、娱乐、工作、交易，比如在虚拟世界中与家人朋友吃饭、逛街、用虚拟货币交易等。2021 年 3 月，美国 Roblox 公司首次将元宇宙写进招股说明书，引发了社会各界的关注。2021 年 10 月，Facebook 更名为 Meta，确定将在未来几年转型成为元宇宙公司，引发了元宇宙概念第二波热潮。国内外巨头企业纷纷布局元宇宙领域。我国一些地方政府也积极布局元宇宙，上海、武汉、合肥、无锡、杭州、南昌、厦门等地先后提出重点发展元宇宙相关产业。元宇宙成为各界关注热点，新模式、新业态不断涌现。

2.7.1　工业元宇宙的概念

业界对元宇宙的概念众说纷纭，至今未有被广泛认可的确切定义。国内外科技巨头、企业家、知名学者对元宇宙的理解认知主要有五类：一是认为元宇宙是下一代互联网，例如 Meta 首席执行官扎克伯格说元宇宙是更好体验版本的互联网；二是认为元宇宙是新型互联网应用，例如清华大学研究团队提到元宇宙是整合多种新技术而产生的新型虚实相融的互联网应用和社会形态；三是认为元宇宙是数字经济的新形态，例如南京大学钱志新教授提出元宇宙是数字技术的大集成，是数字经济的高形态元宇宙；四是认为元宇宙是数字化手段构建的 3D 空间，例如英伟达创始人黄仁勋说"现实世界和元宇宙是相连接的，元宇宙是数个共享的虚拟 3D 世界"；五是认为元宇宙是一种体验，例如杜比实验室首席执行官凯文·叶曼认为元宇宙是一种视听体验。

中国电子信息产业发展研究院和江苏省通信学会撰写的《元宇宙产业链生态白皮书（2022版）》认为，元宇宙的"元"具备创新、创造的特征，"宇宙"代表时间、空间和人的概念。元宇宙是以信息基础设施为载体，以虚拟现实（VR/AR/MR/XR）为核心技术支撑，以数据为基础性战略资源，构建而成的数字化时空域。元宇宙具有虚实融合、去中心化、多元开放、持续演进等特点。伴随新技术的迭代升级和新应用的融合创新，元宇宙的内涵外延将不断拓展延伸。

工业元宇宙即元宇宙相关技术在工业领域的应用，将现实工业环境中研发设计、生产制造、营销销售、售后服务等环节和场景在虚拟空间实现全面部署，通过打通虚拟空间和现实空间实现工业的改进和优化，形成全新的制造和服务体系，达到降低成本、提高生产效率、高效协同的效果，促进工业高质量发展。

工业元宇宙与数字孪生概念类似，两者区别在于，数字孪生是现实世界向虚拟世界的 1:1 映射，通过在虚拟世界对生产过程、生产设备的控制来模拟现实世界的工业生产；工业元宇宙则比数字孪生更具广阔的想象力，工业元宇宙所反映的虚拟世界不只有现实世界的映射，还具有现实世界中尚未实现甚至无法实现的体验与交互。另外，工业元宇宙更加重视虚拟空间和现实空间的协同联动，从而实现虚拟操作指导现实工业。

2.7.2　工业元宇宙技术体系

技术演变为工业元宇宙构建平台载体。现实世界技术发展日新月异，为工业元宇宙发展带来契机。工业元宇宙以物联网、互联网、5G/6G 网络、Wifi6 等通信设施及技术为基础，构建工业元宇宙基础设施，为虚实融合及交互提供平台载体；运用云计算、人工智能、区块链等为代表的数字化新技术，将真实宇宙数字化，生成虚拟宇宙，虚拟宇宙具备真实宇宙的所有特性；最后在大数据中心、智能计算中心、边缘计算中心等算力基础设施上，对虚拟宇宙进行再创造，达到虚实融合。

工业元宇宙的技术体系，如图 2-39 所示，以虚拟现实为核心的信息技术构成了工业元宇宙技术主干，推动多类型新兴技术融合创新发展。工业元宇宙以虚拟现实（VR/AR/MR/XR）头显、智能可穿戴、脑机接口等打通与现实世界沉浸式交互的接口，以数字孪生、三维仿真等建模仿真工具、内容制作工具构筑虚实交互体验，以实时渲染、4K/8K 超高清视频、三维/全息显示等实现真实、顺畅的交互呈现，最终在基础芯片、元器件、操作系统等软硬件技术基础上构成工业元宇宙终端入口。

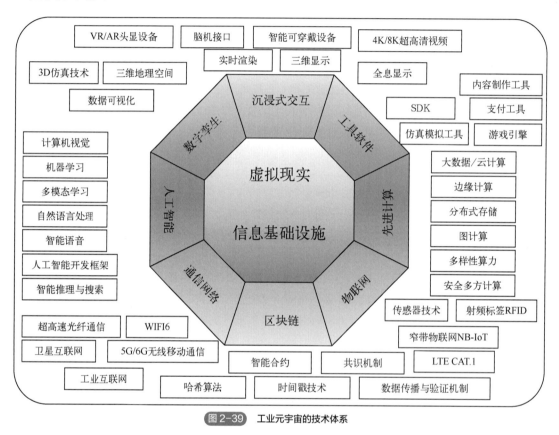

图 2-39　工业元宇宙的技术体系

2.7.3　工业元宇宙产业链构成

元宇宙产业链全景图，如图 2-40 所示。元宇宙产业链分为基础设施层、核心层和应用服务层。

基础设施层包含通信网络基础设施、算力基础设施和新技术基础设施，主要负责数据的实时传输与分发、存储计算与处理、挖掘与分析决策。

核心层由终端入口、时空生成、交互体验、产业平台、虚拟社会架构组成。其中，终端入口包含接入元宇宙的各类终端以及这些终端所需的基础软硬件；时空生成包含将真实物体数字化所需的技术工具；交互体验包含元宇宙中的各类交互技术；产业平台包括游戏平台、社交平台等；虚拟社会架构包括安全体系、信用体系等。

应用服务层包含消费端应用服务、行业应用端服务、政府端应用服务。完整的元宇宙形成后，其将赋能工业生产、医疗健康、教育培训、文化娱乐等传统行业，创造信息消费新业态、新模式，对人类的生产生活方式带来颠覆式变革。

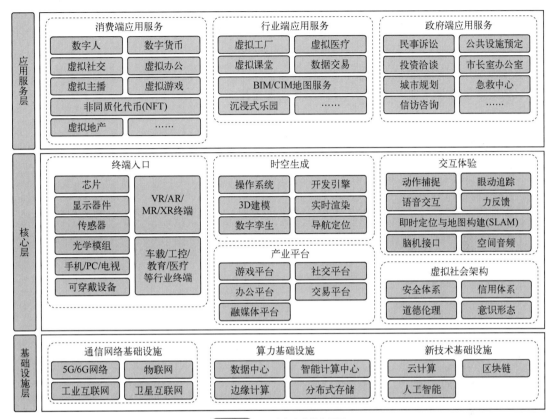

图2-40　元宇宙产业链全景图

按产业链各环节划分，元宇宙重点企业可以归纳为表2-1所示。

表2-1　元宇宙重点企业表

产业链环节		地区	企业
基础设施层	通信网络基础设施	国外	Verizon、AT&T、T-Mobile、Sprint、三星、LG、KT、SK 电讯、西门子、爱立信、亚马逊、ARM、IBM、博世、思科、通用电气、谷歌、英特尔、微软
	算力基础设施	国外	亚马逊、微软、戴尔、ClearBlade、思科、谷歌、IBM、英特尔、微软、三星、SAP
	新技术基础设施	国外	亚马逊、微软、谷歌、IBM、Kamatera、Serverspace、Linode
核心层	终端入口	国外	谷歌、苹果、三星、微软、Meta、Magic Leap、德州仪器、高通
	时空生成	国外	Unity、英伟达、Autodesk、Epic Game、罗布乐思
	交互体验	国外	Thalmaic Labs、Virtuix、Cyberith
	产业平台	国外	Meta、微软、谷歌、英伟达
应用服务层	消费端应用服务	国外	谷歌、索尼、Epic Games、EA、世嘉、Valve、Jaunt
	行业端应用服务	国外	Meta、Valve、IBM、BBC、Youtube、Discovery VR
	政府端应用服务	国外	谷歌、亚马逊、微软

数据来源：赛迪智库整理 2022.04

2.7.4　工业元宇宙在智能制造领域的应用

智能制造基于新一代信息技术与先进制造技术深度融合，贯穿于设计、生产、管理、服务等制造活动的各个环节，是致力于推动制造业数字化、网络化、智能化转型升级的新型生产方式。工业元宇宙则更像是智能制造的未来形态，以推动虚拟空间和现实空间联动为主要手段，更强调在虚拟空间中映射、拓宽实体工业能够实现的操作，通过在虚拟空间的协同工作、模拟运行指导实体工业高效运转，赋能工业各环节、场景，使工业企业达到降低成本、提高生产效率的目的，促进企业内部和企业之间高效协同，助力工业高质量发展，实现智能制造的进一步升级。

现阶段工业元宇宙的大部分案例更趋近于数字孪生技术的应用。展望未来，工业元宇宙的应用场景将覆盖从研发到售后服务的产品全生命周期，由"虚"向"实"指导和推进工业流程优化和效率提升。以下从研发设计、生产优化、设备运维、产品测试、技能培训等多个环节切入，展望工业元宇宙可能的应用场景，如图 2-41 所示。

图 2-41　展望工业元宇宙赋能的工业场景

（1）研发设计

相比现阶段利用工业软件进行产品设计，工业元宇宙相关技术应用下的研发设计将在更大程度上提高产品开发效率，降低产品开发成本。在产品设计方面，工业元宇宙平台可控制产品应用时的环境因素，并基于在工业元宇宙平台中设计的产品模型对产品各零部件的作用方式做出直观、精准的模拟，能够有效验证产品性能。在协同设计方面，工业元宇宙能够打破地域限制，支持多方协同设计，用户也可以在工业元宇宙平台上参与产品设计并体验其设计的产品。在用户体验方面，工业元宇宙平台上的产品研发经过用户的深层参与，更加贴近用户需求，并能在更大程度上增强用户体验。

（2）生产优化

通过工业元宇宙平台，能够沉浸式体验虚拟智能工厂的建设和运营过程，与虚拟智能工厂中的设备、产线进行实时交互，可以更加直观、便捷地优化生产流程，开展智能排产。在智能工厂建设前期，可利用工业元宇宙平台建设与现实智能工厂的建筑结构、产线布置、生产流程、设备结构一致的虚拟智能工厂，从而能够实现对产能配置、设备结构、人员动线等方面合理性的提前验证。对于智能工厂生产过程中的任何变动，都可以在虚拟智能工厂中进行模拟，预测生产状态，实现生产流程优化。例如，宝马与英伟达正开展虚拟工厂相关合作，宝马引入英伟达元宇宙平台（Omniverse 平台）协调 31 座工厂生产，有望将宝马的生产规划效率提高 30%。

（3）设备运维

相对于现阶段利用大数据分析的预测性维护，基于工业元宇宙的设备运维能够打破空间限制，有效提高设备运维响应效率和服务质量。在工业元宇宙平台建立的虚拟空间中，运维人员将不受地域限制，在生产设备出现问题时，能够实现远程实时确认设备情况，及时修复问题。对于难度大、复杂程度高的设备问题，可以通过工业元宇宙平台汇聚全球各地的专家，共同商讨解决方案，从而提高生产效率。

（4）产品测试

对于应用标准高、测试要求复杂的产品，工业元宇宙能够提供虚拟环境以开展试验验证和产品性能测试，通过虚实结合实现物理空间和虚拟空间的同步测试，更加直观地感受产品的内外部变化，提高测试认证效率和准确性。例如，相对于民用消费级芯片产品，车规级 AI 芯片由于工作环境多变、安全性要求高等因素，功能设计复杂，其研发、测试、认证流程十分严苛，须满足多项国际国内行业标准。工业元宇宙可为车规级 AI 芯片提供虚拟测试空间，工程师可以用较低的成本对车规级 AI 芯片进行测试，也可以模拟和体验搭载 AI 芯片的自动驾驶汽车，提高车规级 AI 芯片的测试、认证效率。

（5）技能培训

工业元宇宙能够有效提高教学培训效率，为高等院校、企业等组织提供培训学生、员工专业技能的虚拟设备，让学员更加直观地操作生产设备。同时，对于地震、失火等极端特殊情况，可以通过工业元宇宙平台搭建虚拟空间，供相关人员演习逃生路线和检验事故处理办法。

内容创作和运营平台 Unity 和现代汽车公司（HMC）于 2022 年消费电子产品展（CES）正式宣布合作，共同设计、打造"元工厂（Meta-Factory）"的发展路线与平台。元工厂是由元宇宙平台驱动的工厂数字孪生，本次合作将帮助现代汽车公司成为首个建成元工厂的出行方式创新者。

元工厂简单来说，就是现实工厂的复制版，它能够让工人们在虚拟空间中进行各种测试作业。通过综合运用 3D AI、机器学习和数字孪生等技术，元工厂能够实时检测生产流程并模拟生产过程，即使工人们不在生产工厂现场，也能够实时检测工业制造的各个环节，确保汽车等产品生产的顺利进行。元工厂的出现或许是制造业又一次进步，有望加速智能制造的升级。

元工厂最大的作用就是借助元宇宙和数字孪生技术来提高工厂的效率与产量。Unity 不仅在3D 可视化、CAD 流程衔接上经验丰富，还非常熟悉物理模拟、各类协作工具、机器学习、互动内容制作等。因此，要让元工厂既能实时监测生产流程，又能运行生产模拟、自动化机器人训练，并成为消费者营销的补充手段。

元工厂的出现能让现代汽车公司在虚拟空间中测试各种作业情形，评估、计算并营造出最佳作业环境，全程无须员工在现场参与检测。合作的最终目标是打造一个实时 3D 平台，为广大消费者们提供更全面的销售、营销与消费服务。消费者将有机会在购置真车之前通过数字技术试驾、检验并且了解各类汽车相关的解决方案。

 习题

一、填空题

1. 工业物联网六大典型特征有（　　　）、（　　　）、（　　　）、（　　　）、（　　　）和（　　　）。

2. （　　　　　）是指在工业领域中，围绕典型智能制造模式，从客户需求到销售、订单、计划、研发、设计、工艺、制造、采购、供应、库存、发货和交付、售后服务、运维、报废或回收再制造等整个产品全生命周期各个环节所产生的各类数据及相关技术和应用的总称。

3. 工业互联网的核心三要素包括（　　　）、（　　　），以及（　　　）。

二、判断题

1. 工业物联网是通过工业资源的网络互连、数据互通和系统互操作，实现制造原料的灵活配置、制造过程的按需执行、制造工艺的合理优化和制造环境的快速适应，达到资源的高效利用，从而构建服务驱动型的新工业生态体系。（　　　）

2. 人工智能是引领这一轮科技革命和产业变革的战略性技术，具有溢出带动性很强的"头雁"效应。（　　　）

3. 边缘计算技术是数字加密技术、网络技术、计算技术等信息技术交织融合的产物，能够赋予数据难以篡改的特性，进而保障数据传输和信息交互的可信和透明，有效提升各制造环节生产要素的优化配置能力，加强不同制造主体之间的协作共享，以低成本建立互信的"机器共识"和"算法透明"，加速重构现有的业务逻辑和商业模式。（　　　）

三、简答题

1. 简述云计算的四个核心特征。
2. 简述数字孪生的典型特点。
3. 简述工业元宇宙与数字孪生的区别。

参考文献

[1] 中国电子技术标准化研究院. 工业物联网白皮书(2017 版). 2017.
[2] 陈大川. 基于物联网的精密铰链智能制造系统. 机电工程技术, 2015, 44(07): 93.
[3] 郑力, 莫莉. 智能制造: 技术前沿与探索应用. 北京: 清华大学出版社, 2021.
[4] 中国电子技术标准化研究院. 工业大数据白皮书(2019 版). 2019.
[5] 梁矗军. 数控机床大数据采集总线技术研究. 内燃机与配件, 2017(23): 42.
[6] 工业和信息化部电信研究院. 云计算白皮书(2012 年). 2012.
[7] 曾宇. 工业云计算在中国的发展与趋势. 中国工业评论, 2016(Z1): 44.
[8] 张李伟. 工业云平台建设及其实践路径. 电子技术与软件工程, 2020(14): 184.
[9] 中国电子技术标准化研究院. 人工智能标准化白皮书(2018 版). 2018.
[10] 刘海滨. 人工智能助力装备制造智能化. 军民两用技术与产品, 2018(19): 22.
[11] 中国电子技术标准化研究院, 树根互联技术有限公司. 数字孪生应用白皮书(2020 版). 2020.

[12]　山西省数字产业协会.数字孪生产业技术白皮书(2022 版). 2022.

[13]　张龙. 从智能制造发展看数字孪生.软件和集成电路, 2018(09): 59.

[14]　工业互联网产业联盟. 工业互联网体系架构. 2016.

[15]　中国电子信息产业发展研究院，江苏省通信学会. 元宇宙产业链生态白皮书. 2022.

[16]　Unity 官方平台.Unity 与现代汽车公司合作构建新型元宇宙平台. 加速智能制造. 2022.

扫码获取答案

第3章
智能机床结构与功能

 本章思维导图

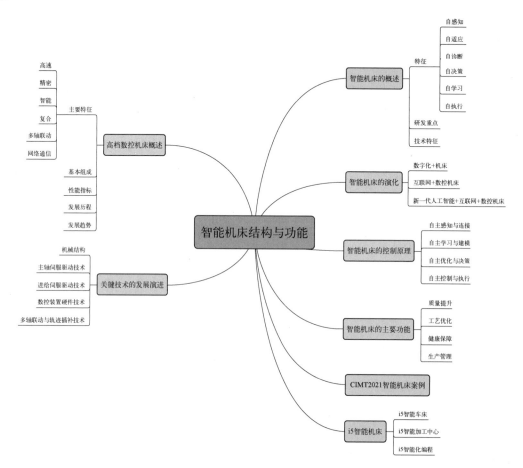

导　读

　　本章从高档数控机床的基础知识和关键技术发展引入，主要介绍智能机床的基础知识、技术演化、控制原理、主要功能，以及最新典型案例。

学习目标

　　掌握：高档数控机床的基础知识，数控机床关键技术的发展演进，智能机床的基本概念、研发重点、技术特征，智能机床的演化发展，智能机床的控制原理，掌握智能机床的主要功能。
　　了解：高档数控机床的发展历程和发展趋势，国内外数控机床产业及技术发展概况，世界最新的智能机床典型案例。

3.1　高档数控机床概述

　　机床（machine tools）是指用来制造机器的机器，又被称为"工作母机"或"工具机"，其产品占制造业总量的 40%～60%。机床产品的质量和性能决定了制造的质量和发展水平。机床以高档数控机床为代表，具有基础性、通用性和战略性，在航空、航天、船舶、高精密仪器、车辆、医疗器械等产业领域得到广泛应用，处于制造业价值链和产业链的核心环节。经过多年的发展，现代数控机床已经具有了许多特点，包括精密度高、效率更高、稳定性好和加工可靠等。据国家统计局数据显示，2019 年国内数控机床产业规模占全球比重约为 31.5%，位居全球第二。然而高档数控机床厂家却集中在德国、美国、日本等国家。长期以来高档数控机床大量依赖进口，严重影响我国工业安全、产业安全和国防安全。"高档数控机床及基础制造装备"重大专项以及《中国制造 2025》把数控机床作为五大工程和十大领域之一的发展重点，正是我国政府充分意识到数控机床在新的工业革命中的重要地位，以及发展数控机床技术的重要性，积极采取各种有效措施大力发展我国数控机床产业的体现。把发展数控机床作为振兴机械工业的重中之重，是我国实现综合实力进入世界制造强国目标的基础。机床是智能制造发展的关键突破口，也成为各工业发达国家的竞争焦点。

3.1.1　高档数控机床的主要特征

（1）高档数控机床的定义与分类

　　国际信息处理联盟（International Federation of Information Processing，IFIP）第五技术委员会对数控机床的定义是：数控机床是装有程序控制系统的机床。该控制系统能有逻辑地处理具有控制编码或其他符号指令的程序，并将其译码，用代码化的数字表示，通过信息载体输入数控系统，经过运算处理，由数控装置发出各种控制信号并控制机床的动作，按要求自动将零件加工出来。数控机床能较好地解决复杂、精密、小批量、多品种的零件加工问题，代表着现代机床控制技术的发展方向。

根据数控机床的性能、档次的不同，数控机床产品可分为低档数控机床、中档数控机床、高档数控机床。高、中、低档的界限是相对的，不同时期的划分标准有所不同，就目前的发展水平来看，大体可以从以下几个主要方面区分，如表 3-1 所示。高档数控机床是指具有高速、精密、智能、复合、多轴联动、网络通信等功能的数控机床。高档数控机床的主要特征如下。

表 3-1　数控机床的分类

项目	低档	中档	高档
分辨率	10μm	1μm	0.1μm
进给速度	8～15m/min	15～24m/min	30～100m/min
伺服控制类型	开环、步进电动机系统	半闭环直流或交流伺服系统	闭环直流或交流伺服系统
联动轴数	2 轴	3～5 轴	4～5 轴
主轴功能	不能自动变速	自动无级变速	自动无级变速、C 轴功能
通信能力	无	RS-232C 或 DNC 接口	MAP 通信接口、联网功能
显示功能	数码管显示、CRT 字符	CRT 字符、图形	三维图形显示、图形编程
内装 PLC	无	有	有
主 CPU	8bit CPU	16 或 32bit CPU	64bit CPU

① 多轴联动一般为四轴或五轴联动，可以实现更多轴的控制。在实际应用中，五轴联动的加工工艺最为合理，可以充分利用工件的最佳集合形状来进行切削。

② 高速主轴最大主轴转速高于 8000～12000r/min，可高达 42000r/min 甚至更高。

③ 高动态响应的进给系统直线进给轴速度可达 30～60m/min 或更高，进给加速度达到 1～2g。

④ 高精度直线轴定位精度在微米数量级，并可达到更高的位置精度。

⑤ 高刚度主轴系统、进给系统和机床结构应具有良好的静态刚度和动态刚度以及热稳定性。

⑥ 高可靠性主要通过平均无故障时间参数来衡量。

⑦ 网络通信利用通信设备来实现加工数据的管理和信息集成优化。

（2）数控机床的基本组成

数控机床主要由加工程序载体、数控装置、伺服驱动装置、机床结构、反馈系统和各类辅助装置组成，如图 3-1 所示。

① 加工程序载体。是将零件加工信息传送到数控装置中去的信息载体，是人与数控机床之间联系的中间媒介物质，反映了数控加工中的全部信息。数控加工程序要制备成加工程序载体，利用数控系统的输入装置输入到数控装置。数控加工程序可以利用键盘以手动方式输入数控装置，也可以利用 CAD/CAM 软件在上位计算机上编写好数控加工程序，然后数控装置可以从串行通信接口接收程序，也可从网络接收程序。

加工程序载体　　数控装置　　伺服系统

数控机床

反馈系统　　机床结构

图 3-1　数控机床的基本组成

② 数控装置。是机床实现自动加工的核心，是整个数控机床的灵魂所在。它主要由输入装置、监视器、主控制系统、可编程控制器、各种输入/输出接口等组成。主控制系统主要由 CPU、存储器、控制器等组成。数控装置的主要控制对象是位置、角度、速度等机械量，以及温度、压力、流量等物理量，其控制方式又可分为数据运算处理控制和时序逻辑控制两大类。其中主控制器内的插补模块就是根据所读入的零件程序，通过译码、编译等处理后，进行相应的刀具轨迹插补运算，并通过与各坐标伺服系统的位置、速度反馈信号的比较，从而控制机床各坐标轴的位移。而时序逻辑控制通常由可编程控制器（PLC）来完成，它根据机床加工过程中各个动作要求进行协调，按各检测信号进行逻辑判别，从而控制机床各个部件有条不紊地按顺序工作。

③ 伺服系统。是数控系统和机床本体之间的电传动联系环节。它主要由伺服电动机、伺服驱动控制器组成。伺服电动机是系统的执行元件，驱动控制系统则是伺服电动机的动力源。数控系统发出的指令信号与位置反馈信号比较后作为位移指令，再经过驱动系统的功率放大后，驱动电动机运转，通过机械传动装置拖动工作台或刀架运动。

④ 反馈系统。由测量部件和相应的测量电路组成，其作用是检测速度和位移，并将信息反馈给数控装置，构成闭环控制系统。没有测量反馈装置的系统称为开环控制系统。常用的测量部件有脉冲编码器、旋转变压器、感应同步器、光栅和磁尺等。

⑤ 机床结构。是数控机床的机械结构实体，是用于完成各种切割加工的机械部分，包括床身、立柱、主轴、进给机构等机械部件。机床是被控制的对象，其运动的位移和速度以及各种开关量是被控制的。数控机床的整体布局、外观造型、传动机构、工具系统及操作机构等方面较普通机床都发生了很大变化。

⑥ 辅助装置。主要包括自动换刀装置（automatic tool changer，ATC）、自动交换工作台机构（automatic pallet changer，APC）、工件夹紧放松机构、液压控制系统、润滑装置、切削液装置、排屑装置、过载和保护装置等。

（3）数控机床的基本工作过程

利用数控机床完成零件数控加工的过程，如图 3-2 所示，主要内容如下。

① 根据零件加工图样进行工艺分析，确定加工方案、工艺参数和位移数据。

② 用规定的程序代码和格式编写零件加工程序单；或用自动编程软件进行 CAD/CAM 工作，直接生成零件的加工程序文件。

③ 程序的输入或输出：手工编写的程序通过数控机床的操作面板输入；软件生成的程序通过计算机的串行通信接口直接传输到数控机床的数控装置。

④ 用输入到数控单元的加工程序，进行试运行、刀具路径模拟等。

⑤ 正确操作机床，运行程序，完成零件的加工。

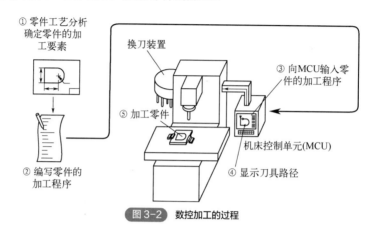

图 3-2 数控加工的过程

在数控机床上完成零件加工，首先要把加工零件所需的所有机床动作的几何信息和工艺信息以程序的形式记录到某种存储介质上，由输入部分送入数控装置中，数控装置对程序进行处理和运算，发出控制信号，指挥机床的伺服系统驱动机床动作，使刀具与工件及其他辅助装置严格地按照加工程序规定的顺序、轨迹和参数有条不紊地工作，从而加工出零件的全部轮廓。当改变加工零件时，数控机床只要改变加工程序，就可继续加工新零件。

3.1.2 高档数控机床的性能指标

数控机床从诞生至今已发展成为品种齐全、功能强大、规模繁多的，能满足现代化生产的主流机床。随着数控机床的发展，数控机床的主要性能指标也在不断地变化，评价数控机床的性能指标如图 3-3 所示。各类型的主要指标详细介绍如下。

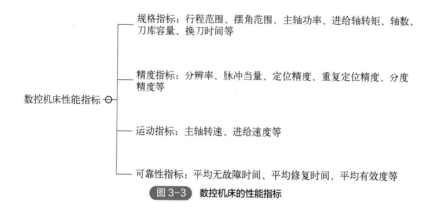

图 3-3 数控机床的性能指标

（1）行程范围和摆角范围

行程范围是指坐标轴可控的运动区间，通常指数控机床在坐标轴 X、Y、Z 方向上的行程大小构成的空间加工范围。它是直接体现数控机床加工零件大小能力的指标。摆角范围则是指摆角坐标轴可控的摆角区间，是反映数控机床加工零件空间部位的能力的指标。

（2）主轴功率和进给轴转矩

主轴功率和进给轴转矩反映数控机床的加工能力，同时也可以间接反映该数控机床的刚度和强度。

（3）控制轴数和联动轴数

控制轴数是指机床数控装置能够控制的坐标数目。联动轴数是指机床数控装置控制的坐标轴同时到达空间某一点的坐标轴数目，它反映数控机床的曲面加工能力。

（4）刀库容量及换刀时间

刀库容量是指刀库能存放加工所需要刀具的数量，刀库容量是反映机床加工复杂零件能力的指标，刀库容量越大，表明机床加工能力越强。换刀时间是指带有自动交换刀具系统的数控机床，将主轴上使用的刀具与装在刀库上的下一工序需用的刀具进行交换所需要的时间，对数控机床的生产率有直接影响。

（5）分辨率和脉冲当量

分辨率是指两个相邻的分散细节之间可以分辨的最小间隔；脉冲当量是指数控系统每发出一个脉冲信号时，机床机械运动机构产生的一个相应的位移量，通常称其为脉冲当量。脉冲当量是设计数控机床的原始数据之一，其数值的大小决定数控机床的加工精度和表面质量。

（6）定位精度和重复定位精度

定位精度是指数控机床工作台等移动部件所到达的实际位置的精度。实际运动位置与指令位置之间的差值称为定位误差。引起定位误差的因素包括伺服系统、检测系统、进给系统的误差以及移动部件导轨的几何误差等。重复定位精度是指在相同的条件下，采用相同的操作方法，重复进行同一动作时，所得到结果的一致程度。重复定位精度受伺服系统特性、进给系统的间隙与刚性以及摩擦特性等因素的影响。

（7）分度精度

分度精度是指分度工作台在分度时，理论要求回转的角度值和实际回转的角度值的差值。分度精度既影响零件加工部位在空间的角度位置，也影响孔系加工的同轴度等。

（8）主轴转速和进给速度

数控机床的主轴一般采用直流或交流主轴电动机驱动，选用高速精密轴承支承，保证主轴具有较宽的调速范围和足够高的回转精度、刚度及抗振性。数控机床的进给速度是影响零件加工质量、生产效率以及刀具寿命的主要因素，它受数控装置的运算速度、机床动特性及工艺系统刚度等因素的限制。

（9）平均无故障时间和平均修复时间

平均无故障时间是指一台数控机床在使用中平均两次故障间隔的时间，即数控机床在寿命范围内，总工作时间和总故障次数之比

$$平均无故障时间 = \frac{总工作时间}{总故障次数}$$

平均修复时间指一台数控机床从开始出现故障直到能正常工作所用的平均修复时间，即

$$平均修复时间 = \frac{总故障停机时间}{总故障次数}$$

（10）平均有效度

如果把平均无故障时间视作设备正常工作的时间，把平均修复时间视作设备不能工作的时间，那么正常工作时间与总时间之比称为设备的平均有效度，即

$$平均有效度 = \frac{平均无故障时间}{平均修复时间 + 平均无故障时间}$$

平均有效度反映了设备提供正常使用的能力，是衡量设备可靠性的一个重要指标。

3.1.3 高档数控机床的发展历程

早在 15 世纪就已出现了早期的机床，1774 年，英国约翰·威尔金森（John Wilkinson）发明的一种镗床被认为是世界上第一台真正意义上的机床，如图 3-4 所示。这台镗床最开始的发明动机是为了解决当时军事上制造高精度大炮炮筒的实际问题。47 岁的 Wilkinson 在他父亲的工厂里，经过不断努力，终于制造出了这种能以罕见的精度制造出大炮炮筒的新机器。其工作原理是通过水轮使固定了镗刀的转轴旋转，并使其相对于圆筒工件推进，其中固定了镗刀的转轴穿过圆筒并在两端支撑，由于刀具与工件之间有相对运动，材料就被镗出精度很高的圆柱形孔洞。该镗床后来被用于蒸汽机气缸的加工。起因是詹姆斯·瓦特（James Watt）发明蒸汽机之后，发现采用锻造的方法制造蒸汽机气缸十分困难，且气缸由于制造精度过低，漏气严重，限制了蒸汽机的制造及其使用效率的提高。在采用了该镗床之后，可以制造 50in❶以上的高精度气缸，极大地提升了蒸汽机气缸的加工质量和生产效率，并因此获得了巨大的成功。之后，为了满足各种不同加工工艺的需求，又相继出现了车床、铣床、刨床、磨床、钻床等各种类型的机床。至 18 世纪，各种类型的机床相继出现并快速发展，如螺纹车床、龙门式机床、卧式铣床、滚齿机等，为工业革命和建立现代工业奠定了制造工具的基础。

1946 年 2 月 14 日，世界上第一台电子计算机在美国宾夕法尼亚大学诞生，其最初研发动机是在第二次世界大战背景下，应美国军方要求，制造一种以电子管代替继电器的"电子化"计算装置，用来计算炮弹弹道。6 年后，即在 1952 年，Parsons 公司与麻省理工学院（MIT）合

---

❶ 1in=2.54cm。

作，结合基于电子计算机的数字控制系统与辛辛那提公司的铣床，研发出世界上第一台数字控制（numerical control,NC）机床，如图 3-5 所示。从此，传统机床产生了质的变化，标志着机床开始进入数控时代，这是制造技术的一次革命性跨越。数控机床采用数字编程、程序执行、伺服控制等技术，利用按照零件图样编制的数字化加工程序自动控制机床的轨迹运动和运行，从此 NC 技术就使得机床与电子、计算机、控制、信息等技术的发展密不可分。

图 3-4　第一台镗床示意图

图 3-5　第一台数控机床（铣床）

又过了 6 年，为了解决 NC 程序编制的自动化问题，1958 年，麻省理工学院在美国军方赞助下与多家企业合作开发出了 APT（automatic programming tools），即一种高级计算机编程语言，用来生成数控机床的工作指令。计算机辅助设计/制造（CAD/CAM）技术也随之得到快速发展和普及应用。

正是由于数控机床和数控技术在诞生伊始就具有的几大特点——数字控制思想和方法、"软件、硬件"相结合、"机械、电子、控制、信息"多学科交叉，因而其后数控机床和数控技术的重大进步就一直与电子技术和信息技术的发展直接关联，如图 3-6 所示。最早的数控装置是采用电子真空管构成计算单元，20 世纪 40 年代末晶体管被发明，50 年代末推出集成电路，至 60 年代初期出现了采用集成电路和大规模集成电路的电子数字计算机，计算机在运算处理能力、小型化和可靠性方面的突破性进展，为数控机床技术发展带来第一个拐点——由基于分立元件的数字控制（NC）走向了计算机数字控制（CNC），数控机床也开始进入实际工业生产应用。20 世纪 80 年代，IBM 公司推出采用 16 位微处理器的个人微型计算机（personal computer，PC），给数控机床技术带来了第二个拐点——由过去专用厂商开发数控装置（包括硬件和软件）走向采用通用的 PC 化计算机数控，同时开放式结构的 CNC 系统应运而生，推动数控技术向更高层次的数字化、网络化发展，高速机床、虚拟轴机床、复合加工机床等新技术快速迭代并应用。21 世纪以来，智能化数控技术也开始萌芽，当前随着新一代信息技术和新一代人工智能技术的发展，智能传感、物联网、大数据、数字孪生、赛博物理系统（即信息物理系统，cyber-physical systems）、云计算和人工智能等新技术与数控技术深度结合，数控技术将迎来一个新的拐点甚至可能是新跨越——走向赛博物理融合的新一代智能数控。

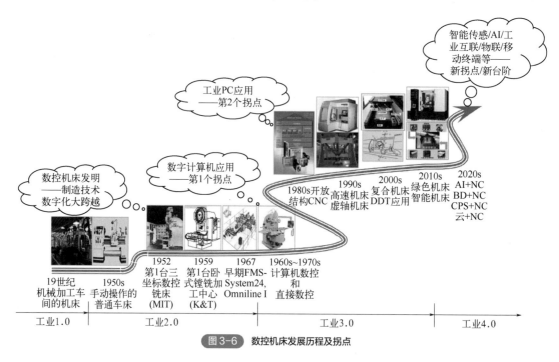

图 3-6　数控机床发展历程及拐点

18 世纪的工业革命后，机床随着不同的工业时代发展而进化并呈现出各个时代的技术特点。如图 3-7 所示，对应"工业 1.0"～"工业 4.0"时代，机床从机械驱动/手工操作（机床 1.0）、

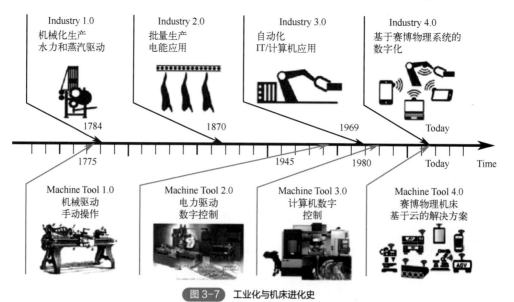

图 3-7　工业化与机床进化史

电力驱动/数字控制(机床 2.0)发展到计算机数字控制(机床 3.0),并正在向赛博物理机床(cyber-physical machine)/云解决方案(机床 4.0)演化发展。

先进制造技术的不断进步及应用大大缩短了加工时间,提高了加工效率。图 3-8 是被广为引用的一个曲线图,表示了先进制造技术发展与加工时间(效率)的进展情况。从发展趋势来看,一方面,从 1960 年到 2020 年,制造生产中总的加工时间(包括切削时间、辅助时间和准备时间)减少到原加工时间的 16%,即加工效率显著提升;另一方面,切削时间、辅助时间、准备时间三者之间的占比也逐渐趋向一致,因此,未来提高加工效率,不仅要着眼于工艺方法优化改进和提高自动化程度,还需要从生产管理的数字化、网络化和智能化的角度,有效缩短待工时间。图 3-9 是 20 世纪 80 年代 Taniguchi(谷口)给出的至 2020 年不同机床可达到的加工精度预测,可以看到,各种加工工艺方法和机床(或装备)技术的发展带来了加工精度的持续提高,但机械加工领域不同于集成电路制造领域,没有短周期可见效的摩尔定律(IC 上可容纳的晶体管数目每 18~24 个月增加 1 倍),其精度提升是一个长时间技术累积和不断迭代的过程(例如:精密加工提高 1 个精度数量级的时间超过 20 年)。

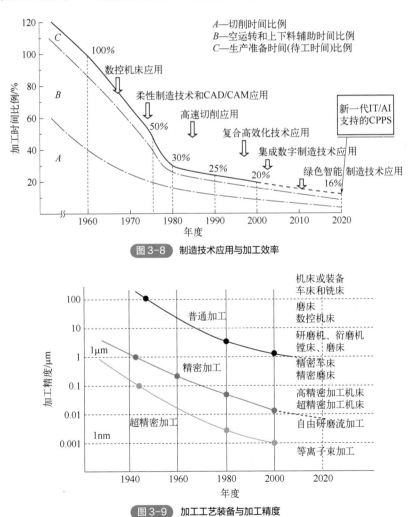

图 3-8　制造技术应用与加工效率

图 3-9　加工工艺装备与加工精度

3.1.4　高档数控机床的发展趋势

随着世界智能制造装备技术的快速发展，高精、高速、高效、高稳定性成为机床性能的主要衡量指标，构成行业现阶段技术研发的焦点。高性能，复合化，定制化，智能化和低碳、绿色化是未来发展趋势，亦是先进企业进行技术革新、差异化竞争的重要方向。

（1）高性能

数控机床发展过程中，一直在努力追求更高的加工精度、切削速度、生产效率和可靠性。未来数控机床将通过进一步优化的整机结构、先进的控制系统和高效的数学算法等，实现复杂曲线、曲面的高速、高精、直接插补和高动态响应的伺服控制；通过数字化虚拟仿真、优化的静动态刚度设计、热稳定性控制、在线动态补偿等技术大幅度提高可靠性和精度保持性。

（2）复合化

数控机床从不同切削加工工艺复合（如车铣、铣磨），向不同成形方法的组合（如增材制造、减材制造和等材制造等成形方法的组合或混合）、数控机床与机器人"机机"融合与协同等方向发展；从"CAD–CAM–CNC"的传统串行工艺链，向基于 3D 实体模型的"CAD+CAM+CNC集成"一步式加工方向发展；从"机-机"互联的网络化，向"人-机-物"互联、边缘/云计算支持的加工大数据处理方向发展。

（3）定制化

根据用户需求，数控机床在机床结构、系统配置、专业编程、切削刀具、在机测量等方面提供定制化开发，在加工工艺、切削参数、故障诊断、运行维护等方面提供定制化服务。模块化设计、可重构配置、网络化协同、软件定义制造、可移动制造等技术将为实现定制化提供技术支撑。

（4）智能化

数控机床通过传感器和标准通信接口，感知和获取机床状态和加工过程的信号及数据，通过变换处理、建模分析和数据挖掘对加工过程进行学习，形成支持最优决策的信息和指令，实现对机床及加工过程的监测、预报和控制，满足优质、高效、柔性和自适应加工的要求。"感知、互联、学习、决策、自适应"将成为数控机床智能化的主要功能特征，工业大数据、工业物联网、数字孪生、边缘计算/云计算、人工智能等将有力助推未来智能机床技术的发展与进步。

（5）低碳、绿色化

技术面向未来可持续发展的需求，具有生态友好的设计、轻量化的结构、节能环保的制造、最优化能效管理、清洁切削技术、宜人化人机接口和产品全生命周期绿色化服务等。切削机床是利用刀具或磨具通过机械能作用于工件，实现材料去除的各种工艺（如车削、铣削、镗削、钻削、磨削等）。其本质问题可以归结为两点，一是用什么能量去除材料，二是如何控制能量使用。机床 1.0 时代是以蒸汽动力直接给机床提供机械能以实现各种切削工艺，控制方式是手动控制；机床 2.0 时代将电能转换为机械能以驱动机床，并带来数字控制机床的出现，控制方式是自动控制；机床 3.0 时代的标志则是计算机和信息技术带来的计算机数控机床，它改变了机床控制方式和生产组织方式，使其数字化、网络化。展望未来，机床 4.0 时代将面临新的革命性变化。其一是材料去除过程所用的直接能量由以机械能为主变化为机械能、电能、光能、化学能等多种能场及其组合。其二是能量使用的控制方式，一方面智能化控制是未来机床近期发展的最主要特征和趋势，它使得机床更高（精度）、更快（效率）、更强（功能）、更省（绿色）；另一方面，即将出现的量子计算和量子计算机，就如同当年电子计算机给数控机床带来革命性跨越一样，将重新定义新一代数控机床，催生出全新原理和全新概念的数控机床和生产过程。低碳、绿色机床必定是未来的发展方向。

3.2　数控机床关键技术的发展演进

3.2.1　数控机床机械结构发展演进

机床结构主要包括两大部分：机床的各固定部分（如底座、床身、立柱、头架等）、携带工件或刀具的运动部分。这两部分现在通称为机床基础件和功能部件。

以常见的车削和铣削为例，典型的数控机床结构演进过程如图 3-10 所示。数控车削机床结构从早期的 2 轴进给平床身、2 轴进给斜床身等经典结构，发展到 4 轴进给和双刀架、多主轴和多刀架等用于回转体类零件高效率车削的加工中心结构，进一步发展为可适应复杂零件"一次装夹、全部完工（done in one）"的多功能车铣复合加工中心结构。数控铣削加工机床结构从早期主要实现坐标轴联动和主轴运动功能的经典立/卧式铣床结构，发展到带刀库和自动换刀机构的 3 轴联动立/卧式铣削加工中心结构、带交换工作台的立/卧式铣削加工中心结构，为满足复杂结构件高效率加工需求，又出现了 4 轴联动和 5 轴联动的铣削加工中心结构，随后以铣削/镗削加工为主，兼有车削/钻削加工功能的多功能铣车复合加工中心结构得到快速发展和应用。在

图 3-10　数控机床结构的演进

5 轴联动数控机床发展过程中，来自机器人的并联虚拟轴概念被引入数控机床，出现了并联或串并联结合 5 轴联动的形式，但实际应用有限。当前，在同一台数控机床上实现"增材加工+切削加工"功能的增减材混合加工（hybrid machining）新型结构机床已经进入实用化发展阶段。

在数控机床结构发展演进过程中，数控机床结构布局（配置方案、优化设计）和材料选用等方面的技术也不断进步。为满足高精度、高刚度、良好热稳定性、长寿命和高精度保持性、绿色化和宜人性等对机床结构的要求，研究者们先后提出了重心驱动（driveat center of gravity, DCG）设计、箱中箱（box-in-box, BIB）、直接驱动（direct drive technology, DDT）、热平衡设计与补偿、全对称结构设计等设计原则和技术；在机床结构设计和优化中应用了零部件整体结构有限元分析优化、轻量化设计、结构拓扑优化、仿生结构优化等方法；采用虚拟机床理念和方法，大大缩短了数控机床设计制造周期。数控机床床身结构材料从以铸铁、铸钢为主，发展到越来越多地采用树脂混凝土（矿物铸件、人造大理石）、人造花岗岩等材料。此外，钢纤维混凝土、碳纤维复合材料、泡沫金属等新型结构材料也已有应用。未来，新型材料、新型优化结构和新型制造工艺方法将使数控机床结构更加轻量化，并具有更好的静动态刚度和稳定性。

3.2.2　主轴伺服驱动技术发展演进

主轴作为机床的核心功能部件，其性能直接决定机床整机的技术水平。主轴单元既是机床整体的一个有机组成部分，又具有相对的独立性。这种独立性表现为主轴单元可以作为独立的产品，同一个主轴可以为不同使用要求的整机服务。从机床运动学和结构布局配置的角度来看，夹持刀具或工件的主轴是运动链的终端元件，它承担的主要功能是：①带动刀具（铣削、钻削、磨削）或工件（车削）旋转，主轴的回转精度直接反映到零件的加工精度和表面质量上；②在一定的速度范围内提供切削所需的功率和转矩，以保证刀具能够从毛坯上高效率地切除多余的材料。由于数控机床转速高、功率大，并且在加工过程中不进行人工调整，因此要求主轴必须具有良好的回转精度、结构刚度、抗振性、热稳定性及部件的耐磨性和精度的保持性。

数控机床主轴的发展过程中出现了非调速的交流电动机经主轴箱传动的机械式主轴、电动机与主轴一体化的电主轴、高速电主轴、高刚性大转矩高速电主轴和智能式主轴等，如图 3-11 所示。

机械式主轴　　　电主轴　　　高速电主轴　　高刚性大转矩高速电主轴　　智能式主轴

图 3-11　主轴伺服驱动技术的发展演进

（1）机械式主轴

在传统机床中电动机轴线和主轴轴线平行，电动机通过传动带、联轴器或齿轮变速传动机构，以不同的传动比驱动主轴。借助传动带或齿轮变速是早期机床主传动的主要特色，而其变速设计则是机床传动系统设计的主要任务。在采用传动带和齿轮间接驱动的情况下，切削时所产生的轴向力和径向力由主轴承受，电动机和传动系统仅提供转矩和转速，匹配和维护比较简单。此外，中空的主轴后端没有电动机的阻挡，便于安装送料机构或刀具夹紧机构等。随着高速加工的普及，机床主轴的转速越来越高，传统的主轴驱动方式已不能满足高速数控机床的要求。例如，当主轴转速提高到一定程度后，传动带开始受离心力的作用而膨胀，传动效率下降；高速运转使齿轮箱发热，振动和噪声等问题也开始变得严重。此外，齿轮变速也难以实现自动无级变速。随着变频技术的发展，机床主轴的速度调节开始采用变频电动机取代或简化齿轮变速箱，以简化机床的机械结构。

（2）电主轴

20 世纪 80 年代，电主轴的出现从根本上突破了主轴驱动在变速方式、调速范围和功率-速度特性方面的局限，有力地推动了高性能数控机床的发展。随着高速加工技术的迅速发展和广泛应用，各工业部门特别是航天、航空、汽车和模具加工等行业，对高转速、高精度、高效率和高可靠性的电主轴的需求越来越迫切。

电主轴是高精密数控机床的核心功能部件，它将机床主轴与主轴电机融为一体，即电机定子装配在主轴套筒内，电机转子和主轴做成一体，从而把机床主传动链的长度缩短为零，实现了机床的"零传动"。其结构如图 3-12 所示，电主轴具有以下特点。

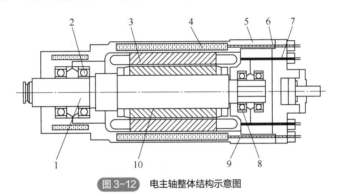

图 3-12　电主轴整体结构示意图

1—主轴；2—前轴承；3—定子；4—冷却水套；5—壳体；6—出水管；7—进气管；8—后轴承；9—进水管；10—转子

① 主轴由内装式电机直接驱动，取消了带轮传动和齿轮传动等传动装置，使机械结构得到了极大的简化，具有结构紧凑、重量轻、惯性小、振动小、噪声低和精度高等优点。

② 采用交流高频电动机，可使电主轴在额定转速范围内实现无级调速，这样可以满足机床工作时不同工况和负载变化的需要。

③ 由于电主轴取消了电机到主轴传动链中的齿轮、传动带等一切中间传动装置，由动力源对主轴直接驱动，减少了传动冲击等外力作用，主轴可在高速条件下运行得更加平稳，同时主轴轴承承受的动载荷较小，延长了主轴轴承的精度和寿命。

④ 电动机内置于主轴两轴承之间，这与用带轮、齿轮等作为末端传动的结构相比，可提高主轴系统的刚度，也就提高了系统的固有频率，从而提高了临界速度值。这样，电主轴即使在最高转速运转，也可确保其转速低于临界转速，确保高速运转时的安全。

⑤ 采用内装式电动机的闭环矢量控制、伺服控制等技术，这样不仅可以满足机床低速重切削时大扭矩、高速精加工时大功率的要求，还能实现停机角向准确定位（即准停）及 C 轴功能，同时满足要求有准停和 C 轴功能的加工中心、数控车床及其他数控机床的需要。

⑥ 实现了电动机和主轴的一体化、单元化，使电主轴能够由制造商进行系列化、规模化和

专业化生产，能够以商品的形式进入市场，成为专门的数控机床功能部件之一，以供主机使用，促进了机床模块化和其他技术的发展。

近几十年来，电主轴在市场需求拉动和技术进展的推动下，不断攻克轴承、冷却、润滑、效率等一系列技术难题。时至今日，电主轴已经能够满足大多数高端数控机床的要求，应用日益广泛。市场拉动的因素在20世纪70年代主要是简化机械传动系统，避免扭转振动；80年代中期到90年代中期是提高切削速度，即主轴的转速；进入21世纪是不断降低电主轴的成本，以获得进一步推广应用。技术推动的因素在20世纪70年代主要是借助变频技术和伺服驱动技术实现无级调速，不断提高电气传动效率；80年代中期到90年代中期是诸如磁浮轴承等各种新型轴承的应用；进入21世纪是陶瓷轴承的应用和主轴部件的智能化。

高速加工技术的不断发展，对数控机床用电主轴提出了越来越高的要求，电主轴作为高速数控机床的核心部件，自然也成了国内研究的重点。我国在"十二五"规划中明确提出了电主轴对于装备制造业发展的重要意义，因此，我国已把电主轴技术的研究作为发展装备制造业的重点。

（3）智能主轴

由于航空、航天等重要领域对高速、高效和高可靠加工的迫切需求以及智能机床的发展，主轴单元智能化势在必行。目前，国内外关于智能主轴尚没有形成一个公认的定义。智能主轴定义于智能机床的架构之下，被认为应该至少具备如下三大特征：①感知，即主轴能够感知自身的运行状况，自主检测并能与数控系统、操作人员等交流、共享这些信息；②决策，即主轴能够自主处理感知到的信息，进行计算、自学习与推理，实现对自身状态的智能诊断；③执行，即主轴具备智能控制（包括振动主动控制、防碰撞控制、动平衡控制等）、加工参数自优化与健康自维护等功能，保障主轴的高可靠运行。智能主轴与普通主轴的最大区别也在于智能主轴具有感知、决策与执行这三大基本功能。

智能主轴的主要系统模块包括感知、决策和执行三部分，如图3-13所示。通过在主轴中集成传感器、控制器和作动器，可以实现切削过程在线颤振监测、在线温度监测、轴承早期故障

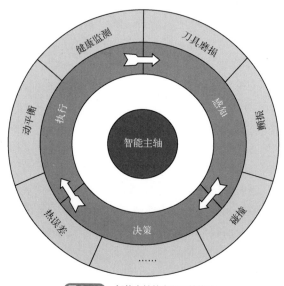

图3-13　智能主轴的主要系统模块

与异常状态的监测预报、主动在线动平衡、主动预紧控制、主动刀具扰度补偿以及颤振主动控制等智能化功能。智能主轴包含多种传感器，比如温度传感器、振动传感器、加速度传感器、非接触式电涡流传感器、测力传感器、轴向位移测量传感器、径向力测量应变计、对内外全温度测量仪等。

智能化主轴单元的发展现状如下。日本山崎马扎克所开发的 e 系列智能化机床，所涉及的一项重要功能就是智能化主轴监控功能，可以对主轴的温度、振动、位移等状况进行自我监控，可预先防止主轴故障，将停机时间降到最短。米克朗公司的 Mikron HSM 系列高速铣削加工中心，通过在电主轴壳体上安装加速度传感器来实现对振动的监控，将铣削过程中监控到的振动以加速度 g 的形式显示，并将振动大小在 0~10g 范围内分成几个区段。其中，0~3g 表示加工过程、刀具和夹具都处于良好状态；3~7g 表示加工过程需要调整，否则将导致主轴和刀具寿命的降低；7~10g 表示危险状态，如果继续工作，将造成主轴、机床、刀具及工件的损坏。在此基础上，数控系统还可预测在不同振动级别主轴部件的寿命。瑞士 GFAC 集团旗下的 Step-Tec 公司生产的智能化电主轴，采用自主研发的 Intelli STEP 智能化软件控制，通过处理布置在主轴上的多个传感器信息，可以实现监控和优化主轴工况的目标，比如监控主轴的轴向位移、温升、振动、刀具拉杆位置等，如图 3-14 所示。

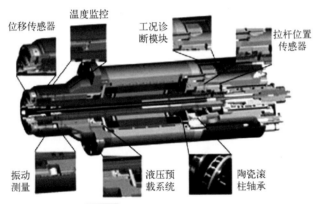

图 3-14　Step-Tec 的智能化主轴

瑞士 Fischer 公司可以提供面向主轴单元智能化的整套硬件、软件解决方案，其 Smart Vision 软件可以对主轴的运行状态进行监控，还可以预测主轴轴承的剩余使用寿命，以便将主轴的性能发挥到极致，其监控的项目包括主轴转速、使用功率、刀具更换次数、主轴温度、振动大小等。以色列 OMAT 公司的 ACM 自适应监控系统（图 3-15），作为西门子 840D 数控系统的重要选件，可以提供多种版本形式，如外装式 ACM 装置、纯软件集成式 ACM、PC 卡软硬件混合式 ACM 和单元软硬件混合式 ACM。其中，软硬件混合式 ACM 应用最为普遍。ACM 是一个实时自适应控制系统，可实时采样机床主轴负载变化，根据变化自动调节机床进给率至最佳值，并且实时监视记录主轴切削负载、进给率变化、刀具磨损量等加工参数，并输出图形、数据至 Windows 用户图形界面。ACM 的采用可以使一般的主轴（非智能化）表现出智能的特性——自适应工况，并使机床切削效率得到最大限度发挥；若是与智能化主轴相结合，将会使主轴的智能化功能得到更大的扩展。

智能主轴的提出与发展已有数十年，状态监测诊断与振动控制作为其最重要的功能得到不断进步与完善。从现有的智能化应用效果来看，其未来的发展潜力也是巨大的。

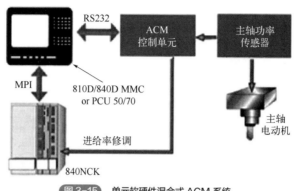

图 3-15 单元软硬件混合式 ACM 系统

3.2.3 进给伺服驱动技术发展演进

进给伺服系统作为各种数控设备的核心组成部分，是一种精密的位置跟踪与定位系统，其运动精度和定位精度直接关系到数控系统的加工精度、产品表面质量和生产效率。进给伺服系统负责接收数控系统发出的指令，驱动机床运动执行件实现预期的运动。为了满足不同产品的数控加工，数控机床对进给系统的要求也大不相同，如快速加工的高速进给、精加工的低速进给、超精密加工的纳米进给及低速纳米组合进给等，这就导致了在进给系统的结构设计、驱动形式及控制方案的具体选择上存在较大差别，不同结构形式中非线性因素的起作用方式也均不同。

（1）进给系统传动结构

进给传动系统包括减速齿轮、联轴器、滚珠丝杠螺母副、丝杠支承、导轨副、传动数控回转工作台的蜗杆蜗轮等机械环节。为了实现进给系统的合理功能，通常根据其工作场合、负载大小、定位精度、运动方式等进行传动结构设计及部件选择。

① 直连型。中小型数控机床和教学实验型进给系统通常采用伺服电机直连滚珠丝杠的结构形式，如图 3-16 所示。伺服电机通过联轴器直接驱动滚珠丝杠，丝杠通过螺母带动工作台，将伺服电机的旋转运动转换成工作台的直线运动。

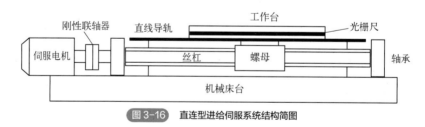

图 3-16 直连型进给伺服系统结构简图

直连型进给系统主要特点如下：

a. 结构特点：省略齿轮箱等中间传动链，提高了传动效率和控制精度；

b. 控制方式：半闭环或者闭环控制；

c. 导轨类型：滑动导轨（多进行贴塑处理）、滚动导轨和静压导轨；

d. 精度等级：根据工作台输出精度选择滚珠丝杠的精度等级；

e. 丝杠导程：中低速采用中等导程，对于高速运动采用大导程；

f. 间隙处理：常采用双螺母结构，利用两个螺母的相对轴向位移消除间隙；

g. 负载大小：中小型负载。

② 含齿轮箱型。此种传动类型多见于重型数控机床上，通常采用齿轮箱来增大伺服电机的输出转矩，图 3-17 所示为某重型车床的横向进给系统简图。在控制指令下，电机转动从而驱动齿轮箱，齿轮箱用于提高传动轴的转矩，从动齿轮再带动滚珠丝杠旋转，最后由滚珠丝杠将回转运动转化为工作台的直线运动。

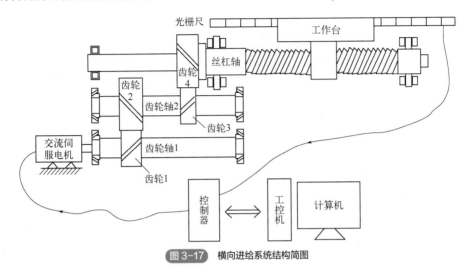

图 3-17　横向进给系统结构简图

含齿轮箱型进给系统主要特点如下：

a. 结构特点：引入齿轮箱，增大了电机输出转矩；

b. 控制方式：多采用闭环控制以消除传动链引入的传动误差；

c. 导轨类型：少数采用滑动导轨（贴塑处理），多数采用静压导轨；

d. 精度等级：常采用大直径中等精度的滚珠丝杠；

e. 丝杠导程：导程通常在 16mm 以下；

f. 间隙处理：采用斜齿轮消除间隙，如图 3-18 所示，两个斜齿轮中间装有垫片，通过调整中间垫片的厚度消除齿轮侧隙；

g. 负载大小：适用于重型负载。

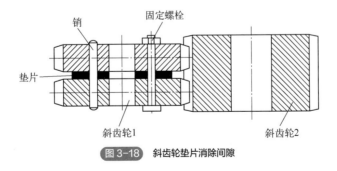

图 3-18　斜齿轮垫片消除间隙

③ 齿轮齿条型。该型进给系统通常用于重型数控机床的纵向进给系统，以满足大型工件纵向加工的需要，通常将斜齿条固定在床身上，伺服电机及齿轮箱安装在纵向进给系统上。图 3-19 所示为某重型数控车床的纵向进给系统简图。在加工过程中，也可采用流体静压蜗杆-蜗母牙条传动，将蜗母牙条放置在机床两侧导轨中间，使两侧导轨作用力均衡。

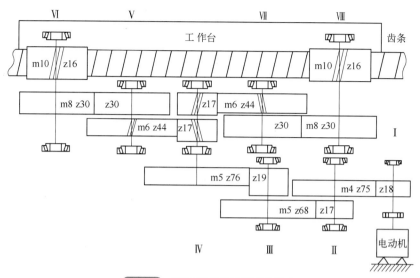

图 3-19 某重型车床纵向进给系统简图

齿轮齿条型进给系统主要特点如下：

a. 结构特点：实现了工作台长距离进给的需要；

b. 控制方式：多采用闭环控制以消除传动链引入的传动误差；

c. 导轨类型：少数采用滑动导轨（贴塑处理），多数采用静压导轨；

图 3-20 齿轮齿条传动消隙原理图

d. 精度等级：通常取决于齿轮的加工精度；

e. 间隙处理：原理如图 3-20 所示，为了减少齿轮传动带来的传动误差，部分重型数控机床除去了多级齿轮减速机构，改装成两个大功率交流伺服电机分别直接驱动两个小齿轮，通过控制输出力矩的大小消除纵向进给系统往复运动产生的间隙；

f. 负载大小：适用于重型负载。

④ 直线电机型。直线电机是一种将电能直接转换成直线运动机械能而不需要任何中间转换机构的传动装置。由于其传动链最短，性能优越，常用于高速进给伺服系统，同时也适用于低速、小负载进给场合，如图 3-21 所示。直线电机型进给系统主要特点如下。

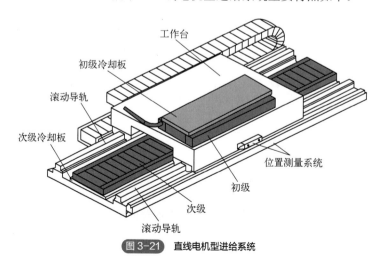

图 3-21 直线电机型进给系统

a. 结构特点：电机不需要经过中间转换机构而直接产生直线运动，使结构大大简化，并且行程不受限制；

b. 控制方式：闭环控制；

c. 导轨类型：滚动导轨应用较多；

d. 精度等级：省去了中间运动转换环节，动态响应性能和定位精度大大提高；

e. 负载大小：中小型负载。

高档数控机床要求进给驱动系统必须具备很高的加速度，来实现高的进给效率。但传统数控机床的驱动系统大都采用旋转电机通过中间转换装置转换为直线运动。由于这些装置或系统有中间转化传动机构，所以整机存在体积大、效率低、精度低等问题。而直线电机进给系统采用零传动链方式，彻底改变了传统的滚珠丝杠传动方式存在的先天性缺点，并具有速度高、加速度大、定位精度高、行程长度不受限制等优点，令其在数控机床高速进给系统领域逐渐发展为主导方向，成为现代制造业设备中的理想驱动部件，使机床的传动结构出现了重大变化，并使机床性能有了新的飞跃。直线电机在高档数控机床上的应用已呈加速增长态势，随着直线电机驱动技术的日益改进与完善，未来直线电机将逐步取代传统的丝杠传动方式，使直线驱动技术成为高档数控机床的必备传动形式。

（2）进给系统智能部件

数控机床在加工过程中，特别是在进给系统的运行过程中，极易遭受内外部因素的双重影响，产生如振动、噪声、热变形等现象。这些对数控机床的实际性能会产生一定的影响，严重降低数控机床的加工精度、表面质量，数控机床自身和刀具的使用寿命等。

智能机床在进给系统的轴承、滚珠丝杠、电机、齿轮箱、导轨、刀具等部件上可以集成智能传感器的一种或几种智能功能构成数控机床智能部件，如智能轴承、智能刀具、智能丝杠等（图 3-22）。采用人工智能方法，通过识别、分析、判断及推理，可实现智能机床的热补偿、振动监测、磨损监测、状态监测与故障诊断等智能功能。

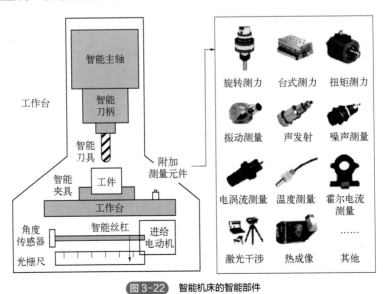

图 3-22 智能机床的智能部件

丝杠、导轨是数控机床坐标运动和定位的关键部件，其性能直接影响坐标运动精度和动态特性，对工件加工质量影响很大，因此监测丝杠副、导轨副在加工中的性能变化及其寿命预测对数控机床的智能化具有重要作用。通过电机驱动电流信号，功率、切削力、声音等传感器信号，结合进给速度、切削深度、丝杠转速等工艺参数，可对丝杠、导轨的磨损情况进行监控，对剩余寿命进行预测，及时报警，预防重大生产事故。

轴承是数控机床旋转轴的关键部件，起着支撑载荷、减小摩擦系数的作用，其运行状态直接影响机床的运转精度和可靠性。轴承在高转速下摩擦剧烈，发热量大，是最易损坏的部件，因此监测轴承运行状态，可避免因轴承问题而导致设备异常或损坏。瑞典 SKF 公司生产的外挂式智能轴承，利用应用环境自供电，对转速、温度、振动以及载荷等关键参数进行测量，并利用无线网络发送自身状态信息，实现对轴承状态的监测。

（3）进给系统伺服驱动方式

机床进给轴的伺服驱动方式从步进电机、电液比例伺服、晶闸管变流和 PWM 控制的直流电动机伺服等形式，发展到现在成为主流的矢量控制交流电动机伺服、双电机重心驱动（DCG）、直线电动机/力矩电动机直接驱动等形式，而且多采用带有位置环、速度环、电流环和"前馈+滤波"的全闭环控制，为各坐标轴进给提供高速度、高精度、高动态响应的运动控制。此外，伺服控制模式从模拟量控制，经过"模拟量＋数字量"混合控制模式，发展为全数字式现场工业总线控制模式，如串行实时通信协议（SERCOS）总线、实时以太网控制自动化技术（EtherCAT）总线、过程现场总线（PROFIBUS）等。进给伺服轴驱动技术的发展演进如图 3-23 所示。

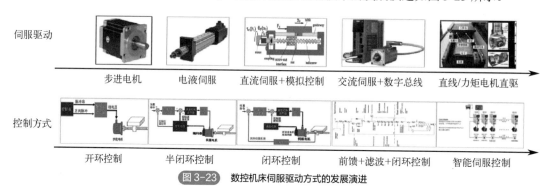

图 3-23 数控机床伺服驱动方式的发展演进

3.2.4 数控装置硬件技术发展演进

数控装置是数控机床控制的中枢，如前所述，数控装置紧随电子技术、计算机技术、信息技术的发展而演变进化，其发展过程可分为 7 代，如图 3-24 所示。第一、二、三代是分别采用电子管分件、晶体管、集成电路的数控装置，处于数控装置发展初期，体积和功耗大，可靠性低，实用性差。第四代为采用小型电子数字计算机的 CNC 装置，相对于前几代，其硬件平台结构紧凑、专用性强、可靠性大大提高，数控技术进入到计算机数控的新轨道，从而使数控机床真正地进入到实用阶段并加快了迭代和发展，此即为数控机床发展的第 1 个拐点，直接数控（DNC）、柔性制造系统（FMS）等概念和系统相继出现。随着超大规模集成电路微型中央处理器技术成熟，第五代数控装置将基于微处理器的专用硬件或单板机用作其硬件平台，进一步减小了硬件体积，降低了成本，但其硬件结构的兼容性和开放性较差。20 世纪 80 年代，第六代数控装置中采用了个人微型计算机（PC），带来了数控机床发展的第 2 个拐点。借用 PC 成熟的软硬件平台、丰富的应用资源和通用的网络化接口等特点，数控装置的研究开发转向以软件算法实现各种功能，即进入到开放式、网络化和软件化数控阶段。随着"工业4.0"发展，融合智能传感、物联网/工业互联网、大数据、云计算、人工智能、数字孪生和赛博物理系统的第七代智能数控装置及智能机床正在向我们走来，这将给数控技术发展带来一个新拐点，甚至可能带来一次新的革命。

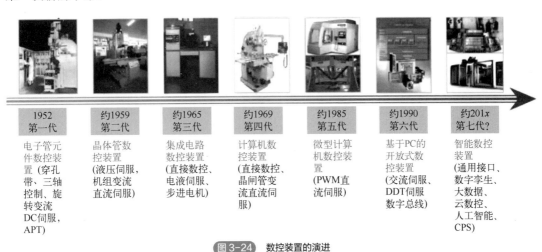

1952 第一代	约1959 第二代	约1965 第三代	约1969 第四代	约1985 第五代	约1990 第六代	约201x 第七代？
电子管元件数控装置（穿孔带、三轴控制、旋转变流DC伺服，APT）	晶体管数控装置（液压伺服，机组变流直流伺服）	集成电路数控装置（直接数控、电液伺服、步进电机）	计算机数控装置（直接数控、晶闸管变流直流伺服）	微型计算机数控装置（PWM直流伺服）	基于PC的开放式数控装置（交流伺服、DDT伺服数字总线）	智能数控装置（通用接口、数字孪生、大数据、云数控、人工智能、CPS）

图 3-24 数控装置的演进

3.2.5　多轴联动与轨迹插补技术发展演进

多轴联动控制技术是数控机床控制的核心技术之一。数控机床各进给轴（包括直线坐标进给轴和回转坐标进给轴）在数控装置控制下按照程序指令同时运动称为多轴联动控制。高档数控机床一般都具有3轴或3轴以上联动控制功能，多为4轴联动或5轴联动。各个进给轴的运动一般由电动机在伺服驱动器控制下实现，因此，高性能的进给轴伺服装置构成了实现多轴联动控制的物理基础。多轴联动控制就是根据数控加工程序给出的运动轨迹（即走刀轨迹），通过轨迹插补和实时控制，在每个伺服控制周期给出各个联动进给轴的运动增量，实时控制所有进给轴的联动。

轨迹插补也是数控机床控制的核心技术之一。实现插补运算的装置（或软件模块）称为插补器，现代数控机床普遍采用数字计算机通过软件实现轨迹插补。轨迹插补技术的发展过程，如图3-25所示。从实现的插补功能角度来看，2轴联动的平面点位控制、平面直线和圆弧插补是最简单的插补功能；2½轴联动插补实际上只有2轴联动控制，其第3轴只能实现与另外2轴非联动的控制，这样的联动插补方式可加工3D的曲线和曲面，但效率低、适应性差；3轴联动插补除了实现平面和空间的直线插补、圆弧插补功能外，高档数控系统还具有螺旋线插补、抛物线插补等功能；5轴联动插补可高效方便地实现各种复杂曲线和复杂曲面插补的功能，并进一步发展样条插补和先进的速度、加速度、加速度变化率等控制功能，是高速度、高精度、高动态响应加工的核心技术。北京航空航天大学的智能加工与先进数控技术专家刘强教授认为，未来的数控装置还将发展自由曲面直接插补功能（SDI），并有望与基于人工智能和数字孪生的走刀轨迹规划相结合，在考虑多轴联动动力学模型以及轨迹误差和速度约束条件下，实现由3D模型驱动的刀轨生成和最优控制的多轴联动直接插补。

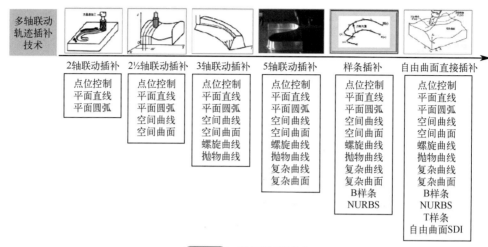

多轴联动轨迹插补技术	2轴联动插补	2½轴联动插补	3轴联动插补	5轴联动插补	样条插补	自由曲面直接插补
	点位控制 平面直线 平面圆弧	点位控制 平面直线 平面圆弧 空间曲线 空间曲面	点位控制 平面直线 平面圆弧 空间曲线 空间曲面 螺旋曲线 抛物曲线	点位控制 平面直线 平面圆弧 空间曲线 空间曲面 螺旋曲线 抛物曲线 复杂曲线 复杂曲面	点位控制 平面直线 平面圆弧 空间曲线 空间曲面 螺旋曲线 抛物曲线 复杂曲线 复杂曲面 B样条 NURBS	点位控制 平面直线 平面圆弧 空间曲线 空间曲面 螺旋曲线 抛物曲线 复杂曲线 复杂曲面 B样条 NURBS T样条 自由曲面SDI

图 3-25　多轴联动插补技术

3.3　智能机床的概述

智能机床是高档数控机床的一个发展趋势，机床的智能化程度对智能制造的实施具有重要影响。加速机床向智能迈进，提高机床的智能化水平，不仅是机床行业面临的转型升级的紧迫需求，更是打造制造强国的关键和基础。可以认为，智能化是数控机床发展的高级阶段和新的里程碑，通过加工过程的全面和高度自动化，能够显著提高数控机床的设备利用率，实现高速、高精、高效加工的目标，进一步解放人类的脑力智能。因此，智能机床的出现标志着数控软件由非智能走向智能的历史性跨越，开启了数控机床智能化时代，极大地促进了人类智能型生产工具的前进步伐，意义重大而深远。智能机床作为最重要的智能制造装备，将成为未来 20 年高端数控机床发展的趋势。

3.3.1　智能机床的基本概念

智能机床是指能以人为核心，充分发挥相关机器的辅助作用，在一定程度上科学合理地应用智能决策、智能执行以及自动感知等方式。智能机床能对其自身进行监测、调节、自动感知以及最终决策加以科学合理的辅助，确保整个加工制造过程趋向于高效运行，最终实现低耗以及优质等目标。智能机床借助温度、加速度和位移等传感器监测机床工作状态和环境的变化，实时进行调节和控制，优化切削参数，抑制或消除振动，补偿热变形，充分发挥机床的潜力，它基本是一个基于模型的闭环制造系统（如图 3-26 所示）。

智能机床的概念最早出现在赖特（P.K.Wright）和伯恩（D.A.Bourne）1998 年出版的《智能制造》专著中。2003 年在意大利米兰举办的 EMO 欧洲机床展览会上，瑞士米克朗（Mikron）公司首次推出智能机床的概念。米克朗（Mikron）公司智能机床的概念是通过各种功能模块（软件和硬件）来实现的。首先必须通过这些模块建立人与机床互动的通信系统，将大量的加工相关信息提供给操作人员；其次，必须向操作人员提供多种工具使其能优化加工过程，显著改善加工效能；最后，必须能检查机床状态并能独立地优化铣削工艺，提高工艺可靠性和工件加工质量。米克朗（Mikron）公司智能机床模块有以下几种。

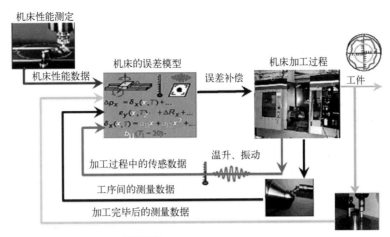

图 3-26　智能机床工作原理示意图

① APS 高级工艺控制模块。APS 通过铣削中对主轴振动的监测实现对工艺的优化。高速加工中的核心部件电主轴，在高速加工中起着至关重要的作用，其制造精度和加工性能直接影响零件的加工质量。米克朗公司在电主轴中增加振动监测模块，它能实时地记录每一个程序语句在加工时主轴的振动量，并将数据传输给数控系统，工艺人员可通过数控系统显示的实时振动变化了解每个程序段中所给出的切削参数的合理性，从而可以有针对性地优化加工程序。APS 模块的优点是：改进了工件的加工质量；增加了刀具的使用寿命；可检测刀柄的平衡程度；识别危险的加工方法；延长主轴的使用寿命；改善加工工艺的可靠性。

② OSS 操作者辅助模块。OSS 模块就像集成在数控系统中的专家系统一样，它是米克朗公司几十年铣削经验的结晶。这套专家系统对于初学者具有极大的帮助作用。在进行一项加工任务之前，操作者可以根据加工任务的具体要求，在数控系统的操作界面中选择速度优先、表面粗糙度优先、加工精度优先还是折中目标，机床根据这些指令调整相关的参数，优化加工程序，从而达到更理想的加工结果。

③ SPS 主轴保护模块。传统的故障检修工作都是在发生损坏时才进行的，这导致机床意外减产和维护成本居高不下。预防性维护的前提是能很好地掌握机床和机床零部件状况，而监测主轴工作情况是关键。SPS 支持实时检测，因此它使机床可以有效保养和有效检修故障。SPS 模块的优点是：自动监测主轴状况；能及早发现主轴故障；给出最佳的计划故障检修时间，因此可避免主轴失效后的长时间停机。

④ ITC 智能热控制模块。高速加工中热量的产生是不可避免的，优质的高速机床会在机械结构和冷却方式上做相关的处理，但不可能百分之百地解决问题。所以在高度精确的切削加工中，通常需要在开机后空载运转一段时间，待机床达到热稳定状态后再开始加工，或者在加工过程中人为地输入补偿值来调整热漂移。米克朗公司通过长期进行关于切削热对加工造成影响的研究，积累了大量的经验数据。内置了这些经验值的 ITC 模块能自动处理温度变化造成的误差，从而不需要过长的预热时间，也不需要操作人员的手工补偿。

⑤ RNS 移动通信模块。为了更好地保障无人化自动加工的安全可靠性，米克朗将移动通信技术运用到机床上。只要给机床配置 SIM 卡，便可以按照设定的程序，将机床的运行状态（如加工完毕或出现故障等）信息，实时地发送到存储在机床联系人表里的相关人员的手机上。

⑥ SIGMA 工艺链管理模块。SIGMA 用于生成和管理订单、图样和零件数据，集中管理铣

削和电火花加工、定制产品所涉及的技术规格信息；此外，还能收集和管理工件及预定位置处的信息，如用于加工过程的 NC 程序和工件补偿信息，并将这些信息通过网络提供给其他系统。SIGMA 模块的功能将根据需要不断地扩展，目前其主要是作为车间单元管理模块用于米克朗铣削单元的管理，可根据需要，增加一个或多个测量设备或所需数量的加工中心。最终，整个工艺链全部通过多级管理系统控制。通常，SIGMA 模块安装在米克朗机床的数控系统上或测量设备计算机上。但如果测量设备负荷较重或机床与测量设备间距离较大的话，建议增加一个终端。由于 SIGMA 模块采用开放架构，因此，它可以管理所有阿奇夏米尔公司生产的机床。

智能机床模块可用于所有已运行海德汉（Heidenhain）数控系统的米克朗机床上。有些模块已经成为机床的标准配置，有些模块还属于可选配置，用户可以选择最能提高其铣削工艺的模块。2005 年在汉诺威举办的 EMO 欧洲机床展览会上，更多的机床标上了"Smart Machine"的字样，应用新标准开发的 UCP600Vario 加工中心还加装了托盘交换装置和新的刀具交换塔，其柔性化、自动化和智能化程度得到进一步提高。

2006 年，在美国举办的第 26 届芝加哥国际机床制造技术展览会（IMTS2006）上，日本 Mazak 公司以"智能机床"（Intelligent Machine）的名称，展出了声称具有四大智能的数控机床。这四大智能如下。

① 主动振动控制（Active Vibration Control）：将振动减至最小。切削加工时，各坐标轴运动的加/减速度产生的振动，影响加工精度、表面粗糙度、刀具磨损和加工效率。具有此项智能的机床可使振动减至最小。例如，在进给量为 3000mm/min，加速度为 $0.43g$ 时，最大振幅由 $4\mu m$ 减至 $1\mu m$。

② 智能热屏障（Intelligent Thermal Shield）：热位移控制。机床部件的运动或动作产生的热量及室内温度的变化会使机床产生定位误差，此项智能可对这些误差进行自动补偿，使其值为最小。

③ 智能安全屏障（intelligent safety shield）：防止部件碰撞。当操作工人为了调整、测量、更换刀具而手动操作机床时，一旦"将"发生碰撞（即在发生碰撞前的一瞬间），运动机床立即自行停止。

④ 马扎克语音提示（mazak voice adviser）：语音信息系统。当工人手动操作和调整时，用语音进行提示，以减少由于工人失误而造成的问题。

在 IMTS2006 上，日本 OKUMA（大隈）公司展出了名为"thinc"的智能数字控制系统（Intelligent Numerical Control System）。OKUMA 公司说将智能数字控制系统定名为"thinc"，是取英文"think"（思想）的谐音，表明它已具备思维能力。

OKUMA 声称，"thinc"不仅可以在不受人干预的情况下对变化了的情况做出"聪明的决策"（smart decision），并且到达用户厂后还会以增量的方式在应用中不断自行增长（不像目前的 CNC 那样到用户厂后功能就开始"冻结"和过时），变得更加自适应变化的情况和需求，更加容错，更容易编程和使用，总之，就是在不受人工干预下达到更高的生产率。这一切均不需 OKUMA 介入，用户和机床逐渐走向"自治"（autonomy）。

OKUMA 公司还声称，"thinc"是基于 PC 的，采用的都是国际标准的硬件，操作系统是 Windows2000SP40，随着计算机技术的不断发展，用户可以自行升级换代。

迄今为止，国际上还没有对智能机床形成统一的定义。一般认为，智能机床应具备的基本功能有：感知功能、决策功能、控制功能、通信功能、学习功能等。

美国国家标准与技术研究院（National Institute of Standards and Technology,NIST）下属的制造工程实验室（Manufacturing Engineering Laboratory，MEL）、美国辛辛那提-朗姆（Cincinnati-Lamb）公司、瑞士的米克朗（Mikron）公司和英国汉普郡大学（New Hampshire）等都对智能机床进行了研究，其中以 MEL 的定义最具代表性，他们认为智能机床应该是具有以下功能的数控机床和加工中心。

① 能够感知其自身的状态和加工能力并能够进行自我标定。这些信息将以标准协议的形式存储在不同的数据库中，以便机床内部的信息流动、更新和供操作者查询。这主要用于预测机床在不同的状态下所能达到的加工精度。

② 能够监视和优化自身的加工行为。它能够发现误差并补偿误差（自校准、自诊断、自修复和自调整），使机床在最佳工作状态下完成加工。更进一步，它所具有的智能组件能够预测出即将出现的故障，以提示机床需要维护和进行远程诊断。

③ 能够对所加工工件的质量进行评估。它可以根据在加工过程中获得的数据或在线测量的数据，估计出最终产品的精度。

④ 具有自学习的能力。它能够根据加工中和加工后获得的数据（如同测量机上获得的数据）更新机床的应用模型。

瑞士米克朗（Mikron）公司则强调智能机床与人之间的互动通信，他们认为智能机床应该能够将加工信息提供给操作人员，并提供各种工具辅助操作人员，优化加工过程。

日本在自动化领域的研究一向比较超前和领先，在智能加工、智能机床方面也不例外。其中，日本马扎克（Mazak）公司对智能机床的定义是：机床能对自己进行监控，可自行分析众多与机床、加工状态、环境有关的信息及其他因素，然后自行采取应对措施保证最优化的加工。换句话说，智能机床应可以发出信息和自行思考，达到自行适应柔性和高效生产系统的要求。

华中数控为了突出新一代信息技术的赋能作用，在"感知—优化—决策和执行"的基础上，提出新一代智能机床的定义：在新一代信息技术的基础上，应用以新一代人工智能技术为代表的新一代信息技术与制造技术的深度融合，利用自主感知与连接获取机床、加工、工况、环境有关的信息，通过自主学习与建模生成知识，并能应用这些知识进行自主优化与决策，完成自主控制与执行，实现加工制造过程的优质、高效、安全、可靠和低耗的多目标优化运行[11]。

一个国家传统制造业转型升级过程中，智能机床具有举足轻重的作用，其一经面世就引起世界各国政府的高度重视。在新一轮科技革命和产业变革中，智能机床已成为最具前途与活力的热门研究领域之一。

3.3.2　智能机床的研发重点

当前，世界领先的机床制造厂商都在大力研发智能机床产品，其重点需要解决的问题可以归纳为：

① 优化切削加工参数，抑制振动，充分发挥机床工作潜力；

② 提高加工精确度，防止热变形，测量机床空间精度并自动补偿；

③ 确保机床安全稳定运行，防止刀具、工件和部件之间相互碰撞；

④ 改善人机界面，拓展数控系统功能，实现其他辅助加工与管理功能；

⑤ 能在不受人的干预下，对变化了的情况做出"聪明的决策"，会更加自适应新的状况和需求，为用户带来更高的加工质量和效率。

3.3.3 智能机床的技术特征

智能机床最显著的技术特征可以概括为以下几个方面。

（1）人、计、机的协同性

人、计算机、机械以及各类软件，共同构成一个巨大而复杂的机床加工系统，需要相互间高效协同作业，使整个系统处于最好状态。

（2）整体和局部的协调性

各个智能功能部件、数控系统、执行机构以及控制软件，不仅需要从局部上相互配合，实现智能机床局部上的协调，而且还要在局部协调基础上，实现人和机床设备（含硬件和软件）整体上的协调。

（3）智能的恰当性和无止性

由于技术水平限制，人们对机床智能化内涵的认识存在差异，在特定时期和特定应用领域，机床的智能化水平是一定的，只要能恰当地满足客户的需求，就可认为是智能机床。同时，随着技术不断进步，对机床智能化的认识也不断提高，因此从发展角度看，智能机床内涵的演化又是无止境的。

（4）自学习能力提高的持续性

智能机床的"智能"特征，其最重要的体现就是在不确定环境下，可以通过分析已有知识和案例，自学习有关控制程序与算法，并在实际作业中持续提升该种能力。

（5）自治和集中的统一性

智能机床不仅能独立和自动完成各种加工任务，出现故障时可以进行自我检测和修复，而且还应该具有集中管控的能力，使同类机床可以共享知识和经验，各机床之间可以协同作业。

（6）结构的开放性和可扩展性

为满足用户的多样化需求，适应新技术的不断发展，智能机床各种接口系统在结构上必须是开放的，并可随时根据新的需要，配置各种功能部件和软件。

（7）制造和加工的绿色性

为满足低碳制造和可持续发展的需要，对于制造厂家，要求设计制造智能机床时保证其绿色性，同时保证生产出的产品本身是绿色的；对于用户厂家，应保证其加工使用过程的绿色性。

（8）智能的贯穿性

在智能机床设计、制造、使用、再制造和报废的全生命周期过程中，应充分体现其智能性，实现其智能化的设计、智能化的制造、智能化的加工、智能化的再制造和智能化的报废。

3.4　智能机床的演化

2017 年年底，中国工程院提出了智能制造的三个基本范式：数字化制造、数字化网络化制造、数字化网络化智能化制造——新一代智能制造，为智能制造的发展统一了思想，指明了方向。依照智能制造的三个范式和机床的发展历程，机床从传统的手动操作机床向智能机床演化同样可以分为三个阶段：数字化+机床（numerical control machine tool，NCMT），即数控机床；互联网+数控机床（smart machine tool，SMT），即互联网机床；新一代人工智能+互联网+数控机床，即智能机床（intelligent machine tool，IMT）。

3.4.1　数字化+机床

数控机床是"人—信息—机系统"（human-cyber-phys-icalsystems，HCPS），即在"人"（human）和"机"（physical）之间增加了一个信息系统（cyber system，即数控系统）。数控机床控制原理的抽象描述如图 3-27 所示。与手动机床相比，数控机床发生的本质变化是：在人和机床物理实体之间增加了数控系统。数控系统在机床的加工过程中发挥着重要作用。数控系统替代了人的体力劳动，控制机床完成加工任务。但由于数控机床只是通过 G 代码来实现刀具、工件的轨迹控制，缺乏对机床实际加工状态（如切削力、惯性力、摩擦力、振动、切削力、热变形，以及环境变化等）的感知、反馈和学习建模的能力，导致实际路径可能偏离理论路径等问题，影响了加工精度、表面质量和生产效率，因此，传统的数控机床的智能化程度并不高。

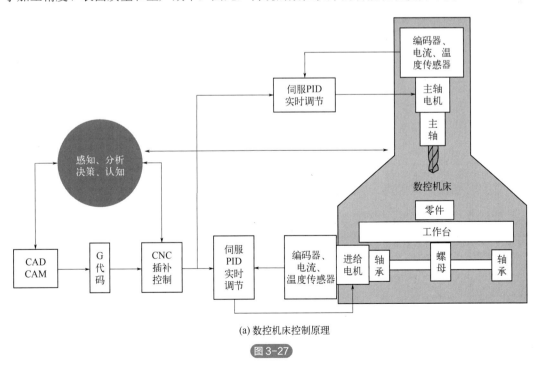

(a) 数控机床控制原理

图 3-27

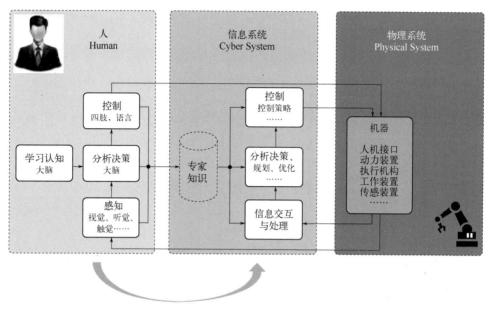

(b) 数控机床的"人—信息—机系统"(HCPS)

图 3-27　数控机床控制原理的抽象描述

3.4.2　互联网+数控机床

　　近年来，随着"互联网+"技术的不断推进，以及互联网和数控机床的融合发展，互联网、物联网、智能传感技术开始应用到数控机床的远程服务、状态监控、故障诊断、维护管理等方面，国内外机床企业开展了一定的研究和实践。Mazak 公司、OKUMA（大隈）公司、DMG Mori（德马吉）公司、FANUC 公司、沈阳机床股份有限公司等纷纷推出了各自的互联网+数控机床。

　　"互联网+传感器"为互联网+数控机床的典型特征，它主要解决了数控机床感知能力不够和信息难以连接互通的问题。与数控机床相比，互联网+数控机床增加了传感器，增强了对加工状态的感知能力；应用工业互联网进行设备的连接互通，实现机床状态数据的采集和汇聚；对采集到的数据进行分析与处理，实现机床加工过程的实时或非实时的反馈控制。互联网+数控机床控制原理的抽象描述如图 3-28 所示。互联网+数控机床具有一定的智能化水平，主要体现在以下几个方面。

（1）网络化技术和数控机床不断融合

　　2006 年，美国机械制造技术协会（AMT）提出了 MT-Connect 协议，用于机床设备的互联互通。2018 年，德国机床制造商协会（VDW）基于通信规范 OPC 统一架构（UA）的信息模型，制定了德国版的数控机床互联通信协议 Umati。华中数控联合国内数控系统企业，提出数控机床互联通信协议 NC-Link，实现了制造过程中工艺参数、设备状态、业务流程、跨媒体信息以及制造过程信息流的传输。

（2）制造系统开始向平台化发展

　　国外公司相继推出大数据处理的技术平台。GE 公司推出面向制造业的工业互联网平台

Predix，西门子发布了开放的工业云平台 Mindsphere，华中数控率先推出了数控系统云服务平台，为数控系统的二次开发提供标准化开发和工艺模块集成方法。当前，这些平台主要停留在工业互联网、大数据、云计算技术层面上，随着智能化技术的发展，其呈现出应用到智能机床上的潜力与趋势。

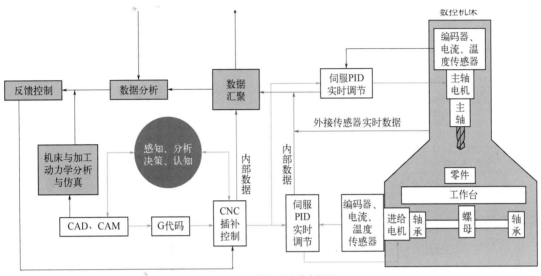

(a) 互联网+机床控制原理

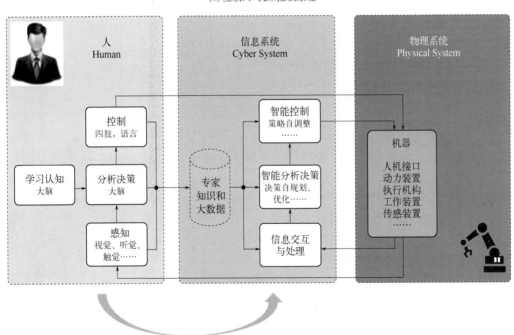

(b) 数字化网络化制造系统"人—信息—机系统"

图 3-28 互联网+数控机床控制原理的抽象描述

（3）智能化功能初步呈现

国外，2006 年，日本 Mazak 公司展出了具有四项智能功能的数控机床，包括主动振动控制、智能热屏障、智能安全屏障、语音提示。DMG Mori 公司推出了 CELOS 应用程序扩展开放环境。FANUC 公司开发了智能自适应控制、智能负载表、智能主轴加减速、智能热控制等智能机床控制技术。Heidenhain 公司的 TNC640 数控系统具有高速轮廓铣削、动态监测、动态高精等智能化功能。国内的华中数控 HNC-8 数控系统集成了工艺参数优化、误差补偿、断刀监测、机床健康保障等智能化功能。

尽管互联网+数控机床已经发展了十多年，取得了一定的研究和实践成果，但到目前为止，只是实现了一些简单的感知、分析、反馈、控制，远没有达到替代人类脑力劳动的水平。由于过于依赖人类专家进行理论建模和数据分析，机床缺乏真正的智能，导致知识的积累艰难而缓慢，且技术的适应性和有效性不足。其根本原因在于机床自主学习、生成知识的能力尚未取得实质性突破。

3.4.3　新一代人工智能+互联网+数控机床

21 世纪以来，工业互联网、工业大数据、云计算、工业物联网等新一代信息技术日新月异、飞速发展，形成了群体性跨越。这些技术进步，集中汇聚在新一代人工智能技术的战略性突破，其本质特征是具备了知识的生成、积累和运用的能力。

新一代人工智能与先进制造技术深度融合所形成的新一代智能制造技术，成为新一轮工业革命的核心驱动力，也为机床发展到智能机床，实现真正的智能化提供了重大机遇。

智能机床是在新一代信息技术的基础上，应用新一代人工智能技术和先进制造技术深度融合的机床，它利用自主感知与连接获取机床、加工、工况、环境有关的信息，通过自主学习与建模生成知识，并能应用这些知识进行自主优化与决策，完成自主控制与执行，实现加工制造过程的优质、高效、安全、可靠和低耗的多目标优化运行（如图 3-29 所示）。

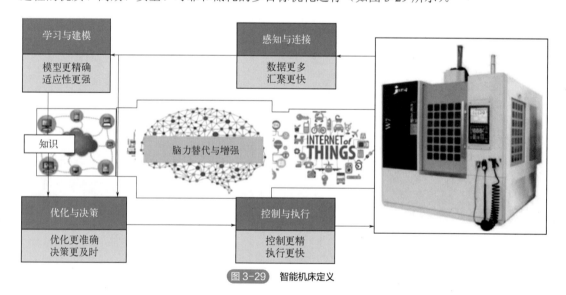

图 3-29　智能机床定义

智能机床是利用新一代人工智能技术赋予机床对于知识的学习、积累和运用能力，人和机床的关系发生根本性变化，实现了从"授之以鱼"到"授之以渔"的根本转变。

与数控机床、互联网+数控机床相比，智能机床在硬件、软件、交互方式、控制指令、知识获取等方面都有很大区别，具体见表 3-2。

表 3-2 数控机床、互联网+机床与智能机床的区别

技术、方法	NCMT	SMT	IMT
硬件	CPU	CPU	CPU+GPU 或 NPU(AI 芯片)
软件	应用软件	应用软件+云+APP 开发环境	应用软件+云+APP 开发环境+新一代人工智能
开发平台	数控系统二次开发平台	数控系统二次开发平台+数据汇聚平台	数控系统二次开发平台+大数据汇聚与分析平台+新一代人工智能算法平台
信息共享	机床信息孤岛	机床+网络+云+移动端	机床+网络+云+移动端
数据接口	内部总线	内部总线+外部互联协议+移动互联网	内部总线+外部互联协议+移动互联网+模型级的数字孪生
数据	数据	数据	大数据
机床功能	固化的功能	固化的功能+部分 APP	固化的功能+灵活扩展的智能 APP
交互方式	机床 Local 端	Local、Cyber、Mobile 端	Local、Cyber、Mobile 端
分析方法	/	时域信号分析+数据模板	指令域大数据分析+新一代人工智能算法
控制指令	G 代码:加工轨迹几何描述	G 代码:加工轨迹几何描述	G 代码+智能控制 i 代码
知识	人工调节	人赋知识	自主生成知识,人—机、机—机知识融合共享

3.5 智能机床的控制原理

基于新一代人工智能的智能机床自主感知与连接、自主学习与建模、自主优化与决策和自主控制与执行的原理与实现方案,如图 3-30 所示。

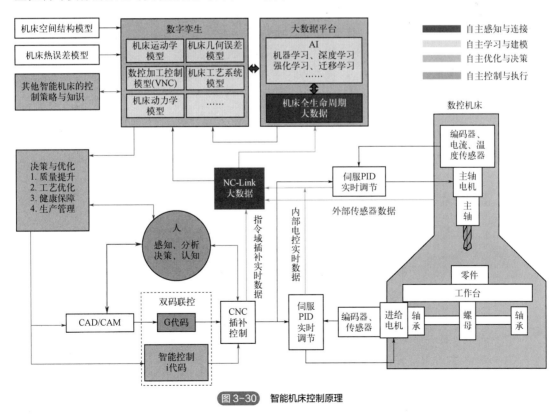

图 3-30 智能机床控制原理

3.5.1 自主感知与连接

数控系统由数控装置、伺服驱动、伺服电机等部件组成，是机床自动完成切削加工等工作任务的核心控制单元。在数控机床的运行过程中，数控系统内部会产生大量由指令控制信号和反馈信号构成的原始电控数据，这些内部电控数据是对机床的工作任务（或称为工况）和运行状态的实时、定量、精确描述。因此，数控系统既是物理空间中的执行器，又是信息空间中的感知器。

数控系统内部电控数据是感知的主要数据来源，它包括机床内部电控实时数据，如零件加工 G 代码插补实时数据（插补位置、位置跟随误差、进给速度等）、伺服和电机反馈的内部电控数据（主轴功率、主轴电流、进给轴电流等），如图 3-30 所示。智能机床通过自动汇聚数控系统内部电控数控与来自外部传感器采集的数据（如温度、振动和视觉等），以及从 G 代码中提取的加工工艺数据（如切宽、切深、材料去除率等），实现数控机床的自主感知。

智能机床的自主感知可通过"指令域示波器"和"指令域分析方法"来建立工况与状态数据之间的关联关系。利用指令域大数据汇聚方法采集加工过程数据，通过 NC-Link 实现机床的互联互通和大数据的汇聚，形成机床全生命周期大数据。

3.5.2 自主学习与建模

自主学习与建模主要目的在于通过学习生成知识。数控加工的知识就是机床在加工实践中输入与响应的规律。模型及模型内的参数是知识的载体，知识的生成就是建立模式并确定模型中参数的过程。智能机床基于自主感知与连接得到的数据，运用集成于大数据平台中的新一代人工智能算法库，通过学习生成知识。

在自主学习和建模中，知识的生成方法有三种：基于物理模型的机床输入/响应因果关系的理论建模；面向机床工作任务和运行状态关联关系的大数据建模；基于机床大数据与理论建模相结合的混合建模。

自主学习与建模可建立机床空间结构模型、机床运动学模型、机床几何误差模型、热误差模型、数控加工控制模型、机床工艺系统模型、机床动力学模型等，这些模型也可以与其他同型号机床共享。模型构成了机床数字孪生，如图 3-30 所示。

3.5.3 自主优化与决策

决策的前提是精准预测。机床接收到新的加工任务后，控制系统利用上述机床模型，预测机床的响应，依据预测结果，进行质量提升、工艺优化、健康保障和生产管理等多目标迭代优化，形成最优加工决策，生成蕴含优化与决策信息的智能控制 i 代码，用于加工优化。自主优化与决策就是利用模型进行预测，然后优化决策，生成 i 代码的过程。自主决策流程如图 3-31 所示。

i 代码是实现数控机床自主优化与决策的重要手段。不同于传统的 G 代码，i 代码是与指令域对应的多目标优化加工的智能控制代码，是对特定机床的运动规划、动态精度、加工工艺、刀具管理等多目标优化控制策略的精确描述，并随着制造资源状态的变化而不断演变。i 代码的详细原理和介绍可参考有关专利。

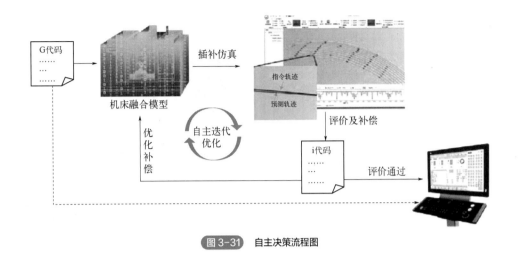

图 3-31　自主决策流程图

3.5.4　自主控制与执行

自主控制与执行是利用双码联控技术，即基于传统数控加工几何轨迹控制的 G 代码（第一代码）和包含多目标加工优化决策信息的智能控制 i 代码（第二代码）的同步执行，实现 G 代码和 i 代码的双码联控，使得智能机床实现优质、高效、可靠、安全和低耗数控加工，如图 3-30 所示。

3.6　智能机床的主要功能

不同智能机床的功能千差万别，但其追求的目标是一致的：高精、高效、安全与可靠、低耗。机床的智能化功能也围绕上述四个目标，可分为质量提升、工艺优化、健康保障、生产管理四大类。

3.6.1　质量提升

质量提升主要是提高加工精度和表面质量。提高加工精度是驱动机床发展的首要动力。为此，智能机床应具有加工质量保障和提升功能，可包括机床空间几何误差补偿、热误差补偿、运动轨迹动态误差预测与补偿、双码联控曲面高精加工、精度/表面光顺优先的数控系统参数优化等功能。

例如，基于 Cyber NC 和双码联控的模具加工质量优化。本案例在配置华中 9 型智能数控系统（INC）的 S5H 精密机床上实现，以典型的模具试切件 Mercedes（图 3-32）为例，验证数字孪生和双码联控技术对曲面加工表面质量优化的效果。

S5H 精密加工机床（图 3-33）采用大理石床身；机床采用龙门结构；各进给轴采用直线电机驱动，并安装高精度光栅尺；采用了 3 套独立的温控系统，分别对主轴、床身和冷却液进行恒温控制。其主轴和床身上安装 18 个温度传感器，主轴前端轴承及工作台共安装 3 个振动传感器。该机床定位精度＜1μm，重复定位精度＜0.5μm。S5H 精密加工机床用于验证基于 Cyber NC 和双码联控的模具加工质量优化技术。

图 3-32　模具试切件 Mercedes

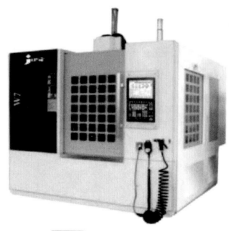

图 3-33　S5H 精密加工机床图

在 INC 中，建立物理机床响应模型构成数字孪生，由此实现智能化功能是其主要特征。在 INC 的体系架构中，可建立物理机床和数控系统所对应的数字孪生模型 Cyber MT 和 Cyber NC，它们可以在虚拟空间模拟真实世界的 Physical MT 和 Local NC 的运行原理和响应规律。基于 S5H 精密机床的几何与结构参数，可建立数控装置的参数级的数字孪生 Cyber NC。数控装置的物理实体和 Cyber NC 在插补层面上是完全等效的，它们对曲面加工程序生成的插补指令完全一致。

在实际加工前，模具加工 G 代码在 Cyber NC 上进行仿真优化，以插补轨迹的平滑和指令进给速度的横向一致性为优化目标，进行优化迭代，不断修正插补轨迹和速度规划指令，直到优化目标实现为止，并依据优化结果生成 i 代码指令。在实际加工中，G 代码与包含优化结果的 i 代码在数控系统中同时执行，双码联控完成加工。

优化前后效果如图 3-34 所示。实验表明，利用基于孪生模型仿真和双码联控的方法可显著改善进给速度的横向一致性，从而提高零件表面的加工质量。经观察，优化后加工零件特征更加清晰，一致性更好，与原始 CAD 模型的符合度更高 [图 3-34（b）]。

3.6.2　工艺优化

工艺优化主要是根据机床自身物理属性和切削动态特性进行加工参数自适应调整（如进给率优化、主轴转速优化等）以实现特定的目的，如质量优先、效率优先和机床保护。其具体功能可包括：自学习/自生长加工工艺数据库、工艺系统响应建模、智能工艺响应预测、基于切削负载的加工工艺参数评估与优化、加工振动自动检测与自适应控制等。

例如，基于大数据学习的车削加工工艺参数优化。在数控加工中工艺参数的优化至关重要，它们影响着零件的加工质量、效率、机床和刀具等制造资源的寿命等。针对工艺参数优化，目前已经开展了许多相关研究。一种方式是通过对机床加工过程中切削力、切削稳定性等的理论建模，来实现对工艺参数的优化。除基于理论分析建模的工艺参数优化外，近年来也出现了基于大数据模型的工艺参数优化方法。本案例在配置华中 9 型智能数控系统（INC）的 BL5-C 车床上实现，用于验证基于大数据及深度学习的车削加工工艺参数优化技术。

BL5-C 车床（图 3-35）为斜床身结构，分别在机床 X 向和 Z 向进给轴（轴承座、螺母座）、主轴（轴承）、床身等重要位置安装温度传感器检测机床温度变化，主轴（轴承）箱体上安装振

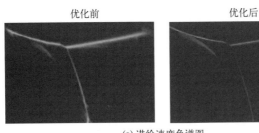

(a) 进给速度色谱图

(b) 加工表面质量

图 3-34　Mercedes 试件区域 A 优化前后对比

动传感器检测振动频率，机床 X 向和 Z 向进给轴安装光栅尺，实现全闭环控制。该机床定位精度＜6μm，重复定位精度＜3μm，车削工件圆度＜2μm。

图 3-35　BL5-C 智能车床

本案例在配置华中 9 型智能数控系统（INC）的 BL5-C 智能车床上实现，利用数控加工过程数据，建立车床的工艺系统响应模型，验证基于大数据的加工工艺知识学习、积累与运用方法的可行性与有效性。其具体过程如下。

① 以 BP 神经网络作为描述该车床工艺系统响应规律的模型，模型的输入端为切削深度、切削半径、材料去除量、进给速度、切削线速度等 5 个工艺参数，输出端为主轴功率，如图 3-36 所示。

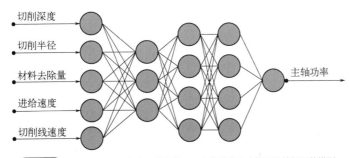

图 3-36　表征 BL5-C 车床工艺参数——主轴功率响应的 BP 神经网络模型

② 选择该型车床实际生产常见的零件进行加工，记录加工时的指令域大数据。从其中的主轴功率数据中分离出稳态数据作为神经网络的输出端训练样本。通过指令域分析方法，提取稳态样本对应的切削参数，包括切削深度、进给速度、材料去除量、主轴转速、回转半径等，作为神经网络输入端训练样本。不断提取稳态样本训练神经网络模型，随着加工的进行，该模型

逐步具备了对加工主轴功率进行预测的能力，即生长出了一个该机床车削主轴功率的仿真模型。

③ 新的加工零件（形状和工艺参数都不同的零件）在实际加工前，先在该模型中进行仿真、迭代、优化。对表 3-3 所示零件，以最大允许主轴功率及功率的波动为约束条件针对加工效率进行优化。优化前后的进给速度、主轴功率曲线分别如图 3-37（a）、（b）所示，加工时间如表 3-3 所示。结果表明，在满足约束条件的情况下，优化后的加工时间较优化前缩短了 27.8%。

表 3-3　优化结果

优化零件	优化前加工时间	优化后加工时间	加工效率提升/%
	3min 7s	2min 15s	27.8

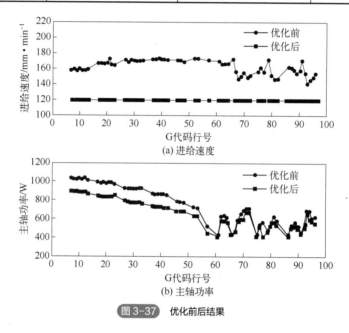

图 3-37　优化前后结果

3.6.3　健康保障

机床健康保障主要解决机床寿命预测和健康管理问题，目的是实现机床的高效可靠运行，保证设备完好、安全。智能机床具有机床整体和部件级健康状态指示，以及健康保障功能开发工具箱。其具体功能可包括：主轴/进给轴智能维护、机床健康状态检测与预测性维护、机床可靠性统计评估与预测、维修知识共享与自学习等。

（1）健康保障系统构成

数控机床的健康保障系统能预测性诊断机床部件或系统的功能状态，包括对部件的性能评估和剩余使用寿命预测，为机床的维护策略的实施提供决策意见。机床维护人员根据健康保障系统诊断的结果，在机床处于亚健康状态时便提前调度相关资源，当机床真正出现问题时，就能立即维护、维修，最大化地减少故障停机时间并延长机床的工作寿命，提高工厂的生产效率。
健康保障系统一般由以下几个部分组成，如图 3-38 所示。

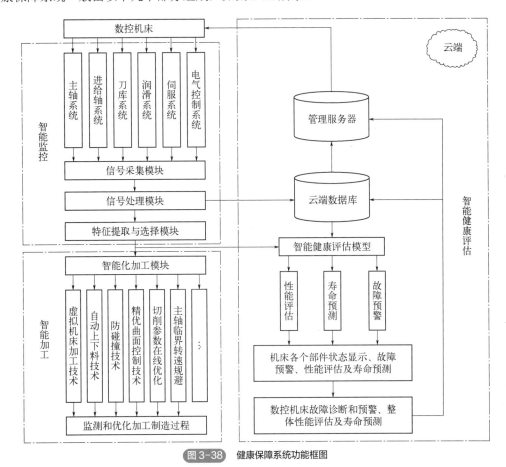

图 3-38 健康保障系统功能框图

① 信号采集模块：由分布在数控机床各处的电流、振动、温度等众多传感器组成，利用多
传感器融合技术获取数控机床的工作状态信息并传输至信号处理模块中。

② 信号处理模块：工业现场获得的各种信号往往包含大量噪声，为了增强采集信号的信噪
比，需要对采集到的信号通过滤波等信号处理技术进行处理来获得质量更高的信号。

③ 特征提取与选择模块：从信号中准确选择出反映部件性能退化或故障发生的敏感特性，
对提高性能评估和寿命预测模块的诊断准确率有重大的帮助。

④ 机床健康评估模块：运用深度人工神经网络、时间序列分析、隐马尔科夫模型、模糊神
经网络等众多人工智能技术，在云端建立反映故障规律和部件性能退化趋势的智能计算模型，
然后根据上传的信号数据判断对应机床的性能状态并预测剩余寿命。

⑤ 智能化加工模块：根据从机床中采集到的信号，结合人工智能、虚拟制造、机器人智能
控制、智能数控系统等智能化技术来实时监测和优化生产线上的加工制造过程，降低机床发生
硬件故障的风险，改善机床的加工性能，提高生产效率和工人的安全保障。

⑥ 云端数据库：存储从工业现场收集到的宝贵的工业数据，为制造业进入人工智能与大数
据时代提供必要的数据支撑。

⑦ 管理服务器：对单个或多个车间的基础进行统一监督、管理，并将智能健康评估模型诊

断的结果发送到对应的机床上，在有机床健康报警时自动启动维护策略。

（2）针对数控机床健康保障功能已有的方案

① Mazak 及大隈（OKUMA）等公司的智能振动抑制模块通过系统内置的传感器对振动进行测定，经由系统内置的运算器对振动信息进行计算和反馈，最后实现对超出范围的机床振动进行抑制。

② 智能热误差补偿技术，以机床温度为基准温度，通过热变位补偿、主轴冷却装置同时控制，使得长时间加工精度保持稳定，得到机床正确的变位状态。

③ 华中数控公司的铁人三项模块，通过采集振动和温度信号、负载电流变化情况，对机床进行运行状态评估、零件功能评估、可能出现问题提示、优化维修决策等，从而提出全面的健康预警建议。

④ 华中数控公司的二维码故障诊断与云管理模块，将故障报警信息以二维码形式显示在界面端，通过用手机扫描二维码，实现与手机端互联，并与云端数据库进行同步，以实现实时有效的固定报警信息处理。

3.6.4　生产管理

生产管理类智能化功能主要实现机床加工过程的优化及整个制造过程的低耗（时间和资源），提高管理和使用操作效率。智能机床的生产管理类智能化功能主要分为机床状态监控、智能生产管理和机床操控这几类。其具体功能可包括：加工状态（断刀、切屑缠绕）智能判断、刀具磨损/破损智能检测、刀具寿命智能管理、刀具/夹具及工件身份 ID 与状态智能管理、辅助装置低碳智能控制等。

3.7　CIMT2021 智能机床案例

中国国际机床展览会（CIMT）由中国机床工具工业协会创办于 1989 年，每逢单年举办一届，是中国最负盛名的国际机床工具展览会，是与 EMO（欧洲国际机床展）、IMTS（美国芝加哥国际机床展）和 JIMTOF（日本国际机床展）齐名的世界四大国际机床展之一。

2021 年，CIMT2021（第十七届中国国际机床展览会）以"融合共赢，智造未来"为主题，旨在促进境内外机床工具企业之间、机床工具企业与用户之间的交流和合作，探讨未来智能制造之路。伴随对人工智能技术的融合应用，新一代智能机床开始具有自主感知、自主学习、自主决策、自主执行等智能功能，可以极大地促进质量提升、工艺优化、健康保障和生产管理等。CIMT2021 展示了机床制造业智能化发展的最前沿技术和最新发展成果，让观众充分领略智能制造时代的无限创意，感受未来"智造"带来的无限可能。

智能技术广泛应用到机床工具产品。世界领先的机床工具制造商、控制系统提供商都在大力研发智能机床产品，智能化已经成为高档数控机床的标志和发展方向。纵观本届展会的展品，行业主流企业的产品均不同程度展示着智能技术的各种应用。秦川集团携 YK3126 智能滚齿机、BL5i 智能车床、BM8i 智能加工中心、SK7020 智能螺杆转子磨床、MK1620 智能端面外圆磨床等众多智能产品亮相，向观众集中展示秦川集团深耕先进装备制造领域的技术成果。海德汉的

TNC640 数控系统具有动态碰撞监测（DCM）功能；FANUC0i-FPlus 数控系统具有主轴负载、进给轴加减速、主轴加减速、温度控制、反向间隙补偿等智能功能；OKUMA 的车铣复合机床 MULTUSU3000 具有热误差补偿、几何误差补偿、防碰撞等智能功能；济南二机床的 TH6513A 精密卧式铣镗加工中心，集成了其自主研发的机床 PHM 健康管理系统；北二机床展出的 B2-K1026 随动式数控磨床具有磨削过程中程序变换编辑、机床状态监控、故障自诊断及异常报警等控制功能；日本 YASDA（安田）的立式镗铣加工中心 YBM640V 搭载其独创的控制系统 YASDA MiPS，具有维护演示、自诊断、刀具管理、主轴功率监视等数字化管理功能；日本牧野的五轴卧式加工中心 A500Z，采用冷却装置主动控制运动轴的温升，保证机床的精度稳定，具有语音人机交互、防碰撞等智能功能；德国哈默公司的五轴立式加工中心 C650U，具有切削振动抑制、机床振动抑制、自适应进给、负载自适应控制、诊断维护系统以及远程维护等智能功能；萨瓦尼尼展出的 PX 精华型折弯中心，集成了其专利的智能化板材特性自动补偿技术 MAC2.0；济南邦德 S4020 激光切割机的智能激光切割系统，具有切割图形智能排版、智能寻边、自动定位、加工参数工艺库、激光头自动调焦、自动交换切割头等智能功能。

3.7.1　智能立式加工中心 BM8i

国内机床企业本次参展的智能机床有所增加，很多技术指标已接近或达到国际较高水平。

BM8i 智能加工中心（图 3-39）采用内置 Ai 芯片的华中 9 型智能数控系统，该机床是应用当前主流智能传感器、人工智能、大数据、物联网等技术研发的新一代智能机床。机床的关键位置安装了振动、温度、位置、视觉等传感器，收集数控机床基于指令域的电控实时数据及机床加工过程中的运行环境数据，形成数控机床智能化的大数据环境，通过大数据的可视化、大数据分析、大数据深度学习和理论建模仿真，形成智能控制的策略，实现数控机床加工过程的自感知、自学习、自诊断、自调节的智能化功能。BM8i 智能加工中心主要技术参数见表 3-4。

图 3-39　BM8i 智能加工中心

表 3-4　BM8i 智能加工中心主要技术参数

技术参数	数值
床身上最大回转直径	Φ500mm
床鞍上最大回转直径	Φ320mm
最大车削长度	500mm
最大车削直径	Φ370mm
液压卡盘直径	Φ210(8")mm
主轴头型号	A2-6(GB/T 5900.1)
主轴最高转速	4500r/min
主轴功率（连续/30min）	11/15kW
套筒直径/行程	Φ90/100mm
顶尖锥度	MT5
倾斜角度	45°
移动距离 X/Z	210/510mm
快速移动速度 X/Z	32/32m/min
伺服电机扭矩 X/Z	14/19Nm
刀位数	12
刀具尺寸（车削/镗孔）	25×25/φ40mm
定位精度 X/Z	0.008mm
重复定位精度 X/Z	0.003mm

BM8i 智能加工中心具有健康状态例行评估、丝杠负荷统计图、工艺参数优化、刀具寿命管理、钻头断刀检测、故障录像回放、伺服自整定、二维码、传感器的热误差补偿等多种智能化功能。

BM8i 智能加工中心特点：整机采用 C 形结构，精度保持性好；五大主要部件采用树脂砂铸造，刚性高、抗振性好；具有开放的智能化应用开发平台；拥有"宝机云"云服务系统。BM8i 智能加工中心主要用于汽车、航空、航天机械制造，仪器仪表等行业的阀类、凸轮、模具、板盘类和箱体类零件加工。其实际应用反馈效果良好，产品精度大大提升。其装配质量评测、智能补偿使得产品出厂精度比国标提升 60%～70%，同时可以实现全生命周期机床远程运维管理，提升了机床的服务效率和质量。

3.7.2　数控卧式坐标镗床 TGK4680A

TGK4680A 高精度数控卧式坐标镗床，如图 3-40 所示，是沈机集团昆明机床股份有限公司自主研制的精密加工设备，是集机、电、光、液、气和信息技术为一体的高科技产品。

图 3-40　TGK4680A 数控卧式坐标镗床

TGK4680A 数控卧式坐标镗床采用 i5 智能数控系统，具有空间误差补偿、RTCP 误差智能检测与补偿等功能，主轴几何精度≤1.5μm，定位精度≤3μm，重复定位精度≤1.5μm，回转轴定位精度≤3″，重复定位精度≤1.5″，能实现任意四轴联动，可连续完成铣、镗、钻、扩、铰及攻螺纹等多种工序的半精加工和精加工。

该机床动、静性能优秀，精度高，有利于孔、孔系零件的高尺寸精度、高位置精度、高几何精度加工，能满足单件多孔高精度加工的同时也能满足多件高一致性加工的需求。该设备特别适用于箱体零件、盘件、杂件及模具等复杂零件的加工，是精密制造、仪器仪表、环保、模具等重点领域机械制造工业的理想加工设备。

TGK4680A 高精度数控卧式坐标镗床主要技术参数见表 3-5，该设备采用整体式三点支撑床身，龙门式固定立柱，正挂主轴箱，"箱中箱"式封闭框架结构设计，精密主轴搭配浮动式松刀机构使精度更稳定，轻量化移动部件结合直驱式进给机构确保机床较高的动态性能。

3.7.3　马扎克智能复合加工中心

马扎克（Mazak）携五款全球首发、三款中国首发机型亮相展会，展示了其在物联网 IoT 关联下的智能化工厂的探索与实践成果，并将这些成果通过创新型服务 Mazak iCONNECT 提供给用户，助力智能制造落地。其从高效编程，到智能互联、远程运维，再到智能工厂与系统优化，集中展示了众多数字化与智能化技术创新成果，强调以智能互联、数字孪生（digitaltwin）和人工智能（AI）推进金属加工领域的智能化转型。

表3-5　TGK4680A 数控卧式坐标镗床主要技术参数

主要技术参数		数值
加工能力	工作台面尺寸（宽×长）	800mm×800mm
	工作台承重	1500kg
	工作台移动行程（X）	1000mm
	主轴箱移动行程（Y）	900mm
	立柱移动行程（Z）	900mm
	工作台回转（B）	360°连续任意分度
主轴	主电机功率	22kW
	主轴最高转速	6000r/min
	主轴最大转矩	200N·m
进给轴	X、Y、Z 轴快移速度	40000mm/min
	B 轴快移速度	10r/min
	X、Y、Z 轴切削进给速度	10000mm/min
	X、Y、Z 轴定位精度	0.003mm
	B 轴定位精度	3″
	X、Y、Z 轴重复定位精度	0.0015mm
	B 轴重复定位精度	1.5″

马扎克重磅展示了数字孪生（digitaltwin）和人工智能（AI）在机床领域的实际应用，其智能数控系统 MAZATROL Smooth Ai 融合了搭载 AI 技术的编程功能和高度的自动化功能。同时，基于数字孪生技术的 MAZATROL TWINS 软件群，也被集合在最新的 CNC 设备上，通过虚实结合，实现了高效的数字制造，驱动智能制造再升级。

MAZATROL TWINS 可利用办公室里的虚拟机床对生产车间的机床运行状况进行精准复制，实现 Smooth CAM Ai 及 CAM/CAD 软件间各项目的数据同步，大幅缩短了加工准备时间。同时，加工指导又反向模拟 Smooth Ai，实现加工条件的深度优化。通过创建生产制造流程的数字孪生系统，可实现从产品设计到产品创新、效率预期到效能提升的更高跨越。

最新的"Mazak iCONNECT"是运用 IoT 技术的马扎克综合支持系统，通过马扎克智能云，灵活运用云数据实现机床连接服务，向客户提供远程服务、加工支援、维护保养、教育培训等综合服务，帮助客户提升生产效率，为客户的智能化生产保驾护航。

（1）卧式车铣复合加工中心 INTEGREXi-350HS

马扎克展出的中国首发的 INTEGREXi-350HS 卧式车铣复合加工中心（图 3-41），是 INTEGREXi 系列的高端机型，此机床采用搭载了支持 AI、数字孪生和自动化的最新的 MAZATROL Smooth Ai 智能数控系统。另外，通过使用基于数字孪生技术的软件 MAZATROL TWINS，可减少准备作业，加快首件的试制。该机床在展会上集中展现了螺杆部位的车削加工、全能自由车削 FreeTurn 加工以及同步五轴加工的精湛加工技艺。

图 3-41　卧式车铣复合加工中心 INTEGREXi-350HS

① 主要参数。

a. 设备芯间距 1500mm；

b. 第一/二主轴（车铣）最大转速为 4000r/min，功率分别为 30/26kW；

c. 铣削主轴最大转速为 12000r/min，功率为 24kW；

d. 配置 HSK63A 主轴 38 把刀库；

e. 第一/二主轴分别选配了 10in 中空卡盘/10in 中实卡盘；

f. 选配了雷尼绍 RMP60 测量系统；

g. X/Y/Z 轴选配光栅尺进一步保证了稳定的高精度加工；

h. 选配中心架可适应不同长短工件的加工需要；

i. 配备 V 轴控制功能，可实现全能自由车削。

② 展品亮点。

a. MAZATROL Smooth Ai 智能数控系统，能够帮助机床实现一系列智能化操作。在机床加工工件过程中，Smooth Ai 系统可以通过 AI 确定优化加工工艺（Solid Mazatrol）。应用传感器采集的数据，基于机床自学习算法自动调整主轴转速（Smooth Ai Spindle），提高生产效率以及表面加工质量。还可以根据检测到的温度变化，根据人工智能学习算法，自动确定补偿值（Ai Thermal Shield），从而确保稳定的加工精度。数字孪生技术能把虚拟柔性线与现场实际生产线一一对应。采用 AI 技术的编程模式可进行智能快速编程，能够实现只要输入三维图样就能自动生成加工程序，并通过 AI 分析进行优化，实现高品质的加工和稳定的加工精度。

b. 自动化应对能力加强。机床前面采用平坦设计，更加便于对应自动化需求。提供多种规格的车削主轴和铣削主轴。马扎克为用户提供了 12000r/min 标准主轴、15000r/min 高转矩主轴、18000r/min 和 20000r/min 的高转速规格主轴等，用户可以根据不同的加工材质选择相应的主轴规格。可选择能实现工序集约的第 2 主轴配置和下刀塔配置。新型平行式下刀塔，可在其上配置中心架，增强了多任务处理能力，运算速度更快，从而提高了生产率。可选配桁架机械手、棒料机安装准备、多关节机器人、自动卡爪更换器等丰富多样的自动化选项。配置用于自动化设备的副显示屏，便于操作、维护及改善。可配备长钻刀具的第 2 刀具库，并可进行刀具自动更换。可配置刮齿功能。

c. 力学性能更加强。更大的加工区域和 Y 轴行程可对应更多工件的加工。下刀塔、紧凑型铣主轴扩大加工区域，将干涉降到最低。新设计的紧凑型 20000r/min 高速主轴，有着更大的输出功率和转矩，可进行高速、高精度加工。新设计了结合车削中心和加工中心的最优机械构造，可实现长期稳定的高精度加工。

（2）混合复合加工机 INTEGREXi-630VAG

全球首发的 INTEGREXi-630VAG 新一代复合加工机床（图 3-42），在车铣复合机 ITTEGREX 上融合了齿轮加工功能和齿轮测量功能，不仅有传统车铣复合加工设备所具备的车削加工、铣削加工、5 轴加工功能，还具备了铣齿、滚齿、刮齿等齿轮加工功能和径向相位检测、齿形和齿向测量等功能，能够满足高精度齿轮的生产需求。最大限度地实现了工序集中，减少人员设备，缩短生产周期。这台设备是具有多个不同齿型内外齿轮的同一个零件加工的极佳选择，同时也为设计简化零件数量、提高零件刚性及精度提供更多的可能。目前，INTEGREXi-630VAG 已经应用于工程机械、航空航天、汽车零部件和通用机械等领域。

图 3-42　混合复合加工机 INTEGREXi-630VAG

① 主要参数。

a. 最大加工直径 1250mm，最大工件高度 1400mm；

b. $X/Y/Z/B$ 轴行程分别为 1425mm/1050mm/1050mm/−30°～120°；

c. 车削主轴最大转速 550r/min，功率为 37kW；

d. 铣削主轴最大转速 5000r/min（选配高转矩主轴），功率 37kW（40%ED）/30kW；

e. 选配 CPATO 主轴 80 把刀库；

f. 选配了雷尼绍 RMP600 测量系统；

g. $X/Y/Z/B$ 轴选配光栅尺进一步保证了稳定的高精度加工；

h. 选配的 10-70KG 可变压力高压出水单元可适应不同加工工艺需要。

② 展品亮点。

a. 融合齿轮加工工序（图 3-43），工序集约，减少人员和设备，缩短生产周期。

与传统的生产方式相比，齿轮加工需要专用的车削中心、加工中心和齿轮加工机，而现在仅通过一台复合加工机，即可完成全部工序。其集成了刮齿加工、滚齿加工、立铣刀加工三种齿轮加工方法。这种工序的集约化能够使多品种、小批量的生产效率得到显著提高，并且在提升加工精度的同时，减少加工时间和所需人员和机床的数量。

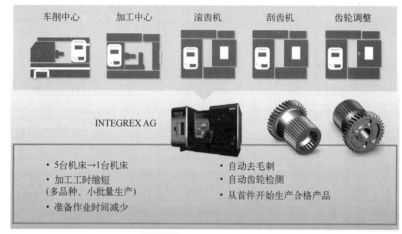

图 3-43　融合齿轮加工工序

b. 独特的 AG 控制技术，实现齿轮高精度加工（图 3-44）。

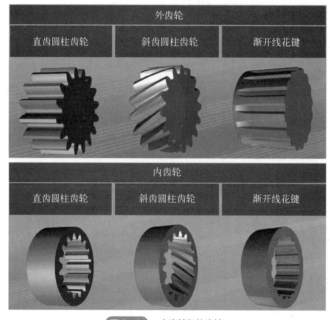

图 3-44　内齿轮和外齿轮

　　只需要一次装夹即可完成车削加工、齿轮加工、测量，无需将工件移动至其他机床。通过其搭载的同步控制技术，使刮齿加工的生产效率提高 6 倍，同时也提高加工精度。

　　c. 搭载相位检测功能，实现齿轮机内测量（图 3-45）。

　　标配相位检测功能：在使用新刀具时检测齿槽相位；在刮齿加工和滚齿加工后，接触式探针会自动检测齿槽中心的相位角；比对齿槽与其他加工部位的相位；还可根据检测到的相位角，使用立铣刀去毛刺。

　　d. 可选配齿面扫描功能使加工后齿面的趋势可视化（图 3-46）。

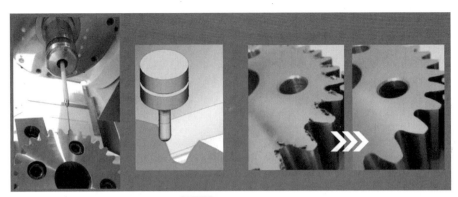

图 3-45　相位检测功能

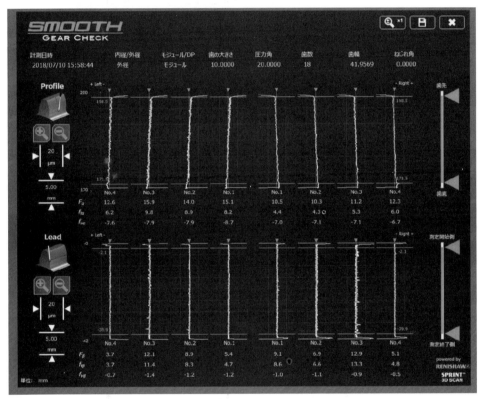

图 3-46　齿面扫描功能

可选配齿面测量：可使用扫描探针（选配），对指定齿面的齿形和齿向误差进行机上测量，检测齿面上的起伏和倾斜等。测量后通过简单的操作在 CNC 画面上的专用浏览器上显示结果。

e. 通过对话式编程（图 3-47），在短时间内生成加工和测量路径。

只需看着图形向导，设定图纸上记载的参数、进给速度等条件，即可在短时间内简单地完成编程。

3.7.4　OKUMA 的车铣复合机床 MULTUSU3000

大隈（OKUMA）的车铣复合机床 MULTUSU3000（图 3-48）具有热误差补偿、几何误差补偿、防碰撞等智能功能。其搭载的 OSPP300A 数控系统，不仅集成了车削功能导航、主轴功率检测、卡盘压力计算等应用，还引入了 AI 诊断功能，能够分析并灵活应用 OSP 了解的全部传感器信息，自我诊断进给轴的状态，提高生产安全性、加工稳定性，减少停机时间，提高生产效率。

图 3-47　对话式编程　　　　图 3-48　OKUMA 的车铣复合机床 MULTUSU3000

（1）主要参数（表 3-6）

表 3-6　OKUMA 的车铣复合机床 MULTUSU3000 主要参数

型号	单位	MULTUSU3000
最大加工直径	mm	650
最大加工长度	mm	1000、1500
主轴转速	r/min	5000
刀架		上：H1ATC；下：V12 复合刀架
电机	kW	VAC37/30
占地面积	mm	4925×2995～5425×3052
规格		W 轴、2S

（2）机床亮点

① 具有车床的主轴和刀架，具有加工中心的 X、Y、Z、B、C 轴和自动换刀装置，而且 X、Y、Z 轴采用立柱进给结构，是集加工中心、车削中心功能的真正的新型车铣中心。可选配下刀架，作同时车削或作中心托架使用。数控尾架为标准规格。该机床可完成各种复杂零件的细长轴、花键轴、螺旋伞齿轮轴等的加工。

② 超大加工范围适合较多的复杂形状零部件铣削加工。Y 轴行程采用了灵活的高刚性立柱移动式结构（图 3-49），实现 Y 轴全程高精度强力加工，使高精度和高效率加工同步实现。

③ 依靠 B 轴 240° 的超大旋转范围，使主主轴和对向主轴拥有同等的加工区域。此外，NC-B 轴规格中的 B 轴驱动采用了零反向间隙的滚子齿形凸轮，实现了高精度五轴联动。标准配置采用了主主轴和对向主轴均可实现精密分度的高精度 C 轴，可完成复杂形状工件的高精度加工。

④ 车削或铣削皆可实现最高的切削效率，包括难切削材料在内，具有高效加工能力，如图 3-50 所示。

⑤ 对难加工的倾斜轴用铣头进行车削，这是大隈独自开发的使用铣削主轴可进行车削的加工功能（图 3-51）。刀具的刀尖始终向着铣削主轴圆周运动的中心，对进给轴的圆周运动和主轴的分度角度进行同步控制，通过倾斜 B

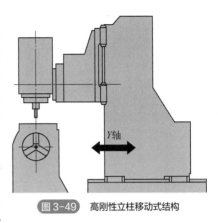

图 3-49　高刚性立柱移动式结构

轴可实现倾斜轴的车削加工，进而可使用一把刀具就能实现所有直径的加工，因此最大刀具直径以上的内外圆加工皆可实现。加工条件设定可使用铣头车削导航功能（图 3-52），指定加工部位的直径和圆度后，即可得到最佳的主轴转速。

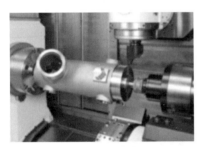

铣削加工例

604cm³/min（S45C）

直径200mm　7刃立铣刀

切削线速度：192m/min

切深：6.5×20mm

进给：1.52mm/r

（MULTUSU3000）

外圆车削加工例

5.0mm²（S45C）

切削线速度：150m/min

切深：8mm

进给：0.625mm/r

（MULTUSU4000大

直径主轴φ160mm规格）

图 3-50　车铣复合机床 MULTUSU3000 加工实例

图 3-51　用铣头实现倾斜轴的车削加工

图 3-52　铣头车削导航功能

⑥ 可实现高精度齿轮加工（图 3-53），备有齿轮加工程序包。加工齿轮首先需要复杂的程序，现采用齿加工程序包只要输入刀具种类、加工齿轮的参数尺寸、加工条件等进行简单编辑即可实现高精度加工。程序编写时间同原来的手工输入相比缩短到原来的 1/10 左右，达到了同以往用高价购置专机设备加工齿轮的效果，实现了工序的集中。

⑦ 可使用其进行尺寸和几何公差的测量，备有数据测量仪。该机床可测量孔的位置、平面度等 20 种几何精度，大幅缩短了加工时间。几何公差、工件形状位置关系的测量程序，可以通过示教自动生成，检测数据结果可保存下来。

  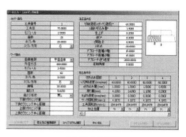

(a) 车齿加工(内、外径花键滚刀)　　　(b) 滚齿加工　　　(c) 输入画面

图 3-53　可实现高精度齿轮加工

⑧ 采用 OSPsuiteOSP-P300A 型现场智能型数控装置（图 3-54），可如智能化手机般地顺畅操作。其由于提高了描图功能并采用多个触摸面板，实现了直观图示操作。3D 模型的移动、放大、缩小、回转和刀具数据、程序等的一览显示，皆可像操作智能手机那样顺畅和快捷。

图 3-54　OSPsuiteOSP-P300A 型现场智能型数控装置

3.8　i5 智能机床

2014 年 2 月，i5 系列智能机床亮相中国数控机床展览会，全球首款智能功能机床实现批量生产。该系统使工业机床"能说话""会思考"，满足了用户个性化需求，工业效率提升 20%，原来 70min 的数控机床加工准备时间被缩短到 5min。管理人员在平板电脑或手机上轻轻点滑，就可以向 i5 智能机床下达指令，在千里之外实现管理，真正实现了"指尖上的工厂"。如同智能手机改变人类生活方式一样，同样基于互联网技术诞生的 i5 智能机床，对于人类的生产方式正在产生彻底的颠覆。

3.8.1　i5 智能机床概述

i5 智能机床是沈阳机床历时七年孕育诞生的全球第一代高度定制化智能机床新品类，引领中国"智"造的潮流。搭载 i5 系统的智能机床依托互联网，实现了操作智能化、编程智能化、维护智能化和管理智能化。i5 是指工业化（industry）、信息化（information）、网络化（internet）、集成化（intelligence）、智能化（integration）的有效融合。

（1）i5 智能机床的研发背景

沈阳机床在历经七年时间（图 3-55），投资 11.5 亿元的科研经费后，终于跨过了数控系统的技术门槛。2012 年，世界首台具有网络智能功能的 i5 数控系统诞生，该数控系统具有领先的误差补偿技术，控制精度达到纳米级水平，搭载 i5 数控系统的产品在不使用光栅尺的情况下精度可达到 3μm。紧接着卧式车床、立式车床、立式加工中心……一件又一件沈阳机床的主打产品有了聪明的中国"大脑"。智能机床作为基于互联网的智能终端，实现了智能补偿、智能诊断、智能控制、智能管理的功能。智能补偿可以智能校正，误差可以根据目标对象进行补偿，能够实现高精度；智能诊断能够实现故障及时报警，防止停机；智能控制能够实现主动控制，完成高效、低耗和精准控制；智能管理能够实现"指尖上的工厂"，实时传递和交换机床加工信息。2014 年初，i5 系列智能机床开始批量生产，该产品能够降低生产过程中的人工成本，为制造业企业带来了新的利润点，这种机床一经推出，立刻受到用户欢迎。由于 i5 系列智能机床具有"互联网+"的特性，沈阳机床以此为基础打造出一个"i 平台"，让智能制造从单机扩展到无限群体。

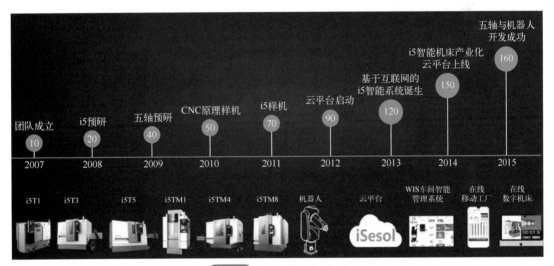

图 3-55　i5 智能机床的演化史

（2）i5 智能机床的分类

目前，沈阳机床厂的 i5 智能机床主要分为 T 系列智能车床和 M 系列智能加工中心，共计八大类产品，并不断有新系列新产品研发上市。T 系列有 i5T1 系列通用型智能车床、i5T3 系列智能车床、i5T5 系列智能车削中心、i5T6 系列智能立式车床等；M 系列有 i5M1 系列智能高速钻攻中心、i5M3 系列智能立式五轴加工中心、i5M4 系列智能立式加工中心、i5M8 系列智能多轴加工中心等。

（3）i5 智能机床的命名

下面所介绍的 i5 智能机床命名规则适用于沈阳机床股份有限公司所生产的所有搭载 i5 智能系统的智能数控机床。智能机床命名主要包括以下几个含义：

① 智能机床的品类；

② 智能机床的类型；

③ 智能机床的结构平台。

i5 智能机床产品的名称由四部分构成，分别为：机床品类、类代码、系代码、型代码，详见表 3-7。

表 3-7　i5 智能机床产品名称

序号	名称	代码	说明
1	机床品类	i5	智能机床品类代码
2	类代码	T/M…	机床类别：T 是车类产品，M 是铣类产品等
3	系代码	1,2,3…	代表机床的结构形式，与类代码一起表示某类机床的结构形式，称为产品平台
4	型代码	1,2,3…	代表产品的一类规格，与系代码和类代码一起表示某产品平台的一种规格

i5 智能机床产品名称示例见图 3-56。

（4）i5 智能机床的智能化

i5 智能机床采用 i5 智能数控系统，打造覆盖机床产品全生命周期的智能化解决方案。i5 数控系统是沈阳机床攻克了 CNC 运动控制技术、数字伺服驱动技术、实时数字总线技术等运动控制领域的核心底层技术，推出

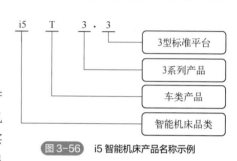

图 3-56　i5 智能机床产品名称示例

的具有网络智能功能的数控系统。该系统突破了世界机床行业先进的五轴五联动控制技术，摘下了工业软件皇冠上的明珠。第四代 i5 数控系统，采用 i5OS 内核。标准五轴联动控制、车铣复合、在机测量、工单管理等系统功能以工业 APP 的形式植入数控系统，可以随着 i5 产品的不断更新迭代开发新的工业 APP，从而形成机床产品的独特性。

i5 智能数控系统界面友好、使用方便、编程方便、支持触屏操作，具有易操作、易上手的特点，可以极大缩短操作人员培训时间以及换产时间；系统集成多种固定加工循环，适用于各种加工类型；系统的高精、高响应可满足用户各种需要；可针对用户定制其专属界面。

3.8.2　i5 智能车床

目前，i5 智能车床有 i5T1 系列通用型智能车床、i5T3 系列智能车床、i5T5 系列智能车削中心、i5T6 系列智能立式车床四大类产品，如图 3-57 所示。其中 i5 智能卧式车床的主要参数见表 3-8。

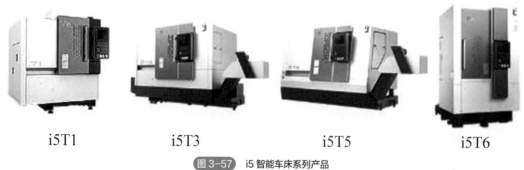

i5T1　　　　　　i5T3　　　　　　i5T5　　　　　　i5T6

图 3-57　i5 智能车床系列产品

表 3-8 i5 智能卧式车床主要技术参数表

产品型号		排刀系列			刀架系列					
		i5T1.1	i5T3.1	i5T3.1	i5T1.1	i5T3.1	i5T3.1	i5T3.1	i5T5.1	i5T5.1
规格（加工直径 mm × 加工长度 mm）		160×350	360×350	360×500	160×350	360×350	360×500	360×750	500×500	500×750
工作范围	最大切削直径 /mm	$\phi160$	$\phi360$	$\phi360$	$\phi160$	$\phi360$	$\phi360$	$\phi360$	$\phi500$	$\phi500$
	最大车削长度 /mm	350	350	500	350	350	500	750	500	750
主轴	主轴最高转速/（r/min）	5000	4000	4000	5000	4000	4000	4000	3500	3500
	主轴孔直径 /mm	$\phi56$	$\phi65$	$\phi65$	$\phi65$	$\phi65$	$\phi65$	$\phi65$	$\phi80$	$\phi80$
	标准卡盘直径 /in	6	8	8	6	8	8	8	10	10
	主电机输出功率连续 /30min/kW	5.5/7.5	11/15	11/15	5.5/7.5	11/15	11/15	11/15	15/18.5	15/18.5
进给轴	X 轴行程/mm	400	400	400	100	190	190	190	270	270
	Z 轴行程/mm	350	350	500	350	350	510	780	500	770
	X/Z 轴快移速度 m/min	30	30	30	30	30	30	30	24	24
尾座	尾座行程/mm	—	—	—	—	—	400	650	—	650
	尾座锥孔锥度	—	—	—	—	—	莫 5	莫 5	—	莫 5
刀架	形式	排刀	排刀	排刀	伺服	伺服	伺服	伺服	伺服	伺服

　　i5 智能卧式车床的结构布局主要分为三种形式：平床身平床鞍、平床身斜床鞍和整体斜床身（见图 3-58），分别对应着 T1、T3、T5 三个系列的智能车床。

图 3-58 i5 智能卧式车床结构布局分类

　　其结构布局的特点见表 3-9。

　　以市场上最为常见的 i5T3.3 智能车床为例进行介绍，其主要结构如图 3-59 所示。

（1）i5T1 系列通用智能型车床

i5T1 系列通用智能型车床像小超人一样，具有简单、耐用、高可靠性等特点。其主要部件为模块化，易于维护、易于安装，采用立式伺服刀架代替电动刀架，降低 80% 故障率，使用更可靠。其采用整体床腿设计，刚性大幅提升；高度精密集成的主轴单元，保持高精度高刚性切削的同时，可实现快速拆装和更换维修；配置进口滚动导轨和丝杠，重复定位精度可达 0.006mm，最高快移速度 30m/min，耐用和高效加工的完美结合。i5T1 系列通用智能型车床产品特点如图 3-60 所示。

表 3-9　i5 智能卧式车床结构布局特点

系列产品	结构布局	优缺点	典型机型
T1	平床身平床鞍	优点：水平床身的工艺性好，便于导轨面的加工 缺点：床身下部空间小，导致排屑困难，且机床整体刚性稍差	T1.4
T3	平床身斜床鞍	优点：水平床身工艺性好，斜床鞍切削刚性较好，床身下部空间大，容易排屑 缺点：床鞍装备工艺性稍差，一旦出现撞到的情况，装配精度很难恢复	T3.1、T3.3、T3.5 等
T5	整体斜床身	优点：切削刚性较前两种布局形式更好，且排屑容易，铁屑不会堆积在导轨上，机床内部空间大，易于安装机械手，以实现单机自动化 缺点：成本略高，两轴电动机需同时配置抱闸	T5.1、T5.2 等

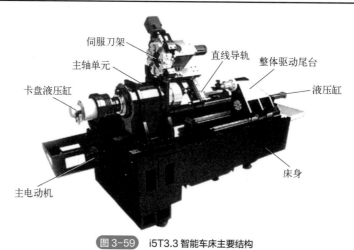

图 3-59　i5T3.3 智能车床主要结构

1　整体床身，刚性高、易防护

2　整体全防，安全、方便、环保

3　直线导轨最快移动速度是平车的3倍

4　刀架转位比平车快1倍

5　全新模式，Unis全方位服务

四工位伺服刀架
刀架转位时间达1.5s

单元主轴
主轴头A2-6

8寸中实卡盘

整体尾台
莫氏4号，手动驱动

直线导轨

图 3-60　i5T1 系列通用智能型车床产品特点

i5T1 系列通用智能型车床是搭载 i5 智能系统并以极简设计理念形成的一款全新智能车床，针对盘类零件及轴类零件的加工，涵盖轴承、齿轮毛坯、汽车零部件、传动轴等诸多产业，作为通用的工具机，具有非常广泛的适用性，如图 3-61 所示。

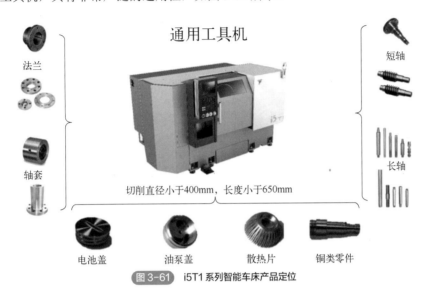

图 3-61　i5T1 系列智能车床产品定位

（2）i5T3 系列智能车床

i5T3 系列智能车床具有通用、高效、高性价比等特点。i5T3 系列智能车床是基于零部件结构极简与数量极少原则全新打造的可用于一般工业的标准机型，适用于各行业对回转体类零件的加工。主轴 0～2000r/min 加速时间缩短至 1s 以内，刀架转位时间每工位 0.4s，两轴快移速度达到 30m/min，配置 Capto 快换刀架，极大缩短辅助时间，提高加工效率。整机具有高刚性高精度，加工综合精度在 IT6 级以内，重复定位精度可达 0.006mm，是同类产品中的性价比之王。

i5T3 系列智能型车床是一款具有经济性、环保性、高效性，能够满足社会发展需求的全新的高性价比智能车床产品。i5T3 系列智能型车床产品结构特点如图 3-62 所示。

① 机床的骨骼——床身。床身好比骨骼，承担着加工时受到的力。i5T3 产品的床身采用前后大跨度地脚设计，犹如人大跨步站立，保证了加工时的刚性和抗振性。床身、床鞍、滑板、尾台等大件均采用有限元分析，筋型布置合理，变形小，抗振动能力强。

② 机床的关节——进给系统。直线导轨是机床的关节，直接影响到机床的刚性、精度、寿命，所以必须得到足够的重视。为了机床更加可靠，精度和精度保持性更好，i5T3 系列智能车床采用了质量更好的日本直线导轨和丝杠。

③ 机床的牙齿——伺服刀架。市场上产品大部分都采用液压刀架，液压刀架结构复杂，转位慢，不能连续转位，所以在可靠性、加工效率方面均不如伺服刀架。i5T3 选用的伺服刀架采用意大利技术（与意大利迪普马 DUPLOMATIC 联合开发），伺服转位，液压锁紧，达到可靠性和效率的完美统一。

④ 机床的左臂——主轴系统。主轴系统好比人的左臂，卡盘抓起零件在主轴上旋转进行加工，卡盘和主轴的好坏直接影响零件的精度和效率，也影响到机床的可靠性。i5T3 系列采用中国台湾的主轴单元和卡盘系统，高刚性，高转矩，最大转矩可达 215N·m，高精度，便于安装和维修。直联编码器的采用摆脱了传统皮带编码器的复杂结构，更简单，更可靠，更精确。

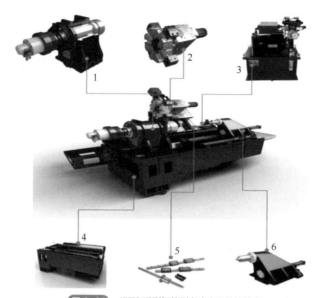

图 3-62 i5T3 系列智能型车床产品结构特点

1—主轴单元；2—伺服刀架；3—液压站；4—床身；5—直线导轨和丝杠；6—尾台

⑤ 机床的右臂——尾台。i5T3 产品采用了目前高档机床均采用的整体尾台驱动的顶紧形式，该结构没有套筒结构，将尾台体直接固定在直线导轨滑块上，用直线导轨的刚性保证了整体尾台的刚性，尾台由液压缸直接驱动。i5T3 系列智能车床采用了液压缸驱动和高精度顶尖（跳动仅为 2μm），使尾台运动更加可靠，精度更高。

⑥ 机床的心脏——液压系统。液压系统就像机床的心脏和血管，它的好坏直接影响机床的可靠性、加工效率和能源消耗。i5T3 的液压站采用日本著名品牌，温升降低 23%，特别是延长了南方地区液压系统的寿命。卡盘开闭时间缩短 43%，能耗降低 50%，极大地提高零件产量。液压管采用美国品牌，有效地防止管路爆裂。

⑦ 机床的神经——电气系统。i5T3 系列智能车床为了保证电气系统的稳定和安全，开发出了电气集成技术，用集成电路取代手工连线，极大地提高了机床的稳定性、安全性和维修的便捷性。电气元件均采用进口优质元件，让用户省心。

⑧ 机床的消化系统——排屑。i5T3 系列智能车床在设计有大排屑空间的同时，为了保证排屑的顺畅，采用的排屑器，排屑结构合理，排屑能力强，不会造成排屑器卡死损坏的现象，保证了用户的经济效益不受损害。i5T3 系列智能车床的床身采用了特殊双重防水结构，与排屑器进行简单的搭接即可保证不漏水。

i5T3 系列智能车床适合加工盘类及轴类零件，可以车削螺纹、圆弧、圆锥及回转体的内外曲面。特别适合汽车、摩托车、轴承、电子、航天、军工、有色金属加工等行业对回转体类零件进行高效、大批量、高精度的加工要求，如图 3-63 所示。

（3）i5T5 系列智能车削中心

i5T5 系列智能车削中心是沈阳机床厂智能机床新品类代表产品之一。该机床采用沈阳机床自主研发的 i5 智能系统，依据客户需求，结合多年设计卧式数控车床的经验，研发并制造的智能车床产品。i5T5 系列智能车削中心具有高精、高效、高刚性的特点，配置中国台湾整体主轴单元，进口直线导轨，大转矩主伺服电机，进口伺服刀架及伺服尾台。该机床两轴加速度可达到 1g，定位精度可达到 0.006mm，设计中对主轴、床身、床鞍等关键部件进行了有限元分析，大大提高了整机的刚性，使其在加工轴类零件时展现出良好的抗振性和稳定性，加工的尺寸精度可达 IT6 级，在最佳的切削状态下表面粗糙度可达 Ra=0.4μm，无须热机，轴类零件加工尺寸精度保证在 0.010mm 以内，满足球笼等各轴类零件的高精度加工要求，适合汽车、摩托车、电子、航天、军工、有色金属加工等行业，对回转体类零件进行高效、大批量、高精度的加工。

图 3-63　i5T3 系列智能车床产品定位

该机床配置了客户化功能订制功能平台，可安装动力头、小尾台、中心架等功能模块，可根据用户的需求提供灵活多样的配置，组装成不同性能的机床，使用户获得性价比优化的机床。整机采用全封闭式防护结构，斜床身及通长的排屑形式，操作方便，结构可靠，刚性强，排屑通畅，通用化程度高，同时可搭载车间生产管理系统，实现车间的智能化管理，主要性能指标达到国际先进水平。i5T5 系列智能车削中心关键部件及技术情况如图 3-64 所示。

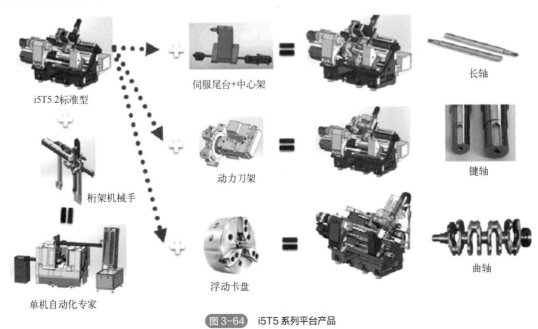

图 3-64　i5T5 系列平台产品

① 整体斜床身平台设计技术。i5T5 系列采用优质铸铁床身，筋板布置合理，其 45° 整体斜床身平台设计技术具有良好的刚性及多功能结构搭载平台，整体结构为 i5T5 系列智能车床搭载伺服尾台、中心架等结构提供可能。前方通长排屑口设计，排屑效果好，使排屑器可左、右、后侧灵活放置，使 i5T5 系列智能车床可以按照客户的厂房空间、精益生产需求提供合理布局，为客户提供更多的车间级服务解决方案。该平台可搭载不同配置功能模块，以适应不同种类工件的加工需求，如图 3-64 所示。

② 主传动情况。主传动采用套筒式主轴单元结构，便于安装、维护，如图 3-65 所示。前后端采用双列圆柱滚子轴承作为径向支承，同时组合安装角接触球轴承的结构。该结构使主轴在高转速的情况下具有极高的刚性，保证高转矩切削，使得该主轴在重切削条件下表现依然出色。本车床采用多楔带传动，使电机通过带轮直接带动主轴转动，减少了机械传动的功率损耗，启动快速、平稳。优质的主轴套件便于安装、维修，用户使用更加便捷。车削中心机床采用同步带结构，并配有液压夹钳及磁感应式编码器，使 C 轴定位准确，精度高。

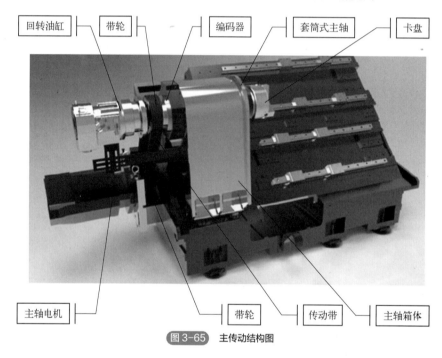

图 3-65 主传动结构图

③ 智能尾台技术。传统液压尾台结构采用套筒前进后退的形式，依靠布置在尾台下体的活塞盘带动锁紧底板锁紧，尾台移动机构则通过布置在床鞍上的销座与尾台体上的插销，靠床鞍拖动，不仅零件数量多、结构复杂、加工要求高、装配难度大，而且精度低、维护不便。新式尾台采用线性导轨导向，伺服电机整体驱动及顶紧，不仅极大简化了尾台结构，而且精度高、速度快、装配和加工更加简单。传统尾台由于顶紧工件的过程中速度不可调，会对工件造成冲击，长径比较大的工件易在顶紧过程中发生弯曲变形，而新式尾台先快速移动，当接近工件时，进行尾台的高低速切换，达到低速顶紧工件的功能，避免了对工件的冲击，同时在完成粗加工，要进行精加工时，可在编程时适当减小尾台的顶紧力，以达到最佳的切削效果，如图 3-66 所示。

图 3-66　智能调节粗、精车顶紧力

i5T5 系列智能车削中心定位于轴类零件切削专家，可车削各种螺纹、圆弧、圆锥及回转体的内外曲面，如图 3-67 所示。其通过对智能尾台等功能部件的研发及优化，满足球笼、涡轮增压器等各类轴类零件加工要求，具有较高的加工效率，得到汽车零部件行业等高端客户的认可及好评。

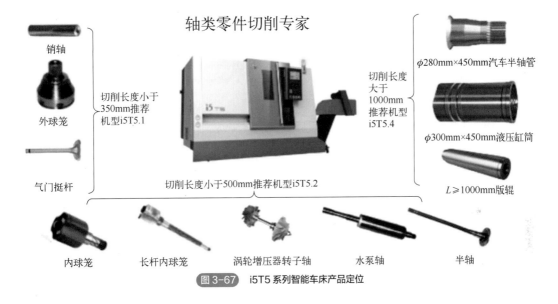

图 3-67　i5T5 系列智能车床产品定位

（4）i5T6 系列智能立式车床

i5T6 系列智能立式车床可以加工各种短轴类和盘类零件，也可以车削各种螺纹、圆弧及回转体的内外曲面、端面以及沟槽。i5T6 系列立式数控车床适用于批量大、加工精度高和尺寸一致性要求高的零件加工，是汽车、军工及其他各类机械行业加工复杂盘类零件的首选。

以 i5T6.3 智能立式车床为例，如图 3-68 所示，它是一款具有良好的经济性、环保性、高效性，满足刹车盘行业需求的高性价比智能车床产品，机床主要技术参数见表 3-10。该车床搭载自主知识产权的 i5 智能数控系统，采用 T6 平台结构，配置主轴单元、主伺服电机、八工位伺服刀架、两轴伺服电机和直线导轨。整机采用全封闭式防护结构，适应刹车盘加工的恶劣环境，结构可靠，操作方便。该车床适合加工盘面直径 450mm 以内，高度 200mm 以内的刹车盘。该车床尺寸加工精度可达 IT6 级，双刀精车盘面平面度可达 0.01mm 以内，盘面平行度可达 0.02mm 以内，DTV 值可达 0.008mm 以内，表面粗糙度可达 $Ra=1.6\mu m$ 以内。

3.8.3　i5 智能加工中心

i5 智能加工中心系列产品，具有自主知识产权的 i5 智能数控系统，针对不同行业，提供多

针对刹车盘切削环境特点，高密封性整体主轴单元，高刚性、高转矩，便于安装、维修

日本不二越液压站，结构紧凑，维修方便，稳定性高，故障率极低

中意合作伺服刀架，解耦胶简单、刚性强，转位快、相邻工位转位时间1.4s

针对刹车盘切屑特点，特殊设计加大排屑倾角，优质铸铁床身，筋板布置合理，具有良好的刚性

专用防尘卡盘，对卡爪与卡盘体连接处采用特殊密封结构，大大延长卡盘使用寿命

针对镜面盘设计的独特的辅助轴结构，密封性卓越。中心高度可调整，有效避免双刀不等高造成的切削问题

图 3-68 i5T6.3 智能立式车床

表 3-10 i5T6.3 智能立式车床主要技术参数

项目		单位	规格	备注
最大车削刹车盘直径		mm	$\phi450$	
最大刹车盘回转直径		mm	$\phi550$	
最大车削刹车盘高度		mm	200	
主轴	主轴端部型式及代号		A2-8	
	前轴承内径	mm	140	
	标准卡盘直径	in	12	
	主轴最高转数	r/min	1500	
	主轴最大转矩	N·m	662（375r/min）	同时受卡盘及卡具限制
	主电机输出功率连续/30min	kW	18.5/26	
进给轴	X/Z轴快移速度	m/min	20	
	X轴行程	mm	350	
	Z轴行程	mm	500	
辅助轴	辅助轴快移速度	m/min	12	
	辅助轴行程	mm	75	
	最大车削直径	mm	$\phi450$	
	最大车削范围	mm	130	
	车削厚度范围	mm	5～80	

样化智能立式加工中心；数字量 Ethercat 总线控制；高效生产，机械手随机换刀；触屏操作，友好的人机交互；WIS 智能车间管理系统，在云平台实现大数据采集分析。目前，i5 智能加工中心有 i5M1 系列智能高速钻攻中心、i5M3 系列立式五轴加工中心、i5M4 系列智能立式加工中心、i5M8 系列智能多轴加工中心等四大类产品，如图 3-69 所示。

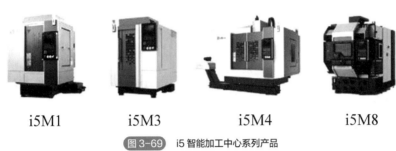

i5M1　　　　　i5M3　　　　　i5M4　　　　　i5M8

图 3-69　i5 智能加工中心系列产品

i5 智能加工中心的结构布局主要分为两种形式，即十字滑台结构和门式双转台 5 轴结构，如图 3-70 所示，分别对应着 M1、M4 和 M8 三个系列的加工中心。其结构布局的特点见表 3-11。

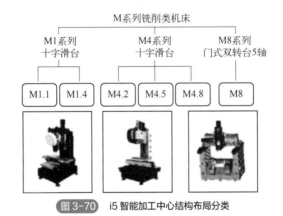

图 3-70　i5 智能加工中心结构布局分类

表 3-11　i5 智能加工中心结构布局特点

系列产品	结构布局	优缺点	典型机型
M1	十字滑台结构平台	高速，轻量化立柱结构和十字滑台设计，精度高，整体占地面积小	M1.1、M1.4
M4		大扭矩，高速、高精度的导轨丝杠，伺服电动机直连，定位精度高	M4.2、M4.5、M4.8
M8	门式双转台五轴	五轴五面，工件在一次装夹后自动连续完成多个平面的高速铣、镗、钻、铰、攻螺纹等多种加工工序	M8.4

以最为常见的 i5M1.4 智能加工中心为例进行介绍，其主要结构如图 3-71 所示。

（1）i5M1 系列智能高速钻攻中心

i5M1 系列智能高速钻攻中心是针对消费电子行业开发的智能高速钻攻中心，主要用于加工手机、平板电脑等消费电子类产品的外壳、中框、按键等小型金属零部件，如图 3-72 所示。该系列机床结构紧凑，身材小巧，快如闪电，占用最小的空间，同时将加工效率、精度、产品表面光洁度提升到极致。i5M1系列智能高速钻攻中心主要参数见表3-12。

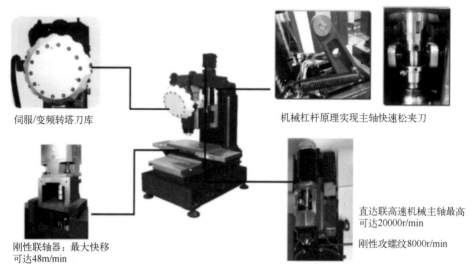

伺服/变频转塔刀库

机械杠杆原理实现主轴快速松夹刀

刚性联轴器：最大快移可达48m/min

直达联高速机械主轴最高可达20000r/min

刚性攻螺纹8000r/min

图 3-71 i5M1.4 智能加工中心主要结构

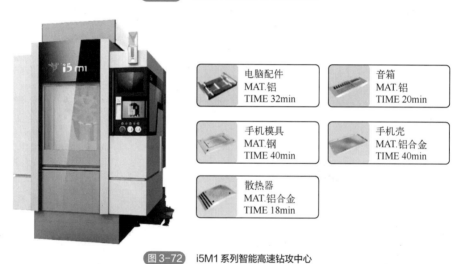

电脑配件 MAT.铝 TIME 32min

音箱 MAT.铝 TIME 20min

手机模具 MAT.钢 TIME 40min

手机壳 MAT.铝合金 TIME 40min

散热器 MAT.铝合金 TIME 18min

图 3-72 i5M1 系列智能高速钻攻中心

表 3-12 i5M1 系列智能高速钻攻中心主要参数

名称		单位	i5 M1.1	i5 M1.4
工作台尺寸		mm	550×350	650×400
最大行程	X 轴	mm	400	500
	Y 轴	mm	300	400
	Z 轴	mm	250	300
主轴转速		r/min	20000	20000
主电机功率		kW	3.7/5.5	3.7/5.5
主电机转矩		N·m	11.8/17.5	11.8/17.5
快移速度 X/Y/Z		m/min	48/48/48	48/48/48
主机尺寸		mm	2200×1400×2250	2200×1750×2400

（2）i5M3 系列智能立式五轴加工中心

i5M3.2 智能立式五轴加工中心，如图 3-73 所示，在 2020 年第十九届中国国际装备制造业博览会上全新首发。其装备高精度 B/C 轴转台，$X/Y/Z$ 三直线轴集中布置在工作区域上方，立柱采用整体框架结构，滑鞍呈斜 45° 布置，采用了先进的抑振结构，大幅提高了机床的固有频率，使其切削效率更高，加工表面质量更好，适合 3C、小型模具等行业客户的需求。

（3）i5M4 系列智能立式加工中心

i5M4 智能立式加工中心主要应用于汽车、摩托车零部件及通用型零件的加工，如图 3-74 所示，性价比高，性能稳定，具有 95.5N·m 的超大转矩，粗加工强壮有力，同时机床标配智能误差补偿功能，精加工精确无比。i5M4 智能立式加工中心主要参数见表 3-13。

图 3-73 i5M3 系列智能立式加工中心

缸盖
MAT.铸铝
TIME 10min

缸体
MAT.铝
TIME 10min

减速器壳体
MAT.铝
TIME 10min

缸体
MAT.铝合金
TIME 10min

变速箱
MAT.钢
TIME 15min

底壳
MAT.铸铝
TIME 7min

轮毂
MAT.铸铁
TIME 3

图 3-74 i5M4 系列智能立式加工中心

表 3-13 i5M4 智能立式加工中心主要参数

名称		单位	i5 M4.2	i5 M4.5	i5 M4.8
工作台尺寸		mm	650×430	1000×500	1400×700
最大行程	X 轴	mm	580	850	1300
	Y 轴	mm	420	560	700
	Z 轴	mm	520	650	700
主轴转速		r/min	10000	8000	8000
主电机功率		kW	7.5/11	11/15	11/15
主电机转矩		N·m	35.8/52.5	70/95.5	70/95.5
快移速度 $X/Y/Z$		m/min	48/48/48	32/32/30	24/24/20
主机尺寸		mm	2510×1980×2411	4400×2565×2944	5026×3232×3361

（4）i5M8 系列智能多轴加工中心

2016 年 4 月，在中国（上海）数控机床展览会上，全球首发世界首创平台型智能机床——i5M8 系列智能多轴加工中心，标志着 i5 全生态智能制造的完善，它挑战了世界控制技术的最大难题，实现一机应万变，一机控制多机。它是由机械平台、控制平台、功能平台和应用平台四个平台组成，通过功能平台变化共可以组成八款不同切削特征的加工中心。i5M8 系列智能多轴加工中心在航天、军工、汽车、新能源、医疗等高品质复合加工领域能发挥最佳性能。

机械平台采用龙门式框架结构，使机床具有很高的刚性和抗振能力，Y 轴采用双伺服电机驱动横梁，可有效减小振动，实现高速、高精度的切削效果。同时机械平台采用标准化设计，对于组织生产大大节省了采购和装配周期，可快速满足市场需求。

其控制平台使用沈阳机床自主研发的 i5 智能系统。i5 智能系统基于先进的运动控制底层技术和网络技术，是基于互联网的智能终端，实现了操作智能化、编程智能化、维护智能化和管理智能化。运动控制技术上突破了五轴联动控制算法和补偿技术，打破了西方国家长期垄断地位。i5M8 系列智能多轴加工中心可通过网络信息技术连接先进的智能车间 WIS 信息管理系统实时进行数据交互、资源优化、作业计划和成本即时计算等智能操作，将虚拟和现实世界进行融合，实现从车间到公司管理层双向信息流和数据协同优化。

功能平台使用了先进的工序集成技术与直驱技术，铣削电主轴、A 轴摆台、C 轴转台、车铣复合主轴等关键功能部件均使用国产化功能部件，采用了先进的直驱技术，不仅具有大转矩、高速、高精等特点，而且具有极佳的运动和控制性能，实现机床整体而高效的切削效果。同时在同一机械平台上可实现快速重组和更替，可以有效地组织生产，以应对不同客户加工不同零件的要求，缩短制造周期。

由于 i5M8 系列智能多轴加工中心可以组成涵盖三轴、四轴及五轴联动等运动功能，以及车、铣、钻、曲面铣等不同切削特征的 8 款智能加工中心，所以沈阳机床不仅为 i5M8 系列智能多轴加工中心的客户提供单机的智能机床，同时还与商业合作伙伴携手为客户提供广泛而专业的技术支持和服务，从模型编程到刀具的选择，从调装夹具到柔性自动化方案，一直到动力技术、测量技术及精益生产技术。

i5M8 系列智能多轴加工中心是作为机床制造商的沈阳机床厂第一次主观定义的智能产品，无论是它的平台型设计理念，还是 i5 智能系统与网络信息化技术的开发应用，以及未来结合 U2U 商业模式开展的市场运营，都将成为中国机床行业的领导者。在《中国制造 2025》的背景下，在国家加大高档数控机床技术创新和行业战略转型的大力推动下，该产品锚定了装配制造业格局调整的战略支点，突破关键核心技术，占领了新技术革命的战略高地，运用其自身的技术创新和智能化技术应用满足用户领域转型升级的重要支撑，必将成为《中国制造 2025》标志性产品。

① 产品分类。i5M8 系列智能多轴加工中心变化多端，可任意组合。它的基本框架布局为门式结构，通过不同的配置，针对不同的加工需求，衍生出不同系列机床，以多端变化，带来超强适应性，最大限度满足不同加工需求。i5M8 系列可配置 8 种不同的模块，构成 8 种三轴、四轴或五轴加工机床，不仅使机床生产制造高效快捷，客户也可灵活自行换装，以适应加工对象的变化，如图 3-75 所示。

M8.1 配置为三轴立式加工中心，如图 3-76 所示，与传统单柱立式铣床结构相比，具有更强的结构刚性，且由于 Y 轴采用双丝杠驱动，运行平稳，抗振能力强。工作台尺寸为 700mm×500mm，适合模具、3C 产品及汽车零部件的加工。

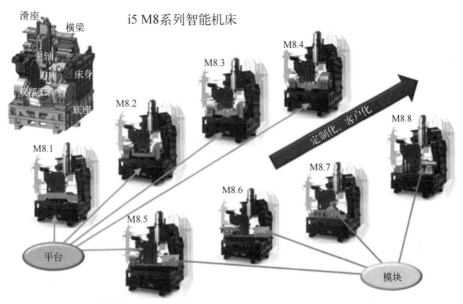

图 3-75　平台化、模块化和客户化的 i5M8 系列智能立式加工中心

图 3-76　M8.1 三轴立式加工中心

M8.2 配置为 3+1 轴立式加工中心，如图 3-77 所示，搭配 A 轴直驱电机转台，转台最大转

图 3-77　M8.2 3+1 轴立式加工中心

矩 1400N·m，重复定位精度±3″，适合用于液压阀体、泵体、汽车缸体的加工。

M8.3 配置为 3+2 轴、双摆摇篮式立式加工中心，如图 3-78 所示，可实现五轴五面体加工，A、C 轴皆为直驱电机驱动，转矩 1400N·m，重复定位精度±3″，工作台直径 φ400mm，适合用于汽车底盘、箱体及壳体的加工。

图 3-78　M8.3 3+2 轴立式加工中心

M8.4 配置为五轴联动、双摆摇篮立式加工中心，如图 3-79 所示，可实现复杂曲面及腔体的加工，双摆摇篮采用直驱技术，重复定位精度±3″。其中 A 轴为双电机驱动，最大转矩 2800N·m。其适合模具、医疗、航空、汽车零件的加工。

图 3-79　M8.4 五轴联动立式加工中心

M8.5 配置为四轴联动立式加工中心，如图 3-80 所示，搭配 A 轴转台和尾座，工件最大尺寸 φ300mm×500mm，适合叶片等复杂回转零件的加工。

M8.6 配置为卧式车铣复合加工中心，如图 3-81 所示，搭配车削主轴和尾、C 轴联动，可实现车削和铣削的集成加工，工件最大尺寸 φ200mm×500mm，适合各种轴类、盘类的车铣复合加工。

M8.7 配置为立式车铣复合加工中心，如图 3-82 所示，搭配垂直车削主轴，实现车削和铣削的集成加工，主轴转矩 540N·m，工件最大尺寸 φ320mm×200mm，适合各种盘类的车铣复合加工。

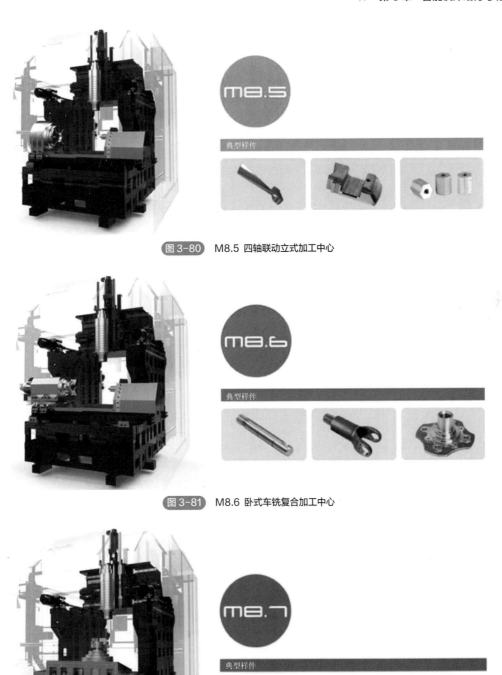

图 3-80　M8.5 四轴联动立式加工中心

图 3-81　M8.6 卧式车铣复合加工中心

图 3-82　M8.7 立式车铣复合加工中心

　　M8.8 配置为倒置车削加工中心，如图 3-83 所示，搭配倒置车削主轴和 3 个动力头实现铣削功能，适合小型及异型零件的复合加工。

② 结构特点。i5M8 智能五轴立式加工中心整机采用龙门动横梁式结构，统一的床身、立柱、横梁、主轴箱等铸件框架，采用高速直驱电主轴，直线轴采用电机直连，具有高速度、高加速度和高刚性的特点。A、C 轴转台采用先进的直驱力矩电机，具有很高的位置精度和动态性能。它不仅具有在单位时间内实现高速切削的能力，而且可使被加工零件获得高精度和低表面粗糙度[19]。

a. 外观设计。i5M8 整机结构极为紧凑，占地面积相对较小，可以最大限度地提高客户现场的土地使用率。同时前门配有大玻璃的安全门，可以方便操作者观察加工区域的状况。"一"字形前门拉手设计让客户开关防护门更为方便。前门打开之后操作者可以自由接近加工区域，方便操作者上、下料，符合人机工程学的设计。机床的气动、润滑、液压系统置于全封闭防护内，在相应位置都留有拉门及观察视窗。i5M8 产品的外观设计是工业设计领域的一个成功案例。

b. 动梁龙门结构。i5M8 整体结构优化排水和防水设计，X/Y/Z 三轴的拖动机构在加工区域上方，有效避免加工时切屑和切削液对丝杠、导轨的侵染。Y 轴为双电机驱动，响应速度更快，运动更平稳，加工精度更高。三轴拥有 600mm×680mm×450mm 的超大行程，空间更大，操作更灵活。

c. 高速铣削电主轴。i5M8 的铣削电主轴标配最高转速 12000r/min，最大功率 15kW，最大转矩 96N·m，配有 BT40 接口。该款主轴内置异步伺服定转子，采用油脂润滑，水冷却，锥孔径向跳动≤0.003mm，带有气密封、刀具冷却、主轴温度监控等功能，可长时间保持对客户零件的高精度加工。同时，也可根据客户的不同需求，选配 18000r/min、24000r/min 等不同转速电主轴。

d. A/C 轴摇篮转台。A/C 轴摇篮转台采用力矩电机作为动力源，搭载 YRT 轴承实现直接驱动，减少中间环节，提高动态响应速度及运动精度，如图 3-84 所示。A/C 轴最高转速可达 50r/min，A/C 轴转动范围±120°/nx360°。A/C 轴定位精度 10″，重复定位精度 6″，配备海德汉编码器。独有的多层密封设计，能有效提高摇篮转台的防水性能，支持 ϕ500mm 直径工作台，工件最大回转直径 ϕ600mm。通过研究两轴转台在运动过程中的特性，提出使用整体铸铝结构，从而减轻摆架重量，提高摆架重心，减小在摆动运动中产生的转动惯量，降低对力矩电机的负载要求，达到提高动态响应及摆动加速度的目的。摆架重量由 205kg 减轻为 75kg。轻量化设计之后，A 轴角加速度由铸铁摆架的 12rad/s² 提升到铸铝摆架的 18rad/s²。

e. 伞式伺服刀库。i5M8 配备平置式伞形刀库，可装载 20 把刀具（如图 3-85 所示），采用伺服电机驱动转位，采用主轴抓刀的方式进行换刀，换刀过程快速准确。还可选配 32 把链式刀库（如图 3-86 所示），满足客户更多的需求。

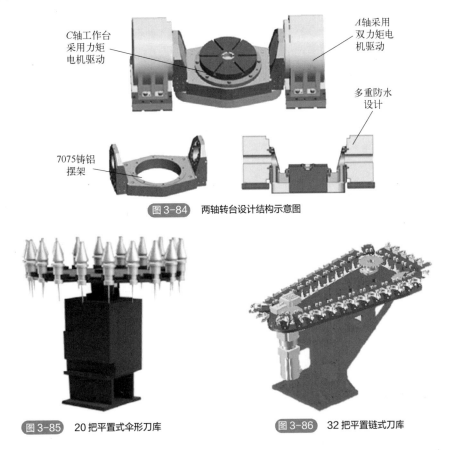

C轴工作台
采用力矩
电机驱动

A轴采用
双力矩电
机驱动

多重防水
设计

7075铸铝
摆架

图 3-84　两轴转台设计结构示意图

图 3-85　20 把平置式伞形刀库

图 3-86　32 把平置链式刀库

③ 产品亮点。

a. 可重构平台型设计。i5M8 智能五轴立式加工中心是一款可重构平台型智能机床。主体采用由床身、立柱、横梁、主轴箱等组成的统一的机械平台，外围单元如液压、气动、润滑等采用模块化设计。统一的机械平台通过搭配固定式工作台、单轴直驱转台、双轴直驱转台、铣车电主轴等不同功能模块，从而实现三轴、3+1 轴、3+2 轴、五轴联动，铣车复合，等具有不同功能的加工中心，可以高效地满足不同行业、不同类型客户的零件加工需求。机床的工作台模块可实现快速灵活的换装，短时间内实现机床功能的转换，i5 数控系统则通过软件模块选择就能轻松实现控制。由于具备多种切削能力，这种设计理念的机床可以帮助客户实现零件的定制化生产，应对市场的需求变化。

b. 核心功能部件国产化。i5M8 智能五轴立式加工中心的数控系统、电主轴、A/C 轴力矩电机、排屑器、水冷机等功能部件均采用国产品牌。通过功能部件的国产化，一方面实现了机床整体制造成本的下降，降低了终端用户的采购成本；另一方面随着 i5M8 的不断提升和进步，对这些关键零部件也提出了更高的要求，从而推动国产功能部件不断地提升设计和制造水平。

c. 铣车复合功能。结合市场需求，i5M8 研发了五轴联动加工中心的铣车复合功能。该功能通过数控系统、铣车复合电主轴、高速 C 轴之间的配合来实现，使机床可以在铣削模式与车削模式两种状态下自由切换。铣削模式状态下可以实现对零件的五轴联动、3+2 多轴铣削加工，车削模式状态下可以实现对工件的外圆、内孔、端面等进行立式车削、卧式车削以及 A 轴联动车削加工。从而进一步提升了 i5M8 产品集成加工的能力，尤其适合加工外形复杂、加工特征多样的零件，可以将零件的车削特征、铣削特征一次性加工完成。

3.8.4　i5 智能化编程

在 i5 智能机床的设计研发过程中，研发团队反复讨论可以帮助用户简化应用的方法，终于有了操作简单便捷的 i5 智能系统。i5 系统提供了多样化的编程支持功能：循环引导编程、特征编程功能、工艺支持功能等，可简化程序使编程更专业。编程完成后，模拟仿真和图形轨迹功能可提前预览加工轨迹，优化程序。

（1）循环引导编程

系统自带 CYCLE 程序循环，并提供人性化的图形引导页面。用户只需在系统提示下，输入相应的参数，便可生成钻孔、镗孔、推刀槽、螺纹加工等程序，无须手动编程，如图 3-87 所示。针对不同的行业应用背景，该系统提供定制化加工循环，满足用户的不同加工需求，实现高效便捷生产。

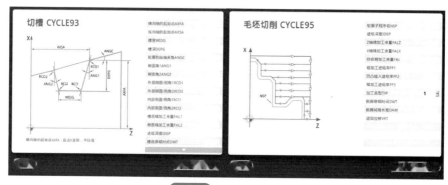

图 3-87　循环引导编程

循环引导编程包括标准化循环和定制化循环。标准化循环支持标准车削、铣削、钻孔、攻螺纹、镗孔循环；可以通过图形化引导编程页面实现快速编程和修改。定制化循环可根据特定的工艺要求定制开发，实现高效便捷生产，如车床的毛坯切削、切槽等。

（2）特征编程功能

特征编程是一个 i5 系统（车床）中自带的 CAM 系统，可以将带有自由特征零件的模型导入到系统中，通过引导用户设置相关参数生成符合 i5 标准的 NC 指令程序，直接从模型转换到程序，如图 3-88 所示。

（3）工艺支持功能

该功能可根据用户选择的加工工艺要求、工件材料大小、刀具材料等已知条件，给出工件加工过程中相对应的切削深度、进给速度、主轴转速等工艺参数，用户也可通过推荐值进行相关参数的设置及导出，只需简单的操作就可以获得专业的加工工艺参数，大大降低了系统对操作者的要求，如图 3-89 所示。

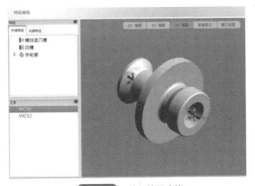

图 3-88　特征编程功能

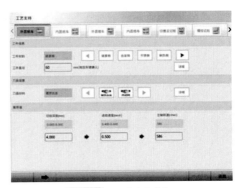

图 3-89　工艺支持功能

（4）模拟仿真与图形轨迹

模拟仿真用于程序编辑完成后,模拟程序运行(机床轴和主轴静止),以检测程序的正确性,为工件的加工轨迹优化提供参考,如图 3-90 所示。模拟仿真功能可以对走刀路径进行校验以及加工实时模拟,并可实现图像放大、缩小、旋转、剖视等功能,降低误操作及事故的发生。图形轨迹的显示与机床运动同步,实时显示机床的运动状态,协助操作人员查看不利于观察的加工,可预览轨迹。

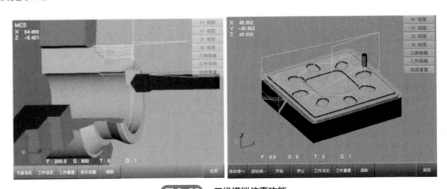

图 3-90　三维模拟仿真功能

i5 智能机床所特有的功能大都是根据用户的反馈设计而成,可谓是为用户量身打造的数控系统。科技让制造变得更加简单,简单的背后孕育着智慧的力量。

　习题

一、填空题

1. 根据数控机床的性能、档次的不同,数控机床产品可分为(　　　　)、(　　　　)、(　　　　)。

2. 智能机床是在新一代信息技术的基础上,应用新一代人工智能技术和先进制造技术深度融合的机床,它利用(　　　　)获取机床、加工、工况、环境有关的信息,通过(　　　　)生成知识,并能应用这些知识进行(　　　　),完成(　　　　),实现加工制造过程的优质、高效、安全、可靠和低耗的多目标优化运行。

3.（　　　　　　　）是一种将电能直接转换成直线运动机械能而不需要任何中间转换机构的传动装置。

二、判断题

1. 数控机床的伺服系统由测量部件和相应的测量电路组成，其作用是检测速度和位移，并将信息反馈给数控装置，构成闭环控制系统。（　　　）

2. 电主轴是高精密数控机床的核心功能部件，它将机床主轴与主轴电机融为一体，即电机定子装配在主轴套筒内，电机转子和主轴做成一体，从而把机床主传动链的长度缩短为零，实现了机床的"零传动"。（　　　）

3. 智能机床借助温度、加速度和位移等传感器监测机床工作状态和环境的变化，实时进行调节和控制，优化切削参数，抑制或消除振动，补偿热变形，充分发挥机床的潜力，它基本是一个基于模型的闭环制造系统。（　　　）

三、简答题

1. 简述智能主轴的特征有哪些？
2. 简述智能机床最显著的技术特征有哪些方面？
3. 简述智能机床的研发重点有哪些？

扫码获取答案

参考文献

[1] 裴旭明. 现代机床数控技术. 北京：机械工业出版社，2020.
[2] 刘强，丁德宇. 智能制造之路. 北京：机械工业出版社，2018.
[3] LIU Chao, XU Xun. Cyber-Physical Machine Tool-the Eraof Machine Tool4.0. Procedia CIRP, 2017, 63: 70.
[4] 刘强. 数控机床发展历程及未来趋势. 中国机械工程，2021, 32(07): 757.
[5] ABELEE, ALTINTASY, BRECHERC. Machine tool Spindle Units.CIRP Annals-Manufacturing Technology, 2010, 59(2): 781-802.
[6] 陈雪峰. 智能主轴状态监测诊断与振动控制研究进展. 机械工程学报，2018, 54(19): 58.
[7] 关晓勇. 智能化主轴单元. 制造技术与机床，2013, (07): 67.
[8] 吴子英. 数控机床进给伺服系统研究进展. 振动与冲击，2014, 33(08): 148.
[9] 邵泽明. 数控机床智能化技术. 航空制造技术，2015(05): 46.
[10] 麦健新. 智能制造与智能机床——传统产业转型升级的制高点. 广东科技，2017, 26(03): 41.
[11] CHEN Jihong, HU Pengcheng, ZHOU Huicheng, et al. Toward Intelligent Machine Tool. Engineering, 2019, 5(04): 679.
[12] 陈吉红. 走向智能机床. Engineering, 2019, 5(04): 2.
[13] CIMT2021 中国国际机床展览会线上展会. https://www. cmtba. show/CIMT2021/#/exhibitsPreheat? productId=2591&exhibitorId=7128.
[14] 张曙. 智能制造与 i5 智能机床. 机械制造与自动化，2017, 46(01): 1.
[15] 赵猛，姜海朋. i5 智能车床加工工艺与编程. 北京：机械工业出版社，2018.
[16] 刘洪强. i5T5 系列智能车床的研发和应用. 世界制造技术与装备市场，2019(03): 37.

第4章

机床智能数控系统

 本章思维导图

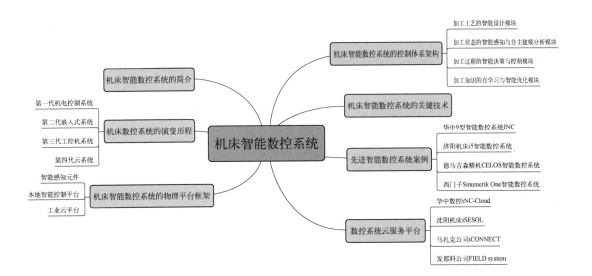

导　读

　　本章主要介绍机床智能数控系统的基础知识、技术演变发展、物理平台框架、控制体系架构、关键技术、先进案例，以及数控系统云服务平台典型案例。

学习目标

　　掌握：机床智能数控系统的物理平台框架组成、控制体系架构组成，以及关键技术应用。
　　了解：机床数控系统智能化的主要需求，机床智能数控系统的发展方向，机床数控系统的演变历程，机床先进智能数控系统典型案例，数控系统云服务平台典型案例。

　　机床智能数控系统作为智能机床的核心技术，在工业物联网、工业大数据、云计算、人工智能、数字孪生、工业互联网、工业元宇宙等新兴先进技术的赋能之下，使智能机床具有自感知、自适应、自诊断、自决策、自学习、自执行等能力，实现加工质量提升、工艺参数优化、设备健康保障和生产智能管理。机床智能数控系统已经从单纯的运动控制发展到参与生产管理和调度等方面，智能机床已经不仅是一台加工设备，而是智能工厂网络，甚至智慧城市中的一个节点。因此，机床智能数控系统是一个国家机床产业发展水平的重要标志，也是当今机床智能加工技术发展的主导趋势。研究与提高机床智能数控系统，对现代智能制造发展创新具有重要意义。

4.1　机床智能数控系统的简介

　　中国工程院周济院士提出了面向新一代智能制造的人-信息-物理系统（HCPS），如图4-1所示。信息系统增加了基于新一代人工智能技术的学习认知部分，不仅具有更加强大的感知、决策与控制的能力，更具有学习认知、产生知识的能力，即拥有真正意义上的"人工智能"；信息系统中的"知识库"是由人和信息系统自身的学习认知系统共同建立，它不仅包含人输入的各种知识，更重要的是包含着信息系统自身学习得到的知识，尤其是那些人类难以精确描述与处理的知识，"知识库"可以在使用过程中通过不断学习而不断积累、不断完善、不断优化。这样，人和信息系统的关系发生了根本性的变化，即从"授之以鱼"变成了"授之以渔"。
　　根据面向新一代智能制造系统的 HCPS 的三元模式，在生产实践中，数控机床是主体，数控系统是主导，人是主宰。从手动机床到数控机床再到智能机床，最大的变化就在于数控系统的作用不断增强。机床的智能化程度，主要取决于其主导者数控系统的智能化程度。智能机床需要配备相应的智能数控系统（intelligent NC，INC）。机床智能数控系统是高端装备制造业的发展核心，也是现代制造业创新发展的先决条件，机床智能数控系统的研发对提高国家制造业核心竞争力具有重要意义。

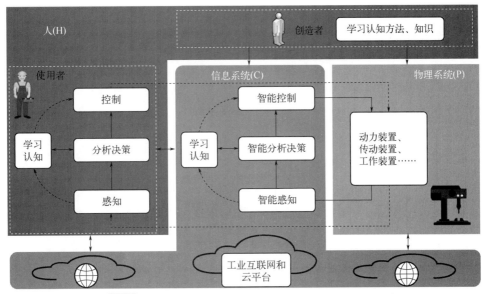

图 4-1 基于人-信息-物理系统（HCPS 2.0）的新一代智能制造

4.1.1 机床智能数控系统的内涵

智能数控系统作为智能机床的核心技术，负责自动采集加工过程反馈信息、建立理论模型，并通过自修正、自适应等加工控制技术，使得加工精度和效率稳定保持在一定的误差安全范围内。智能数控系统影响着机床的加工精度、执行效率、核心功能、稳定程度等多个关键技术指标，其性能直接决定机床整机的技术水平。因此，智能数控系统是一个国家机床产业发展水平的重要标志，也是当今机床智能加工技术发展的主导趋势。研究与提高智能数控系统，对现代智能制造发展创新具有重要意义。

4.1.2 机床数控系统智能化的主要需求

长期以来，数控加工智能化的研究主要是实时人工智能技术，如模糊控制、人工神经网络、自适应控制等，这些智能化的模块只在某个方面提高了数控系统的智能，而且对使用条件又有许多限制，所以在实际应用中很难充分发挥出效益。人们对智能机床的定义有不同的理解，就如同对智能的定义存在分歧一样。随着人类科学技术和认知水平的发展，人们对智能制造的内涵理解也不断变化，本节从机床智能化的需求特点进行分析，从以下 4 个方面讨论，如图 4-2 所示。

① 操作智能化。现阶段从傻瓜型的精简便捷的操作开始，人机界面简洁高效，如 DMG 集团的 CELOS。人机界面的自适应，能够自动适应操作者的水平和习惯，增加智能防呆功能及安全保护功能，如手动操作的防碰撞、快速辅助定位检测等智能化辅助工具。

② 加工智能化。通过采用智能化技术不但能提高加工质量和稳定性，而且还能够提高能效，降低制造成本。通过多传感器融合对现场加工状态的感知与识别，围绕误差补偿、自适应加工、颤振抑制、刀具状态监测、碰撞检测等方面展开。

③ 维护智能化。故障预测和健康管理（prognostics and health management，PHM）成为智能化在这一领域的主题，它是以工业互联网的视角，应用大数据进行赋能的典型应用领域。其目标：一是预先诊断部件或系统，评估其功能的状态，实现基于状态的维修（CBM，condition based maintenance）；二是健康管理，即根据诊断/预测信息、可用资源和使用需求对机床保持良好的工作状态做出适当决策的能力。

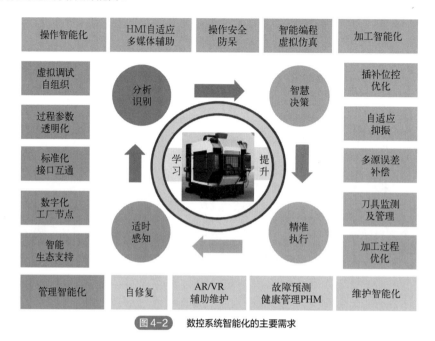

图4-2 数控系统智能化的主要需求

④ 管理智能化。智能机床不仅是一个加工设备，同时也是智能制造系统中的一个信息节点，基于云平台的机床制造资源自主决策技术、大数据驱动的机床制造知识发现与知识库构建技术、基于数字孪生的机床虚拟调试及优化仿真技术、智能工厂中机床信息交互与管理技术使机床成为支撑智能制造生态系统的关键设备。

4.1.3　机床智能数控系统的发展方向

智能制造已成为世界各国制造业发展的共同主题。随着新一代的智能技术革新，机床智能数控系统也发展到了新的阶段。作为战略性新兴产业的智能高档数控机床，在可以预计的未来将面临激烈的竞争，同时也面临着新的机遇和挑战。

① 机床智能数控系统的承载功能范围面临着新的机遇和挑战。如今的机床智能数控系统不再仅仅局限于承担加工职能，而是向兼容涵盖了设计、仿真、感知、分析、控制、维护、诊断等多功能一体化的方向发展。

② 机床智能数控系统的兼容性面临着新的机遇和挑战。随着机床智能数控系统开放性的逐步提升，以及机床数字孪生和接口协议的标准化，未来的机床智能系统将有能力与多种上下游协作软件、不同品牌的加工协作设备、外接部件等设备，进行多方面的无缝兼容及协作。

③ 机床智能数控系统的感知与分析能力面临着新的机遇和挑战。如今机床智能数控系统已被海量的数据所包围，如切削力、振动、声音、温度、位置、图像、能耗、几何信息、工艺参数、内部控制指令等多个方面的海量数据。随着系统的开放性增加，以往机床中的"黑匣子"数据也可以被提取分析。因此，如何高效地分析与利用这些数据，必然是未来发展的研究热点。

④ 机床智能数控系统的控制方式面临着新的机遇和挑战。机床的控制技术发展就是机器逐

步代替人的过程。人工智能技术的丰富及 AI 芯片技术的发展，使得用户控制难度正在逐步降低。未来将不仅由用户单独思考控制机床，而是用户与 AI 一起合作完成控制任务。

⑤ 机床智能数控系统中的应用程序正面临云服务升级挑战。如今机床的本体设备已经不再仅能搭载单一厂商的操作系统或应用程序。互联网技术的升级和云服务技术的完善，极大地改善了机床中应用程序的研发难度和推广环境。如何利用这些优势，提供低成本、高质量的应用程序，是今后机床应用程序服务中需要考量的重要因素。

⑥ 机床智能数控系统的技术研发面临着新的机遇和挑战。机床智能数控系统的技术类别繁多、覆盖面广泛，以往机床企业"单打独斗"的研发模式，已经难以跟上机床新技术的扩张速度。如何建立起机床系统的技术联盟，结合产、学、研等联合发展，解决现有的机床企业局面，建立良性发展循环，是未来机床技术研发中急需解决的关键难题。

4.2　机床数控系统的演变历程

数十年来，机床行业的发展从传统的机械控制系统，到数字化控制系统，再到自动化控制系统乃至智能化控制系统，经历了一系列的技术发展与革新。同时，随着制造业不断发展与技术革新，机床及控制系统得到了快速发展，众多先进的智能技术也被提出和广泛应用。机床数控系统技术发展演变应与机床技术的革新历程同步。因此，机床数控系统的技术发展同样可以划分为四个主要发展阶段，从机床数控系统的平台架构及智能技术发展的角度出发，将其归纳为机械控制架构、嵌入式架构、扩展式架构、云架构四个阶段，如图 4-3 所示。

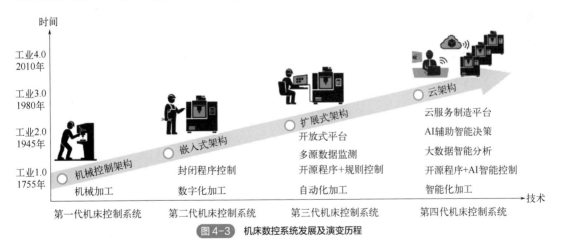

图 4-3　机床数控系统发展及演变历程

4.2.1　第一代机电控制系统

20 世纪以前（始于约 1775 年），机床采用机械结构的控制系统。机床加工过程中的感知、分析和决策依赖于工人的操作经验，产品质量不稳定，正面临被逐步淘汰的趋势。机电控制系统的主要特点是由机器代替人力加工，简化了生产与制造的流程。同时，手动机电控制信号的普及与规范化也为机床数控系统提供了前置技术基础，是典型的人与物理系统之间的交互操作。

4.2.2　第二代嵌入式系统

20世纪中期（始于约1945年），嵌入式架构作为机床系统的典型代表，是当时机床系统使用最广泛的一种架构形式。嵌入式系统核心由专用嵌入式芯片（如ARM、FPGA等）硬件控制，G代码作为机床控制语言规范开始普及，克服了当时机床控制对人工技术的依赖，具有较好的稳定性。但由于嵌入式系统的软硬件高度关联，机床系统开放性和灵活性不足，致使系统的开发周期长、固件更新换代慢，限制了其本身的持续开发潜力。目前国内的嵌入式机床数控系统技术成熟，控制精度、核心功能与国外嵌入式系统水平相当。嵌入式系统特别是在中小型及老品牌数控机床中应用较多，如早期型号的日本FANUC，德国Siemens、Heidenhain，法国NUM，西班牙FAGOR，国内华中数控、沈阳数控、广州数控、北京凯恩帝等数控系统。

4.2.3　第三代工控机系统

20世纪末期（始于约1980年），计算机技术的迅速提升，推动了机床系统扩展式架构的诞生。扩展式架构硬件基于工业计算机（IPC），机床控制器的全部功能均由计算机软件实现，通过统一的开发环境（Windows/Linux等），使装在工控机上的各种软件可以驱动机床的对应功能，如人机交互接口（HMI）、译码、插补、软PLC通信、数据信号采集、实时分析、运动控制等。扩展式系统架构的主要特点是将计算机操作系统作为研发基础，具有良好的兼容性和通用性，解决了制造业市场频繁变换的个性化控制需求与传统数控系统封闭式架构之间的矛盾冲突，也使人-信息-物理系统的进一步交互更加完善。

目前在第三代机床数控系统研发方面，国内数控系统技术与国外技术水平逐步接近。例如日本Mazak基于Windows8系统环境开发的MAZATROL Smooth数控系统，通信接口集成美国MTConnect通用互联通信协议。德国DMG MORI提出的CELOS系统，将机床环境和PC系统一体化集成，并且兼容PPS、ERP、CAD/CAM等软件协作控制。华中数控8型INC系统可以与微软的Windows系统融为一体，实现数控系统与PC系统的无缝衔接。沈阳i5OS数控系统将控制核心进行模块化封装并提供标准的开发API，同时支持Linux、Windows、Android、IOS等多平台的APP开发环境。

4.2.4　第四代云系统

21世纪初期（始于约2010年），基于云架构的机床数控系统是未来研究热点和机床厂家争夺焦点。机床云控制系统的主要特点是在硬件设备上集成了服务器群组，在软件架构上深度融合了以人工智能为代表的控制技术、工业物联网技术、云服务技术等。

2015年，德国斯图加特大学在云计算的基础上提出"全球本地化"云端数控系统，将传统数控系统的人机界面、数控核心和PLC都移至云端，本地仅保留机床的伺服驱动和安全控制，在云端增加通信模块、中间件和以太网接口，通过路由器与本地数控系统通信。

与传统的机床数控系统相比，云架构机床系统采用的服务器群组的集成方式使得神经网络等智能算法的训练和计算得到极大加强，云数据服务可以对大数据分析提供更好的信息支持，云上位控制编程处理灵活、开放性更彻底，同时支持手机、笔记本、工业计算机、虚拟现实等多种人机交互前端，是机床数控系统发展的重要方向。目前机床数控系统各发展阶段的主要特点如表 4-1 所示。

表 4-1 机床控制系统各阶段发展特点

机床系统	第二代	第三代	第四代
系统架构	嵌入式	扩展式	云架构
系统平台	嵌入式平台	PC 系统平台	PC 平台+云平台
核心设备	专用微处理器	工控机	工控机和服务器群
开发环境	嵌入式开发环境	PC 系统环境	PC 系统环境+云服务器环境
软件平台	嵌入式系统	PC 系统+专家系统+数据库+网络通信	PC 系统+数字孪生平台+大数据平台+人工智能平台+云端
CNC 软件	集成固件升级	APP+模块升级	APP+云推送
数据接口	专用芯片接口	板卡 PCI 等接口	工业以太网接口
外部信息共享	信息孤岛	本地+网络共享	本地+云端共享
支持共享的数据信息	G 代码、DNC、I/O 等少量控制信号	支持译码、通信、多源感知数据、加工过程监控、规则决策、健康监控等多个模块数据协作	在本地模块协作的基础上，支持云端、CAD\CAM、EMS、ERP、售后服务等全生命周期数据管理
数据来源	内部封闭数据	多源数据	大数据
其他设备的协作	设备级协作	车间级协作	企业级协作
网速需求	无	低速	高速
系统开放性	低	中	高

4.3 机床智能数控系统的物理平台框架

随着科学技术的发展，人们对机床智能数控系统的认识不断发展、逐步深化。从传统的单一控制器到如今的工控机和多服务器群组，从传统的单一目标控制，到如今庞大的集群综合管控，机床智能数控系统的体系架构也越来越复杂。当前迫切需要在总结过去机床数控系统发展历史、理论和技术研究成果的基础上，形成一个新的机床智能数控系统体系架构。

机床智能数控系统的物理平台是指机床智能数控系统在运行时的必要设备组件，除直接参与机床智能控制运算的工控机、服务器群组等必要设备外，同时也包含辅助机床智能数控系统的智能组件、智能传感器、云平台以及物联网等设备。机床智能数控系统的物理平台框架的合理性，直接影响到机床智能数控系统在运行时的稳定程度、核心功能、执行效率等关键技术指标。因此，物理平台在构建时的功能规划、框架划分的合理性、科学性以及正确性，是构建机床智能数控系统时需要考量的首要因素。文献[2]提出的机床智能数控系统的物理平台框架如图4-4 所示，该物理平台框架主要由智能感知元件、工业云平台、本地智能控制平台三个部分组成。

4.3.1 智能感知元件

机床智能数控系统依赖于感知元件所反馈的数据，来判断当前系统所处的加工状态。因此，大量的感知元件的引入是机床智能数控系统物理平台的组成特点之一，如表 4-2 所示。

表 4-2　机床智能数控系统的感知信息及感知元件

数据结构	类别	感知元件
结构化数据	力	旋转式测力仪、台式测力仪、转矩传感器、压力传感器、应变片、智能主轴、智能刀柄、智能刀具、智能丝杠
	振动	振动传感器、AE声发射、噪声传感器、智能刀柄、智能刀具
	位置	光栅尺、编码器、球杆仪、电涡流传感器、激光干涉仪、探针、智能主轴、智能刀柄、智能丝杠
	温度	热电偶式温度传感器、辐射式温度传感器、智能主轴、智能丝杠、智能刀具
	能耗	霍尔传感器、电流电压表、功率计、智能主轴
非结构化数据	视频图像	工业摄像头、CCD相机、热成像仪
	三维模型	激光扫描仪
半结构化数据	G代码、XML信息表、PLC逻辑图	专用物联网设备

随着科学技术的发展，机床智能数控系统的感知元件也发生了较大的变化和技术革新。目前机床智能数控系统智能感知元件主要有以下三类。

（1）设备端及附加测量元件

附加测量元件是指机床外部附加的可拆卸类传感器，如测力仪、声发射传感器、激光干涉仪等。该类智能感知元件的特点是与机床智能数控系统的弱相关性。附加测量元件一般具有较高的测试精度，可以根据系统的感知需求较为随意地增减，适合在实验、测试等中短期的感知需求中使用。

（2）智能组件

智能组件是在传统的机床组件基础上融入传感器，从而形成的新一代感知元件，如智能主轴、智能刀具等。该类智能感知元件结合了信息感知能力与机床传统组件的优点，由于可以较为直接地接触被测变量，敏感性一般较高，既适合在高档机床的生产加工中长期使用，也可以进行适当的拆卸更换。

（3）传统执行类组件

传统执行类组件是指在机床智能数控系统中执行控制命令的一类组件，例如进给伺服电机等。通过结合开放式架构的机床智能数控系统，可以截获并反馈系统中的控制命令。因此，该类智能感知元件既可以是执行机构，也可以当成感知元件使用。该类智能感知元件仅需要机床智能数控系统的软件支持，成本较低，但由于不是专业设计用于信息反馈的元件，测量精度往往较低，仅适合精度需求较低且长期使用的工况。

4.3.2　本地智能控制平台

本地智能控制平台的设备多以工业计算机为主，是机床智能数控系统中的控制主体。由于本地智能控制平台硬件在机床控制命令传输中的优越性，也有部分学者将本地控制平台与物联

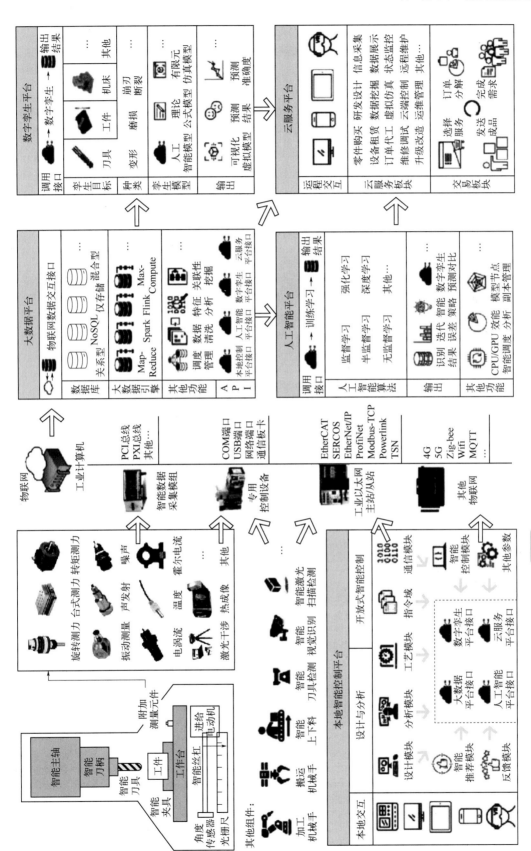

图 4-4　机床智能数控系统的物理平台框架

网设备融合，即使用本地工业计算机先与数据采集设备统一链接，然后再通过工业计算机将数据上传到大数据平台的方法来取代物联网设备。

4.3.3 工业云平台

目前学术研究中工业云平台的概念尚未明确统一，本书中的工业云平台是指集成了大数据平台、数字孪生平台、人工智能平台、云服务平台以及物联网平台等多个平台的工业生态环境。工业云平台是机床智能数控系统物理平台的重要组成部分，也是机床智能数控系统与传统数控系统在物理平台方面的重要区别。

其中物联网平台，负责将机床智能数控系统中的感知数据以及其他系统信息，采集并上传到云端大数据平台中。物联网平台是机床智能数控系统与工业云平台链接的重要组成环节，因此，对于物联网平台的兼容性具有较高的要求。根据对传输数据的速度以及实时性的不同要求，物联网应适配多数的工业通信协议，如 EtherCAT、5G、MQTT 等。

大数据平台负责机床智能数控系统中的数据储存环节。在普通的存储设备中，当数据量达到 TB 以上级别时，数据的查询及调取往往花费较长时间。而大数据平台通过将数据存储在专用结构的数据库中，同时结合大数据引擎的使用，可以大幅度缩短所需数据的查询及调取时间。

人工智能平台与数字孪生平台负责机床智能数控系统中的强化计算与分析环节。其特点是可以自由、弹性化地调用所需资源，如算力资源、数据资源、模型及算法资源等。

云服务平台负责机床智能数控系统中的业务环节。云服务平台的建立，将传统机床中的技术价值向电子商务化转变，极大地加强了技术价值的流通，同时，也使得机床智能数控系统的服务范围快速扩张。

目前，已有许多企业开展工业云平台生态环境的探索研究。在物联网方面，FANUC 公司提出的 MT-LINKi 设备可以对该公司的 CNC 机床、机器人控制器、支持 OPC-UA 通信的 PLC，以及支持 MTConnect 通信的机床等设备进行信息采集。沈阳机床厂提出的 ISESOLBOX 支持 FANUC、SIEMENS、i5 等数控系统的物联网连接。在大数据及人工智能方面，国内已有较成熟的通用平台，如阿里云、百度云、浪潮云等。在数字孪生方面，国内多数企业仅提供虚拟建模支持，复杂的孪生预测模型涉及较少。在云服务平台方面，沈阳机床厂提出的 iSESOL 平台中机床厂云服务功能较为丰富。

4.4 机床智能数控系统的控制体系架构

控制体系架构是指机床数控系统在软件方面各组成模块的控制关系及层级结构。对控制体系架构理论内涵的进一步理解，可以从以下两方面分析。

首先，从控制体系的层级结构角度分析，机床智能数控系统的体系架构基于 HCPS 的理论体系和层级框架，可以划分为数据感知层、建模分析层、智能决策层、控制执行层四个主要层级。

其次，从机床加工流程的角度分析，机床智能数控系统贯穿于机床零件制造的全部控制流程。根据被加工零件生产的流程顺序，机床智能数控系统可以划分为加工工艺的智能设计模块、加工状态的智能感知与自主建模分析模块、加工过程的智能控制模块、加工后大数据的自学习与优化模块四个主要机床数控系统模块。

结合上述两方面的分析,梳理机床智能数控系统的具体感知信息、模型分析、决策控制、内部指令等环节流程,最终可以从软件控制体系方面,得到机床智能数控系统的控制体系架构,如图4-5所示。

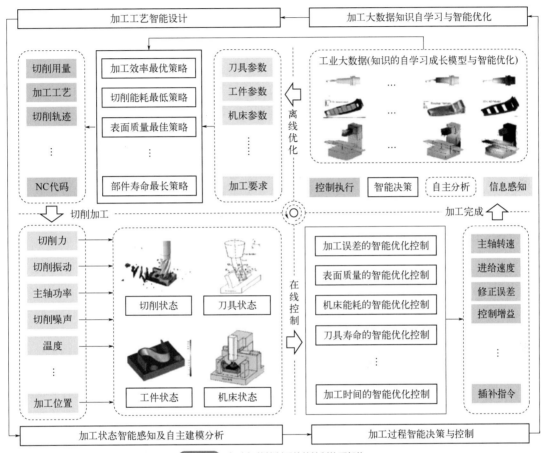

图4-5 机床智能控制系统的控制体系架构

4.4.1 加工工艺的智能设计模块

加工工艺的智能规划,是指零件在加工前进行的一系列复杂工艺任务流程,包括零件要求分析、工艺方法选择、加工特征排序、加工轨迹规划、加工指令仿真以及 NC 程序智能编制等多范围、多领域的任务知识。传统的工艺流程由设计人员、工艺人员、调度人员、生产人员等多人协作完成,员工依赖于自身的经验和知识对刀具、加工轨迹、切削用量等参数进行人工拟定。而当前机床智能系统正在从单一的加工设备逐渐转变为包含设计、仿真、工艺、生产加工及售后服务等一体化的集合体。加工工艺的智能规划是机床智能系统将一个零件从设计模型转化为加工成品时,需要进行的首要步骤,也是连接设计人员与制造产品之间的重要桥梁。

智能工艺规划与传统工艺规划的区别主要在于:传统工艺规划是主要针对单一、大批量零件的生产与加工,各步骤间的设计与优化是静态的,即工程师按照工艺路线的先后顺序,依次进行单步骤最优设计与方案优化,不多考虑在设计时的多自由度、优化时的多目标、生产规划时的多资源、机械加工时的多约束等特性间的动态联系及相互影响；智能工艺规划系统则是针对多类别、个性化零件的订制化生产与加工，系统间的各步骤是相互动态关联的，即设计、仿真、工艺三者之间同步进行，设计模型的变化效果可以直接反映在工艺模型规划的结果中，考虑的是综合的最优结果。因此，智能工艺规划的优势在于快速、动态适应性好。

另一方面，随着人工智能（AI）、大数据、云端技术的成熟发展与广泛运用，智能工艺规划技术得到了新的跃进，系统在对工艺参数的智能推荐上有较大的技术提升。与传统工艺规划系统的"输入参数+自动生成工艺"模式相比，智能工艺规划系统在原有工艺的基础上，逐步引入"推荐参数+智能修正工艺"的新工艺构造模式。例如，在薄壁件加工过程中，传统工艺规划需要工艺人员根据加工需求和自身经验，定制切宽、切深等具体工艺参数，然后使用软件自动生成刀具轨迹进行加工；但边缘计算数控系统使用智能工艺规划功能，可以根据加工需求，自主询问工艺人员的加工偏好，并且智能推荐符合需求指标的加工工艺参数，而且在生成刀具轨迹过程中，以前期积累的加工知识或者仿真结果等，智能修正输出的刀具轨迹，使得薄壁件在加工中产生的弯曲、让刀等质量精度误差，可以通过智能工艺规划得到预先的修正和补偿。

基本架构模式的改变，使工艺人员的设计规划不再局限于工艺规则的重复运用。智能工艺规划模块将代替人进行大量的模拟思考与推理演算，从而使工程师从大量的基础工作中解放出来，使其更侧重于知识规则的深度挖掘。智能工艺系统极大地提升了人员的工作效率。

4.4.2　加工状态的智能感知与自主建模分析模块

加工状态的智能感知与自主建模分析，是指机床通过对多个加工反馈信息的融合与综合分析，对机床在加工时的切削状态、工件状态、刀具状态、机床状态等加工状态做出准确的实时定量化描述，最终实现对机床当前加工过程的精确智能感知与智能分析，是机床数控系统边缘计算化控制的重要前提与保障。

目前机床监测传感器的主要类型有：切削力传感器、振动传感器、温度传感器、光栅位置传感器、激光传感器、图像传感器、AE声发射传感器、能耗（功率、电流）传感器等。现有机床采用的单一传感器由于受自身品质、性能、噪声等干扰，反馈的数据多是局部、片面的有限信息。单传感器信息量的准确程度、特征的有效覆盖程度均已经不能满足当前数控系统的要求。因此，边缘计算数控系统若要达到精确控制机床加工过程的目的，采用多数据感知融合技术对大量不同来源的信息进行综合评估分析是十分必要的。但是，机床中的众多传感器之间往往相互独立，这使得机床得到的反馈数据来源、时间频率、实时可靠性等各不相同，需要针对各种反馈信息进行有效融合、提高数据容错能力与实时可信度、减少有效信息的获取时间与代价、增加关联数据的矢量维度等方面进行深入研究。

4.4.3　加工过程的智能决策与控制模块

加工过程的智能决策与控制是评价机床加工精度、智能控制优劣的重要指标。在传统机床切削加工过程中，由于加工环境的复杂性与切削干扰的随机性，机床的理论预测模型对于随机工况的发生，不能完全精确地预测评估。因此为了达到更高的生产精度，传统的机床加工过程中往往采取保守的工艺参数。这种切削加工方式，不仅限制了机床原有的加工性能，也阻碍了机床加工潜力的进一步提升。

加工过程的智能决策与控制，就是针对上述问题，实时调节加工过程中的工艺参数，以达到更佳加工质量的一种智能优化技术，即对机床不能准确预估的部分，通过监测手段实时修正外部干扰，使其具有智能适应控制的能力。因此，加工过程的智能决策与控制可以优化加工程序，以最短时间达到最佳的加工质量，从而提高加工效率，降低重复工作，降低劳动强度等。

4.4.4　加工知识的自学习与智能优化模块

传统的机床数控系统，由于数据的采集、储存和共享等方面的诸多因素限制，所产生的数据信息在经过使用后并未保存，数据中所蕴含的知识价值未被充分利用。针对上述问题，研究机床加工知识的自主学习与智能优化技术十分必要。

加工知识是指机床在加工过程中输入与响应的规律。模型及模型内的参数是知识的载体，知识的生成就是建立模型并确定模型中参数的过程。加工知识的自主学习与智能优化就是机床在运行过程中，通过自主学习机床在全制造生命周期过程中，存在的工艺过程知识、加工状态知识、智能优化控制知识等流程所产生的大量的工业数据知识，通过理论模型、仿真分析、人工智能等手段，对其中的知识模型或知识参数进行智能分析和迭代优化的过程。其最终使得机床在下一次的加工中，可以智能推荐更佳的加工知识，以达到更好的加工质量等目的。加工知识的自学习与智能优化，极大地丰富了传统机床中的知识数据范围。

4.5　机床智能数控系统的关键技术

4.5.1　人工智能技术

人工智能技术是人与信息系统的深度融合，更是机床智能系统的"控制核心"。在机床智能系统中，人工智能技术体现在智能决策的自主性，如加工工艺的智能推理制订，加工信息的自主建模与智能分析，加工过程的智能决策、智能控制，加工之后工业大数据累积知识的自成长学习、智能迭代优化等多个方面。

人工智能技术在机床智能系统中的应用贯穿于整个切削加工过程，包括加工前、加工中、加工后三个部分。人工智能技术具有代替人工进行感知、分析、推理、决策的优势，可以大幅度提高机床数控系统的智能水平。

（1）加工前工艺的智能决策

加工前工艺的智能决策是指零件在加工前进行的一系列复杂工艺任务流程，包括零件要求分析、工艺方法选择、加工特征排序、加工轨迹规划、加工过程仿真以及 NC 程序智能编制等多范围、多领域的任务知识。

（2）加工过程的在线监测、优化与控制

通过在线监测模块对加工过程状态信号进行监测与特征提取，可以"感知"机床、刀具、工件的具体工作情况，对加工状态进行判断。通过优化决策模块对加工过程进行优化，主要内

容为采用智能算法，对预先获得的仿真数据、系统理论模型数据、实际加工数据进行对比分析与优化，对加工中的目标参数进行单目标或多目标优化。通过实时控制模块实现对加工参数等的在线调整，在加工过程中通过调节切削参数（转速、切深、进给）、刀具位置姿态、刀具刚度、刀具角度、机床夹具补偿位置等实现切削过程的智能调整，从而使加工过程始终处于较为理想的优化状态。

（3）加工后大数据知识的智能自学习

大数据知识是指机床智能系统在运行过程中，围绕全制造生命周期，包含工艺过程、加工状态感知过程、智能控制优化过程等流程所产生的海量的工业大数据知识。机床系统产生的工业大数据知识除具有一般大数据的特征外，还具有时序性、强关联性、准确性以及闭环性等特征。

传统的机床数控系统，由于数据的采集、储存和共享等方面的诸多因素限制，所产生的数据信息在经过使用后并未保存，数据中所蕴含的知识价值未被充分利用。随着大数据和云端技术的成熟发展与广泛运用，机床智能数控系统中的数据经过采集、预处理、清洗和关联整合等步骤后可以上传到云端数据中心，形成基于工业大数据的知识库。加工大数据知识（库）的丰富完善，极大地拓展了传统工业数据范围，同时也进一步促进了人工智能技术在机床智能控制系统中的深度发展应用。

① 机床大数据知识的智能关联建模。机床大数据知识的应用，首要步骤是建立特定的大数据知识集。其中包括对采集数据建立相关联的知识标签，形成大数据集的智能知识关联模型。带标签的大数据知识对于人工智能技术极为重要，是众多识别、分析、训练等算法的关键基础。

② 机床大数据知识的智能分析。机床大数据知识的分析与研究，其本质就是从复杂的机床数据中发现新的关联模式与知识，通过关联分析、聚类分析、融合分析等不同的智能分析方法，对大数据知识进行规律寻找及规律表示，挖掘获得有利用价值信息的过程。利用不同的机床大数据知识集组合，可以对机床的多个方面状态进行智能分析与优化应用。

③ 机床大数据知识的自学习成长。机床大数据知识与人工智能技术深度结合，不仅可以保存并且复用已有的大数据知识，而且通过对神经网络等算法的数据模型不断积累和训练，能使机床的知识模型得以智能优化和自学习成长。

目前，机床大数据知识的智能自学习成长，已经在机床的工艺大数据模型、加工状态监控大数据模型、参数优化大数据模型、故障诊断大数据模型等许多方面得到广泛应用，并产生关键性影响。以机床工艺方面的大数据模型为例，知识模型的自学习成长，使得工艺规划的基本架构模式发生重要变化。工艺人员的设计规划不再局限于重复的思考、重组和运用工艺规则。以人工智能技术和大数据技术为核心的知识自学习成长模型，将代替人的经验进行大量的知识重用模拟与数据的推理演算，从而使工程师从大量的基础工作中解放出来，极大地提升了设计人员的工作效率。

机床的大数据知识模型研究至今，都存在一个普遍的矛盾：机床的知识模型既要有高度的兼容性，又要有针对的精确性。而机床大数据知识的自学习成长可以很好地解决这一矛盾。泛用性强但不精确的大数据知识模型，可以通过不断地自学习成长，变得越来越精确。同时，这是优势也是弊端，如何保证机床的大数据知识模型在复杂的加工环境中稳定、健康地成长，是未来研究中急需解决的问题。

4.5.2　数字孪生技术

数字孪生技术是信息与物理系统的深度融合，也是连接机床与传感器、工艺系统、加工协作信息、大数据知识库等重要信息的"交通枢纽"。近年来数字孪生技术也出现与人工智能技术和云技术结合的发展趋势。有文献将数字孪生中异构数据获取和集成管理，及数据的同步标签分析方法等方面，与人工智能技术交叉融合，形成智能孪生。也有文献将数字孪生与云服务技术结合，利用云数据上的优势形成基于云的数字孪生。

在机械加工中，由于机床切削过程的复杂特性，智能系统需要分析和评估当前切削、刀具、工件、机床等多个状态的实时变化，结合数据监测手段，形成机床智能系统的数字孪生模型，对理论存在的偏差进行感知与修正。

（1）刀具状态的数字孪生

刀具状态是指机床在切削加工过程中，刀具可能发生的磨损、崩刃、断裂、变形等不同的状态。目前已有很多学者对刀具状态的监测进行了深入的研究，通过切削过程的切削力、振动、声发射、切削温度、主轴功率或电流、表面粗糙度、2D 图像、3D 点云数据等信息，都可以实现刀具状态的感知及数字孪生。

刀具的磨损在加工过程中是不可避免的，因此在刀具状态的数字孪生中，针对刀具磨损状态的数字孪生应用最为广泛。刀具磨损会导致刀具的性能质量随时间一直发生退化，对机床的控制系统产生切削力增大、切削温度升高、加工振动增大及工件质量下降等负面影响。

（2）工件状态的数字孪生

工件状态的数字孪生是指在机床加工过程中，对工件的几何精度、表面形貌、粗糙度、残余应力、加工硬化等不同状态，进行分析判断和数字孪生建模。

（3）机床状态的数字孪生

机床的状态包括机床的加工误差、模态、刚度等机床性能状态，以及可能发生各种故障的异常状态。机床状态的数字孪生是指对上述对加工产生影响的各种机床状态进行自主的建模分析，从而为机床智能数控系统的进一步控制和改进提供依据。机床的加工误差是影响加工精度的主要因素，加工误差涵盖几何误差、热误差、动态误差等多种因素。

（4）切削状态的数字孪生

切削状态包括空切、稳定切削、不稳定切削和其他异常状态等。通过对切削状态的数字孪生建模分析，可以提高机床智能系统的感知能力和稳定性。稳定切削状态的数字孪生，是指对稳定加工过程中的切削力、振动、温度、能耗、噪声等多种状态指标进行的建模分析。不稳定切削状态主要是指对切削过程中发生的颤振等不稳定状态进行建模分析。其他异常状态的数字孪生是指为保证机床在连续加工过程中的工件质量，针对连续加工过程中可能发生的断刀、严重磨损、主轴失效等其他异常状态进行建模分析。

Mazak 的数字孪生技术能够完全虚拟复制加工现场的机床设备，并实现真实设备和虚拟设备之间的数据同步。通过数字孪生技术，可以对加工对象进行远程虚拟编程和虚拟仿真，编写和优化加工程序，保障设备的安全，提高加工质量。Mazak 的数字孪生技术当前仅支持搭载了其新一代数控系统 MAZATROL Smooth Ai 的机床设备。

西门子公司首次在中国展出的数字化原生数控系统 Sinumerik ONE，能够与软件协同工作，在一个工程系统中创造出机床控制器及相关的数字孪生。借助于数字孪生，机床制造商可以虚拟地规划整个开发过程、调试机床，从而缩短新设备的开发及上市时间。机床的虚拟模型使制造商和操作人员在没有实际机床时就可以对机床的概念和功能进行讨论。Sinumerik ONE 能够对加工进行模拟仿真，机床用户可以在电脑上模拟工件的编程以及对机床进行设置和操作。员工培训也可以通过数字孪生实现，而无须在真实机床上进行。Sinumerik ONE 还将信息安全集成至数控系统，实现纵深防御的工业安全理念。

4.5.3 云服务技术

云服务技术是人与物理系统的深度融合，也是支持机床智能系统工作的"基础平台"。云服务使本地物理系统、本地作业建立网络对外接口，向服务化转变，如人机交互平台服务化、控制软件服务化、加工流程服务化、数据孪生服务化等，是制造业与服务业融合的新形态。

随着制造业由粗放型向精益型转变，客户需求导向开始贯穿整个生产流程，实体价值和服务价值同等重要。生产者不再仅仅满足于销售机床本身，而是更注重于机床的全生命周期服务，如数据分析、生产培训、订单管理、机床维护升级等。同时，消费者也不仅满足于购买机床产品，而是更关注于机床及其独有的加工技术与服务为其带来的直接效益。而云服务技术就是负责机床智能数控系统的业务环节，是机床智能数控系统的对外网络窗口。云服务通过连接入工厂、企业等服务网络，可以极大地拓展机床智能数控系统的业务服务范围。

（1）云端智能设计服务

工艺技术一直是各生产加工行业的关注热点。每年生产企业都需要招收大量人员以满足加工设计需求。但这些工艺技术却很少以价值的形式流通，最终形成技术孤岛。将工艺设计作为一种云服务资源进行推广，可以加速工艺技术的流通和完善。利用云端平台提供低成本、高质量的智能设计服务，具有较高的可行性和较好的发展潜力。

基于云知识的工艺设计服务，需要服务供应商前期投入大量的研发资金，用于实验不同工艺参数对加工工件的质量影响。因此，多数工艺服务供应商不愿意在云端公布或分享核心工艺知识。针对此问题，李迎光等研究了云端设计服务中工艺知识的封装方法以及复杂自由曲面工艺的云端智能设计服务方法，如图 4-6 所示。通过标准化的加工任务描述策略，将加工服务封装在每个服务提供商中，并提出一种新的云制造服务框架以及工艺知识封装方法。该框架在云端仅将服务供应商的可执行功能信息提供给客户，因此可以避免云服务供应商的核心工艺知识泄露，同时基于表面动态加工特征（SDMF）的概念，提出复杂自由曲面加工的云端智能工艺设计方法。该方法基于 SDMF-FB 的事件驱动机制，可以使加工服务自适应响应加工资源的变化，从而获取加工表面的最佳加工工艺。

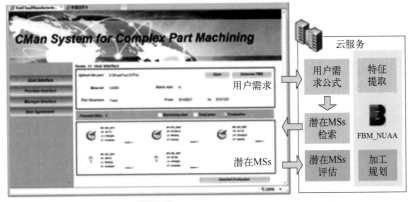

图4-6　云端智能工艺设计服务

（2）云端智能数据服务

云端智能数据服务包括对机床的加工数据采集、存储、分析、优化及共享等数据方面的智能云服务。徐旬等通过定义机床数据的对象、变量、方法和从属关系，建立了符合 OPC-UA 标准的机床泛用数据模型，并使用 MTConnect 协议，提高了数据采集的应用兼容性。WANG 等[9]建立了较为全面的切削数据云平台系统。该平台借助多传感器和分布式存储技术，搭建了数据采集层和数据存储层，通过数学建模和数据挖掘算法建立了信息的分析与处理层，最后通过云服务器提供智能的知识查询、推理和优化，建立智能操作服务层。其建立的切削数据云平台系统，可在云系统中实现对切削数据的多源采集、快速访问和存储、智能建模与分析、高效挖掘与智能优化等功能，弥补和完善了当前云端智能切削数据库系统的平台架构，是较为综合有效的切削大数据云智能服务方法。

（3）云端智能控制与运算服务

机床厂商和客户期望机床的控制系统具有良好的知识计算能力和远程控制能力，易于维护，具有良好的兼容性以及可扩展性。当前的数控系统由于硬件的限制难以达到上述要求，但云端智能控制与运算服务可以很好地解决这些问题。云端智能控制与运算服务不仅可以增强单机系统的控制与运算能力，还可以对车间生产线中的多个设备在云端进行集群在线控制。

（4）云端智能维护服务

云端智能维护服务是保证机床及生产线长时间、稳定运行的基础，对降低机床异常故障、提高加工质量的稳定性等具有重要意义。目前云端维护服务包括机床的状态监测、产品良率分析、故障警报、远程诊断等技术支持，但在机床性能退化诊断、机床潜在故障预测等方面仍具有进一步发展空间。

近年来，云服务的发展方向可以归纳为以下几个方面：基于制造的云服务、基于产品的云服务、基于过程的云服务、面向市场的云服务等。机床现有的云服务应用包括：生产订单交易、设备租赁、机床状态采集、大数据展示、加工任务管理、生产效能统计、故障警报分析，以及远程技术诊断等方面的云服务。但在产品的全生命周期跟踪管理、加工工艺的创新与优化、加工知识的智能分析与推荐、加工过程的直接远程控制，以及生产价值的互联互通等方面云服务的应用较少，仍具有较大的提升空间。

4.6 先进智能数控系统案例

4.6.1 华中 9 型智能数控系统

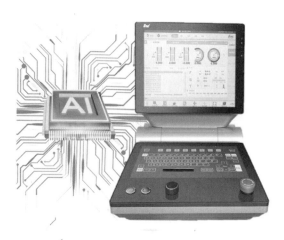

2021 年在第十七届中国国际机床展（CIMT）上，华中数控的"华中 9 型智能数控系统"产品正式发布，如图 4-7 所示。展会期间，江西佳时特精密机械有限公司、宝鸡机床集团有限公司、秦川机床工具集团有限公司、陕西秦川格兰德机床有限公司、沈阳精锐数控机床有限公司、陕西汉江机床有限公司、沈阳百航智能制造研究院有限公司、湖大海捷（湖南）工程技术研究有限公司、山东蒂德精密机床有限公司、武汉高科机械设备制造有限公司等多家机床企业展出了搭载华中 9 型新一代人工智能数控系统的智能机床，成为展会上一道靓丽的风景。

图 4-7　华中 9 型 INC

华中 9 型新一代智能数控系统是华中数控在华中 8 型高档数控系统基础上，将新一代人工智能技术与先进制造技术深度融合的新产品。其具备"指令域示波器""双码联控""热误差补偿""工艺优化""健康保障"等多项原创性的智能化单元技术，是世界上首个搭载 AI 芯片的智能数控系统（intelligent numerical controller,INC），实现了中国数控系统技术从"跟跑"到"领跑"的"换道超车"，获评"2019 中国智能制造十大科技进展"。

（1）研发背景

2012 年，由华中数控自主研发的华中 8 型数控系统正式发布。围绕"华中 8 型"的研制，华中数控成功攻克了多轴联动、高速高精、现场总线、开放式平台、基于指令域大数据的智能化等关键核心技术，全面缩小与国外的差距，实现了我国数控系统从"模拟式、脉冲式"，向"总线式、全数字"的高档数控系统的跨越式发展。华中 8 型高档数控系统已经被批量应用在航空航天、汽车、发电装备等制造领域，已与 10 多类、1000 多台高速、精密、五轴联动、车铣复合高档数控机床实现了配套。

2018 年，华中数控在全球率先将人工智能芯片植入数控系统，中国新一代智能数控系统华中 9 型在武汉造出样机，开启中国数控系统"开道超车"的新征程。2021 年，华中 9 型数控系统已进入批量市场推广阶段。在华中 9 型数控系统技术平台上，华中数控与秦川机床集团等机床企业一起联合研发，研制了智能精密加工中心、智能五轴加工中心、智能高速轮毂加工中心、智能车削中心、智能凸轮轴磨床、智能螺杆磨床、智能滚齿机等多种类型智能机床，推动机床智能化转型升级，为数控机床产业带来新的变革和发展机遇，推动数控机床"提质增效，由丝入微"。

（2）华中9型INC体系架构

新一代智能数控系统"华中9型INC"，践行"智能+"为机床赋能的创新理念，构筑人（H）-机（P）-信息（C）融合的数字孪生系统（S），即HCPS。同时，华中9型INC深度融合大数据与人工智能技术，打造"端-边-云"的智能体系架构，形成三个平台：集成AI芯片的智能硬件平台、支持AI算法的智能软件平台和构建智能APP生态的开放平台，实现"1-3"的体系创新。同时，华中9型INC遵循"自主感知-自主学习-自主决策-自主执行"的新模式，构建机床数字孪生，探索机床实现智能的新方法。

华中9型INC的设计方案和平台架构如图4-8所示。在华中9型INC中，数控装置、伺服驱动、电机和其他辅助装置组成Local NC，它是数控机床的本地部分，完成数控机床的实时控制。除能实现传统数控系统的全部功能之外，INC还要具备智能化所需的最基本的感知能力，能实现控制过程中的指令数据、响应数据以及必要的外部传感器数据（如温度、振动、视频信号等）的实时采集和传输。INC通过NCUC2.0总线实现伺服驱动、智能模块、外部传感器等多源数据的感知，利用NC-Link实现与数控机床、工业机器人、AGV小车、智能模块等设备的连接，获得大数据并存储于INC-Cloud云平台。

图4-8 INC体系构架

在 INC 中，建立物理机床响应模型构成数字孪生，由此实现智能化功能是其主要特征。在 INC 的体系架构中，我们建立物理机床和数控系统所对应的数字孪生模型 Cyber MT 和 Cyber NC，它们可以在虚拟空间模拟真实世界的 Physical MT 和 Local NC 的运行原理和响应规律。作为 Physical 与 Cyber 的结合，INC 不仅包括传统的 NC 物理实体，也包括 Cyber NC 和 Cyber MT，它们是 INC 实现智能的关键。

（3）华中 9 型 INC 主要技术特点

① 首次在数控系统中集成了 AI 芯片，如图 4-9 所示，具备人工智能所需要的算力，实现毫秒级实时预测与推理。

AI芯片

图 4-9　华中 9 型智能数控系统集成 AI 芯片示意图

② 华中 9 型智能数控系统软件平台支持人工智能算法，如图 4-10 所示。

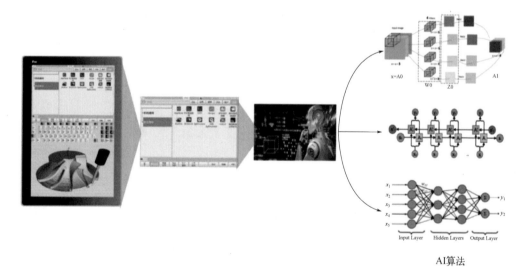

AI算法

图 4-10　华中 9 型智能数控系统软件平台支持人工智能算法示意图

③ 华中 9 型智能数控系统软件平台还开放了数控系统独有的指令域大数据，如图4-11 所示。

④ 华中 9 型智能数控系统是一个开放的平台，如图 4-12 所示。开发者利用这些智能化所需要的资源开发适合特定机床应用的 APP 部署在华中 9 型上实现质量提升、工艺优化、健康保障、生产管理。

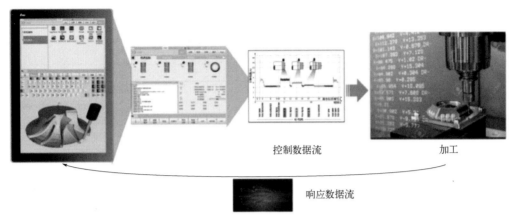

控制数据流　　　　加工

响应数据流

图 4-11　华中 9 型智能数控系统指令域大数据示意图

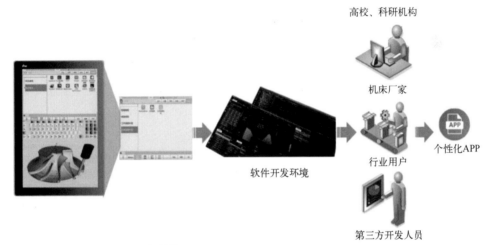

高校、科研机构

机床厂家

个性化APP

软件开发环境

行业用户

第三方开发人员

图 4-12　华中 9 型智能数控系统开放平台示意图

（4）应用新一代人工智能技术的智能应用 APP

华中 9 型智能数控系统目前已拥有 30 余款 APP，提供工艺优化、质量提升、健康保障和生产管理 4 大典型应用，助力智能机床更精、更快、更智能，如图 4-13 所示。

（5）华中 9 型 iNC 智能化功能

华中 9 型新一代人工智能数控系统集成 AI 芯片，融合 AI 算法，将人工智能、物联网等新一代智能技术与先进制造技术深度融合，遵循"自主感知-自主学习-自主决策-自主执行"新模式，实现了真正的智能化。该系统本质的特征是具备认知和学习能力，与以往产品相比，其独创的指令域大数据分析方法，能形成指令域"心电图"，实现大数据与加工工况的关联映射，可精确预测零件轮廓误差，生成轮廓误差补偿的"i 代码"，有效提升零件的轮廓精度，实现机床动态精度的"由丝入微"。

华中 9 型新一代人工智能数控系统提供了机床指令域大数据汇聚访问接口、机床全生命周期数字孪生的数据管理接口和大数据智能（可视化、大数据分析和深度学习）的算法库，为打造智能机床共创、共享、共用的研发模式和商业模式的生态圈提供开放式的技术平台，为机床厂家、行业用户及科研机构创新研制智能机床产品和开展智能化技术研究提供技术支撑。

01 | 质量提升：提高加工精度和表面质量
- 基于温度传感器的热误差补偿
- 基于能耗大数据的热误差补偿
- 机床定位精度与反向间隙补偿
- 数控机床空间误差补偿
- 5轴RTCP几何结构参数测量与补偿
- 基于数控加工"心电图"智能断刀检测
- 基于能耗大数据的刀具寿命智能管理
- 主轴振动主动避让

02 | 工艺优化：提高加工效率
- 加工G代码的光顺性评估和平滑拟合
- 基于主轴负载数据的加工工艺参数评估
- 基于主轴负载数据的加工工艺参数优化
- 加工振动分析的指令域示波器
- 三维曲面双码联控高速加工
- 自生长、自学习加工工艺数据库
- 虚拟加工仿真
- "一脑双控"自动上下料智能控制

03 | 健康保障：保障设备完好、安全
- 机床运行数据记录与回放
- 数控机床健康状态检测和预测性维护
- 主轴动平衡分析和智能健康管理
- 进给轴全生命周期负荷图
- 基于二维码的设备调试档案管理
- 基于二维码设备维修案例管理与搜索
- 数控机床机电联调工具集
- 可靠性MTBF统计分析
- 加工过程视觉智能监控

04 | 生产管理：提高管理和使用效率
- 操作者身份人脸识别和权限管理
- INC-Cloud云服务移动端APP
- 远程状态监控
- 工艺文件浏览与管理
- 生产效率统计分析
- 作业计划管理

图 4-13　华中 9 型智能数控系统智能应用 APP

① 数控加工指令域"心电图"。在智能化新产品层出不穷的时代，华中数控率先研制出新一代智能化数控系统（INC）。新一代智能首先体现在大数据智能的数控加工指令域"心电图"。

人体心电图通过检测心动周期的生理状态数据，为诊疗提供依据。独创的指令域大数据分析方法，采集、汇聚数控系统内部电控大数据和外部传感器数据，形成指令域"心电图"。通过采集和分析数控机床加工过程中的电控大数据，判断和预测机床的健康状况，更好地实现高精、高效、可靠、低耗。

人在剧烈运动时心电图与常态时的心电图不一样，因此诊断是否有病变，还要以心电图采集时的活动状态为参考。同样，机床在重切时采集到的主轴电流数据远高于精加工时的主轴电流数据，我们也要能判断出这是正常的机床"心电图"。

所谓机床指令域"心电图"是指运行状态数据随特定工作任务和加工条件变化，并与数控加工的 G 指令序列相关的波形图。通过检测主轴电流"心电图"与指令任务适配程度的异常，可以对机床定期体检，掌控机床的健康状况，实现预测性维护；还可以对智能工厂数控设备的断刀状况进行实时监测；实现大数据与加工工况的关联映射，构建由机床全生命周期大数据描述的数字孪生。指令域大数据分析方法如图 4-14 所示。

② 数控工艺自生长知识库。工艺规划是数控加工的核心环节之一，直接影响产品加工质量和加工效率。工艺人员通常根据经验或借助工艺数据库来选择切削参数，因此工艺人员的技术和工艺数据库的适用性、完备性决定了数控编程的品质。工艺数据库由大量切削实验累积形成，但通用型工艺数据库编制的程序只考虑了有限的刀具和材料，未考虑机床的实际能力，直接用于加工，会出现加工效率低、表面质量差，甚至出现过切和刀具损坏等问题。为了得到好的加工效果，工艺人员往往需要多次试切，而试切中获得的工艺知识却无法反馈到数据库中，数据

库不能实现积累和更新。

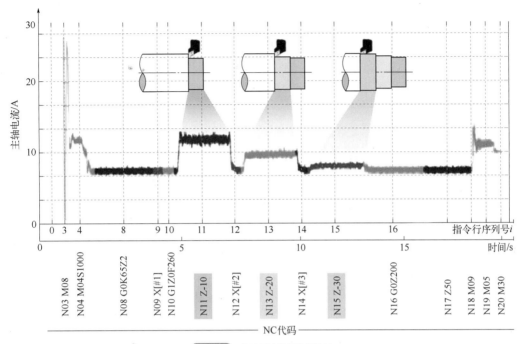

图 4-14　指令域大数据分析方法

华中数控智能数控系统针对这一问题，提供了在数控机床上"生长"出工艺知识库的方法。通过从 CAM 软件或 G 代码中提取工艺参数，采集加工过程指令域大数据，利用神经网络建立工艺参数与加工状态数据的关系，对工艺参数在机床上的适用性进行评价，从而形成随机床及其工艺系统的使用不断生长的个性化动态工艺知识库（图 4-15）。工艺知识库的生长适合批量生产及工艺系统稳定的工厂，知识库会随着经验的累积不断增长，编程与机床工艺系统的契合度也会越来越高，可减少试切，缩短加工准备时间，提高生产效率。

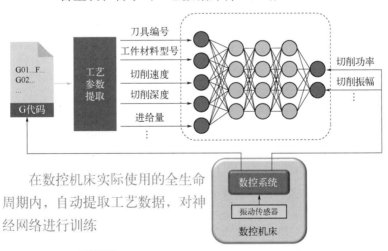

图 4-15　自生长、自学习工艺数据库的神经网络训练

③ 数控系统边缘计算。边缘计算作为一种敏捷、高效的分布式计算形态，能够为制造系统提供实时、智能、安全的数据处理能力。华中新一代智能数控系统集成边缘计算模块，实现计算资源的动态部署，通过对多源异构大数据实时采集、传输和分析，赋予数控系统高效计算和实时决策能力。

视频断刀检测模块是由国家数控中心自主研发的数控系统智能应用模块，如图 4-16 所示，通过采集机床试加工视频数据，运用边缘计算模块训练卷积神经网络，提取多层次图像特征以判断刀具状态。实际加工中，视频数据经由上位机传输至边缘计算模块，网络监测到发生断刀后，自动报警并通知数控系统停机，实现了智能化实时监控刀具状态，提高机床的安全性和生产率。

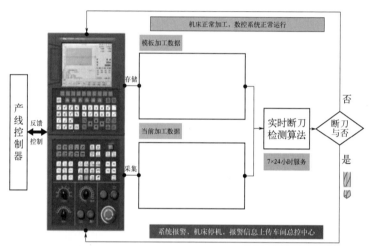

不需要增加任何传感器，准确度达到90%以上。

图 4-16 视频断刀检测模块

华中新一代智能数控系统实现了总线级、网络级、网关级等多层次计算资源部署，为基于新一代人工智能技术的智能化 APP 应用提供了边缘计算、雾计算和云计算技术的整套解决方案。

④ INC-OS 数控系统软件开放平台。

智能机床建立在数控系统软硬件开放式平台（图 4-17），大数据采集、存储、分析和深度学习的信息处理平台的基础上，由用户等多方共同参与开发、验证、应用，形成一批能模拟人类智能活动的功能，且可以灵活扩展、增长和共享的智能 APP 应用软件，以提高数控加工质量、效率，降低生产成本。

INC 是一个深度开放的数控系统，如图 4-18 所示，在统一的 APP 开发环境中，提供机床指令域大数据访问接口、新一代人工智能算法库、制造过程要素互联互通的接口，为机床厂家、行业用户及科研机构开发智能化应用提供工具和环境。

INC-OS 数控系统软件开放平台是一个基于云计算的开放式工业互联网平台，在《中国制造2025》和智能制造的发展要求下，智能化应用开发、共享、共创、共赢的需求日益强烈，INC-OS 工业互联网平台应运而生。INC-OS 工业互联网平台的目的是向开发者提供集工业应用开发、测试、部署、运行、共享于一体的开发平台，最小化工业应用开发周期，实现开发技术高度共

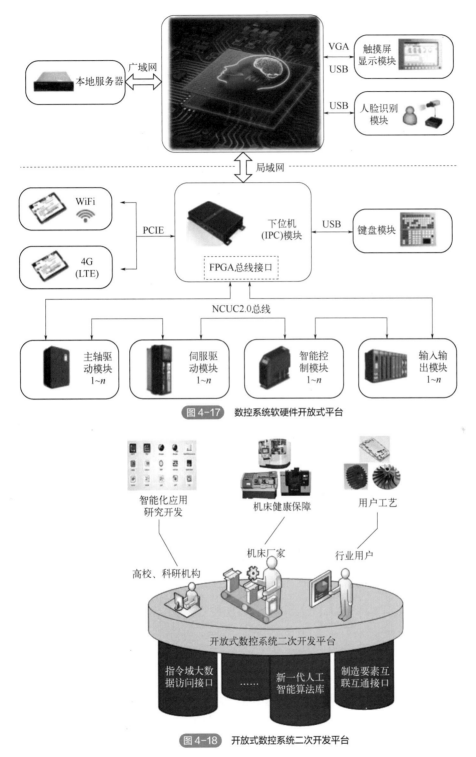

图 4-17 数控系统软硬件开放式平台

图 4-18 开放式数控系统二次开发平台

享。INC-OS 以强大的大数据中心为支撑，7×24 小时采集工业数据，向工业应用提供实时数据和历史数据服务，以虚拟机的方式向用户提供一个小型工业大数据中心，支持开发者在离线情况下进行智能化工功能开发。INC-OS 集成并行计算、分布式学习、深度学习等技术，提供跨平台的数据访问和大数据分析算法接口，提供多种主流 IDE 上的应用开发插件，支持多种开发语言。智能数控系统应用商店提供开发、交付、下载、使用、付费的全环节应用，支撑工业软件的上传、下载、共享。INC-OS 为工业软件提供装置端、云端、移动端集成方案和工具，具备高度灵活性、易用性。INC-OS 上的 APP 如图 4-19 所示。

图 4-19　INC-OS 上的 APP

4.6.2　沈阳机床 i5 智能数控系统

i5 智能数控系统是由沈阳机床股份有限公司自行研发的、具有自主知识产权的数控系统。"i5" 是指工业化（industry）、信息化（information）、网络化（internet）、智能化（intelligent）和集成化（integrate）的有效集成，将机床制造的研发、设计、生产、维护和客户等环节集成到云端，改变传统意义上机床制造的生产模式。在 i5 智能数控系统基础上推出的智能机床作为基于互联网的智能终端，实现了智能补偿、智能诊断、智能控制、智能管理。搭载 i5 智能数控系统的机床产品操作更便捷、编程更轻松、维护更方便、管理更简单。

（1）研发背景

2012 年，沈阳机床上海研究院历时 5 年在 CNC 运动控制技术、数字伺服驱动技术、实时数字总线技术等运动控制领域取得突破，诞生了首台具有网络智能功能的 i5 智能系统。2014 年，沈阳机床上海研究院在五轴数控系统核心技术方面有所突破，完成首台搭载 i5 系统的五轴机床VMC0656e，并测试成功。该五轴机床于 2015 年实现量产，为沈阳机床进军高端数控市场提供了重要基础。i5 系统的突破是基于掌握了运动控制技术的一种底层技术突破，全面覆盖两轴、三轴、四轴、五轴等各类机床应用，在此基础上可以衍生一系列满足差异化诉求的机床产品。

（2）总体介绍

① i5 系统采用基于 PC 的全软件式结构，即利用计算机系统的软硬件开发可以分开的特点，把数控控制核心部分全部写在 CPU 上，用软件实现。这个结构的优点在于数控核心拓扑结构可变，内部模块全部开放，可借助标准化的接口实现模块间的互换、移植或协同工作。基于 PC 的特性让 i5 系统获得天然的互联网能力以及最先进的硬件支持（见图 4-20）。

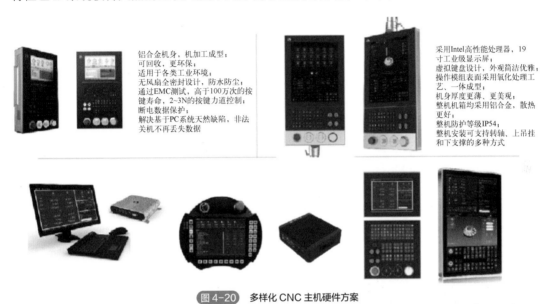

铝合金机身，机加工成型；
可回收，更环保；
适用于各类工业环境；
无风扇全密封设计，防水防尘；
通过EMC测试，高于100万次的按键寿命，2~3N的按键力道控制；
断电数据保护；
解决基于PC系统天然缺陷，非法关机不再丢失数据

采用Intel高性能处理器，19寸工业级显示屏；
虚拟键盘设计，外观简洁优雅；
操作模组表面采用氧化处理工艺，一体成型；
机身厚度更薄、更美观；
整机机箱均采用铝合金，散热更好；
整机防护等级IP54；
整机安装可支持转轴、上吊挂和下支撑的多种方式

图 4-20　多样化 CNC 主机硬件方案

② 操作系统的选择。i5 系统团队选用的是 Linux 操作系统，不同于其他基于 PC 系统使用的 Windows 系统，Linux 操作系统是互联网共享开发的产物，其优点是源代码开放且免费，与互联网天然契合，开发者可以根据自己的需要对操作系统进行裁剪和修订，实现操作系统的定制。

③ 数字总线的选择。i5 系统采用开放式的 EtherCAT（ECAT）总线，开放程度可以达到芯片级（提供 FPGA 逻辑的 IP 授权，实现芯片级集成），并且在全球拥有 60 万的用户。与封闭式总线相比，EtherCAT 总线最大的优点在于它能够支撑数控系统未来的扩展应用，并且具有很丰富的开放资源和第三方设备支持。

（3）技术创新

① 让编程更简单。机床在加工不同零件的时候需要不同的工艺设计，而工艺设计的背后实际上是不断沉淀的知识和经验，只有有经验的老师傅才能熟练地设定加工参数。循环引导的目的在于把不断沉淀的经验转换为程序代码。

② 让操作更安全。三维仿真：虚拟预加工，用户可以在控制屏幕上直接看到加工程序的三维仿真结果，即不用开动机床就可以看到模拟的加工结果。机床在加工零件时，操作人员可以从显示界面上预览到后续的加工轨迹，极大地方便了用户在车间内同时管理多台机床。同时，三维的图形展示更有利于操作工分辨出后续加工是否有问题，以便及时停止机床的运转，减少损失。其他厂商生产的数控机床上也有类似的仿真功能，不过基本都是二维的简单轨迹仿真。

安全区域换刀：为避免干涉，程序中一般将换刀点定在离工件较远的位置。系统为保证换刀安全的同时提高换刀效率，开发了安全区域换刀功能。安全区域换刀功能允许用户根据刀架

上刀具以及所加工工件的实际情况设置安全的换刀位置（见图 4-21）。

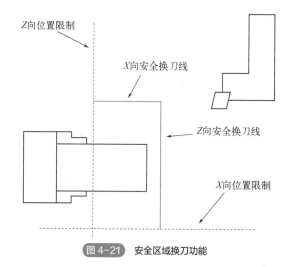

图 4-21　安全区域换刀功能

③ 方便机床维修和诊断。机床体检：可以不拆装钣金即可快速了解机床机械部件的装配状态和定位故障原因，大大降低了设备维护的难度和工作量，也可以为装备制造商提供良品出厂检测方法，提高机械装配一致性。系统通过使机床各轴单独在一定范围内运行，同时采集运行过程中的电流值，来判断机床的运行情况（见图 4-22、图 4-23）。

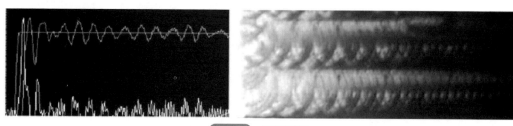

图 4-22　轴响应不足

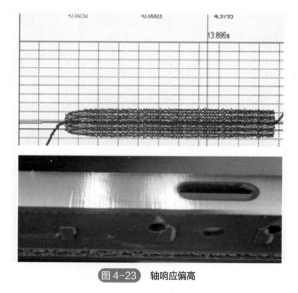

图 4-23　轴响应偏高

图形诊断（帮助用户快速排除故障）：当出现故障时，用户可以通过图形化的引导，一步一步傻瓜式地排除故障，减少用户等待售后的停机时间。这项功能的开发与机床厂和用户的紧密合作有关，上海研发团队通过市场调研发现机床出现的问题 70% 都是"傻瓜问题"，但用户不会自己解决。图形诊断功能可以帮助用户看着三维图形和提示自己解决一些问题（见图 4-24），这样既减少了用户等待服务的停机时间及损失，也节省了主机厂的维修服务成本。

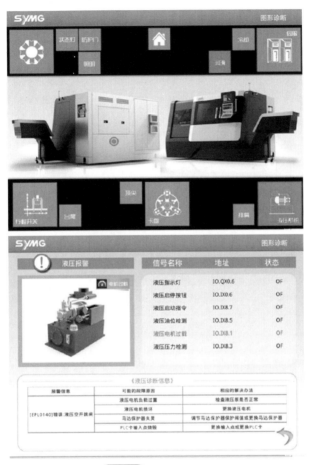

图 4-24　图形诊断功能

④ 高速高精功能。热误差补偿：机床热误差是引起零件加工误差的最主要因素之一，严重影响加工精度。目前热误差补偿存在以下一些问题：要以较高的代价获得建模数据；热误差模型鲁棒性和预测精度较差；补偿方式与 CNC 集成度不高。i5 热误差补偿可实现主轴 Z 向热伸长的自动采集和基于工况的热误差模型的建立及预测（见图 4-25），CNC 将补偿值平均分配到每个插补周期中，在冷机、停机恢复状态下无须热机，保持较高的尺寸一致性和加工精度。

视觉识别：主要应用在制造过程中工件重复装夹时，工装夹具不能保证工件的确定位置或角度；夹具不具有高精度，或者无法定位——不能使用探头进行定位的情况（如特征很小，或者颜色不同）。同时视觉识别功能还具有较高附加价值（见图 4-26），其测量功能可以进行加工前的测量和加工后的测量，加工前测量用于保障毛坯件具备加工的条件，避免无效的加工；加工后的测量，用于检测加工结果是否合格。

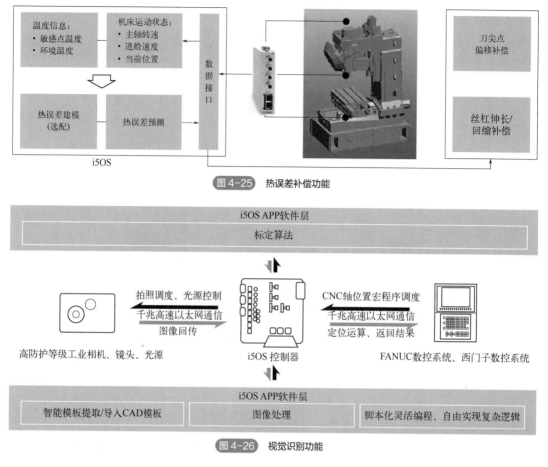

图 4-25 热误差补偿功能

图 4-26 视觉识别功能

⑤ 互联互通。基于 PC 平台的全开放式结构使得 i5 系统天然地能够与互联网连接。

a. 远程诊断（帮助用户快速获得远程的专家支持）。除了本机的故障诊断工具，系统还提供远程诊断功能，以降低机床维护成本，减少停机时间。售后服务人员在无法解决故障时，可通过随身携带的 3G 智能终端将机床接入 Internet，远程专家即可连入数控系统，获取报警信息、日志文件、配置文件等信息，帮助售后服务人员快速解决故障。

b. WIS 车间信息管理系统（帮助用户用互联网手段管理车间作业）。以机床为中心，把作业计划、生产调度、设备管理、成本核算等信息系统全部集成在一套软件系统上，形成一个以机床为中心的车间管理信息系统，它被命名为 WIS。车间信息管理系统概念很早就有，很多工厂也有自己的车间管理软件，例如 MES（制造执行系统）、ERP（管理信息系统），前者更倾向于对生产过程的控制，后者更倾向于订单和财务的管理。那么 WIS 和这些车间管理软件的区别是什么呢？MES 和 ERP 实际上是两个相互独立、不能进行信息沟通的管理软件，但在车间层面上需要同时掌握两方面的信息才能有效地掌握生产过程并安排管理生产计划。在现实中，MES 和 ERP 之间的协调由人工完成（工厂车间通常会定期把 MES 的调整项做成一个表，交给业务部门，然后由业务部门手动在 ERP 中调整过来），这就带来一个严重的问题——工人可能会虚报、漏报或错报信息数据，导致信息不真实，不具有实时性。WIS 的优势恰恰体现在这个地方，它是一个自下而上实现车间管理的软件系统，通过收集每一台机床产生的真实数据来为管理者提供生产信息，并且通过互联网可以保证数据的实时传输。

i5 系统专门针对互联网应用推出了用于智能机床联网的 i Port 协议，目前已经发布到 V3 版本，具备强大的信息透明能力。比如，基于 i Port 协议，i5 系统配合最新的租赁商业模式打造了租赁功能，销售人员可以通过网络进行设备锁定、解锁等操作，租赁功能还可以提供加工计时、加工计件等功能，为租赁模式的灵活配置提供技术和数据支撑。

（4）i5 技术在航空航天领域的应用

以航空发动机制造企业为代表的高端装备制造企业对高档数控机床和数控系统具有很大的需求。航空发动机在恶劣工作条件下仍需具备高可靠性、长寿命、节能环保等基本要求，其零部件具有结构复杂、制造加工难度大、加工精度要求高等特点，需要大批高档数控机床和高档数控系统，如五轴联动数控机床。i5 可以提供同面向二轴、三轴、四轴、五轴等数控机床应用的智能数控系统解决方案（见图 4-27），支持主流 12 种摇篮摆头五轴结构、刀尖点跟随功能，实现四个插补通道的并行控制，完全满足高端装备行业的加工需求，适用于航空航天等高端装备行业中的铝合金，钛合金，复合材料，结构件及回转类复杂、异形零部件的五轴联动加工。

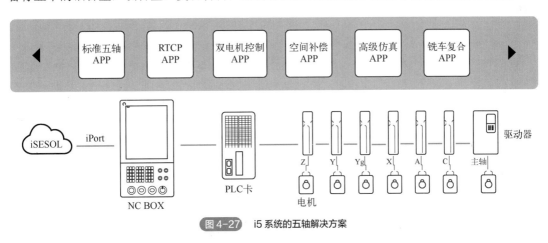

图 4-27　i5 系统的五轴解决方案

① RTCP 功能。RTCP 即 rotated tool center point，俗称刀尖点跟随功能。在加工过程中，由于回转运动，产生刀尖点的附加运动，数控系统的控制点与刀尖点不重合，因此数控系统要自动修正控制点，保持刀具中心点和刀具与工件表面的实际接触点不变，以保证刀尖点按指令既定轨迹运动。

一般手动测量旋转中心位置数据的操作比较复杂，对操作人员的技术要求较高。而 RTCP 标定旨在通过循环程序和用户界面的配合，简化操作过程，降低操作难度，使普通机床操作人员也能轻松完成测量任务。

② 三维仿真功能。加工过程的安全性是任何企业都不能忽视的，对于航空件加工企业更是如此。大型的航空部件，轮廓尺寸大，撞机危险高，其加工机床多为大行程五轴联动机床，毛坯件体积巨大且材料昂贵。在加工过程中，航空件一旦发生碰撞，其为企业带来的损失是巨大的。三维仿真功能在加工之前和加工过程中可全程提供和使用全机床仿真，最大程度保证了现实与虚拟的匹配。

③ 安全退刀功能。航空航天五轴加工非常重要，"虚拟刀轴"在此很有意义，通过手轮"虚拟轴"功能使刀具沿当前刀具轴移动。安全功能对以下情况特别有帮助：

a. 五轴加工程序中断运行期间，要沿刀具轴退刀时；

　　b. 手动操作模式在刀具倾斜情况下，用手轮或外部方向键执行操作；

　　c. 加工期间沿当前刀具轴用手轮移动刀具。

　　④ 斜面加工功能。针对航空铝合金肋板类零件，存在大量的斜面加工，i5 系统定制开发了斜面加工功能。斜面加工功能可以实现在一次装夹中完成不同方向、不同角度的多个斜面的钻孔、攻螺丝、铣削等多种加工工艺，减少了装夹次数，降低了劳动强度，缩短了产品的生产周期，提升了零件的加工精度，保证了产品质量的一致性。CYCLE800 用于定义斜面上的工件坐标系（见图 4-28），便于斜面加工，便于简化编程。其主要通过设置基准点、绕 X/Y/Z 线性轴旋转的角度、旋转后的零点，来实现新的工件坐标系定义。

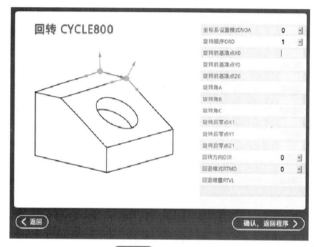

图 4-28　斜面加工

　　⑤ 铣车复合功能。铣车复合功能在加工这类钣金零件时显得尤为突出，可在程序控制下根据加工需要，轻松切换车削与铣削加工方式。用户可完全自由地决定如何和何时使用这两种加工方式。切换时，系统负责所有必要的初始化工作，包括回转中心的处理，车削自动变成直径显示，刀偏表也提供对于车铣半直径不同的设定方式。

4.6.3　德马吉森精机 CELOS 智能数控系统

　　德马吉森精机公司（DMG MORI）在西门子和三菱数控系统的基础上推出新一代数控系统的操作系统 CELOS，它打破了传统数控系统人机界面的模式，采用多点触控显示屏幕和类似智能手机的图形化操作界面，如图 4-29 所示，拉近了机床操作和生活习惯的距离。

　　CELOS 简单易用，就像使用智能手机一样。CELOS 简化和加快了从构思到成品的过程，并且还奠定了无纸化生产基础。此外，CELOS 应用程序为用户提供一体化和数字化管理、文档查看和加工任务单、加工过程和机床数据显示功能，而且 CELOS 还兼容 PPS 和 ERP 系统，能连接 CAD/CAM 应用软件并可使用其他未来 CELOS 应用程序。

　　目前，CELOS 2019 版有 27 种 APP，CELOS 对于企业的价值链由计划、准备、生产、监控到服务各个不同的阶段都开发了相应的 APP，以数字化的方式服务对应的流程，从 CAD/CAM 浏览、加工任务管理直到数控加工，其功能齐全，各种 APP 应用皆可一键直达，操作非常方便，如图 4-30 所示。从图 4-30 中可见，这些 APP 可分为 5 种类型，第 1 类是与生产相关的 APP，

包括数控程序、加工任务管理、任务助手等；第
2 类是辅助功能 APP，包括 CADF/CAM 浏览、
工艺参数计算器、工艺文档管理等；第 3 类是
技术支持 APP，包括网络服务和机床检查等；
第 4 类是机床状态监控的 APP；第 5 类是有关
配置的 APP，包括节能降耗和机床调整等。

CELOS 力求通过这些 APP，实现无图纸化
的加工，使用户实现对订单、工艺流程数据、机
床数据的一体化数字管理、记录存档和可视化
处理。例如，任务管理和任务助手 APP，能够
实现对加工任务的管理，帮助机床操作人员通
过网络进行计划、准备、优化和系统化处理加工任务。

图 4-29　多点触控显示屏幕

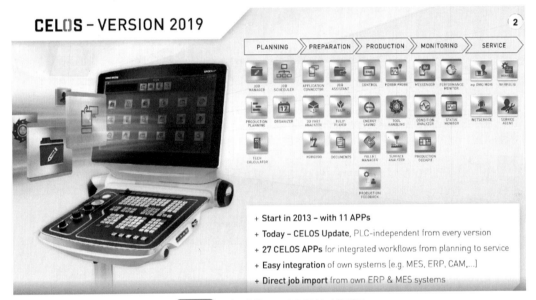

图 4-30　德马吉的 CELOS 2019 人机界面

首先，所有与生产相关的信息，如数控程序、工件、刀具、夹具等，都集中在一个加工任
务中，并立即显示在"任务管理器"中。加工任务单所需的所有文档、数据和信息都用结构化
方式管理。例如，这些数据可在以后的加工中或重复订单中被快速访问。

通过"任务助手"，经过数字化准备的加工任务单可在以后被系统地执行。在此过程中，首
先对加工所需的所有数控程序和设备（刀具、夹具等）进行检查；然后，通过对话框指导操作
人员进行装夹和准备加工任务，给出适当提示和必要的确认，确保机床操作人员的操作无差错。
只有完成这些步骤后才能开始加工。因此，即使是复杂加工任务或复杂工件，也能确保加工的
高可靠性。

工艺计算器 APP 实现对工艺切削参数的计算，通过选定刀具、工件材料、背吃刀量等信息，
计算出数控编程所需的进给速度、主轴转速、切除率和切削功率等信息。节能降耗 APP 用于对
机床启动、待机、加工以及润滑和冷却进行优化配置，实现机床的用能管理。

　　状态监控 APP 对机床状态信息进行可视化的显示，其界面如图 4-31 所示。左侧圆图是主轴负载大小和是否有振动，右侧圆图是 3 个直线轴和 3 个回转驱动轴的负载。下方是零件加工任务和加工批量的进度完成情况及剩余时间。中间是有关机床的其他信息。"状态监测"功能是操作人员与机床间联系的起点。它提供有关当前订单和订单进度的重要绩效指标，而且通过特殊图标以及文字向操作人员显示出现的任何错误、故障或所需的维护。

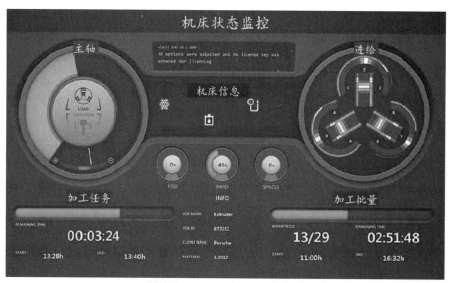

图 4-31　CELOS 机床状态监控界面

　　数控加工 APP 在显示器上呈现用户熟悉的数控系统操作界面，包括各轴的位置、进给量、所执行的程序段等，如图 4-32 所示。

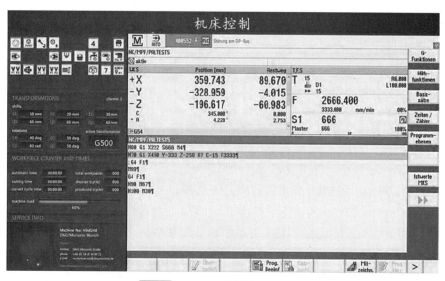

图 4-32　CELOS 的数控加工人机界面

　　CELOS 的 APP 给数控机床的人机界面带来了全新的变化，将机床的数控系统拓展成为数控加工的管理系统，揭示了数控系统人机界面开发的潜力，必将对数控系统设计和数控加工流程的数字化管理产生巨大的影响。

德马吉森精机公司 2013 年推出了基于 APP（应用程序）的 CELOS 操作系统，提供 11 款 APP，具有防碰撞功能、自适应控制功能、5 轴自动标定/补偿、主轴监控/诊断等功能，主要用于简化机床操作。此后不断增加 APP（应用程序）的功能，每年增加大约 50 项新功能，显著增强 CELOS 的功能，2019 年已首次可开放地集成定制系统。CELOS 客户还能独立于 PLC，执行 CELOS 更新，将 CELOS 更新到 2019 版，安全地迁移数据并全面提供 PLC 支持的功能。监测状态的新版 DMG MORI 在线显示系统现在为第三方软件提供接口，用于在生产中通过 DMG MORI 互联互通解决方案接入网络中的全部机床和设备。此外，在机床上现场演示 DMG MORI NETservice，直接为客户提供远程协助，缩短停机时间。

2019 版的 CELOS 提供两大主要创新。借助全新应用连接器，客户可直接在配置 CELOS 系统的机床上使用自己的应用程序，例如 ERP 和 MES 系统，甚至自己的数控系统和生产数据管理系统，也可以访问互联网或内联网信息。例如，机床操作员直接访问内联网，立即查看换班和假期计划或有关有害物信息及重要链接。共可设置多达 20 个与 CELOS 系统的连接，将每一个连接设置为一个独立的"APP（应用程序）"。

4.6.4　西门子 Sinumerik One 智能数控系统

2019 欧洲国际机床展上，西门子展出了其最新一代数字原生数控系统 Sinumerik One，如图 4-33 所示，成功引入边缘计算 Sinumerik Edge（见图 4-34），包括人工智能等在内的有近 60 种 APP，可以提供生产基础透明信息，包括刀具、程序、性能和设备状态，并对这些信息进行监控和优化。西门子这一技术已经被欧洲主流机床厂家如 DMG MORI、Grob、Chiron、Index、Mikron、KAPP、Fooke 等采用，成为引领机床发展的风向标。这给他们原有单机制造的优势又带来新的制造体系效率的提升，并已引起国内众多高端机床企业的重视，相关应用研究也已陆续展开。

图 4-33　西门子 Sinumerik One 数控系统

Sinumerik One 具有创建相应数字孪生的多功能软件，可以实现虚拟与现实的无缝交互。凭借其全新硬件平台，Sinumerik One 树立了生产力方面的新标准。其所具备的 Top Speed、智能负荷控制（ILC）、智能动态控制（IDC）、My Virtual Machine、机床自适应控制与监控（ACM）等丰富功能，进一步提高了加工速度、轮廓加工精度和加工质量。

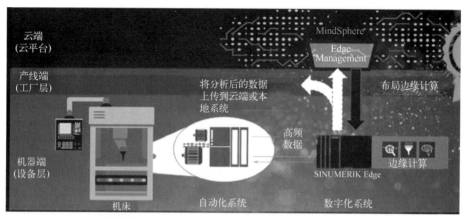

图 4-34　数字化架构不可或缺的组成部分 Sinumerik Edge

Sinumerik One 具备的 Top Speed 功能能够显著提升机床的加工速度，甚至达到其物理极限。在模具生产过程中，Top Speed 功能可与成熟的 Top Surface（臻优曲面）功能协同工作，既可保证加工效率又可保证加工精度，如果通过高速整定循环激活了 DYNPREC（动态精度），还可以在细微之处体现极致的高精度。智能负荷控制（ILC）功能则有助于改善机床的动态性能，可根据机床轴加速时当前工件的重量（而非最大工件重量）对机床轴控制作出动态调整。利用智能动态控制（IDC）功能，可以实现机床轴的动态参数和控制参数的轴间平衡，实现机床工作区内的参数优化，从而使机床达到更好的动态性能和更高的精度。

创新可以推进产品纵深发展。在这方面，西门子以"数字化企业—让机床制造业更进一步"为主题，全面展示了其智能数控解决方案，探寻了适合企业自身的最优的机床设计制造解决方案。西门子基于新一代数控系统 Sinumerik One 的数字孪生特点，促进了机床产品在研发、销售、验收、演示等多个阶段环节的创新发展。

（1）机床研发阶段

在制造出机床原型机之前，借助 Sinumerik One 的数字孪生软件在线虚拟调试，电气工程师就可以开始自动化设计调试工作，不仅能节省多达 30% 的整体研发时间和 60% 的现场调试时间，还能够将虚拟工程组态中获得的重要信息，反馈回机械设计，提前发现机械设计错误，从而缩短机械设计在原型机上的验证和修改时间，显著降低机床原型机的整体成本，加速机床交付给最终用户，抢占市场先机。

（2）机床销售阶段

很多机床运营商在购买机床之前都希望观看所需机床演示。使用 Sinumerik One 的数字孪生软件在线虚拟调试，可直观将机床 3D 模型、运动、功能等内容展示给最终用户，有助于顺利完成签订合同之前的最后一步，增强用户信心。

（3）机床验收阶段

基于 Sinumerik One 的数字孪生软件在线虚拟调试，可对机床进行初步验收，最大限度降低机床制造商财务风险。

（4）切削演示阶段

Sinumerik One 的数字孪生软件在线虚拟调试和工件切削验证平台可实现无需停止机床运行，就可以验证此机床是否可以生产某个零部件。并且事先可以检查数控加工程序以发现刀具和夹具或机床部件之间可能的碰撞，在机床仍处于运转状态时，可以离线执行并验证新生产订单的数控加工程序。

4.7 数控系统云服务平台

目前有许多机床企业已在云服务方面开展研究，如华中数控的 INC-Cloud 云管家、沈阳机床的 iSESOL 云平台、Mazak 公司提出的 iCONNECT、FANUC 公司的 FIELD system、DMG MORI 公司提出的 TULIP 等。

4.7.1 华中数控 INC-Cloud

华中数控云管家（INC-Cloud）是华中数控自主研发的工业互联网一体化解决方案。其针对多类工业设备接入、多源工业数据融合、海量工业数据管理、多种工业应用集成等需求，以工业大数据为核心，以"多源感知""存储分析""标识溯源""信息安全"四大体系为支撑，提供柔性生产线、数字车间、智能工厂等全方位解决方案。

（1）体系构架

华中数控云管家（INC-Cloud）是面向数控机床用户、数控机床/系统厂商打造的以数控系统为中心的智能化、网络化服务平台。在工业物联网、大数据、云计算、新一代人工智能技术的基础上，华中数控 INC-Cloud 建立了安全可靠、高效智能的云数据中心，通过大数据智能分析、数据统计、数据可视化等技术，实现设备的状态监测、健康诊断、预测预警、工艺优化，产线的排产调度、工艺管理、工单管理、物料配送，车间的效率分析、产量统计、能效优化、执行跟踪，企业的产品质量溯源、供应链管理、全生命周期管理，等典型应用。

无论何时何地，只需移动终端，所有信息尽在掌握。用户可随时了解设备生产状态、生产效率、产量统计、报警信息等，享受专业、智能、安全的跟踪服务，分享制造过程中生产管理、设备维护等先进经验，从而提高企业核心竞争力。华中数控云管家（INC-Cloud）打造"端-边-云"的智能体系架构，如图 4-35 所示。

（2）华中数控云管家（INC-Cloud）的功能

① 设备互联。自主研发 NC-Link 标准协议，支持多源异构工业设备互联互通，兼容多种联网模式，并融合 5G 和 TSN 技术，实现毫秒级数据采集与传输，如图 4-36 所示。

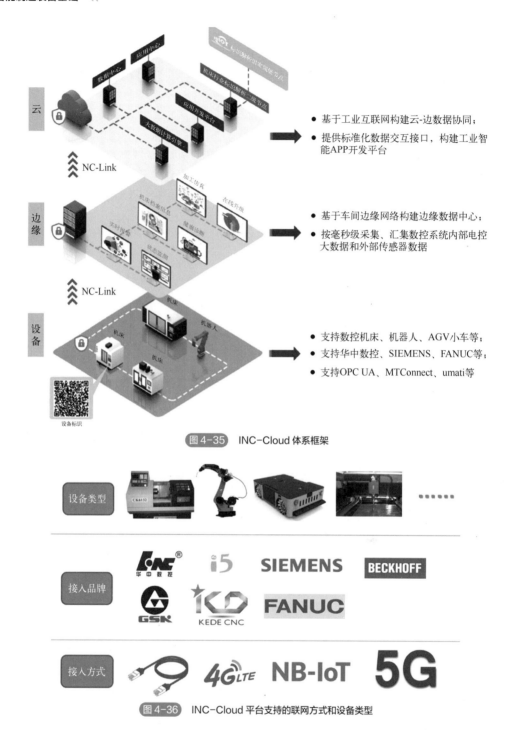

图 4-35 INC-Cloud 体系框架

图 4-36 INC-Cloud 平台支持的联网方式和设备类型

② 数据融合。构建"端-边-云"协同数据融合体系，如图 4-37 所示，提供边缘计算操作系统和开放式 APP 开发平台，实现企业内部数据纵向集成，构建质量提升、工艺优化、健康保障、生产管理等应用场景。

③ 智能分析。面向制造过程提供工艺参数优化、设备健康诊断、故障预测预警、智能远程运维等工业智能应用，实现降本、提质、增效。

④ 生产管控。提供智能工厂生产过程全要素状态感知及监控（图 4-38），支持决策性模型

化的智能工厂数据及关系，实现智能工厂高级排产（图4-39）、调度及精准化决策管理（图4-40）。

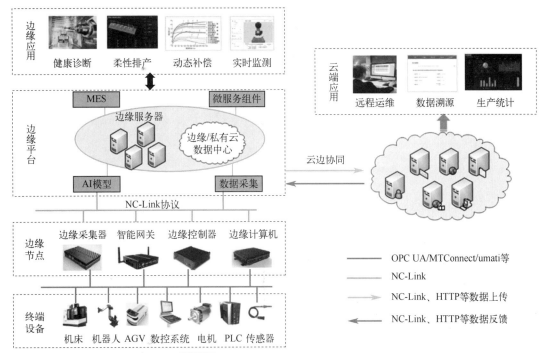

图 4-37 INC-Cloud"端-边-云"数据协同

图 4-38 生产过程实时监测

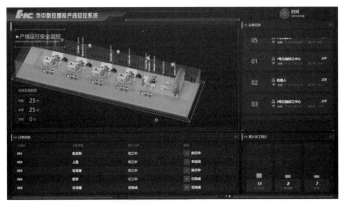

图 4-39 柔性产线智能排产

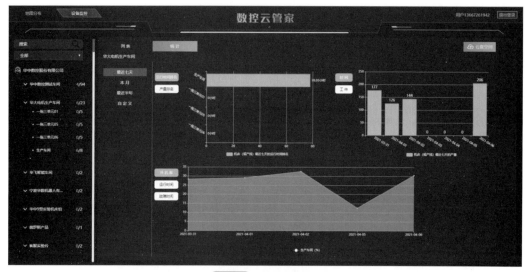

图 4-40　生产管理统计

⑤ 数据溯源。面向机床行业提供机器、产品、资源的标识注册解析服务，建立统一的机床行业标准规范体系和数据对接体系，实现企业上下游数据流转及横向集成，打造产品数据溯源、供应链管理、设备全生命周期管理等应用生态体系（图 4-41）。

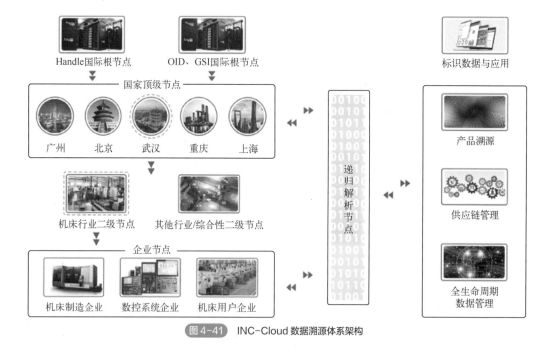

图 4-41　INC-Cloud 数据溯源体系架构

⑥ 信息安全。集成基于国产密码的数控装备信息安全防护功能，如图 4-42 所示，实现数据采集、数据传输、数据存储、数据审计等环节，覆盖事前、事中、事后的全视角数控系统安全防护，为平台的设备安全、网络安全、存储安全"保驾护航"。

INC-Cloud 已在航空航天、高端装备、汽车制造、电子加工等领域的近千家工业企业中应用，如图 4-43 所示，累计接入 5 万余台设备，涵盖设备状态、报警信息、加工计件、采样数据等各种工况，打造智能监测、生产统计、智能排产、远程运维、健康保障、工艺优化等一系列智能应用，帮助用户企业准确掌握工厂实时生产状况，减少设备停机时间，提高企业生产效率与生产质量。

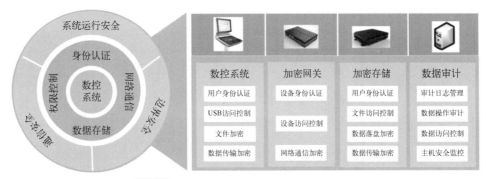

图4-42 基于国产密码的数控装备信息安全防护体系

图4-43 INC-Cloud 部分应用企业

（3）华中数控云管家 APP

华中数控云管家平台（INC-Cloud）支持用户通过手机 APP 随时随地了解生产情况，基于数控云管家平台提供生产管理、案例库、在线编程、电子资料库、故障报修、维护计划等功能，帮助用户提高生产效率。

华中数控云管家 APP 通过智能手机、IPAD 等移动终端设备连接 INC-Cloud 平台数据中心，如图 4-44 所示，进行移动工作。移动端 APP 针对操作工人、车间管理员、机床厂以及用户厂家，提供不同的数据访问权限，实行差异化的数据分析和可视化功能，用户无须担心数据外泄。

4.7.2 沈阳机床 iSESOL

i5 系统通过与网络和信息技术充分融合，实现了"围绕机床全生命周期的智能化解决方案"。

为应对美欧"工业互联网"和"工业 4.0"，沈阳机床在积极跟踪的基础上，基于 i5 核心技术，结合我国国情提出了我们自己针对未来制造方式的技术路线与解决方案：基于 i5 智能机床技术的云制造平台（iSESOL）。

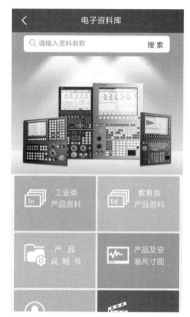

图 4-44　华中数控云管家 APP

（1）平台业务模式

智能云科成立于 2015 年，是一家由沈阳机床集团、神州数码和光大金控三方共同投资打造的互联网云制造服务平台企业。2016 年，智能云科推出 iSESOL 工业互联网平台，以"互联网+先进制造业"蓝图为指导，制造装备互联为基础，秉承"让制造更简单"的理念，基于"智能终端+工业互联+云服务"创新模式，以"云智造战略"为行动纲领，打造数据驱动的一站式工业服务平台。平台以 iSESOL BOX+工业 APP、云平台输出、厂商增值、上云软件与服务，以及MRO+BIZ 为业务板块，通过数据赋能、开放共享，推动中国智能制造发展。该平台业务模式如图 4-45 所示。

目前 iSESOL 工业互联网平台可接入沈阳机床、西门子、发那科、三菱、马扎克等 NC 设备和 PLC 设备，支持 iPort、OPC、EtherCAT 等协议，采集的数据包括机床实时状态、主轴坐标、进给速度、主轴转速、当前加工程序等，提供生产过程控制、数字看板、计划排程、订单预排、全程质量追溯与分析、质量检测、设备状态监控与数据采集、库存运行等通用云化管理模块，可与 ERP、CAPP 等信息系统实现无缝对接。

（2）平台应用介绍

iSESOL 工业互联网平台通过智能装备和制造企业的登云入网服务，基于制造过程数据，提供产能交易、厂商增值、要素赋能等服务版块，构建工业互联网新智造生态体系，如图 4-46 所示。

平台业务模式

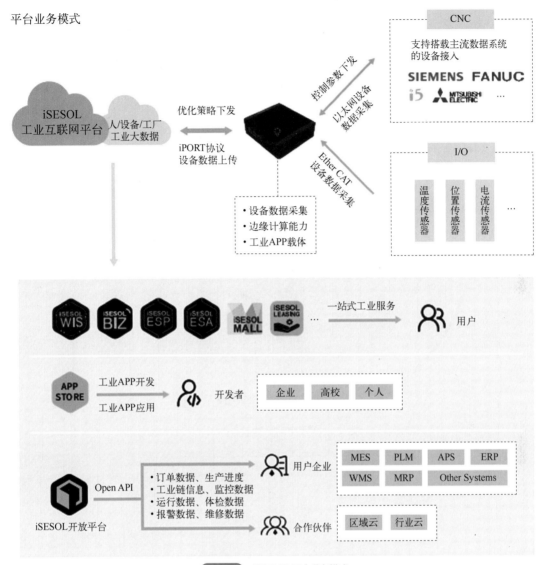

图4-45　iSESOL 平台业务模式

①产品1：工业互联网平台级智能终端—iSESOL BOX（智能魔盒）。iSESOL BOX 智能魔盒由智能云科信息科技有限公司自主研发，通过适配多种设备接入协议，实现了工业现场设备运行及环境数据的无缝采集，结合魔盒硬件边缘计算能力及云端的大数据计算能力，为机加工企业的设备运行状态监控、生产效率优化及设备预测性维护等提供能力支撑。iSESOL BOX 智能魔盒应用如图4-47所示。

iSESOL BOX 智能魔盒可以为数控机床提供连接云端服务，实现功能机到智能机的升级，用于连接数控机床，既能够使数控机床连接 iSESOL 工业互联网平台获得相应服务，又能够大幅度提升装备加工效率。

iSESOL BOX 智能魔盒：对设备外接 iSESOL BOX 智能魔盒硬件，实现设备物联和实时数据采集。员工以 M 指令或子程序定义优化部分及是否开启。由专业的实施工程师进行 iSESOL BOX 智能魔盒的安调工作，并对现场操作人员进行使用培训，配发电子版用户使用说明书。

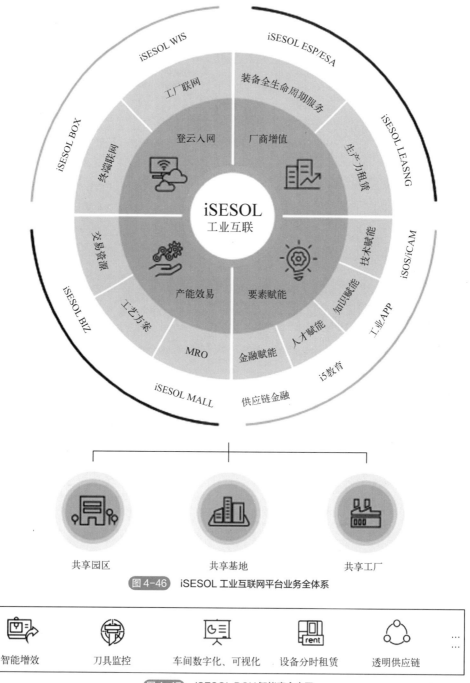

图 4-46　iSESOL 工业互联网平台业务全体系

| 智能增效 | 刀具监控 | 车间数字化、可视化 | 设备分时租赁 | 透明供应链 | ⋯ |

图 4-47　iSESOL BOX 智能魔盒应用

iSESOL BOX 智能魔盒优势：

a. 工业互联网平台的数据入口；

b. 通用工业 APP 开发/应用平台；

c. 便捷安装，无须布有线网络，免维护；

d. 适配主流智能数控装备；

e. SaaS 模式，软件即服务；

f. 数据加密，可信服务。

② 产品 2：智能工厂—iSESOL WIS（工厂数字化制造运营系统）。iSESOL WIS 是由智能云科研发，面向中小型企业的工厂数字化制造运营系统，为企业提供生产运行、维护运行、质量运行和库存运行等通用云化管理模块。通过使用 iSESOL WIS，制造企业可以获得制造执行过程透明、有序与优化等能力。iSESOL WIS 工厂信息化软件生产全流程的数据收集，如图 4-48 所示，为构建工业互联网生态体系奠定坚实基础。应用 iSESOL WIS，企业不仅可以实现从生产订单、计划排程到生产制造、产品出库等制造全流程管理，更能依托 iSESOL 云制造服务平台，深度体验物联网所带来的生产力协同，实现供求双方的对接，获得高端工业服务以及基于大数据分析的决策能力，提升企业信息化程度。

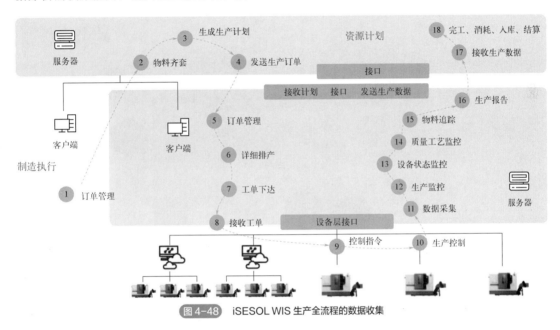

图 4-48　iSESOL WIS 生产全流程的数据收集

对于中小型制造企业来说，生产成本是一个大问题，有时候需要报价，却不清楚成本，非常棘手。加工产品需要用多少时间？用什么刀具？什么物料？在 iSESOL WIS 的 PC 端上，这些问题可以一目了然。iSESOL WIS 可以通过信息化手段核算成本，把数据从成本角度管理起来，经由系统调动生产积极性，进行实时的成本核算和分析，在生产制造中实现阿米巴经营模式，理性管控、估算生产成本。除了成本问题，iSESOL WIS 还可以直击车间管理痛点。在排产时，iSESOL WIS 能实现可视化生产排程，将生成工单与工艺文件直接下达生产工位；在生产过程中，iSESOL WIS 可以进行实时生产报工与设备故障上报，及时了解设备状态及生产进度情况，进行生产调度与管控；当产品出现问题时，iSESOL WIS 将通过流转卡、条码、报交单等关联物料、工艺参数、操作工和产品，实现产品的正向追溯与反向追溯；在生产完成后，iSESOL WIS 会帮助企业完成生产数据的统计分析，辅助生产调整与生产决策。iSESOL WIS 可以说几乎涵盖了产品的全生命周期，从业务层面的订单、采购、销售到生产层面的工厂全生命周期，可谓面面俱到。从采购开始，到报价、报工单、生产、报工、质检、入库，最后到库存，WIS 都可以实时监管。

iSESOL WIS 兼顾 i5、Fanuc（发那科）、Siemens（西门子）等主流数控系统，可实现与各品牌自动化设备的完美适配，并可与 ERP、CAPP 等信息系统实现无缝对接，助力中小企业向智能制造转型。

iSESOL WIS 打破企业-工厂-车间之间的信息孤岛，基于模块化功能 APP，从设备、人员、生产、绩效、质检、库存等不同环节提供便利，让生产现场各环节过程数据透明，实现工厂的信息穿透与可视化管理。iSESOL WIS 工业 APP 族全谱系如图 4-49 所示。

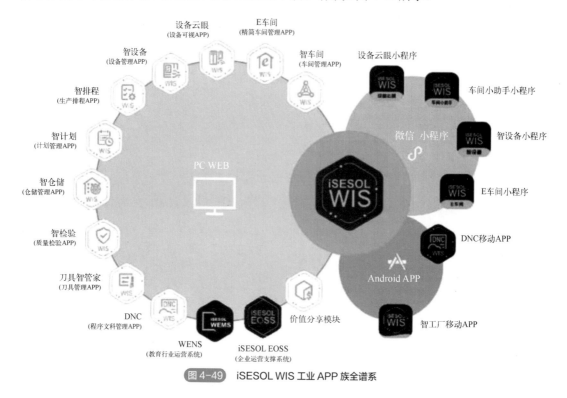

图 4-49 iSESOL WIS 工业 APP 族全谱系

a. iSESOL WIS 智车间是面向生产车间的管理系统。WIS 通过生产设备的接入，构建车间信息网络，实时采集设备、物料、人员等生产过程信息，实现订单管理、工艺管理、生产执行和实时监控等的生产全过程的信息化。使用 WIS，制造企业可以获得制造执行过程透明、有序与持续优化的能力。

iSESOL WIS 智车间：采用公有云 SaaS 服务模式，企业侧只需要购置或者利用各种安装有 web 浏览器的终端机，如 PC 机、工作站、手机、PDA 等，不需要购置任何服务器。设备利用 iSESOL BOX 可以通过有线或者无线的方式进行联网。拉动式生产可以增配现场产线或者工位看板。管理人员在工厂内通过 PC 进行业务操作和生产管理；工人在现场通过工作站、手机、PDA 等进行报工、物联转移、异常告警；高级管理者通过自己的手机随时随地掌握生产现场的状态，及时作出正确的决策。

b. iSESOL WIS 智计划是一套针对机加工行业生产制造的特点，基于瓶颈和约束理论的计划与排产软件系统。排产过程中考虑有限产能和多维度约束条件，依据预设排产规则，通过智能化算法实现模拟试算以及排产结果优化，为工厂提供详细的生产排程计划，很好地弥补了 ERP 在精细化生产计划与有限产能排程方面的空缺和不足。

SESOL WIS 智计划：采用公有云 SaaS 服务模式，企业侧只需要安装有浏览器的办公 PC 机，不需要购置任何服务器，也可以部署在企业侧私有云环境中。当部署在企业私有云环境中时，计划排程结果可以通过 iSESOL 公有云进行 web 发布，通过 web 网页或者手机，管理者可以随时随地了解生产计划任务及任务执行情况。

c. iSESOL WIS 智仓储专注于机加工企业物料仓储业务,以仓储过程控制管理为核心,帮助企业实现仓库管理的信息化、智能化和精准高效的物流仓储管理,基于透明供应链的业务体系,建立网络化的协同仓储物料管理,深入用户及供应商,让企业更接近用户需求,更实时地管控供应链。

iSESOL WIS 智仓储:能够和其他应用结合,通过监控销售订单下单、生产订单下达等与仓储相关的环节来实时分析库存情况;在不与其他应用结合的情况下,可以通过灵活的配置与仓储相关的业务单据来实现其他业务模块的主要功能,并能对库存进行统计分析,为企业制定生产计划、采购计划、销售政策提供依据。在线下与供应商或客户沟通达成协议后,可以通过简单配置在云端向客户及供应商开放库存数据,无需搭建专线即可实现企业间库存数据的共享。

d. iSESOL WIS 智检验针对机加工行业产品生产制造的特点,满足产品生产质量控制和管理要求,实现生产现场产品质量检验数据的实时采集、产品品质过程的数据化管理,协助企业实现产品质量的追溯和产品质量问题分析,从而提升产品质量,降低质量管理成本。

e. iSESOL WIS 设备云眼通过生产设备的接入上云,实现设备运行数据的实时采集、实时穿透和实时展现;设备数据和生产数据自动采集,无须人员管理与维护。这让企业管理者可以轻松掌握设备情况,进而把握企业生产过程。

③ 产品 3:智造在线—iSESOL BIZ。

iSESOL 智造在线:通过线上、线下产能资源协同,面向机械加工领域企业提供订单交易与多维度增值服务。

④ 产品 4:MRO—iSESOL MALL。

iSESOL MALL:专业的工业品 MRO 采购平台,基于装备互联形成的工业互联网大数据助力制造企业工业消耗品在线采购,完善供应链配套服务。

⑤ 产品 5:装备服务平台 iSESOL ESP 或 iSESOL ESA。

iSESOL 装备服务是一款面向工业装备制造企业售后服务领域的多租户 SaaS 型产品,为客户提供设备故障报修、售后需求单派工、服务工程师调度、现场作业记录、服务报告归档、设备远程诊断等一整套云端售后服务管理功能,帮助装备制造企业提升售后服务管理水平,构建科学高效的售后服务管理体系。

a. 采用公有云 SaaS 服务模式。客户入驻 iSESOL 装备服务平台后,平台将为其开通租户权限,提供工业装备售后服务管理功能。

b. 客户可以根据售后服务管理的需要,添加自己的服务工程师、调度管理人员等。设备使用者可通过 APP、微信等渠道进行设备报修,售后服务团队通过接收设备的报修需求,将工单派发给服务工程师,对现场服务的结果进行审核,生成服务报告并存档。整个服务过程中,客户服务需求响应速度快,服务过程透明,服务数据得以沉淀。

c. iSESOL 装备服务平台同时提供备件的更换、维修、库存、销售等核心服务流程,有助于客户构建完整可持续的装备服务管理体系。

⑥ 产品 6:装备全生命周期数据—iSESOL EQUIP.CLOUD。

智能云科为智能装备全生命视角研发的一款产品,使制造装备相关联的装备制造商、设备代理经销商、设备使用企业等可以从不同角度查看制造装备的相关数据信息。

⑦ 产品 7:金融租赁—iSESOL LEASING(专业的智能装备生产力租赁平台)。

基于 iSESOL 工业互联网大数据的毫秒级实时传输，以实时互联、按需付费、即时结算的新商业模式，实现基于物联网的智能装备分享经济，为实体制造业的繁荣添砖加瓦。

⑧ 产品 8：iSESOL 供应链金融—助力中小企业融资贷款。

iSESOL 供应链金融服务，基于 iSESOL 工业互联网的大数据增信，通过广域物联、信息透明，管理上下游中小企业的物流和资金流，并把单个企业的不可控风险转为供应链企业整体的可控风险，将风险控制在最低的金融服务。

（3）应用成功案例

2018 年 iSESOL 工业互联网平台入选中国电子信息产业发展研究院、中国物联网产业生态联盟、通信产业报社，以及赛迪顾问联合发布的"2017—2018 中国十大工业云平台"。自 iSESOL 工业互联网平台上线以来，截至 2019 年 11 月，iSESOL 服务范围已涵盖 26 省、161 市，服务企业客户 3700 多家，已连接智能设备 28000 多台，累计服务机时 8700000 多小时。基于 iSESOL BOX+iSESOL 工业 APP 从设备终端到云端的数字化转型完整解决方案已经广泛应用于汽车零部件、3C 和通用机械等机加工行业，形成了一批典型成功案例。

上海某股份有限公司隶属上汽集团，是一家从事发动机、零部件及发电机组研发和制造的大型高新技术企业。公司产品主要应用于工程机械、卡车、客车、发电设备、船舶及农业机械等领域，并远销 50 多个国家和地区。

客户痛点/需求：现场管理依靠人工，人力成本高，管理效率低；车间产能存在瓶颈，增加设备数量需要花费大量资金，存在设备空置风险；设备维修成本高。

解决方案：智能云科通过在缸体和缸盖成套车间安装工业边缘计算终端 iSESOL BOX，实现了发动机缸体和缸盖生产线中 17 台设备的联网和数据采集(图 4-50)，在设备联网的基础上，通过应用 iSESOL 工业互联网平台智能增效、设备云眼及 DNC 等工业 APP，实现了车间可视化、生产智能化，提高了车间的综合效率。

图 4-50　上海某股份有限公司

应用成效：通过在车间已联网设备上运行智能增效 APP，实现加工效率的提升，更大限度发挥机床性能，在生产发动机缸体和缸盖的两条产线上，实现产能平均提升 7%。通过 iSESOL BOX 与设备云眼 APP 结合，可实现车间设备运行数据的实时采集和展现，助力车间班组长以上管理人员实时了解车间生产设备的运行指标和运行效率，实现车间生产过程可视化。通过 iSESOL DNC，车间可对程序文件及工艺资料等进行在线统一管理，可以通过网络自动下发程序文件到设备。

　　iSESOL 平台通过互联网技术与 i5 核心技术的结合，将工艺技术、设计人才和高端设备等各类资源进行有效组合，实现社会存量制造能力的发现和释放，提升制造业综合效率，改变社会生产方式和业态，为全民创业，万众创新提供了良好的实现平台，打造中国制造新的核心竞争力。iSESOL 平台与 i5 核心技术的结合打造出了世界领先的"工业 4.0"样本，为世界同行所瞩目。

4.7.3　马扎克公司 iCONNECT

　　CIMT2019 展会上，马扎克公司展出了引人注目的运用 IoT 技术的数控系统云平台新产品 iCONNECT。马扎克公司的 iCONNECT 以马扎克智能云（Mazak SMART Cloud）为载体，灵活运用云数据来实现机床互联，向客户提供远程服务、加工支援、维护保养、教育培训等综合服务，Mazak iCONNECT 功能如图 4-51 所示。iCONNECT 是面向云端的产品，提供 APP 和 Web 终端服务用户，为机床的全生命周期提供及时支持和保障，帮助客户提升生产效率。iCONNECT 提供门户网站、机床状态日志、软件下载、CNC 备份、保养视频阅览、报警通知/加工结束通知、MAZAchat、远程诊断等功能。

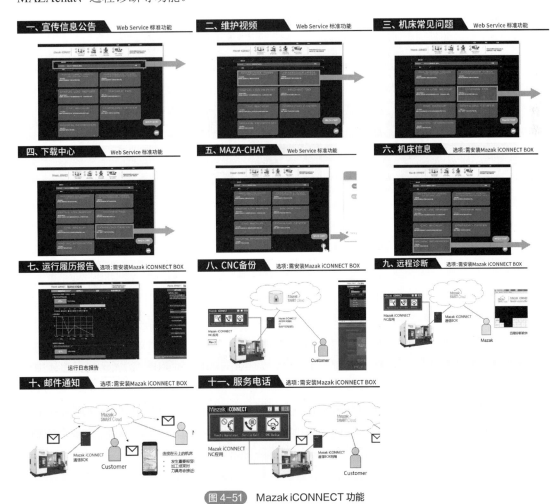

图 4-51　Mazak iCONNECT 功能

其中值得关注的是 MAZAchat 和远程诊断功能。MAZAchat 功能支持用户发送文字、照片、视频等资料到马扎克客服中心，由客服中心判断用户故障所在，从而远程解除故障。远程诊断功能支持在用户授权的情况下，抓取用户机床的画面，同时还能抓取机床数据，进行远程诊断。马扎克的 IoT 设备是与思科合作开发的，不仅具有通信功能，同时还具备边缘计算的能力，产品化程度较高。

4.7.4　发那科公司 FIELD system

由发那科、思科、罗克韦尔自动化等多家公司共同研发的 FANUC Intelligent Edge Linkand Drive system（缩写为 FIELD system），中文名为 FANUC 智能边界连接与驱动系统。在汉诺威欧洲机床博览会（EMO2017）上，FANUC 重点宣传与展示了 FIELD system（图 4-52）。该系统能实现自动化系统中的机床、机器人、周边设备及传感器的连接并可提供先进的数据分析能力，提高生产过程中的生产质量、效率、灵活度以及设备的可靠性，从而提高设备综合效率（OEE）并促进生产利润的提升。同时，FIELD system 还实现了先进的机器学习和深度学习能力。

图 4-52　汉诺威欧洲机床博览会（EMO2017）FIELD system 展示区

其具有开放平台、可连接多种设备、可有效使用各种 APP 和 AI（人工智能）、控制边缘设备等多种优点（图 4-53）。FIELD system 不仅适用于 FANUC 的机器人、智能机器等设备，也可用于自动化工厂中的其他厂家的设备，为用户提供统一集成的数据平台。用户可在同一平台对所有设备进行管理、升级以及远程服务和支持。

FIELD system 延续了 FANUC 的 ZDT 功能（零停机功能）。ZDT 功能有效结合了思科云端技术、IoT 数据收集软件以及点对点的安全性，可以通过以太网交换机连接受控设备，再连接思科公司的 UCS 服务器，运行 ZDT 数据收集软件。汽车行业用户在使用了该系统后，能实现停机时间的减少和费用的节省。

FIELD system 能为用户和应用开发者提供先进的机器学习和人工智能功能并将制造业引入到生产力和效率的新高度。目前，发那科已将这些新技术应用于机器人散堆拾取、生产异常检测和故障预测。FIELD system 结合了人工智能和尖端计算机技术使分布式学习成为可能。机器人和设备的运行数据在网络上被实时地进行处理，这也使各种设备之间能更智能地进行协调生产，令原来难以实现的复杂生产协调成为可能。

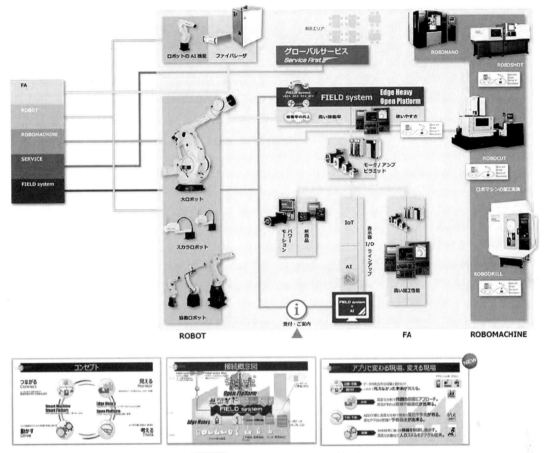

 图 4-53　FIELD system 具有开放平台

　　新版本（2.0）增加了以下内容：更容易制作应用的 API；可向边缘设备下达指令的 API；连接各种边缘设备（PLC、传感器等）的转换器用 SDK；在 FIELD BASE Pro、GPU 兼容可以操作 AI 应用程序；改进了 iPMA（Production monitoring&analysis）和 iZDT（Zero Down Time）。这样一来，就可以通过连接制造现场的所有设备来收集数据，通过边缘设备处理数据并高效使用，能够更加简单地制作出更加快速、自动化的应用程序。

　　近年来，以物联网、人工智能、柔性生产为核心的先进技术，正在加速与各行业的深度融合，不断提升效能，助推行业转型。凭借 FIELD system 的先进解决方案，发那科能打通工厂中设备的信息孤岛，使多种设备完美协作，从而提高设备综合效率，帮助用户实现未来工厂的美好愿景。

习题

一、填空题

　　1. 加工状态的智能感知与自主建模分析，是指机床通过对多个加工反馈信息的融合与综合分析，完成对机床在加工时的（　　　　）、（　　　　）、（　　　　）、（　　　　）等加工状态做出准确的实时定量化描述。

2. 机床智能数控系统的物理平台除直接参与机床智能控制运算的工控机、服务器群组等必要设备外，同时也包含辅助机床智能数控系统的（　　　）、（　　　）、（　　　）以及（　　　）等设备。

3. 机床智能数控系统的体系架构基于 HCPS 的理论体系和层级框架，可以划分为（　　　）、（　　　）、（　　　）、（　　　）四个主要层级组成。

二、判断题

1. 本地智能控制平台的设备多以工业计算机为主，是机床智能数控系统中的控制主体。（　　　）

2. 人工智能技术具有代替人工进行感知、分析、推理、决策的优势，可以大幅度提高机床数控系统的智能水平。（　　　）

3. 智能数控系统作为智能机床的核心技术，负责自动采集加工过程反馈信息、建立理论模型，并通过自修正、自适应等加工控制技术，使得加工精度和效率稳定保持在一定的误差安全范围内。（　　　）

三、简答题

1. 机床数控系统智能化的主要需求有哪些？

2. 根据被加工零件生产的流程顺序，机床智能数控系统可以划分为哪几个主要机床数控系统模块组成？

3. 从机床数控系统的平台架构及智能技术发展的角度出发，机床数控系统可划分为哪几个主要发展阶段？

参考文献

[1] 周济. 面向新一代智能制造的人-信息-物理系统-HCPS.Engineering, 2019, 5(04): 624-636.
[2] 孟博洋. 机床智能控制系统体系架构及关键技术研究进展. 机械工程学报, 2021, 57(09): 147-166.
[3] HU L, NGUYEN N T, TAO W, et al. Modeling of cloud-based digital twins for smart manufacturing with MT connect.Procedia Manufacturing, 2018, 26: 1193-1203.
[4] ZHOU Y, XUE W. Review of tool condition monitoring methods in milling processes[J]. The International Journal of Advanced Manufacturing Technology, 2018, 96(5-8): 2509-2523.
[5] LIU X, LI Y, WANG L. A cloud manufacturing architecture for complex parts machining.Journal of Manufacturing Science and Engineering, 2015, 137(6): 30.
[6] LIU X, LI Y. Feature-based adaptive machining for complex freeform surfaces under cloud environment.Robotics and Computer-Integrated Manufacturing, 2019, 56: 254-263.
[7] LIU C, VENGAYIL H, LU Y, et al. A cyber-physical machine tools platform using OPC UA and MTConnect. Journal of Manufacturing Systems, 2019, 51: 61-74.
[8] LIU C, VENGAYIL H, ZHONG R Y, et al. A systematic development method for cyber-physical machine tools. Journal of Manufacturing Systems, 2018, 48: 13-24.
[9] WANG Z, JIAO L, YAN P, et al. Research and development of intelligent cutting database cloud platform system . The International Journal of Advanced Manufacturing Technology, 2018, 94(9-12): 3131-3143.
[10] 武汉华中数控股份有限公司. 华中9型新一代人工智能数控系统助力中国机床"开道超车". 自动化博览, 2021, 38(05): 41-43.
[11] 沈机(上海)智能系统研发设计有限公司.i5 数控系统的研发和应用. 世界制造技术与装备市场, 2020(06): 40-44.

[12]　张曙. 数控系统及其人机界面的新进展. 机械设计与制造工程, 2014, 43(10): 1-5.

[13]　穆东辉. 智能技术驱动未来生产_来自 EMO2019 的报道(上). 世界制造技术与装备市场, 2020(03): 79-100.

[14]　许政顺. 西门子机床数字化双胞胎方案的技术思路及特点. 金属加工(冷加工), 2021(02): 26-28.

[15]　王红亮. 智能制造时代下的机遇与挑战. 世界制造技术与装备市场, 2021(05): 27-29

[16]　MM《现代制造》专访 I iSESOL WIS 基于云端更"聪明"的智造助手. 公众号/智能云科 iSESOL. 2018.

[17]　工博会展品预览(二)iiSESOL WIS, 工厂管理小助手.iSESOL 工业互联网平台.公众号/智能云科 iSESOL. 2019.

[18]　武汉华中数控股份有限公司. CIMT2019 数控系统云平台展品评述. 世界制造技术与装备市场, 2019(05): 72-74.

[19]　物联网+人工智能: FIELD system 中国区合作发布. 金属加工(热加工), 2016(22): 3.

扫码获取答案

第 5 章

工业机器人

 本章思维导图

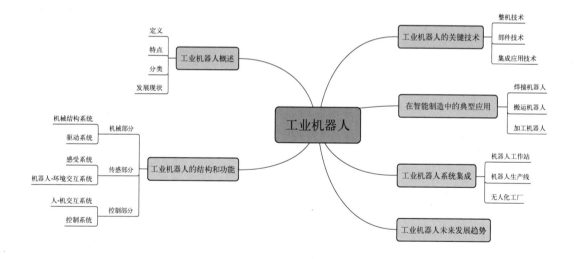

导 读

本章主要介绍工业机器人的基础知识、结构和功能、关键技术、典型应用，及系统集成。

学习目标

掌握：机器人的定义、特点及分类，工业机器人的机械部分、传感部分、控制部分的结构和功能。

了解：机器人的发展现状，工业机器人的关键技术，工业机器人在智能制造中的典型应用，工业机器人的系统集成，工业机器人未来发展趋势。

工业机器人近年来被广泛应用于各工业领域，它也是智能制造领域的主要生产辅助装备甚至加工装备。因此，在智能制造领域必须研究和充分应用工业机器人，来实现智能制造过程中的各种功能，就工业机器人而言，它应该是继计算机和数控机床之后，智能制造所依靠的又一利器。

工业机器人作为智能制造装备的代表和高端制造业发展的焦点，其研发、制造与应用成为衡量一个国家科技创新水平的重要标志。大力发展工业机器人产业，对于打造我国制造业优势，推动工业转型升级，加快制造强国建设，改善人们生活水平具有重要意义。近年来，随着国家对工业机器人产业的扶持力度不断加大，本土机器人企业不断推动技术创新，特别是伴随关键性零部件方面的技术积累，国内机器人企业正积极抢占市场。

我国工业机器人市场发展较快，约占全球市场份额的三分之一，是全球第一大工业机器人应用市场。根据《中国机器人产业发展报告（2021）》的数据，2021年全球工业机器人市场规模达335.8亿美元，从2016年到2021年，平均年增长率为11.5%；2021年国内工业机器人市场规模约为839亿元。当前，我国生产制造智能化改造升级的需求日益凸显，工业机器人的市场需求依然旺盛。

5.1 工业机器人概述

在智能制造领域，工业机器人作为一种集多种先进技术于一体的自动化装备，体现了现代工业技术的高效益、软硬件结合等特点，成为柔性制造系统、自动化工厂、智能工厂等现代化制造系统的重要组成部分。机器人技术的应用转变了传统的机械制造模式，提高了制造生产效率，为机械制造业的智能化发展提供了技术保障；优化了制造工艺流程，能够构建全自动智能生产线，为制造模块化作业生产提供了良好的环境条件，更好地满足了现代制造业的生产需要和发展需求。

5.1.1　工业机器人的定义

机器人是自动执行工作的机器装置。它既可以接受人类的指挥，又可以运行预先编排的程序，还可以根据以人工智能技术制定的原则纲领执行动作。它的任务是协助或取代人类的工作，例如生产制造业、建筑业，或是危险场合等的工作，主要涉及军事、航天科技、抢险救灾、工业生产、家庭服务等领域。国际机器人联盟（International Federation of Robotics,IFR）依据应用环境，将机器人分为工业机器人和服务机器人，其中工业机器人是指应用于生产过程与环境的机器人；服务机器人是指除工业机器人以外，用于非制造业并服务于人类的各种机器人。

中国国家标准 GB/T 12643—2013 的定义：工业机器人（industrial robot）是自动控制的、可重复编程、多用途的操作机，可对三个或三个以上轴进行编程。它可以是固定式或移动式，在工业自动化中使用。

国际上，工业机器人的定义主要有两种。

① 国际标准化组织（ISO）的定义：工业机器人是一种具有自动控制的操作和移动功能，能完成各种作业的可编程操作机。

② 美国机器人协会（RIA）的定义：工业机器人是一种可以反复编程和多功能的，用来搬运材料、零件、工具的操作机；或者为了执行不同的任务而具有可改变的和可编程的动作的专门系统。

工业机器人替代人工生产是未来制造业重要的发展趋势，是实现智能制造的基础，也是未来实现工业自动化、数字化、智能化的保障。

5.1.2　工业机器人的特点

自 20 世纪 60 年代初第一代机器人在美国问世以来，工业机器人的研制和应用有了飞速的发展，工业机器人最显著的特点有以下四点。

（1）可编程

工业机器人具有智力或具有感觉与识别能力，可根据其工作环境的变化进行再编程，以适应不同工作环境和动作的需要。

（2）拟人化

工业机器人在机械结构上有与人类相似的部分，比如手爪、手腕、手臂等部分，这些结构都是通过程序来控制的，能像人一样使用工具。此外，智能化工业机器人还有许多类似人类的"生物传感器"，如皮肤型接触传感器、力传感器、负载传感器、视觉传感器、声觉传感器、语言功能等。传感器提高了工业机器人对周围环境的自适应能力。

（3）通用性

除了专门设计的专用的工业机器人外，一般工业机器人在执行不同的作业任务时具有较好的通用性，针对不同的作业任务，可通过更换工业机器人手部（也称末端操作器，如手爪或工具等）来适应。

（4）综合性

工业机器人是一门多学科交叉的综合学科，涉及机械工程、电子技术、计算机技术、自动控制理论及人工智能等学科领域。它不是现有机械、电子技术的简单组合，而是这些技术有机融合的一体化装置。当前，大数据、物联网、5G 等信息技术兴起，工业机器人与信息技术不断融合，推动产业发展进入快车道。

5.1.3　工业机器人的分类

工业机器人的分类没有统一的规定，通常按照技术等级、结构坐标特点、机械结构和运动方式等划分。

（1）按照技术等级分类

按照技术等级，工业机器人可分为示教再现工业机器人、感知工业机器人、智能工业机器人三类。

① 示教再现工业机器人。示教再现工业机器人是第一代工业机器人，能够按照人类预先示教的轨迹、行为、顺序和速度重复作业。示教分为两种形式：一是由操作员手把手示教，以喷涂机器人为例，操作人员握住工业机器人上的喷枪，沿喷漆路线示范一遍，工业机器人记住这一连串运动，工作中自动重复这些运动，从而完成给定位置的涂装工作；二是通过示教器示教，即操作人员利用示教器上的开关或按键来控制工业机器人一步一步运动，工业机器人自动记录，然后重复。

② 感知工业机器人。感知工业机器人是第二代工业机器人，具有环境感知装置，对外界环境有一定感知能力，并且具有听觉、视觉、触觉等功能，工作时根据感觉器官（传感器）获得信息，灵活调整自己的工作状态，保证在适应环境的情况下完成工作，目前已经进入应用阶段。

③ 智能工业机器人。智能工业机器人是第三代工业机器人，具有发现问题，并且能自主解决问题的能力，尚处于实验研究阶段。

（2）按照结构坐标特点分类

按照结构坐标特点，工业机器人可分为直角坐标机器人、圆柱坐标机器人、极坐标机器人、多关节坐标机器人四类。

① 直角坐标机器人。直角坐标机器人的手部可以在 X、Y、Z 方向移动，构成一个直角坐标系，运动是独立的（有 3 个独立自由度），其动作空间为一个长方体，如图 5-1 所示。其特点是控制简单、运动直观性强、易达到高精度，但操作灵活性差、运动的速度较低、操作范围较小且占据的空间相对较大。

② 圆柱坐标机器人。圆柱坐标机器人有一个可水平旋转的基座，在基座上装有互相垂直的立柱和水平臂，水平臂能上下移动和前后伸缩，并能绕基座旋转，其动作空间为圆柱体（具有 1 个回转和 2 个平移自由度），如图 5-2 所示。其特点是工作范围较大、运动速度较高，但随着水平臂沿水平方向伸长，其线位移分辨精度越来越低。

③ 极坐标机器人（球坐标型）。极坐标机器人工作臂不仅可绕垂直轴旋转，还可绕水平轴做俯仰运动，且能沿手臂轴线做伸缩运动（其空间位置分别有旋转、摆动和平移 3 个自由度），

如图 5-3 所示。著名的 Unimate 机器人就是这种类型的机器人，其特点是结构紧凑，所占空间小于直角坐标和圆柱坐标机器人，但仍大于多关节坐标机器人，操作比圆柱坐标机器人更为灵活。

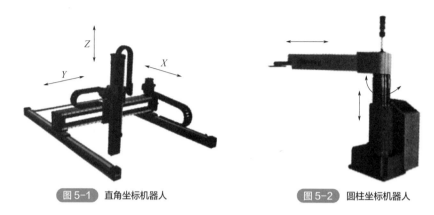

图 5-1　直角坐标机器人　　　　　　图 5-2　圆柱坐标机器人

④ 多关节坐标机器人。机器人由多个旋转和摆动机构组合而成。其特点是操作灵活性好、运动速度快、操作范围大，对喷涂、装配、焊接等多种作业都有良好的适应性，应用范围广。摆动方向主要有铅垂方向和水平方向两种，因此这类机器人又可分为垂直多关节机器人和水平多关节机器人。目前，世界工业界装机最多的多关节机器人是串联关节垂直六轴机器人，如图 5-4 所示，以及 SCARA 型四轴机器人。

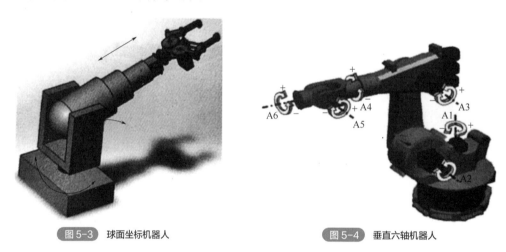

图 5-3　球面坐标机器人　　　　　　图 5-4　垂直六轴机器人

　　a. 垂直多关节机器人。操作机由多个关节连接的机座、大臂、小臂和手腕等构成，大、小臂既可在垂直于机座的平面内运动，又可实现绕垂直轴的转动。其模拟了人类的手臂功能，手腕通常由 2～3 个自由度构成，其动作空间近似一个球体，所以也称为多关节球面机器人。其优点是可以自由地实现三维空间的各种姿势，可以生成各种形状复杂的轨迹。

　　b. 水平多关节机器人。其在结构上，具有串联配置的两个能够在水平面内旋转的手臂，自由度可以根据用途选择 2～4 个，动作空间为一圆柱体。其优点是在垂直方向上的刚性好，能方便地实现二维平面上的动作，在装配作业中得到普遍应用。图 5-5 所示为水平多关节机器人。

（3）按机器人的机械结构分类

按照机械结构，工业机器人可分为串联机器人、并联机器人两大类。

① 串联机器人。串联机器人是开式运动链，它是由一系列连杆通过转动关节或移动关节串联而成。关节由驱动器驱动，关节的相对运动导致连杆的运动，使手爪到达一定的位姿。

② 并联机器人。并联机器人可以定义为动平台和定平台通过至少两个独立的运动链相连接，具有两个或两个以上自由度，且以并联方式驱动的一种闭环机器人。

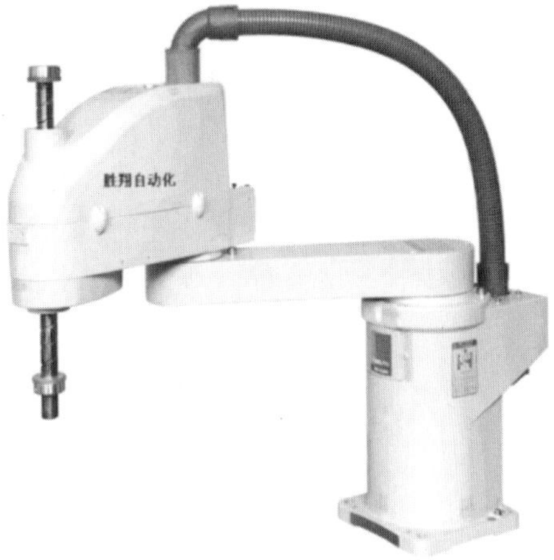

（4）按机器人的运动方式分类

按照运动方式，工业机器人可分为固定机器人和移动机器人两大类。

图 5-5　水平多关节机器人

① 固定机器人。固定机器人工作时不可移动，即基座固定，只能移动各个关节。

② 移动机器人。移动机器人工作时是可移动的，移动机器人的种类很多，又可分为轮式机器人、履带式机器人、步行机器人等。

5.1.4　工业机器人的发展现状

（1）国外工业机器人发展现状

第一台工业机器人诞生于 1959 年，由机器人之父恩格尔伯格（Joseph F. Engelberger）与搭档德沃尔（George Devol）联手研制，如图 5-6 所示，命名为 Unimate，意思是"万能自动"，用在美国新泽西州特伦顿的铸铁件工厂做上下料移载。这是一台用于压铸的五轴液压驱动机器人，手臂的控制由一台计算机完成。它采用了分离式固体数控元件，并装有存储信息的磁鼓，能够记忆完成 180 个工作步骤。自此，世界上开始了工业机器人技术的研究与发展，也奠定了美国在工业机器人技术领域的领先地位。这项新技术吸引了通用汽车的注意，进而其尝试用机器人来进行车身的点焊工作。这项应用开发了 10 年之后，1969 年，汽车行业首次大量引入 17 台 Unimate 机器人用于美国俄亥俄州 Lordstown 的汽车工厂进行车身点焊。随着在特殊环境下的作业任务越来越多，美国阿尔贡研究所在 1974 年发布了遥操作机械手。在之后的 20 年内，包括该研究所在内的众多美国企业及科研机构，例如戴沃尔、

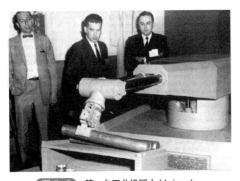

图 5-6　第一台工业机器人 Unimate

AMF、麻省理工学院等，研发了众多工业机械手及工业机器人的实用机型，促进了工业机器人技术的发展。

1967 年，工业机器人首次进入欧洲市场。瑞典 Metallverken 安装了第一台工业机器人，此后，瑞典、德国、挪威等欧洲国家开始了工业机器人的开发与应用研究。1969 年挪威生产了第一台工业机器人，用于喷漆工作。目前，德国、瑞典的工业机器人技术处于世界一流的水平。

图 5-7 所示为瑞典 ABB 工业机械臂，图 5-8 所示为德国库卡（KUKA）工业机械臂。

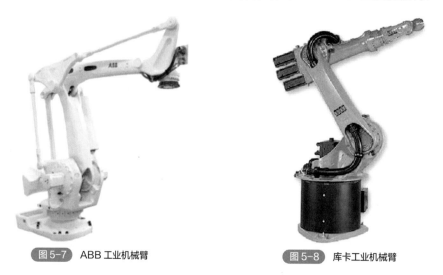

图 5-7　ABB 工业机械臂　　　　图 5-8　库卡工业机械臂

1969 年，恩格尔伯格在东京介绍工业机器人技术，此后日本开始对美国的工业机器人技术进行学习、改进和创新。由于日本青壮年劳动力的极度匮乏，日本大力发展机器人技术以代替大量的工人劳动。此后十年，日本的工业机器人技术迅速发展，开展了大量理论研究与应用实践，并于 1973 年开发出第一台具有动态视觉传感功能的工业机器人，用于螺栓的自动连接。20 世纪 80 年代，日本建成了完整的工业机器人产业链。目前日本拥有三家世界著名的机器人品牌：发那科（Fanuc）、安川（Yaskawa）和爱普生（Epson）。图 5-9 所示为日本发那科工业机械臂，图 5-10 所示为安川工业机械臂，图 5-11 所示为爱普生工业机械臂。

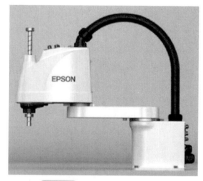

图 5-9　发那科工业机械臂　　　图 5-10　安川工业机械臂图　　　图 5-11　爱普生工业机械臂

（2）国内工业机器人发展现状

我国从 20 世纪 70 年代开展对工业机器人技术的研究与应用工作。从第七个五年规划开始，国家开始加强与工业机器人领域有关的技术研究，例如机械制造技术、电子技术、电子元件等。到 90 年代，国家"863 计划"在全国范围内建立了多个工业机器人技术研发基地，加速技术突破，培养研发人员。进入 21 世纪后，工业机器人的市场需求猛增，依靠国内广阔的市场，我国的工业机器人技术再一次得到质的提升。目前国内拥有多家发展较好、水平较高的机器人研究所和公司，如北京机械工业自动化研究所（北自所）、沈阳新松机器人、深圳汇川机器人、西南自动化研究所等。图 5-12 所示为北自所研发的 EPR 系列喷涂机器人，图 5-13 所示为沈阳新松研发的 SR10C 低载型工业机械臂，图 5-14 所示为汇川生产的 RB300-7 六轴机械臂。

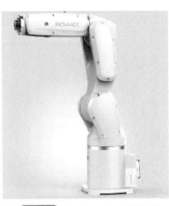

图 5-12　EPR-601 系列机器人　　　图 5-13　SR10C 工业机械臂　　　图 5-14　RB300-7 工业机械臂

　　目前，我国形成了掌握关键技术、产品实际应用、具有自主知识产权的技术格局，与此同时，国内也涌现了多家具有自主产权、优势产品的工业机器人技术公司。沈阳新松机器人自动化股份有限公司在自动导引车（AGV）方面取得了重大市场突破。哈尔滨博实自动化股份有限公司则在石化等行业的包装与码垛机器人方面进行了大量的产品研发与市场推广。奇瑞装备与哈尔滨工业大学自主研制出了自动焊接生产线，并在相关行业中进行了应用。上海沃迪自动化装备股份有限公司联合上海交通大学成功研制了码垛机器人，并进行了市场化应用推广。天津大学则在并联机构上取得技术突破，并取得了美国专利。珞石科技有限公司在轻型机器人方面取得了领先地位，专注研发柔性协助机器人、轻型工业机器人等相关技术，其业务分布法、德、韩、日等发达国家。还有南京埃斯顿自动化股份有限公司、青岛科捷自动化设备有限公司、江苏汇博机器人技术股份有限公司、安徽埃夫特智能装备有限公司等众多国内企业，在工业机器人技术领域发力，取得了在工业机器人整机、系统集成、关键零部件技术等方面，追赶甚至反超发达国家的工业机器人技术。

　　我国从一开始依托引进国外技术，到现在形成自主技术，培育了自身人才，走出了一条具有中国特色的工业机器人技术发展之路。但不可忽视的是，与国外相比，我国的工业机器人技术虽然在某一领域领先于国外技术，但依旧存在一定差距，需继续研究突破。

5.2　工业机器人的结构和功能

　　工业机器人的组成结构是实现其功能的基础。工业机器人一般由 3 个部分、6 个子系统组成，如图 5-15 所示。3 个部分是机械部分、传感部分和控制部分；6 个子系统是驱动系统、机械结构系统、感受系统、人-机交互系统、机器人-环境交互系统和控制系统。

5.2.1　工业机器人的机械部分

　　机械部分包括工业机器人的机械结构系统和驱动系统，是工业机器人的基础，其结构决定了机器人的用途、性能和控制特性。

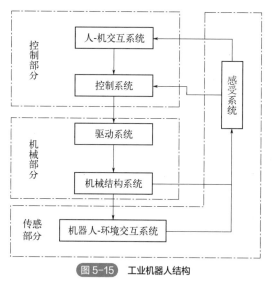

图 5-15　工业机器人结构

（1）机械结构系统

机械结构系统即工业机器人的本体结构，包括基座和执行机构，有些机器人还具有行走机构，是机器人的主要承载体。机械结构系统的强度、刚度及稳定性是机器人灵活运转和精确定位的重要保证。

（2）驱动系统

驱动系统包括工业机器人动力装置和传动机构，按动力源分为液压、气动、电动和混合动力驱动，其作用是提供机器人各部位、各关节动作的原动力，使执行机构产生相应的动作。驱动系统可以与机械系统直接相连，也可通过同步带、链条、齿轮、谐波传动装置等与机械系统间接相连。

5.2.2　工业机器人的传感部分

传感部分包括工业机器人的感受系统和机器人-环境交互系统。传感部分是工业机器人的信息来源，能够获取有效的外部和内部信息来指导机器人的操作。

（1）感受系统

感受系统是工业机器人获取外界信息的主要窗口，机器人根据布置的各种传感元件获取周围环境状态信息，对结果进行分析处理后控制系统对执行元件下达相应的动作命令。感受系统通常由内部传感器模块和外部传感器模块组成：内部传感器模块用于检测机器人自身状态；外部传感器模块用于检测操作对象和作业环境。

（2）机器人-环境交互系统

机器人-环境交互系统是工业机器人与外部环境中的设备进行相互联系和协调的系统。在实际生产环境中，工业机器人通常与外部设备集成为一个功能单元。该系统帮助工业机器人与外部设备建立良好的交互渠道，能够共同服务于生产需求。

5.2.3　工业机器人的控制部分

控制部分包括工业机器人的人机交互系统和控制系统。控制部分是工业机器人的核心，决定了生产过程的加工质量和效率，便于操作人员及时准确地获取作业信息，按照加工需求对驱动系统和执行机构发出指令信号并进行控制。

（1）人机交互系统

人机交互系统是人与工业机器人进行信息交换的设备，主要包括指令给定装置和信息显示装置。人机交互技术应用于工业机器人的示教、监控、仿真、离线编程和在线控制等方面，优化了操作人员的操作体验，提高了人机交互效率。

（2）控制系统

控制系统是根据机器人的作业指令程序以及从传感器反馈回来的信号，支配工业机器人的执行机构完成规定动作的系统。控制系统根据是否具备信息反馈特征可以分为闭环控制系统和开环控制系统；根据控制原理可分为程序控制系统、适应性控制系统和人工智能控制系统；根据控制运动的形式可分为点位控制系统和连续轨迹控制系统。

5.3　工业机器人的关键技术

工业机器人的关键技术是推动机器人系统不断发展和进步的重要支撑，其技术的研发和突破能够提高工业机器人系统的控制性能、人机交互性能和安全可靠性，提升工业机器人任务重构、偏差自适应调整的能力，实现工业机器人的系列化设计和批量化制造。在智能制造领域中，工业机器人有 3 类关键技术：整机技术、部件技术以及集成应用技术，如图 5-16 所示。

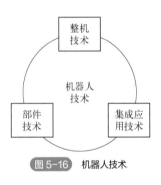

图 5-16　机器人技术

5.3.1　工业机器人的整机技术

整机技术是指以提高工业机器人产品的可靠性和控制性能，提升工业机器人的负载/自重比，实现工业机器人的系列化设计和批量化制造为目标的机器人技术。其主要有：本体优化设计技术、机器人系列化标准化设计技术、机器人批量化生产制造技术、快速标定和误差修正技术、机器人系统软件平台等。本体优化设计技术是其中的代表性技术。

本体优化设计技术即对工业机器人的本体进行优化设计和性能评估的技术。在现代工业生产的一些高速、重载的应用场合下，需要保证工业机器人加工过程中的运动精度和运动平稳性，因此在工业机器人的本体结构设计开发时，必须对其惯性参数和结构参数进行不断优化，使机构的质量、刚度得到合理的分布，使工业机器人整机具有良好的动态性能。基本流程是：首先根据生产需求设计工业机器人机械结构，利用三维软件建立本体结构模型，并进行虚拟装配，如图 5-17 所示；然后利用计算机仿真技术对机器人进行运动学和动力学仿真分析，分析机器人的各项性能；最后利用有限元技术等对结构进行优化，以实现机器人的轻量化，提高机器人的动态性能。

在工业机器人本体设计过程中，应当考虑以下设计原则。

图 5-17　本体优化设计

① 最小运动惯量设计原则。工业机器人不同零部件之间的运动会在惯性的作用下对本身产生冲击，因此在进行机器人本体结构设计时，应尽量减小运动部件的质量，并注意运动部件对转轴的质心配置，提高机器人运动的平稳性，降低末端的误差。

② 高强度高刚度设计原则。工业机器人本体的结构和材料影响着整体机构的强度与刚度，进一步影响着机器人的加工能力和运动精度。因此在机器人本体设计过程中，需要对各部分机构进行合理的设计，确保作用在机构上的力和力矩得到恰当的分配，满足整体机构的强度与刚度要求。

③ 可靠性设计原则。在工业机器人本体设计阶段需要对机器人的可靠性进行预估和测试，可以通过结构概率可靠度设计方法设计出可靠度满足要求的零件或结构，或者通过系统可靠性综合评测方法评定机器人系统的可靠性，保证机器人结构满足可靠性要求。

本体结构轻量化设计方面，主要体现在新材料、新工艺和结构优化理论的应用上，例如从铸铁或铝合金转变到复合材料的选用，以及拓扑优化等相关技术的应用。本体结构模块化设计方面，主要体现在各种机构的选用和组合上，例如关节模块中伺服电机和减速器的集成，可提高机器人的可重构能力。

5.3.2　工业机器人的部件技术

部件技术是指以研发高性能机器人零部件，满足工业机器人关键部件需求为目标的机器人技术。其主要有：高性能伺服电机设计制造技术、高性能/高精度机器人专用减速器设计制造技术、开放式/跨平台机器人专用控制（软件）技术、变负载高性能伺服控制技术等。高性能伺服电机设计制造技术和高性能/高精度机器人专用减速器设计制造技术是其中的代表性技术。

伺服电机是指在伺服系统中控制机械元件运转的电机，能将电压信号转化为转矩和转速信号以驱动控制对象，是机器人的核心零部件之一，如图 5-18 所示。伺服电机作为工业机器人的关键执行部件，是驱动工业机器人运动的主要动力系统。伺服电机的性能很大程度上决定了工业机器人整体的动力性能。工业机器人领域中应用的伺服电机应具有快速响应、高启动转矩、低惯量、宽广且平滑的调速范围等特性，目前应用较多的是交流伺服电机。设计高性能高功率密度伺服电机需要根据设计指标综合考虑电机结构参数、部件材料、磁路结构等要素，并通过有限元等方法综合分析电机性能。

减速器通常用作原动件与工作机之间的减速传动装置，起到匹配转速和传递转矩的作用，一般由封闭在刚性壳体内的齿轮传动、蜗杆传动、齿轮-蜗杆传动机构组成，是机器人传动机构的核心部件之一，如图 5-19 所示。机器人领域常用的精密传动装置主要有轻载条件下的谐波减速器和重载条件下的 RV 减速器。谐波减速器具有轻量小型、无齿轮间隙、高转矩容量等优点，但其精度寿命较差，主要是由于在高度循环的交变应力情况下柔轮极易出现疲劳失效，通常应用在关节型机器人的末端执行等轻载部位；RV 减速器主要包含了行星齿轮与摆线针轮两级减速两个部分，具有减速范围宽、功率密度大、运行平稳等优点，已成为工业机器人最常用的精密减速器。设计高性能/高精度机器人专用减速器需综合考虑传动精度、齿廓修形、扭转刚度以及回差等技术指标。

当前，我国高性能伺服电机、减速器等关键零部件的设计制造技术与外国相比，在可靠性、精度、动态反应能力等方面存在一定差距，是制约我国工业机器人发展的瓶颈之一。

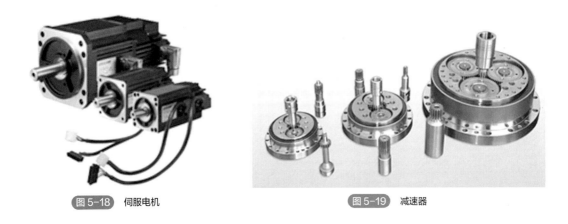

图 5-18　伺服电机

图 5-19　减速器

5.3.3　工业机器人的集成应用技术

集成应用技术是指以提升工业机器人任务重构、偏差自适应调整能力，提高机器人人机交互性能为目标的机器人技术。其主要有：基于智能传感器的智能控制技术、远程故障诊断及维护技术、基于末端力检测的力控制及应用技术、快速编程和智能示教技术、生产线快速标定技术、视觉识别和定位技术等。视觉识别和定位技术是其中的代表性技术。

视觉识别和定位技术是一项涉及人工智能、图像处理、传感器技术和计算机技术等多领域的综合技术，与工业机器人结合非常紧密，广泛地应用在工业生产中的缺陷检测、目标识别与定位和智能导航等方面。典型的视觉应用系统包括图像捕捉系统、光学成像系统、图像采集与数字化、智能图像处理与决策模块和控制执行模块，如图 5-20 所示。

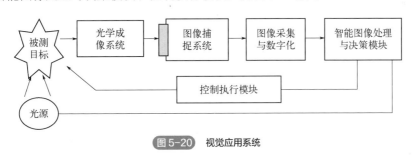

图 5-20　视觉应用系统

视觉识别和定位技术在工业机器人领域的应用主要有以下 3 个方面。

① 视觉测量：针对精度要求较高（毫米级甚至微米级）的零部件，使用人的肉眼无法完成其精度测量，通过引入视觉非接触测量技术构成机器人柔性在线测量系统，能够有效获取零部件表面质量和基本尺寸信息。

② 视觉引导：基于机器视觉技术能够快速准确地找到目标零件并确认其位置，采用模式识别的方式，在三维图像中获取目标点或目标轨迹引导工业机器人抓取、加工等操作，提高生产智能化程度，实现自动化作业。

③ 视觉检测：通过机器视觉检测完成产品的制造工艺检测、自动化跟踪、追溯与控制等生产环节，识别零件的存在或缺失以保证部件装配的完整性，判别产品表面缺陷以保证生产质量。

视觉识别和定位技术的应用使得工业机器人能够适应复杂工业环境中的智能柔性化生产，大大提高了工业生产中的智能化和自动化水平。工业机器人的关键技术推动了机器人产品的系列化设计和批量化制造。

5.4   工业机器人在智能制造中的典型应用

在智能制造领域，多关节工业机器人、并联机器人、移动机器人的本体开发及批量生产，使得机器人技术在焊接、搬运、喷涂、加工、装配、检测、清洁生产等领域得到规模化集成应用，如图 5-21 所示，极大地提高了生产效率和产品质量，降低了生产和劳动力成本。

5.4.1   焊接机器人

在汽车、工程机械、船舶、农机等行业，焊接机器人的应用十分普遍。作为精细度需求较高、工作环境质量较差的生产步骤，焊接的劳动强度极大，对焊接工作人员的专业素养要求较高。由于机器人具备抗疲劳、高精度、抗干扰等特点，应用焊接机器人技术取代人工焊接，可保证焊接质量一致性，提高焊接作业效率，同时也能直观地反馈焊接作业的质量。随着视觉、力觉感知技术在焊接生产中的作用，感知型焊接机器人还能进行引导路径编程，可实时感知、预测焊接过程中的非预期事件（如人体接触），并迅速规避，实现更加智能化的人体协作焊接。

目前，投放于焊接岗位的机器人的种类较多，根据使用场合的差异，选用的焊接机器人种类各有不同。其中多关节机器人的应用较为普遍，如图 5-22 所示，结合多关节机器人的运动灵活、空间自由度较高的特点，能够调整任意的焊接位置和姿态，有效地提升了制造中的生产效率与生产质量。

5.4.2   搬运机器人

机器人技术同样能够应用到制造业的搬运作业中。借助人工程序的构架与编排，将搬运机器人投放入当今制造业生产之中，从而实现运输、存储、包装等一系列工作的自动化进行，不仅有效地解放了劳动力，而且提高了搬运工作的实际效率。通过安装不同功能的执行器，搬运机器人能够适应各类自动生产线的搬运任务，实现多形状或不规则的物料搬运作业。同时考虑到化工原料及成品的危险性，利用搬运机器人进行运输能降低安全隐患，减少危险品及辐射品对搬运人员人体的伤害。

目前，固定式串联搬运机器人在制造业中应用广泛，其优点是工作空间大、结构简单，但其负载较低、刚性较差，只能在固定工位上完成简单的搬运工作，具有一定的局限性。通过结合移动机器人技术和并联机器人技术，能有效地提高搬运机器人的承载能力和作业范围，在汽车、物流、食品、医药等行业具有广阔的应用前景，如图 5-23 所示。

5.4.3   加工机器人

随着生产制造向着智能化和信息化发展，机器人技术越来越多地应用到制造加工的打磨、抛光、钻削、铣削、钻孔等工序当中。与进行加工作业的工人相比，加工机器人对工作环境的要求相对较低，具备持续加工的能力，同时加工产品质量稳定、生产效率高，能够加工多种材料类型的工件，如铝、不锈钢、铜、复合材料、树脂、木材和玻璃等，有能力完成各类高精度、大批量、高难度的复杂加工任务。

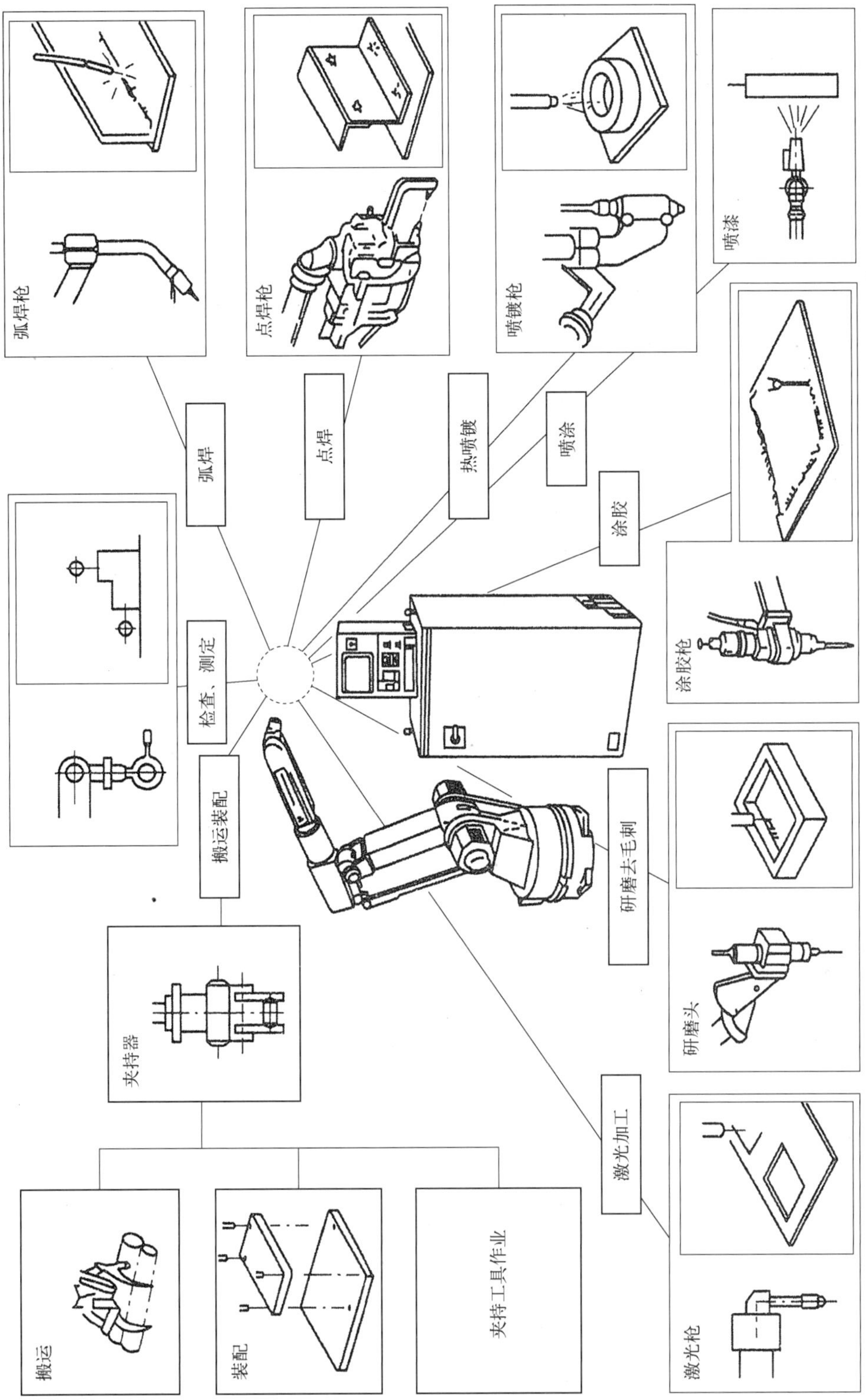

图 5-21　工业机器人的主要应用领域

图 5-22　焊接机器人

图 5-23　搬运机器人

图 5-24　加工机器人

相比机床加工，工业机器人的缺点在于其自身的弱刚性。但是加工机器人具有较大的工作空间、较高的灵活性和较低的制造成本，对于小批量多品种工件的定制化加工，机器人在灵活性和成本方面显示出较大优势；同时，机器人更加适合与传感器技术、人工智能技术相结合，在航空、汽车、木制品、塑料制品、食品等领域具有广阔的应用前景，如图 5-24 所示。

5.5　工业机器人的系统集成

只有机器人裸机是不能完成任何工作的，机器人裸机需要通过系统集成之后才能为终端客户所用。比如，对于一个搬运工作站，除了机器人本体，还需要集成由末端执行器（如手爪）、传送带、料仓、码垛盘等构成的机械模块，以传感器为主体的检测模块，以及作为总指挥的控制模块，这样才能形成一个有能力完成作业任务的完整系统。机器人集成是指在机器人本体上加装夹具及其他配套系统完成特定功能。

5.5.1　工业机器人系统集成的概念

系统集成方案解决商处于机器人产业链的下游应用端，为终端客户提供应用解决方案。机器人系统集成供应商要具有产品设计能力、对终端客户应用需求的工艺理解、相关项目经验等，能提供适应各种不同应用领域的标准化、个性化成套装备。如果说机器人本体是机器人产业发展的基础，那么下游系统集成就是机器人商业化、大规模普及的关键。应用集成系统的研发也是机器人产业链上利润与技术门槛都很高的环节，近年来，随着工业机器人产业的火速升温，机器人系统集成行业也逐年升温，备受追捧。

机器人系统集成实质上包括硬件集成和软件集成两个过程。硬件集成不仅包括机器人本体、末端执行器等机械部分，还包括电气部分。电气部分为系统供电并将各部分连接起来，再通过通信协议满足各部分之间的通信需求。软件集成则好像赋予系统一个大脑或灵魂，对整个系统的信息流进行综合，从而控制所有设备统一步调，协调工作。

5.5.2 工业机器人系统集成的三个层次

根据自动化的程度和规模，工业机器人系统集成分为三个层次，分别是机器人工作站、机器人生产线及无人化工厂。

如图 5-25 所示，应用一台或多台工业机器人，替代某一个工位上的工人完成其工作，该工位连同其上的机器人在生产中被视为一个整体，称为机器人工作站。

如图 5-26 所示，由多个工业机器人工作站和生产自动化设备组成，能够实现产品全生产流程的自动化生产线称为机器人生产线。

图 5-25　机器人码垛工作站

如图 5-27 所示，几乎没有从事简单操作的工人，仅依靠大量工业机器人与自动化设备，以及从事维护检测的少量工作人员就可以正常运转的工厂，称为无人化工厂。

图 5-26　冲压生产线

图 5-27　无人化工厂

除汽车行业外，国内 90% 以上的机器人应用工程均为局部自动化，如焊接、码垛、喷涂、铸造、打磨等大量应用都属于机器人工作站的范畴。另外，工作站的知识和技术也是机器人生产线乃至无人化工厂的基础和核心。因此，本书将以工作站层面的系统集成为主进行介绍。

5.5.3 工业机器人系统集成的现状和未来

在世界范围内的机器人产业化过程中，有三种发展模式，即日本模式、欧洲模式和美国模式。日本机器人制造商致力于开发新型机器人，而成套设备则由其他企业完成；欧洲机器人制造商不仅生产机器人，还为用户设计开发机器人系统；美国则是机器人采购与成套设计相结合。

国产机器人技术及其工程应用水平与国外都有差距，如可靠性较差、应用领域较窄等，产生这种差距的主要原因是尚未形成强大的机器人产业。中国机器人市场基础薄弱，但规模非常大，因此中国机器人产业化比较适合从集成起步。现实也是如此，虽然从事机器人本体研发的企业越来越多，但主流仍旧是系统集成商，即单元产品外购或贴牌，为客户提供"交钥匙"工程。所以说，中国的机器人产业发展更接近于美国模式。

一般来讲，系统集成市场规模一般可达机器人本体市场规模的2～3倍，市场空间巨大。

目前我国约80%的国内机器人企业集中在系统集成领域，相比于国外工业机器人巨头，低端应用的竞争尤其激烈，但国内系统集成商拥有本土的许多比较优势。汽车产业格局稳定，面临商务关系、技术和资金三重壁垒，国内企业难以进入。但在其他行业，尤其是3C行业，国内系统集成企业具有优势。尤其是近年来国内相继涌现出了一批系统集成行业的佼佼者：博实股份、天奇股份、埃斯顿、拓斯达等。

机器人系统集成企业的工作模式是依各公司特色自定义的，一般分为客户订单、方案设计、现场调试和投入使用几个阶段，但不同行业的项目都会有其特殊性，行业千变万化，因此项目集成工程难以复制，由此造成的设备非标化必然导致成本难以降低，规模难以扩大。再加上系统集成人才短缺、系统集成需要垫付资金等问题，都在一定程度上阻碍了中国机器人产业化的发展。

要想解决这个瓶颈，机器人集成的发展趋势必然是标准化及行业细分化。

以深圳为例，它依托庞大的3C产业，打造了全国最完整的机器人产业链，凭借成本优势和邻近市场的特点，快速响应客户需求，有利于产业更加聚焦，从而细分市场。

因此机器人系统集成商必须大力深化对细分行业的工艺理解，同时提升系统集成设计能力及项目经验，通过系列化、通用化、模块化的路径，推动机器人系统集成的标准化进程。

此外，我国的"新基建"将加速人工智能等相关技术赋能，其中重点建设的5G、工业互联网、人工智能、大数据等领域，都将为机器人产业发展带来技术支持。工业机器人系统集成的未来将向智慧工厂发展。智慧工厂的核心是数字化和信息化，它们将贯穿于生产的各个环节，降低从设计到生产制造之间的不确定性，从而缩短产品设计到生产的转换时间，并提高产品的可靠性与成功率。

5.6　工业机器人未来发展趋势

在智能制造领域中，以机器人为主体的制造业体现了智能化、数字化和网络化的发展要求，现代工业生产中大规模应用工业机器人正成为企业重要的发展策略。现代工业机器人已从功能单一、仅可执行某些固定动作的机械臂，发展为多功能、多任务的可编程、高柔性智能机器人。尽管系统中工业机器人个体是柔性可编程的，但目前采用的大多数固定式自动化生产系统柔性较差，适用于长周期、单一产品的大批量生产，而难以适应柔性化、智能化、高度集成化的现代智能制造模式。为应对智能制造的发展需求，未来工业机器人系统有以下发展趋势。

（1）一体化发展趋势

一体化是工业机器人未来的发展趋势。可以对工业机器人进行多功能一体化的设计，使其具备进行多道工序加工的能力，对生产环节进行优化，实现测量、操作、加工一体化，能够减少生产过程中的累计误差，大大提升生产线的生产效率和自动化水平，降低制造中的时间成本和运输成本，适合集成化的智能制造模式。

（2）智能信息化发展趋势

未来以"互联网+机器人"为核心的数字化工厂智能制造模式将成为制造业的发展方向，真正意义上实现机器人、互联网、信息技术和智能设备在制造业的完美融合，涵盖工厂制造的生产、质检、物流等环节，是智能制造的典型代表。结合工业互联网技术、机器视觉技术、人机交互技术和智能控制算法等相关技术，工业机器人能够快速获取加工信息，精确识别和定位作业目标，排除工厂环境以及作业目标尺寸、形状多样性的干扰，实现多机器人智能协作生产，满足智能制造的多样化、精细化需求。

（3）柔性化发展趋势

现代智能制造模式对工业机器人系统提出了柔性化的要求。通过开发工业机器人开放式的控制系统，使其具有可拓展和可移植的特点；同时设计制造工业机器人模块化、可重构化的机械结构，例如关节模块中实现伺服电机、减速器、检测系统三位一体化，使得生产车间能够根据生产制造的需求自行拓展或者组合系统的模块，提高生产线的柔性化程度，有能力完成各类小批量、定制化生产任务。

（4）人机/多机协作化发展趋势

针对目前工业机器人存在的操作灵活性不足、在线感知与实时作业能力弱等问题，人机/多机协作化是其未来的发展趋势。通过研发机器人多模态感知、环境建模、优化决策等关键技术，强化人机交互体验与人机协作效能，实现机器人和人在感知、理解、决策等不同层面上的优势互补，能够有效提高工业机器人的复杂作业能力。同时通过研发工业机器人多机协同技术，实现群体机器人的分布式协同控制，其协同工作能力提高了任务的执行效率，以及具有的冗余特性提高了任务应用的鲁棒性，能完成单一系统无法完成的各种高难度、高精度和分布式的作业任务。

（5）大范围作业发展趋势

现代柔性制造系统对物流运输、生产作业等环节的效率、可靠性和适应性提出了较高的要求，在需要大范围作业的工作环境中，固定基座的工业机器人很难完成工作任务。通过引入移动机器人技术，有效地增大了工业机器人的工作空间，提高了机器人的灵巧性。

习题

一、填空题

1. 按照技术等级，工业机器人可分为（　　　　）、（　　　　）、（　　　　）三类。

2. 工业机器人的组成结构是实现其功能的基础。工业机器人一般由 3 个部分、6 个子系统组成，3 个部分是（　　　　）、（　　　　）和（　　　　）。

3. 根据自动化的程度和规模，工业机器人系统集成分为三个层次，分别是（　　　　）、（　　　　）及（　　　　）。

二、判断题

1. 国际机器人联盟依据应用环境，将机器人分为工业机器人和服务机器人，其中服务机器

人是指应用于生产过程与环境的机器人。（　　）

2. 圆柱坐标机器人的手部可以在 X、Y、Z 方向移动，构成一个直角坐标系，运动是独立的（有 3 个独立自由度），其动作空间为一个长方体。（　　）

3. 传感部分包括工业机器人的机械结构系统和驱动系统，是工业机器人的基础，其结构决定了机器人的用途、性能和控制特性。（　　）

三、简答题

1. 工业机器人最显著的特点有哪些？

2. 简述工业机器人的关键技术有哪些？

3. 请举例一种工业机器人，说明其在智能制造中的典型应用。

参考文献

[1]　陈勃琛. 工业机器人性能测试技术发展综述.自动化与信息工程, 2022, 43(01): 20.

[2]　王元平, 李旭仕. 工业机器人基础与使用教程. 北京: 中国人民大学出版社, 2021.

[3]　蔡展鹏. 六轴工业机械臂关节控制方法研究. 太原: 中北大学, 2021.

[4]　韩峰涛. 工业机器人技术研究与发展综述. 机器人技术与应用, 2021(05): 25.

[5]　李培根, 高亮. 智能制造概论. 北京: 清华大学出版社, 2021.

[6]　张荣. 智能制造时代的工业机器人技术及应用研究. 北京: 中国原子能出版社, 2020.

扫码获取答案

第6章

增材制造技术与装备

 本章思维导图

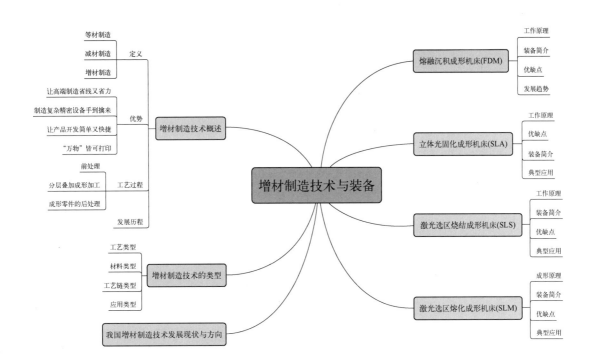

 **导　读**

本章主要介绍增材制造技术的基础知识，重点介绍熔融沉积成形机床、立体光固化成形机床、激光选区烧结成形机床、激光选区熔化成形机床等典型增材制造机床知识。

学习目标

掌握：增材制造技术的基础知识，熔融沉积成形机床、立体光固化成形机床、激光选区烧结成形机床、激光选区熔化成形机床等典型增材制造机床的结构组成、工作原理、优缺点、典型应用。

了解：增材制造技术的类型，我国增材制造技术发展现状与方向。

增材制造技术（additive manufacturing，AM），又称 3D 打印技术，起源于 20 世纪 80 年代中期，这是一个新发展的技术，是突破性的、革命性的技术，是在现代 CAD/CAM 技术、激光技术、计算机数控技术、信息技术、精密伺服驱动技术以及新材料与物理化学技术的基础上，集成发展起来的新型制造技术。2013 年美国麦肯锡咨询公司发布的《展望 2025》报告中，将增材制造技术列入决定未来经济的十二大颠覆技术之一。美国《时代》周刊将增材制造列为"美国十大增长最快的工业"，认为该技术将改变未来生产与生活模式，实现社会化制造，每个人都可以成为一个工厂。它将改变制造商品的方式，并改变世界的经济格局，进而改变人类的生活方式。

经过近 40 年的发展，增材制造技术面向航空航天、轨道交通、新能源、新材料、医疗仪器等新兴产业领域已经展示了重大价值和广阔的应用前景，是先进制造的重要发展方向，是智能制造不可分割的重要组成部分。增材制造技术是满足国家重大需求、支撑国民经济发展的"国之重器"，已成为世界先进制造领域发展最快、技术研究最活跃、关注度最高的学科方向之一。发展自主创新的增材制造技术是我国由"制造大国"向"制造强国"跨越的必由之路，对建设创新型国家、发展国民经济、维护国家安全、实现社会主义现代化具有重要的意义。

6.1　增材制造技术概述

增材制造技术是通过 CAD 设计数据采用材料逐层累加的方法制造实体零件的技术，相对于传统的材料去除（切削加工）技术，它是一种"自下而上"累加材料的制造方法。自 20 世纪 80 年代末至今增材制造技术逐步发展，期间也被称为"材料累加制造"（material increse manufacturing）、"快速原型"（rapid prototyping）、"分层制造"（layered manufacturing）、"实体自由制造"（solid free-form fabrication）、"3D 打印技术"（3D printing）等。各异的叫法分别从不同侧面表达了该制造技术的特点。

6.1.1　增材制造技术的定义

制造技术按照在制造过程中材料质量的减少或增加，可分为等材制造、减材制造、增材制造三种技术，如图 6-1 所示。

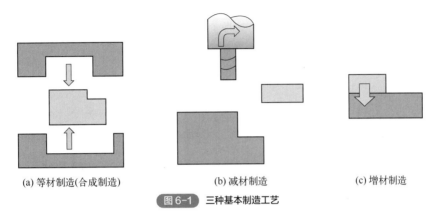

(a) 等材制造(合成制造)　　　　　　(b) 减材制造　　　　　　(c) 增材制造

图 6-1　三种基本制造工艺

① 等材制造。等材制造就是经常说的铸造、锻压、焊接等方法，在制造过程中间基本上是按照砂型或者模具来进行成形的，质量在制造过程中并不发生变化。等材制造技术有 3000 多年历史，如中国的三星堆铜铸造技术。以中国春秋战国时期的干将莫邪剑和秦始兵马俑为标志的金属材料热处理、焊接技术有近 2500 年的历史。

② 减材制造。减材制造也称为机械加工，是把毛坯材料按照图纸来切削成小的零件。随着机械动力的发展，尤其是出现了电动机作为动力，可以对材料进行切削加工，产生了机床。在切削加工中材料逐渐地被切掉，按照图纸得到最后所需要的零件，所以在制造过程中，它的质量是逐渐在减少的，所以叫减材制造。其也已有近 300 年的发展历史。

③ 增材制造。增材制造在制造过程中是将材料一点一点加起来的，与传统制造业通过模具、车铣等机械加工方式对原材料进行定型、切削以最终生产成品不同，增材制造技术的原理是将计算机设计出的三维模型分解成一系列平面切片，通过激光束、电子束、粒子束等能源将材料固化熔融，从而一层层累加，最终形成三维结构的物体。增材制造的过程，就是一个从点到线，从线到面，从面到体的一个过程。增材制造是 20 世纪 80 年代后期发展起来的一项新兴先进制造技术，它可以不受环境和场地的限制，也不需要工装模具，可快速、精确地将设计的复杂结构直接转化为功能零件，制造出任意结构复杂的产品，帮助人们实现传统技术难以实现的产品制造。

我国国家标准化管理委员会发布的 GB/T 14896.7—2015《特种加工机床　术语　第 7 部分：增材制造机床》标准中将增材制造定义为：基于离散-堆积原理，由零件数字模型直接驱动材料逐层堆积的成形制造方法。将增材制造机床（additive manufacturing machines）定义为：采用逐层离散-堆积的原理进行零件或构件制造的机床。增材制造机床又被称作 3D 打印机。

6.1.2　增材制造技术的优势

近年来，增材制造技术取得了快速的发展。增材制造原理与不同的材料和工艺结合形成了许多种增材制造机床。增材制造技术可对产品设计进行快速评估、修改及功能试验，大大缩短产品开发周期，提高生产效率并缩减生产成本；也可用于功能零件的直接制造，广泛应用于机械重大装备、汽车零部件、生物医学、航空航天、文化创意等领域。随着增材制造新技术的研发、产业化及应用推广，增材制造将从与减材制造、等材制造所形成的技术概念上的三足鼎立，逐步走向应用领域及应用价值的三分天下。增材制造技术的优势如下。

① 让高端制造省钱又省力。像航空航天、交通运输、高铁汽车，都需要把装备做到轻量化。用切削加工去实现的话，95%～97%的材料被加工掉了，而增材制造就是哪些地方需要材料，就把材料加在哪里，是材料节约型的制造。

② 制造复杂精密设备手到擒来。增材制造技术可以进行任意复杂形状的设计制造。增材制造技术不需要传统的刀具、夹具及多道加工工序，利用三维设计数据在一台设备上可快速而精确地制造出任意复杂形状的零件，从而实现"自由制造"，解决许多过去难以制造的复杂结构零件的成形，并大大减少了加工工序，缩短了加工周期。而且越是复杂结构的产品，其制造的提速作用越显著。

③ 让产品开发简单又快捷。增材制造的特点是单件或小批量的快速制造，这一技术特点决定了增材制造在产品创新中具有显著的作用。增材制造适应各种个性化定制制造需求，不需要专门的工装、卡具、模具。现在火箭整个壳体，火箭的连接环、燃料储箱、捆绑支架，都已经用增材制造技术制造，也包括飞机的机翼、导弹的壳体。天问号有几百个零件也是通过增材制造技术制造的。

④ 万物皆可"打印"。增材制造技术适用各种材料，包括非金属材料、金属材料、陶瓷、复合材料等。越来越多的材料被研究用于增材制造，满足各种工程的需要。金属材料经过增材制造，打印出来的零件的强度、韧性远高于铸件，几乎和锻件差不多，有些性能甚至领先于锻件。

6.1.3　增材制造技术的工艺过程

增材制造技术从成形原理出发，提出一个分层制造、逐层叠加成形的全新思维模式。首先通过 CAD（Computer Aided Design）软件将开发产品理念构建成一个虚拟的三维数字模型，或通过 3D 扫描实体物品获得相应的模型数据。然后依据计算机上构成的三维设计模型，分层切片，得到各层截面的二维轮廓信息。在控制系统的控制下，增材制造设备的成形头按照这些轮廓信息，选择性地固化或切割一层层的成形材料，形成各个界面轮廓，并按顺序逐步叠加成三维制件，如图 6-2 所示。因其过程很像打印机的打印过程，所以增材制造常被称为 3D 打印，其制造过程被称为打印。

增材制造技术以计算机三维模型的形式为开端，可以经过几个阶段直接转化为成品。虽然增材制造技术有很多种工艺方法，但所有的增材制造工艺方法都是一层一层地制造零件，不同的是每种方法所用的材料不同，制造每一层添加材料的方法不同。增材制造的工艺过程一般为以下 3 个步骤，如图 6-3 所示。

（1）前处理

前处理包括产品三维模型的构建、三维模型的近似处理、增材制造方向的选择和三维模型的切片处理。

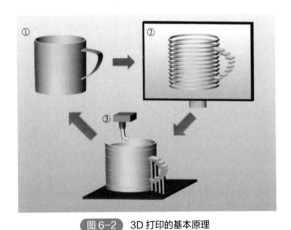

图6-2　3D 打印的基本原理

1—三维模型；2—模型数据处理；3—增材制造

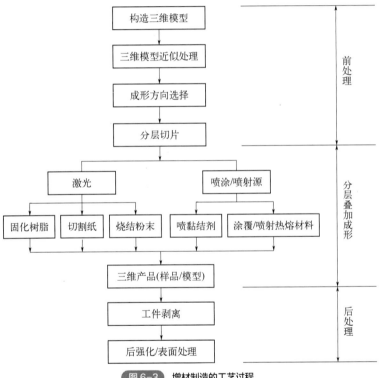

图6-3　增材制造的工艺过程

① 产品三维模型的构建。由于增材制造装备是由三维 CAD 模型直接驱动，因此首先要构建所加工工件的三维CAD 模型。该三维CAD 模型可以利用计算机辅助设计软件（如Pro/E、I-DEAS、Solid Works、UG 等）直接构建，也可以将已有产品的二维图样进行转换而形成三维模型，或对产品实体进行激光扫描、CT 断层扫描，得到点云数据，然后利用反求工程的方法来构造三维模型。

② 三维模型的近似处理。由于产品往往有一些不规则的自由曲面，加工前要对模型进行近似处理，以方便后续的数据处理工作。由于 STL 格式文件（stereolithography，光固化立体造型术的缩写）的格式简单、实用，目前已经成为增材制造领域的准标准接口文件。它是用一系列的小三角形平面来逼近原来的模型，每个小三角形用 3 个顶点坐标和一个法向量来描述，三角形的大小可以根据精度要求进行选择。STL 文件有二进制码和 ASCII 码两种输出形式，二进制

码输出形式所占的空间比 ASCII 码输出形式的文件所占用的空间小得多，但 ASCII 码输出形式可以阅读和检查。典型的 CAD 软件都带有转换和输出 STL 格式文件的功能。

③ 增材制造方向的选择。按照产品的三维 CAD 模型，结合增材制造装备的特点，对制件的成形方向进行选择。

④ 三维模型的切片处理。根据被加工模型的特征选择合适的加工方向，在成形高度方向上用一系列一定间隔的平面切割近似处理后的模型，以便提取截面的轮廓信息。间隔一般取 0.05～0.5mm，常用 0.1mm。间隔越小，成形精度越高，但成形时间也越长，效率就越低，反之则精度低，但效率高。

（2）分层叠加成形加工

分层叠加成形加工是增材制造的核心，包括模型截面轮廓的制作与截面轮廓的叠合。也就是增材制造设备根据切片处理的截面轮廓，在计算机控制下，相应的成形头（激光头或喷头）按各截面轮廓信息做扫描运动，在工作台上一层一层地堆积材料，然后将各层相黏结，最终得到原型产品。

（3）成形零件的后处理

对从成形系统里取出成形件，进行剥离、打磨、抛光、涂挂、后固化、修补、打磨、抛光和表面强化处理，或放在高温炉中进行后烧结，进一步提高其强度。

6.1.4　增材制造技术的发展历程

3D 打印技术的思想起源于 19 世纪中期到 20 世纪 70 年代的照相雕塑和地貌成形技术。照相雕塑始于 1863 年 Francois Willeme 的照相雕塑专利，是指先用相机和镜头获取物体外形，然后模拟照相制版法制造出物体的技术。地貌成形技术始于 1890 年，是指先用线性方式描绘物体的外形，再用线性方式复制出该物体的技术。经历了一个多世纪之后，两项技术逐渐发展成熟。到了 20 世纪 80 年代，随着数字建模技术、计算机科学技术、材料科学技术、机电控制技术等前沿科学的蓬勃发展，3D 打印成为现实。

美国人查克·赫尔（Chuck Hull）被称为 3D 打印之父，他于 1983 年发明了 3D 打印的光固化成形技术（SLA），也称为立体光刻技术，并申请了美国专利（图 6-4），3D 打印技术也由此正式诞生。查克·赫尔用激光在光敏树脂的表面扫描，每扫描一层就固化一层，然后托盘沉降一层，上面又铺满了一层新的光敏树脂，再进行扫描固化，最后累加起来就变成一个三维的实体。查克·赫尔成立了全球知名的 3D System 公司，将这种新的生产方法商业化，该公司于 1987 年出品第一台商业光固化的 3D 打印设备。

紧接着各种 3D 打印技术接二连三地出现，增材制造技术的发展大致分为"快速原型制造"和"金属直接增材制造"两个阶段，见表 6-1。快速原型制造包括 SLA、LOM、FDM、SLS，由于受工艺和材料的限制，加工的成品无法

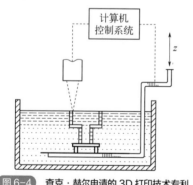

图 6-4　查克·赫尔申请的 3D 打印技术专利

达到产品级别性能要求，只能作为原型，或用于模具制造的样件，所以被称为"快速原型制造"。然而 SLM、LENS、EBSM、EBF、IFF、WAAM 以激光束、电子束、等离子束或电弧为热源，能对制备好的金属粉材或丝材进行逐层熔化或堆积，可直接制造出金属零件成品或半成品，因此被称为"金属直接增材制造"。增材制造技术随着技术、材料、工艺的发展，打印的成品在结构和性能上有很大改善，正在由"原型"向"产品"逐步升级。

表 6-1　增材制造技术的发展阶段

阶段	年份/年	发明人	增材制造成形技术	材料
快速原型制造技术	1983	Hull C	光固化成形技术（Stereo Lithograhy Appearance，简称 SLA）	光敏树脂
	1986	Feygin M	分层实体制造（Laminated Object Manufacturing，简称 LOM）	纸基片材
	1988	Stratasys 公司	熔融沉积成形技术（Fused Deposition Modeling，简称 FDM）	多种丝材
	1989	Deckard	激光选区烧结（selective Laser Sintering，简称 SLS）	多种粉材
	1993	麻省理工学院	立体喷墨打印（Binder Jetting/Three-Dimension Printing，简称 3DP）	粉末胶合
金属构件的直接增材制造技术	1990	NASA 兰利研究中心	电子束自由成形制造技术（Electron Beam Free-form Fabrication，简称 EBF）	合金粉材
	1995	Meiners W	激光选区熔化成形技术（Selective Laser Melting，简称 SLM）	金属粉材
	1998	Sandia 国立实验室	激光工程化净成形（Laser Engineered Net Shaping，简称 LENS）	钴基粉材
	1999	Cranfield 大学	电弧增材制造（Wire Arc Additive Manufacture，简称 WAAM）	金属丝材
	2001	Arcam 公司	电子束选区熔化（EBSM）	金属丝材
	2004	Fronius 公司	电弧冷金属过渡焊接技术（CMT）	合金铝丝
	2013	麻省理工学院	记忆合金的四维打印技术（Four Dimensional Printing，简称 4DP）	记忆合金

2000 年以后，随着计算机技术的高速发展，数据处理能力提升明显，3D 打印在趋于稳定的同时得到新的发展。2005 年，第一台彩色打印机产品由 ZCorp 公司研制成功。2008 年，第一台开源 3D 打印机发布。2010 年，3D 打印机完成了首台汽车外部组件成形，证实了 3D 打印的精度逐步达到工业化加工要求，3D 打印逐步呈现"服务化"。2011 年 8 月英国南安普敦大学工程师开发出世界上第一架 3D 打印的飞机。2012 年，奥地利学者研制了高精度 3D 打印机，打印成功 0.3mm 赛车模型，3D 打印设备的精度得到飞跃。同年苏格兰学者完成了第一例人造肝脏组织的 3D 打印。同年 7 月，全球首支利用 3D 打印技术制造的手枪"解放者"由美国 25 岁的大学生 Cody Wilson 研发成功，除手枪撞针外其余部件均采用塑料制造。2013 年 1 月，北京航空航天大学教授王华明团队全世界首创用 3D 打印技术制造飞机钛合金大型主承力构件。同年 2 月，来自美国麻省理工学院的 Tibbits 教授在 TED 大会上首次提出 4D 打印技术的概念，并展示了他的 4D 打印研究成果，通过软件设定模型和时间，变形材料会在设定的时间内变形为所需的形状。同年 7 月美国国家航空航天局（NASA）宣布计划于 2014 年在国际空间站（ISS）部署一台 3D 打印机，宇航员可用其打印日常生活和工作所需的工具和仪器部件。同年 11 月，Solid Concepts 公司设计并制造出全球首支 3D 打印金属枪。

2019 年，3D 打印骨组织、心脏等人体组织器官面世。2020 年 5 月 5 日，中国首飞成功的长征五号 B 运载火箭上，搭载着"3D 打印机"。这是中国首次太空 3D 打印实验，也是国际上第一次在太空中开展连续纤维增强复合材料的3D打印实验。3D打印技术所具有的高度定制化、低成本的特点是传统制造所不具备的，利用这一特色，3D打印技术在各个领域得到广泛应用，也研究衍生出了多种3D打印方法。

2013年，在美国加州举办的TED（Technology,Entertainment,Design）大会上，来自麻省理工学院的Tibbits首次提出了4D打印技术，是指制造的构件可以随着时间而改变结构，增加了一个时间维度。所展示的打印的绳状物放入水中能自动折叠成MIT字样的立体结构，自此打开了研究4D打印的大门。我国卢秉恒院士提出了5D打印概念，他认为除了结构随着时间而变化外，更加重要的是功能的改变与再生，增加了功能这一维度。这一观点将使传统的静态结构和固定性能的制造向着动态和功能可变的制造发展，突破传统的制造理念，向着结构智能和功能创生方向发展。

增材制造已经从开始的原型制造逐渐发展为直接制造、批量制造；从3D打印到随时间或外场可变的4D打印、5D打印；从以形状控制为主要目的的模型、模具制造，到形性兼具的结构功能一体化的部件、组件制造；从一次性成形的构件的制造，到具有生命力活体的打印；从微纳米尺度的功能元器件制造到数十米大小的民用建筑物打印；等等。增材制造作为一项颠覆性的制造技术，其应用领域不断扩展。

目前，增材制造成形材料包含了金属、非金属、复合材料、生物材料甚至是生命材料，成形工艺能量源包括激光、电子束、特殊波长光源、电弧以及以上能量源的组合，成形尺寸从微纳米元器件到10m以上大型航空结构件，为现代制造业的发展以及传统制造业的转型升级提供了巨大契机。增材制造以其强大的个性化制造能力充分满足未来社会大规模个性化定制的需求，以其对设计创新的强力支撑颠覆高端装备的传统设计和制造途径，形成前所未有的全新解决方案，使大量的产品概念发生革命性变化，支撑我国制造业从转型到创新驱动发展模式的转换。

6.2 增材制造技术的类型

6.2.1 增材制造技术的工艺类型

增材制造技术包含多种工艺类型。我国国家标准《增材制造工艺分类及原材料》（GB/T 35021—2018）和美国材料与实验协会增材制造技术委员会F42标准中，根据增材制造技术的成形原理，可分成七种基本的增材制造工艺，包括立体光固化（stereo lithography apparatus,SLA）、材料喷射（material jetting, MJ）、材料挤出（material extrusion,ME）、黏结剂喷射（binder jetting, BJ）、粉末床熔融（powder bed fusion，PBF）、薄材叠层（sheet lamination,SL）和定向能量沉积（direction energy deposition，DED）。增材制造技术的成形工艺及其特性如下，见表6-2。

表6-2 增材制造技术的成形工艺

成型工艺	原材料	结合机制	激活源	二次处理
立体光固化	液态或糊状的光敏树脂，可加入填充物	通过化学反应固化	能量光源照射	去除支撑材料，通过能量光源照射进一步固化
材料喷射	液态光敏树脂或熔融态的蜡，可添加填充物	通过化学反应黏结或者通过熔融材料固化黏结	用来实现化学反应黏结的辐射光源或熔融材料固化黏结的温度场	去除支撑材料，通过辐射光照射进一步固化

续表

成型工艺	原材料	结合机制	激活源	二次处理
材料挤出	线材或膏体，典型材料包括热塑性塑料和结构陶瓷材料	通过热黏结或化学反应黏结	热，超声或部件之间的化学反应	去除支撑结构
黏结剂喷射	粉末、粉末混合物或特殊材料，以及液态黏结剂、交联剂	通过化学反应和（或）热反应固化黏结	取决于黏结剂和（或）交联剂，与所发生的法学反应相关	去除工件表面残留粉末，根据所用粉末和用途选择合适的液态材料进行浸渍或渗透以强化，或者根据工艺要求进行高温强化
粉末床熔融	各种不同粉末：热塑性聚合物、纯金属或合金、陶瓷。根据具体成形工艺的不同，上述粉末材料在使用时可以添加填充物和黏结剂	通过热反应固结	热能，特别是激光、电子束和（或）红外灯产生的热能	去除工件表面残留粉末和支撑材料，提高表面质量、尺寸精度和材料性能的各种工艺，例如喷丸、精加工、打磨、抛光和热处理
薄材叠层	片材，典型材料包括纸、金属箔、聚合物或主要由金属或陶瓷粉末材料通过黏结剂黏结而成的复合片材	通过热反应，化学反应固结，或者超声连接	局部或大范围加热，化学反应和超声换能器	去除废料和/或烧结、渗透、热处理、打磨、机加工等提高工件表面质量的处理工艺
定向能量沉积	粉材或丝材，典型材料是金属，为实现特定用途，可在基体材料中加入陶瓷颗粒	热反应固结（熔化和凝固）	激光、电子束、电弧或等离子束等	降低表面粗糙度的工艺，例如机加工、喷丸、激光重熔、打磨或抛光，以及提高材料性能的工艺，例如热处理

（1）立体光固化

立体光固化是指通过光致聚合作用选择性地固化液态光敏聚合物的增材制造工艺。其工艺原理如图6-5所示。

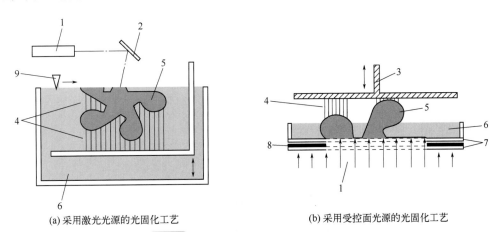

(a) 采用激光光源的光固化工艺　　　　　　(b) 采用受控面光源的光固化工艺

图 6-5　两种典型的立体光固化工艺原理示意图

1—能量光源；2—扫描振镜；3—成形和升降平台；4—支撑结构；5—成形工件；
6—装有光敏树脂的液槽；7—透明板；8—遮光板；9—重新涂液和刮平装置

（2）材料喷射

材料喷射是指将材料以微滴的形式按需喷射沉积的增材制造工艺。其工艺原理如图6-6所示。

（3）材料挤出

材料挤出是指将材料通过喷嘴或孔口挤出的增材制造工艺。其工艺原理如图6-7所示。

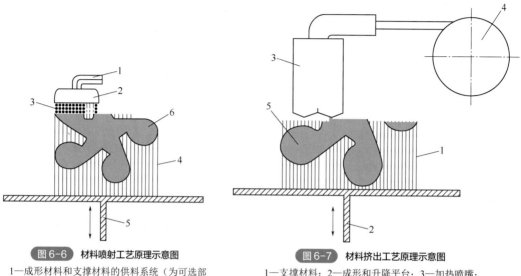

图6-6　材料喷射工艺原理示意图

1—成形材料和支撑材料的供料系统（为可选部件，根据具体的成形工艺来定）；2—分配（喷射）装置（辐射光或热源）；3—成形材料微滴；4—支撑结构；5—成形和升降平台；6—成形工件

图6-7　材料挤出工艺原理示意图

1—支撑材料；2—成形和升降平台；3—加热喷嘴；4—供料装置；5—成形工件

（4）黏结剂喷射

黏结剂喷射是指选择性喷射沉积液态黏结剂黏结粉末材料的增材制造工艺。其工艺原理如图6-8所示。

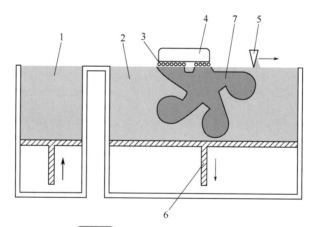

图6-8　黏结剂喷射工艺原理示意图

1—粉末供给系统；2—粉末床内的材料；3—液态黏结剂；4—含有与黏结剂供给系统接口的分配（喷射）装置；5—铺粉装置；6—成形和升降平台；7—成形工件

目前已将蜡、环氧树脂和其他胶黏剂用于聚合物材料的浸渗和强化，而对于金属和陶瓷材料则通常使用烧结和浸渗熔融材料的方法来进行强化。

（5）粉末床熔融

粉末床熔融是指通过热能选择性地熔化/烧结粉末床区域的增材制造工艺。其典型工艺原理如图6-9所示。

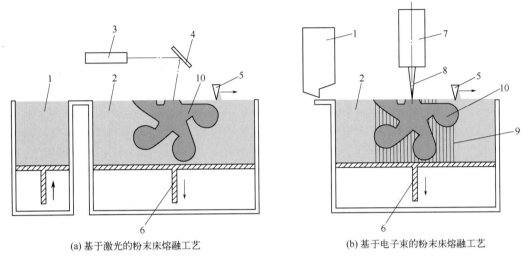

(a) 基于激光的粉末床熔融工艺　　　　　　　　(b) 基于电子束的粉末床熔融工艺

图6-9　两种典型的立体光固化工艺原理示意图

1—粉末供给系统［在有些情况下，为储粉容器，如图6-9（b）所示］；2—粉末床内的材料；3—激光；4—扫描振镜；
5—铺粉装置；6—成形和升降平台；7—电子枪；8—聚焦的电子束；9—支撑结构；10—成形工件

对于成形金属粉末，通常需要成形基板和支撑结构；而对于成形聚合物粉末，通常不需要上述基板和支撑结构。

（6）薄材叠层

薄材叠层是指将薄层材料逐层黏结以形成实物的增材制造工艺。其工艺原理如图6-10所示。

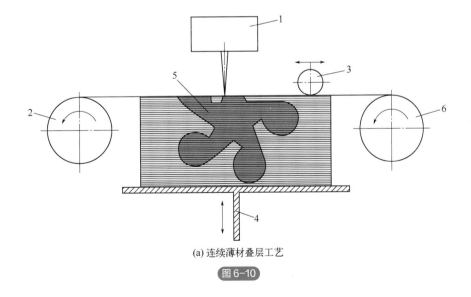

(a) 连续薄材叠层工艺

图6-10

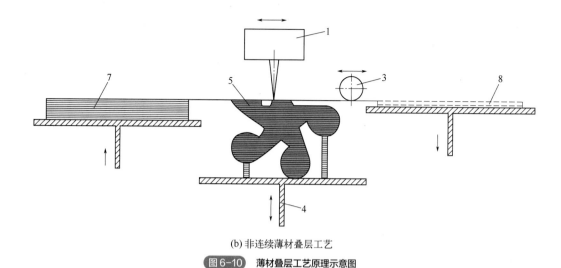

(b) 非连续薄材叠层工艺

图 6-10　薄材叠层工艺原理示意图

1—切割装置；2—收料辊；3—压辊；4—成形和升降平台；5—成形工件；6—送料棍；7—原材料；8—废料

（7）定向能量沉积

定向能量沉积是指利用聚焦热将材料同步熔化沉积的增材制造工艺。其工艺原理如图 6-11 所示。

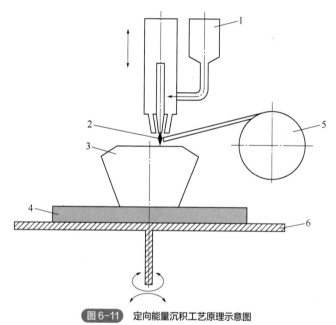

图 6-11　定向能量沉积工艺原理示意图

1—送粉器；2—定向能量束（例如：激光、电子束、电弧或等离子束）；3—成形工件；4—基板；5—丝盘；6—成形工作台

（8）增材复合制造

增材复合制造是指在增材制造单步工艺过程中，同时或分布结合一种或多种增材制造、等材制造或减材制造技术，完成零件或实物制造的工艺。例如，定向能量沉积工艺与切割或锻压工艺相结合的复合制造，如图 6-12 所示。

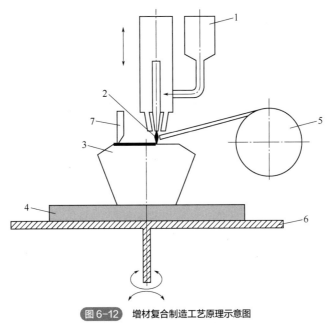

图 6-12   增材复合制造工艺原理示意图

1—送粉器；2—定向能量束（例如：激光、电子束、电弧或等离子束）；
3—成形工件；4—基板；5—丝盘；6—成形工作台；7—刀具或轧辊
注：1. 喷嘴和成形工作台的移动，可以实现多轴（通常为3轴～6轴）联动。
2. 可采用多种供料系统，例如能量束中平行供粉，或者能量聚焦点处供丝材。

6.2.2 增材制造技术的材料类型

根据国际标准 ISO 17296-2—2015《增材制造总则 第2部分：工艺分类和原料》，将增材制造的原料分为金属材料、有机高分子材料、无机非金属材料和生物材料。材料及细分种类与成形工艺的对应关系，见表 6-3。

表 6-3   增材制造的原材料

材料类型	材料形态、材料细分种类	增材制造成形工艺
金属材料	涉及形态：粉末、丝材、液态 有色金属（钛合金、铝合金、金属间化合物等） 黑色金属（高温合金、不锈钢等）	金属丝：（激光/等离子/电子束/电弧）定向能量沉 DED 金属粉末：黏结剂喷射 BJ、粉末床熔融 PBF、DED 液态金属：材料喷射 MJ、按需滴落 DOD
有机高分子材料	涉及形态：粉末、丝材 工程塑料、热固性塑料、可降解塑料、高分子凝胶、光敏树脂等	光敏树脂：立体光固化 SLA、DLP、材料喷射 MJ 粉材：粉末床熔融 PBF、激光烧结 SLS、黏结剂喷 BJ 丝材：材料挤出 FDN、薄材叠层 LOM 高分子凝胶：数字激光处理投影打印 DLP
无机非金属材料	涉及形态：粉末、片材 Al_2O_3、ZrO_2、SiC、AlN、Si_3N_4 等陶瓷材料	粉材：黏结剂喷射 BJ、激光烧结 SLS、激光熔化 SLM 片材：激光烧结 SLS、激光熔化 SLM
生物材料	仿生组织修复支架、细胞活性材料、器官微结构、可植入材料等	立体光固化 SLA、材料挤出 FDM 等

（1）金属材料增材制造

金属材料增材制造就是以金属材料为原料，包括金属粉末、丝材等形式，在高温热源下完成增材制造。适用于金属材料增材制造的材料包括：钛合金、镍合金、钢、铝合金和硬质合金等材料。目前工业应用较为广泛的就是金属材料增材制造，主要用于航空、航天、医学等领域。

（2）有机高分子材料增材制造

有机高分子增材制造是以有机高分子材料为原料，包括专用树脂、超高分子量聚合物等材料，通过特定的热源形式，完成的增材制造。有机高分子增材制造原料包括专用光敏树脂、黏结剂、催化剂、蜡材以及高性能工程塑料与弹性体等。

（3）无机非金属材料增材制造

无机非金属材料增材制造是以无机非金属材料为原料来完成的增材制造。作为三大材料之一的无机非金属材料也是增材制造的主要原料，包括：氧化铝、氧化锆、碳化硅、氮化铝、氮化硅等，形态主要有粉末和片材等。

（4）生物材料增材制造

生物材料增材制造是以当今新型可植入生物材料为原料来完成的增材制造。生物材料增材制造大大拓宽了生物医学视野，完善了个性化医疗器械的开发，不同软硬程度的器官、组织模拟材料，促进生物学。

6.2.3　增材制造技术的工艺链类型

增材制造工艺链的特点是基于零件三维 CAD 数据进行直接制造，不需要模具制造等中间过程。增材制造工艺链可分为两类。

① 单步工艺：用单步操作完成产品制造的增材制造工艺，可以同时得到产品预期的基本几何形状和基本性能。

② 多步工艺：用两步或两步以上操作完成产品制造的增材制造工艺，通常第一步操作得到产品或实物的基本几何形状，通过后续操作使其达到预期的基本性能。

依据最终应用需求的不同，以上两种工艺可能需要进行一道或多道的后处理，使零件达到最终性能要求，这些后处理工艺都是常见的非增材制造工艺过程。

6.2.4　增材制造机床的应用类型

3D 打印机在出现之初，因为尺寸和造价等原因，只能应用在非常有限的场景中，后来随着技术发展，逐渐有了大众路线的桌面级 3D 打印机和高端制造的工业级 3D 打印机之分，如图 6-13、图 6-14 所示。

（1）桌面级

桌面级 3D 打印机按照字面意思来看，就是能够放在办公桌面上进行打印工作的 3D 打印机，其操作简单、便携、价格不高，适合在家庭、学校等场所中进行使用。这类 3D 打印机在打印尺寸与打印精度方面可以满足小型物件的基本制作，用户可以根据自己的需求及时打印出所需物件或器具、零件，以及打印实验性的各类产品原型。随着人们生活水平的提高，对个性化装饰品的追求与日俱增，而桌面级 3D 打印机作为其重要的制作工具，深受喜爱 DIY（do it yourself，私人订制）的人群的青睐。

图 6-13　桌面级 3D 打印机

图 6-14　工业级 3D 打印机

（2）工业级

工业级 3D 打印机是指达到工业生产需求的 3D 打印设备，一般是在工厂等场景中使用，既要能够满足工厂化大批量生产的需要，又要满足面向客户的高端制造标准，对产品的成形精度和成形效率要求较高。

桌面级 3D 打印机和工业级 3D 打印机的区别如下。

① 打印场景和环境。桌面级 3D 打印机和工业级 3D 打印机之间的最显而易见的区别通过名称就可以看出，桌面级 3D 打印机机型较小，属于办公室设备，能够在办公室中直接使用，使用过程中对环境会产生轻微的影响，例如噪声、气味等；工业级 3D 打印机机型较大，只能放置在厂房中，例如金属等材料的打印需要应用激光或高能电子束的高温将其融化，因此对环境产生的影响比较大。

② 通用指标。在一些通用的指标上，例如打印尺寸、打印数量、打印速度、打印精度、打印支撑、打印成功率等方面工业级 3D 打印一般远远优于桌面级 3D 打印机，但这些性能的提高也使工业级 3D 打印机的造价成倍提高，只有这样才能满足工业化、规模化制造的要求。

③ 技术类型。目前桌面级 3D 打印主要的技术类型为熔融沉积成形和光固化，后者主要包括 SLA、DLP、LCD 三种。工业级 3D 打印则基本包含所有现存的 3D 打印技术类型。

④ 打印材料。由于技术类型的不同，两者使用的材料也不同，桌面级 3D 打印使用的材料主要是 ABS（acrylonitrile butadiene styrene）、PLA（polylactic acid）、光敏树脂等各种非金属材料，能够加工金属的设备还比较少；工业级 3D 打印能够应用的材料则有很多，包括塑料、亚克力、玻璃、陶瓷、树脂、金、银、钛以及不锈钢等合金，可以简单分为金属和非金属两大类。目前二者能够使用的打印材料种类区别随着技术的发展越来越小，已经有桌面级金属打印开始出现。

⑤ 应用领域。桌面级 3D 打印机主要应用在工业设计、文创设计、创新教育、模型 DIY 等领域，使用者一般为个人、学校。工业级 3D 打印主要应用的领域包括航天航空、汽车轮船、口腔医疗、电子产品等要求较高的高精尖领域，使用者一般为大型企业等。

6.3 熔融沉积成形机床（FDM）

根据 ISO 国际标准分类,增材制造机床归属于数控机床类。由于增材加工时无切削作用力,属于非传统加工工艺,故增材制造机床一直是特种加工机床的重要组成部分。目前,增材制造技术原理结合不同的工艺、材料所形成的增材制造机床及设备多达几十种。随着增材制造技术的日益发展,许多国家和地区相继进行工艺、产品的研发与应用,美国、日本、德国及中国开发的增材制造技术装备及系统已占世界总量的 70%。我国的清华大学、西安交通大学、华中科技大学、北京航空航天大学、西北工业大学、华南理工大学等都有各自的团队,致力于增材制造技术的科学研究。近年来国内从事增材制造机床开发与生产的企业也如雨后春笋般地涌现。

GB/T 14896.7—2015 定义熔融沉积成形机床（fused deposition modeling machines）是采用熔融沉积工艺的增材制造机床。熔融沉积增材制造,英文名称为 Fused Deposition Modeling,简称 FDM。该工艺是由美国学者 Scott Crump 于 1988 年研发成功的,并成立了 Stratasys 公司推出了商业化的设备。使用熔融沉积技术制造的成品零件可用于设计验证、功能测试、医药工程和熔模铸造等。FDM 技术已被广泛应用于汽车制造、机械加工、精密铸造、航天航空、医疗、工艺品制作以及儿童玩具等行业,并取得了显著的经济效益。

6.3.1 熔融沉积成形机床的工作原理

（1）熔融沉积成形机床组成

熔融沉积成形机床主要由喷头、运动机构、送丝机构、加热系统四个部分组成。

① 喷头。喷头是最复杂的部分,材料在喷头中被加热熔化,喷头底部有一喷嘴供熔融的材料以一定的压力挤出,喷头沿零件截面轮廓和填充轨迹运动时挤出材料,与前一层黏结并在空气中迅速固化。如此反复进行即可得到实体零件,在计算机控制下,喷头可以在 XY 平面内任意移动,喷头可以随时开启、关闭,工作台可任意升降。在计算机控制下,喷头按路径移列,喷丝黏结在工作台的已制作层面上,如此反复逐层制作,直至最后一层,则熔丝黏结形成所要求的实体模型。

② 运动机构。运动机构包括 $X/Y/Z$ 三个轴的运动。增材制造技术的原理是把任意复杂的三维零件转化为平面图形的堆积,因此不再要求机床进行 3 轴及 3 轴以上的联动,只要能完成 2 轴联动就可以大大简化机床的运动控制。X-Y 轴的联动扫描完成 FDM 工艺喷头对截面轮廓的平面扫描,Z 轴则带动工作台实现高度方向的进给,实现层层堆积的控制。

③ 送丝机构。送丝机构为喷头输送原料,送丝要求平稳可靠。原料丝一般直径为 1～2mm,而喷嘴直径只有 0.2～0.5mm,这个差别保证了喷头内一定的压力和熔融后的原料能以一定的速度（必须与喷头扫描速度相匹配）被挤出成形。送丝机构以两台直流电动机为主构成,在 D/A 控制模块的配合下随时控制送丝的速度及开闭。送丝机构和喷头采用推-拉相结合的方式,以保证送丝稳定可靠,避免断丝或积瘤。

④ 加热系统。加热工作室用来给成形过程提供一个恒温环境。熔融状态的丝挤出成形后如果骤然受到冷却,容易造成翘曲和开裂,适当的环境温度可最大限度地减小这种造型缺陷,提高成形质量和精度。加热系统由成形室和喷头加热机构组成,采用可控硅和温控器结合的硬件

形式控制，在以后的设计中将会考虑使用软件带 D/A 模块控制可控硅的形式。

（2）熔融沉积成形机床的工作原理

熔融沉积技术是材料挤出工艺中的一种，是应用最广泛的增材制造技术。熔融沉积成形机床的工作原理如图 6-15 所示。其中，加热喷头在计算机的控制下，可根据截面轮廓的信息，做 X-Y 平面上运动和高度 Z 方向的运动。丝状热塑性材料（如 ABS 及 MABS 塑料丝、蜡丝、聚烯烃树脂、尼龙丝、聚酰胺丝）由供丝机构送至喷头，并在喷头中加热至熔融态，然后被选择性地涂覆在工作台上，快速冷却后形成截面轮廓。一层截面完成后，喷头上升一截面层的高度，再进行下一层的涂覆。如此循环，最终形成三维产品。

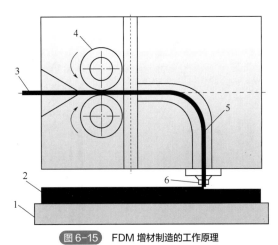

图 6-15　FDM 增材制造的工作原理

1—工作平台；2—工件；3—丝状材料；4—供丝机构；5—熔融状态材料；6—加热喷头

FDM 成形中，每一个层片都是在上一层上堆积而成，上一层对当前层起到定位和支撑的作用。随着高度的增加，层片轮廓的面积和形状都会发生变化，当形状发生较大的变化时，上层轮廓就不能给当前层提供充分的定位和支撑作用，这就需要设计一些辅助结构——"支撑"，以保证成形过程的顺利实现。支撑可以用同一种材料建造，现在一般都采用双喷头独立加热，一个用来喷模型材料制造零件，另一个用来喷支撑材料做支撑，两种材料的特性不同，制作完毕后去除支撑相当容易。送丝机构为喷头输送原料，送丝要求平稳可靠。送丝机构和喷头采用推-拉相结合的方式，以保证送丝稳定可靠，避免断丝或积瘤。

（3）熔融沉积成形机床的结构类型

目前商用熔融沉积成形机床的外观结构主要有三角形结构、矩形杆式结构、矩形盒式结构、并联臂结构这四类，不同的结构有着各自的特点以及使用场景，如图 6-16 所示。各种结构的优缺点及代表机型见表 6-4。

① 三角形结构。三角形结构是以三角形框架组成，框架呈屋顶形，外观结构小巧，结构简单，由于其结构优势，打印喷头在支架中央沿 X、Z 轴运动，在 Y 轴方向可以伸出较远，增加了 Y 轴方向的打印尺寸。而其缺点在于机体的制作精度较低，通常只能达到毫米级，在打印时打印物体随热床在 Y 轴前后移动容易导致黏附不牢。

② 矩形杆式结构。矩形杆式结构是一个立方体结构，通常由杆件与固定件搭建成框架结构，

打印喷头安装在框架内部与工作平台进行运动组合，完成三维立体的打印。矩形杆式结构不但能媲美盒式结构的组装精度，还同样具有三角形结构简单可靠的特点。但是其同样具有打印过程抖动较大、容易产生较大的位置误差、打印过程难以维持工作台的水平等问题。

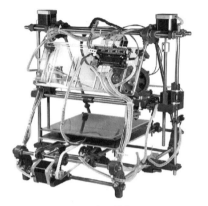
(a) 三角形结构

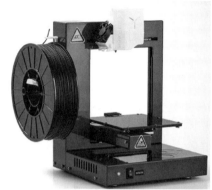
(b) 矩形杆式结构

(c) 矩形盒式结构

(d) 并联臂结构

图 6-16　不同外形结构的增材制造机床

表 6-4　熔融沉积成形机床不同结构的优缺点

结构类型	优点	缺点	代表机型
三角形结构	①结构简单，需要的部件较少，组装、维修等都较为方便。②因为两头都是开放的，对于丝杆、光轴的切割精度要求不高。③结构稳定且成本低	①打印精度较低，通常只能达到毫米级。②打印零件随打印平台在 Y 轴方向前后移动，打印零件有位移风险。③电源、控制板放的位置比较随意，不好看	reprap 系列，以及其分支 mendel、huxley 和 Prusa
矩形杆式结构	①外形美观，整机小巧。②机身采用激光切割技术，安装精度高	①打印零件随打印平台在 Y 轴前后移动，打印零件移动风险大。②设备尺寸不能做大	UPplus，Printrbot 系列
矩形盒式结构	①打印精度、打印速度较高。②机身采用激光切割技术，安装精度高，可以达到 0.1mm。③外形美观，电源、电线等可以很好地收藏在机体内	①安装要求高，安装过程复杂，维护成本高。②丝杆、光轴加工精度高。③整机成本较高	Makebot，Ultimaker
并联臂结构	①打印精度、打印速度较高。②安装和维护简单，适合新手。③采用极坐标比直角坐标结构简单，而且容易实现自动调平	①固件调试复杂。②Z 轴方向尺寸大，导致整机体积较大	Rostock，FLSUN，Kossel

③ 矩形盒式结构。矩形盒式结构是商业化最为普遍的形式,从整个 3D 打印的发展来历程来看,这种形式的机器也是发展较为完整的机器。整体安装精度高、商业化的 3D 打印机通常都会采用这种结构。通常采用矩形盒式结构的 FDM 技术的 3D 打印机,内部多用同步带结构,当打印速度过快时会产生较大的振动,影响打印精度。此种结构不只是 FDM 技术的 3D 打印机会采用,其他类型的打印技术也经常采用。

④ 并联臂结构。并联臂结构又被称为三角洲结构,是一种闭链机构。其中较为典型的并联机构有 Delta 结构与 Stewart 结构。Delta 结构是一种早先应用于机械臂的并联式运动结构。其通常采用三分支并联臂,根据各个分支在 Z 轴方向的运动,转变为喷头在三维空间的运动,从而实现三维打印。该种结构较简单,而且打印精度高,打印速度快,缺点就在于需要大量的计算将各个分支的 Z 轴运动转变为喷头的运动。该种结构具有优良的性能,只是对软件要求较高,在 3D 打印机领域具有重要的发展前景。

传统的 3D 打印机,在日渐发展的 3D 打印中已经不能满足打印需求,目前主流的 3D 打印机已经从之前的 3 自由度机构逐步向多自由度发展,3D 打印机的喷头机构也同样在进行改变,从单口向多口发展。结构也不再局限于简单的结构,目前已经有将 5 自由度的机械臂用于 3D 打印机,或者结合并联结构增加工作平台的自由度,从而实现多自由的打印。

6.3.2 熔融沉积成形机床的装备简介

目前,各国研究熔融沉积成形机床的企业有上千家,国外企业主要有美国 Stratasys 公司、德国 ARBURG 公司、美国 3D System 公司等,国内企业主要有上海富奇凡机电科技有限公司、北京太尔时代科技有限公司和浙江闪铸三维科技有限公司等。

其中美国 Stratasys 公司生产的 FDM 3D 打印机在全球范围内应用得最多,在全球占有的市场比例最大。其工业级 FDM 设备一直是市场上的领导者。Stratasys 公司自 1993 年开发出第一台 FDM1650 机型后,先后推出了 FDM2000、FDM3000 和 FDM5000 等机型。1999 年,Stratasys 公司开发出水溶性支撑材料,有效地解决了复杂、小型孔洞中的支撑材料难以去除或无法去除的难题,并在 FDM3000 上得到应用,另外从 FDM2000 开始的快速成形机上,采用了两个喷头,其中一个喷头用于涂覆成形材料,另一个喷头用于涂覆支撑材料,加快了造型速度。Stratasys 公司开发了 uPrint、Dimension 和 Fortus 几个品牌的产品。2011 年,Stratasys 收购 Solidscape,获得了该公司的 DoD 技术及其一系列产品。2012 年 12 月,Stratasys 同以色列公司 Objet 合并,又拥有了 Objet 公司利用 Polyjet 技术生产的系列产品。现在 Stratasys 公司已经是在世界各国拥有 500 多个专利的领头专业及工业级 3D 打印机生产商。目前,Stratasys 的 FDM 3D 打印机产品分为入门级 FDM、中端 FDM、高端 FDM 三个等级,Stratasys FDM 3D 打印机如图 6-17 所示,Stratasys FDM 3D 打印机参数见表 6-5。

① 入门级 FDM。入门级 FDM 的 3D 打印机有 uPrint SE Plus,最大打印面积 6in×6in×8in(15cm×15cm×20cm),采用经济实惠的 ABS plus 热塑性塑料,可以打印出耐用、稳定、准确的模型和功能性原型。

② 中端 FDM。中端 FDM 的 3D 打印机有 F123 系列(Stratasys F170、Stratasys F270 和 Stratasys F370 等),最大打印面积 14in×10in×14in(36cm×25cm×36cm)。F123 系列最多可支持 4 种不同的材料,10 种颜色,满足从原型制作到零件生产的一系列应用。F123 系列全新

图6-17 Stratasys FDM 3D 打印机

表6-5 主流 Stratasys FDM 3D 打印机及其参数

	F120™	F170™	F270™
构建尺寸	10in × 10in × 10in（254mm × 254mm×254mm）	10in × 10in × 10in（254mm × 254mm×254mm）	12in×10in×12in（305mm×254mm ×305mm）
设备尺寸/重量	35in × 35in × 29in（889mm × 889mm×721mm）275lb（124kg）	64in × 34in × 28in（1626mm × 864mm×711mm）500lb（227kg），含耗材	64in × 34in × 28in（1626mm × 864mm×711mm）500lb（227kg），含耗材
材料选项	ABS-M30、ASA	ABS-M30、ASA、PLA、FDM TPU 92A	ABS-M30、ASA、PLA、FDM TPU 92A
产量对比	1.5×（标准模式） 3×（快速草稿模式）	1.5×（标准模式） 3×（快速草稿模式）	1.5×（标准模式） 3×（快速草稿模式）
零件精确度	生产零件精确度在以下范围内：±0.008in（0.200mm），或±0.002in/in（0.002mm/mm）以较大者为准。		

	F370™	Fortus 380mc™	Fortus 450mc™	F900™
构建尺寸	14in×10in×14in（355mm×254mm× 355mm）	14in×12in×12in（355mm×305mm× 305mm）	16in×14in×16in（406mm×355mm× 406mm）	36in×24in×36in（914mm×610mm× 914mm）
设备尺寸/重量	64in×34in×28in（1,626mm×864mm× 711mm）含耗材 500lb（227kg）	50in×35.5in×76.5in（1,270mm×901.7mm× 1,984mm）1,325lb（601kg）	50in×35.5in×76.5in（1,270mm×901.7mm× 1,984mm）1,325lb（601kg）	109.1in×66.3in×79.8in（2,772mm×1,683mm× 2,027mm）6,325lb（2,869kg）

续表

	F370™	Fortus 380mc™	Fortus 450mc™	F900™
材料选项	ABS-M30、ASA、PC-ABS、PLA、Diran 410MF07、ABS-ESD7、FDM TPU-92A	ABS-M30、ABS-M30i、ABS-ESD7、ASA、PC-ISO、PC、PC-ABS、FDM Nylon 12 Fortus 380mc 碳纤维版[3]：ASA 和 FDM Nylon 12CF	ABS-M30、ABS-M30i、ABS-ESD7、Antero 800NA、Antero 840CNO3、ASA、PC-ISO、PC、PC-ABS、FMD Nylon 12、FDM Nylon 12CF、ST-130、ULTEM™ 9085 树脂、ULTEM 1010 树脂	ABS-M30、ABS-M30i、ABS-ESD7、Antero 800NA、Antero 840CNO3、ASA、PC-ISO、PC、PC-ABS、PPSF、FDM Nylon 12、FDM Nylon 12CF、FDM Nylon 6、SF-130、ULTEM™ 9085 树脂、ULTEM™ 1010 树脂
产量对比	1.5×（标准模式）3×（快速草稿模式）	2.0×	2.0×	2.1×
零件精确度	生产零件精确度在以下范围内 ±0.008in（0.200mm），或 ±0.002in/in（0.002mm/mm），以较大者为准	生产零件精确度在以下范围内：±0.005in（0.127mm），或±0.0015in/in（0.0015mm/mm），以较大者为准	生产零件精确度在以下范围内：±0.005in（0.127mm），或±0.0015in/in（0.0015mm/mm），以较大者为准	生产零件精确度在以下范围内：±0.0035in（0.09mm），或±0.0015in/in（0.0015mm/mm），以较大者为准

的快速草稿模式利用 PLA 材料可以低成本快速制作概念原型。PLA 是一种由可再生资源制成的热塑性材料。生产级的 ASA 和 ABS 是生产坚固、稳定、可重复零件的理想材料，对于强度更高的耐冲击零件，可采用工程级 PC-ABS 材料。F123 系列还可以借助独特的水溶性支撑材料制作复杂的几何形状和联锁组件。无论零件有多复杂，水溶性支撑材料都可以溶解，只留下光洁表面，而无需手动去除。F123 系列易于操作和维护，采用的 GrabCAD Print 软件具有类似于 CAD 的直观应用程序，简化了整个 3D 打印过程，各种常用 CAD 文件格式可以直接导入软件，节省文件转换和 STL 准备所浪费的时间。单台 F123 系列 3D 打印机就能解决从初始概念验证到设计验证和最终功能性能测试的完整原型制作流程，以确保产品设计在制造前得到彻底的评估和认可。

③ 高端 FDM。高端 FDM 类别的 3D 打印机有 Fortus 系列（Fortus 380、Fortus450、Fortus 900 mc 等），最大打印面积 36in×24in×36in（91cm×60cm×91cm）。Fortus 系列 3D 打印机使用生产级热塑性塑料，能够制造出坚固耐用的零件，可用于为医疗、航空、航天、科研等高要求领域制造专业的高性能热塑性塑料零件。可用的高性能打印材料种类较多，包括基础材料（ABS-M30，ABS-M30i，BS-ESD7，ASA）、工程材料（PC，PC-ISO，PC-ABS，Nylon12，Antero 800NA）及高端材料（Ultem9085，Ultem1010，Nylon12CF，ST-130）等。Fortus 系列 3D 打印机的系统简单易用，构建尺寸大，其智能化触屏界面，使工作流程更加顺畅快速。Fortus 系列 3D 打印机可进行高级原型制作与生产，可制造高质量的原型、坚固夹具、固定装置和工具，还可使用常见的标准高性能工程热塑性塑料定制生产零件，具有工业级打印的精度控制与稳定性，良件率高。Fortus 系列 3D 打印机可使用各种具有先进力学性能的热塑性塑料，使零件能够承受高温、腐蚀性化学物、消毒和高冲击性应用。其打印细节精致，表面平滑、精确，强度高。Fortus 系列 3D 打印机采用优化的支撑结构和可溶性支撑材料，易于去除支撑。

东方航空技术有限公司采用 Fortus 450mc 工业级 3D 打印机，批量生产东方航空机舱内饰件，如图 6-18 所示。日本理光公司采用 Fortus 900mc 来 3D 打印高强度 ABS 夹具替代传统的金属夹具。理光生产的产品数量庞大，需要花费大量时间和精力来确定每个零件的正确夹具和检测夹具，为实现更高效的流水线，理光设计了可以更快速组装的可旋转工作台，并将 3D 打印作为制造新夹具的解决方案。通过使用 FDM 技术可以实现多功能夹具的制造，同时减轻加工部件的重量和成本。例如，曾经 20kg 的金属夹具被替换为质量小于 1kg 的高强度 ABS 部件，如图 6-19 所示。

图 6-18　东方航空机舱内饰件

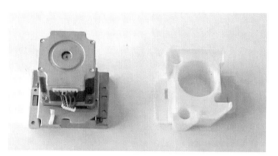

图 6-19　高强度 ABS 夹具和金属夹具

软件方面，Insight 软件使用方便，只需按下按钮就可以自动切片并生成支撑结构和材料挤压路径，为在 FDM 3D 打印机上加工制造 3D 数字零件文件（输出为 STL 格式）做好准备。如果需要，用户可以覆盖 Insight 设置的默认值，手动修改参数以控制零件的外形、强度和精度，以及 FDM 工艺的时间、产量、成本及效率。Control Center 是连接用户工作站和 FDM 系统、管理作业并监控 FDM 系统生产状态的软件。此软件应用操控方便，可将效率、产量和使用率最大化，同时尽可能缩短响应时间。Control Center 包含在 Insight 软件内。GrabCAD Print 简化了传统的 3D 打印准备流程，使打印机的使用智能化，可以更快速地获得优质的打印成品。通过托盘和切片预览功能，可以在打印之前进行调整。GrabCAD Print 软件通过 MTConnect 协议和 GrabCAD SDK 实现了与企业连接的互联互通。

近年来，桌面级 FDM 成形设备发展迅猛。最具代表性的桌面级 FDM 品牌有 MakerBot 公司的 MakerBot Replicator 系列、3D Systems 公司的 Cube 系列、北京太尔时代科技有限公司的 UP 系列以及杭州先临三维科技股份有限公司的 Einstart 系列等。

6.3.3　熔融沉积成形机床的优缺点

（1）优点

FDM 增材制造具有其他增材制造技术所不具有的许多优点，所以被广泛采用。

① 操作简单。由于采用了热熔挤压头的专利技术，使整个系统构造和操作简单，维护成本低，系统运行安全。

② 成形材料广泛。成形材料既可以用丝状蜡、ABS 材料，也可以使用经过改性的尼龙、橡胶等热塑性材料丝。对于复合材料，如热塑性材料与金属粉末、陶瓷粉末或短纤维材料的混合物，做成丝状后也可以使用。

③ 成形速度快。FDM 成形过程中喷头的无效运动很少，大部分时间都在堆积材料，特别是成形薄壁类制件的速度极快。

④ 可以成形任意复杂程度的零件。常用于成形具有很复杂的内腔、孔的零件。

⑤ 原材料利用率高，无环境污染。成形系统所采用的材料为无毒、无味的热塑性塑料，废

弃的材料还可以回收利用，材料对周围环境不会造成污染。

⑥ 制件翘曲变形小，支撑去除简单。原材料在成形过程中无化学变化，制件的翘曲变形小，去除支撑时无须化学清洗，分离容易。

（2）缺点

FDM 增材制造和其他增材制造技术相比，也存在着以下缺点。

① 需对整个实体截面进行扫描，大面积实体成形时间较长。

② 要设计与制作支撑结构。

③ 成形件垂直方向的强度比较弱。

④ 成形件的表面有较明显的条纹，影响表面精度。

⑤ 原材料价格昂贵。

6.3.4 熔融沉积成形机床的发展趋势

2021 年，随着材料、人工智能、物联网等技术的发展，以及国内外资本的进入，3D 打印技术必将迎来高速发展。

（1）高性能材料及其相关工艺技术将快速发展

随着 3D 打印技术在工业应用领域的发展，必将有高性能的材料来满足工业生产的需求，例如尼龙、PEEK、碳纤维等材料。上海聚复材料科技有限公司已经开发了多种满足生产要求的新材料，如耐温高达 180℃的尼龙材料 CoPA，高强度的 PA12-CF。上海远铸智能技术有限公司开发的高温高性能材料和设备，能制造坚固耐用且尺寸稳定的零部件。荷兰皇家海军移动维修中心集成了远铸智能的设备，打印一些对机械应力和热应力影响有需求的零部件。俄罗斯的 Anisoprint 公司利用连续碳纤维 3D 打印技术，在汽车、机器人、医疗保健等领域按批独立生产廉价的定制零件。

（2）设备逐渐向智能化、自动化方向发展

随着云技术、物联网技术、人工智能等技术逐渐进入 3D 打印行业并进行深度融合，3D 打印设备逐渐向智能化、自动化方向发展。Markforged 公司通过"Blacksmith"软件在人工智能算法、设计工具和 3D 扫描数据之间建立闭环控制系统，软件将零件设计文件上传到云中进行切片，然后将切片文件发送到反馈循环中，激光扫描仪将扫描的打印零件数据点和切片文件对比，并对两者之间的偏差进行调整，系统可以发出警告或实时进行自我纠正，由此控制打印过程中的部件翘曲、损坏和间接金属打印烧结过程中的部件收缩、开裂。

（3）设备逐渐进入生产实际应用

当下 FDM 3D 打印设备以桌面机为主，主要用于模型制作。随着材料、工艺技术的发展，同时也由于 FDM 设备的成本相对于其他工艺的成本较低，FDM 技术在终端部件生产、工装夹具生产等方面的应用范围越来越广。但这对 FDM 设备的整体性能、成形尺寸、打印效率等方面也提出了更高要求。例如上海远铸智能 610HT 可以打印 610mm×508mm×508mm 的零件，成

形尺寸能够满足打印大尺寸零件或多个相对较小尺寸零件的生产需求，使一次成形打印“全尺寸”零件成为可能。

（4）3D 打印云平台加速发展，实现打印智能化、自动化

3D 打印+物联网等技术，产生了 3D 打印云平台，打通了 PC、APP 的多屏互动，打通材料、工艺包、打印设备、前后处理、材料适配等处理流程，降低了参与者的门槛和难度，解决了工业端的互联生产和智能管理。对于设备生产商，如上海复志通过 3D 打印企业级云平台“RaiseCloud 云平台”（如图 6-20 所示）对打印机进行控制，实现联网打印，不需再用 U 盘拷贝 Gcode 到设备上；还可通过移动设备对打印进行在线监控。

图 6-20　RaiseCloud 云平台

对于打印服务，基于 3D 打印技术的数字制造云平台“未知大陆（UNLANDS）云平台”把设计端、设备端和打印需求端连成一体，实现自动报价、客服订单管理系统、智能排产、远程生产管理、设备数字化管理等。经过五年的沉淀，“未知大陆（UNLANDS）云平台”现已成为制造业在线 3D 打印最稳定的供应商，制造即服务；同时提供在线 3D 打印模型，让消费者开放定制自己喜爱的商品，数据即商品。“未知大陆（UNLANDS）云平台”正携手已入驻平台的 3D 打印服务商帮助传统企业实现数字化制造转型升级，以满足未来 C2M 消费者市场发展趋势。

6.4　立体光固化成形机床（SLA）

GB/T 14896.7—2015 定义立体光固化成形机床（stereolithography machines）是采用立体光固化工艺的增材制造机床。立体光固化增材制造，英文名称为 stereo lithography apparatus，简称为 SLA 或 SL，是最早发展起来的增材制造技术。现在的增材制造机床中，以 SLA 的研究最为深入，运用也最为广泛。它以光敏树脂为原料，通过计算机控制紫外光使其凝固成形。这种方法能简捷、全自动地制造出其他加工方法难以制作的复杂立体形态，在加工技术领域中具有划时代的意义。

6.4.1　立体光固化成形机床的工作原理

SLA 增材制造装备由液槽、可升降工作台、激光器、扫描系统和计算机数控系统等组成，

如图 6-21 所示。其中，液槽中盛满液态光敏聚合物（通常 20～200L）。带有许多小孔洞的可升降工作台在步进电动机的驱动下能沿高度 Z 方向做往复运动。激光器为紫外光（UV）激光器，如氦镉（HeCd）激光器、氩离子（Argon）激光器和固态（Solidstate）激光器，其功率一般为 10～200mW，波长为 320～370nm（处于中紫外至近紫外波段）。扫描系统为一组定位镜，它能根据控制系统的指令，按照每一截面层轮廓的要求做高速往复动，从而使激光器发出的激光束反射并聚焦于液槽中液态光敏聚合物的上表面，并沿此面做 X-Y 方向的扫描运动（图 6-22）。在这一层受到紫外激光束照射的部位，液态光敏聚合物快速固化，形成相应的一层固态截面轮廓。一层固化完毕后，工作台下移一个层厚的距离，以便在原固化好的表面再敷上一层新的液态树脂，然后刮刀将黏度较大的树脂液面刮平，进行下一层的扫描加工，同时新固化的一层牢固地黏结在前一层上，如此重复直至整个零件制造完毕，得到一个三维实体原型。

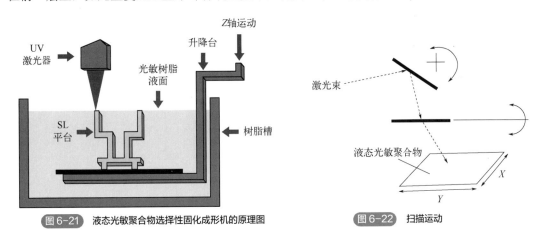

图 6-21　液态光敏聚合物选择性固化成形机的原理图

图 6-22　扫描运动

6.4.2　立体光固化成形机床的优缺点

（1）优点

① 可成形任意复杂形状零件，包括如图 6-23 所示的中空类零件；零件的复杂程度与制造成本无关，且零件形状越复杂，越能体现出 SLA 增材制造的优势。

② 零件的成形周期与其复杂程度无关。常规的机械加工方法是零件形状越复杂，工模具制造周期越长，困难越大，而 SLA 成形采用的是分层叠加方法，因此，成形周期与其形状无关。

③ 成形精度高，可成形精细结构，如厚度在 0.5mm 以下的薄壁、小窄缝等细微的结构。成形体的表面质量光滑度好。

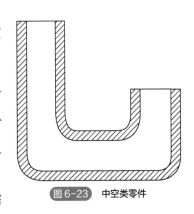

图 6-23　中空类零件

④ 成形过程高度自动化，基本上可以做到无人值守，不需要高水平操作人员。

⑤ 成形效率高。例如成形一套手机壳体零件仅需 2～4h。

⑥ 成形材料利用率接近 100%。

⑦ 成形无须刀具、夹具、工装等生产准备，不需要高水平的技术工人，成形件强度高，可达 40～50MPa，可进行切削加工和拼接。

⑧ 彻底解决了 CAD 造型中看得见、摸不着的问题。

（2）缺点

① 需要设计支撑结构，才能确保在成形过程中制件的每一个结构部分都能可靠定位。

② 须对整个截面进行扫描固化，因此成形时间较长。为了节省成形时间，对于封闭轮廓线内的壁厚部分，可不进行全面扫描固化，而只按网格线扫描，使制件有一定的强度和刚度，待成形完成，从成形机上取出工件后，再将工件放入大功率的紫外线箱中进行后固化（一般需 16h 以上），以便得到完全固化的工件。

③ 成形过程中有物相变化，所以制件较易翘曲，尺寸精度不易保证，往往需要进行反复补偿、修正。制件的翘曲变形也可以通过支撑结构加以改善。

④ 产生紫外激光的激光管寿命仅 2000h 左右，价格昂贵。

⑤ 液态光敏聚合物固化后的性能尚不如常用的工业塑料，一般较脆，易断裂，工作温度通常不能超过 100℃，许多还会被湿气侵蚀，导致工件膨胀；抗化学腐蚀的能力不够好，价格昂贵（每千克 143～240 美元）。

⑥ 固化过程中会产生刺激性气体，有污染，对皮肤有刺激性，因此机器运行时成形腔室部分应密闭。

6.4.3 立体光固化成形机床的装备简介

1988 年，3D Systems 实现了专利中的设想，制造出了世界上第一台快速成形设备，型号是 SLA250，该设备的问世是快速成形技术发展的一个里程碑。随后，该公司的光固化 3D 打印机的产品如雨后春笋般推出。近年，3D Systems 又相继推出了 ProX 800、ProX 950、Projet 7000 HD 和 Projet 6000 HD，如图 6-24 所示。ProX 950 可实现超大幅面打印，最大可达 1500mm×750mm×550mm，Projet 7000 HD 拥有最高的精度和超级细节表现力、最高的 3D 打印质量和准确性，打印精度误差在±45μm 内。立体光固化成型技术在经过了近 20 年的发展后，在 3D 打印技术领域已然是发展最成熟、应用最为广泛的 3D 打印技术之一。

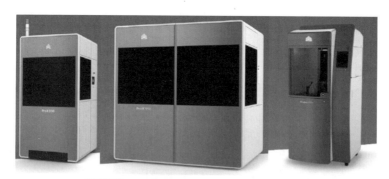

图6-24　3D Systems 公司的工业级 SLA 打印机

除 3D Systems 公司外，国外还有 Stratasys 公司、FSL 公司、Carbon 3D 公司、Formlabs 公司等对 SLA 技术有深入的研究。Formlabs 和 FSL 是全球领先的桌面 SLA 打印机的生产商，2012 年 Formlabs 团队在众筹平台推出了一款基于 SLA 成形技术的 3D 打印机 Form1。2016 年，又推出 Form2，打印尺寸为 145mm×145mm×175mm，轴分辨率可达 0.025mm，支持各种光敏树脂材料，激光功率比 Form1 提高 50%，并设有自动控温装置，将温度控制在 35℃，提供精确的打印环境，保证成品率和精度；树脂槽内设置树脂刷，使模型分离更柔和，避免了传统的硬拔的尴尬；设有自动进料系统，内含 ID 芯片，自动识别耗材信息，自动感应液位，无需手动加料，如图 6-25 所示。

FSL 公司也是一个领先全球的桌面光固化 3D 打印设备生产商，推出型号为 Pegasus Touch 的桌面打印机，使用 405nm 的蓝紫色激光作为光源，具有非常高的打印精度，最高能够达到 25～100um。在打印幅面方面，Pegasus Touch 相比于 Form2 3D 打印机的打印幅面更大，它的打印尺寸可达 177mm×177mm×228mm。它的人机交互板块使用的触摸屏支持多点触控，方便操作，并研发了专门的模型处理软件对 3D 模型自动切片，并能自动生成模型所需的悬挂结构。Pegasus Touch 打印机还能够连接互联网，用户可以直接登录 3D 打印机应用程序商店，在线搜索各种自己喜欢的 3D 模型，如图 6-26 所示。

图 6-25 Form2 桌面级 SLA 型 3D 打印

图 6-26 Pegasus Touch 桌面级 SLA 型 3D 打印

西安交通大学是我国最早研制光固化增材制造技术的单位之一，其成功研制开发的 SPS-600 型光固化增材制造机，如图 6-27 所示，主要参数见表 6-6。经中国模具工业协会技术委员会评定，其水平已基本达到国际同类产品的水平，且价格只有进口价格的 1/4～1/3，基本可以替代进口。

图 6-27 SPS-600 型光固化增材制造机床

表 6-6 SPS-600 型光固化增材制造机床主要参数

项目	数值
加工尺寸	600mm×600mm×400mm
加工精度	±0.1mm 或±0.1%
加工层厚	0.05～0.2mm
激光器波长	354.7nm
激光器功率	300mW
成形速度	80g/h
光斑直径	0.15mm
扫描速度	10m/s
数据格式	STL，适于 AutoCAD、ProE、UG 等流行 CAD 软件
动力	3kW，380V，50Hz，AC
外形尺寸	1.9m×1.2m×2.2m

SPS-600 光固化增材制造机采用混合式步进电动机，配合细分驱动电路，与滚珠丝杠直接连接实现高分辨率驱动，省去了中间的齿轮传动。丝杠导程为5mm，步进电动机步距角为1.8°，采用 10 细分，系统脉冲当量为 2.5μm。最大步距角误差为 5%，由此带来的最大误差为 1.25μm，且步进电动机运行一周，误差归零，无误差积累。经双频激光干涉仪测试和标定，500mm 范围内的全程定位精度为 0.03mm，双重复定位精度为 0.003mm，而一般层厚多在 0.1～0.2mm 之间，因此，由托板带来的 Z 向误差完全可以忽略不计。SPS-600 型光固化增材制造机的加工精度较高，成形设备购置成本低；软件界面全汉化，操作简便；关键部件采用进口器件，性能可靠，性价比优。

我国 3D 打印企业珠海西通电子有限公司致力于光固化 3D 打印机研发，共推出了工业级 SLA 打印机 Riverbase 500 和桌面级 SLA 打印机 Riverside 2.0，如图 6-28 所示。Riverbase 500 采用高速激光振镜扫描技术，扫描速度更快，以波长为 355nm 紫外激光器为光源，光斑直径为 0.1～0.16mm，扫描精度高，使用开源的切片软件 CURA 15 制作了西通的定制版，进行切片后生成的 G 代码配合该公司自主开发的数据处理软件 Riverside OS 完成 3D 打印，见图 6-28。

图 6-28 珠海西通工业级和桌面级 SLA 打印机

6.4.4 立体光固化成形机床的典型应用

立体光固化技术作为目前加工精度最高的增材制造技术，已经非常成熟，目前已被广泛地应用于航空航天、汽车制造、模具铸造、生物医学、文化艺术、设计等领域。

（1）航空航天领域的应用

在航空航天领域，SLA 模型可直接用于风洞试验，进行可制造性、可装配性检验。航空航天零件往往是在有限空间内运行的复杂系统，在采用光固化成形技术以后，不但可以基于 SLA 原型进行装配干涉检查，还可以进行可制造性讨论评估，确定最佳的合理制造工艺。通过快速熔模铸造、快速翻砂铸造等辅助技术可进行特殊复杂零件（如涡轮、叶片、叶轮等）的单件、小批量生产，并进行发动机等部件的试制和试验。

（2）汽车制造领域的应用

现代汽车生产的特点就是产品的多型号、短周期。为了满足不同的生产需求，就需要不断地改型。对于形状、结构十分复杂的零件，可以用光固化成形技术制作零件原型，以验证设计人员的设计思想，并利用零件原型做功能性和装配性检验。

光固化快速成型技术还可在发动机的试验研究中用于流动分析。流动分析技术用来在复杂零件内确定液体或气体的流动模式：将透明的模型安装在一个简单的试验台上，中间循环某种液体，在液体内加一些细小粒子或细气泡，以显示液体在流道内的流动情况。该技术已成功地用于发动机冷却系统（气缸盖、机体水箱）、进排气管等的研究。

（3）模具铸造行业的应用

在铸造生产中，模板、芯盒、压蜡型、压铸模等的制造往往是采用机加工方法，有时还需要钳工进行修整，费时耗资，而且精度不高。特别是对于一些形状复杂的铸件（例如飞机发动机的叶片，船用螺旋桨，汽车、拖拉机的缸体、缸盖等），模具的制造更是一个巨大的难题。虽然一些大型企业的铸造厂也备有一些数控机床、仿型铣等高级设备，但除了设备价格昂贵外，模具加工的周期也很长，而且由于没有很好的软件系统支持，机床的编程也很困难。SLA技术等增材制造技术的出现，为铸造的铸模生产提供了速度更快、精度更高、结构更复杂的保障。

（4）生物医学领域的应用

光固化快速成型技术为不能制作或难以用传统方法制作的人体器官模型提供了一种新的制作方法。基于CT图像的光固化成型技术是应用于假体制作、复杂外科手术的规划、口腔颌面修复的有效方法。上海交通大学医学院3D打印医学应用联合研究中心与河南省洛阳正骨医院合作共建的数学医疗应用联合研究中心，利用3D打印技术治疗骨科疾病。利用SLA 3D打印机打印的"私人订制"康复支具，如图6-29所示，它可以与患者的受伤部位完美契合，而且比石膏更透气、更美观、更舒适。

图6-29 SLA 3D打印机打印的"私人订制"康复支具

（5）文化艺术领域的应用

在艺术文化领域，SLA光固化3D打印技术多用于艺术创作、文物复制、数字雕塑等，制作各种艺术创意工艺品、动漫小人，以及创意文化产品的模型制作。

（6）设计领域大规模应用

SLA光固化技术可将设计师大脑中的一切创意设计，立刻展现在现实中，让设计师能快速地、低成本地制作出自己的产品、产品模型。

还有其他领域，如工业制造、配饰装饰品、家具装潢、房地产等众多领域都将迎来大规模3D打印技术应用场景，SLA技术无疑会成为3D打印众多技术中精度、品质与成本不错的选择。

6.5 激光选区烧结成形机床（SLS）

金属零件增材制造技术作为整个增材制造体系中最为前沿和最有潜力的技术，是先进制造技术的重要发展方向。由于科技发展及推广应用的需求，利用增材制造直接制造金属功能零件成了增材制造主要的发展方向。目前可用于直接制造金属功能零件的快速成形方法主要有：激光选区烧结（selective laser sintering,SLS）技术、激光选区熔化（selective laser melting,SLM）技术、直接金属粉末激光烧结（direct metal laser sintering，DMLS）、激光近净成形（laser engineered net shaping,LENS）技术和电子束选区熔化（electron beam selective melting,EBSM）技术等。

GB/T 14896.7—2015 定义激光选区烧结成形机床（selective laser sintering machines）是采用激光选区烧结工艺的增材制造机床。激光选区烧结增材制造，英文名为 selecting laser sintering，简称 SLS，由美国得克萨斯大学奥斯汀分校的 Carl Robert Deckard 所发明，并于 1986 年申请了专利。1989 年，他创立了 DTM 公司将该技术进行商业化，这是第一批进入市场的 3D 打印技术。激光选区烧结增材制造技术是成形原理最复杂，条件最高，设备及材料成本最高的 3D 打印技术之一，但也是目前对增材制造技术发展影响最为深远的技术。30 多年后，该技术仍活跃在增材制造领域，并从各个方面进行着改进和革新。

6.5.1 激光选区烧结成形机床的工作原理

激光选区烧结是一种基于激光的粉末床熔融技术，原理是预先在工作台上铺一层粉末材料（金属粉末或非金属粉末），在计算机控制下，按照界面轮廓信息，利用大功率激光对处于相应实体部分的粉末进行扫描烧结，然后不断循环，层层堆积成型，直至模型完成。

SLS 成型过程一般可以分为三个阶段：前处理、粉层激光烧结叠加和后处理。

（1）前处理

前处理阶段中，主要完成模型的三维 CAD 造型。将绘制好的三维模型文件导入特定的切片软件进行切片，然后将切片数据输入烧结系统。

（2）粉层激光烧结叠加

激光选区烧结的过程原理如图 6-30 所示。加热前对成形空间进行预热，然后将一层薄薄的

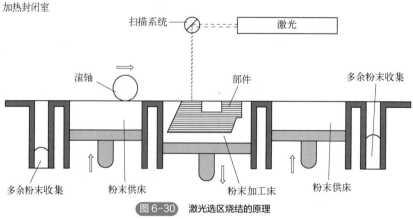

图 6-30 激光选区烧结的原理

热可熔粉末涂抹在零件建造室。在这一层粉末上用 CO_2 激光束选择性地扫描 CAD 零件最底层的横截面。SLS 设备通常提供 30～200W 的激光功率。激光束作用在粉末上，使粉末温度达到熔点，之后粉末颗粒熔化，再冷凝形成固体。激光束仅熔化 CAD 零件截面几何图形划定的区域，周围的粉末仍保持松散的粉状，在成形过程中，未经烧结的粉末对模型的空腔和悬臂部分起支撑作用，因此无须另加支撑结构。当横截面被完全扫描后，通过滚轴机将新一层粉末涂抹到前一层之上。这一过程为下一层的扫描做准备。重复操作，每一层都与上一层融合，每层粉末依次被堆积，直至成形完毕。

（3）后处理

激光烧结后的原型件，由于本身的力学性能比较低，表面粗糙度也比较高，既不能满足作为功能件的要求，又不能满足精密铸造的要求，因此需要进行后处理。有时需进行多次后处理来达到零部件工艺所需要求。

根据坯体材料的不同，以及对制造件性能要求的不同，可以对烧结件采用不同的后处理方法，如高温烧结、热等静压烧结、熔浸和浸渍等。

① 高温烧结。高温烧结阶段形成大量闭孔，并持续缩小，使孔隙尺寸和孔隙总数有所减少，烧结体密度明显增加。在高温烧结后处理中，升高温度有助于界面反应，并且延长保温时间有助于通过界面反应建立平衡，可改善部件的密度、强度、均匀性等性质。在高温烧结后，坯体密度和强度增加，性能也得到改善。

② 热等静压烧结。热等静压烧结工艺是将制品放置到密闭的容器中，使用流体介质，向制品施加各向同等的压力，同时施以高温，在高温高压的作用下，制品的组织结构致密化。温度要求均匀、准确、波动小。热等静压烧结包括三个阶段：升温、保温和冷却。热等静压烧结是高性能材料生产和新材料开发不可或缺的手段。通过热等静压烧结处理后，制品可以达到 100%致密化，提高制品的整体力学性能。这是很难通过其他后处理方法获得的。

③ 熔浸。熔浸是将金属或陶瓷制件与另一个低熔点的金属接触或浸埋在液态金属内，让液态金属填充制件的孔隙，冷却后得到致密的零件。在熔浸处理过程中，制件的致密化过程不是靠制件本身的收缩，而主要是靠液相从外部填满空隙。所以经过熔浸后处理的制件致密度高，强度大，基本不产生收缩，尺寸变化小。

④ 浸渍。浸渍工艺类似于熔浸，不同之处在于浸渍是将液体非金属材料浸渍到多孔的选择性激光烧结坯体的孔隙内，并且浸渍处理后的制件尺寸变化更小。

6.5.2　激光选区烧结成形机床的装备简介

1986 年，第一台激光选区烧结成形机床样机问世；1992 年，DTM 公司正式推出了第一款真正意义的商业机型 SinteStation 2000，开启了激光选区烧结成形机床的商业化；随后 Sinterstation 2500 和 Sinterstation 2500plus 等相继问世，同时开发出多种烧结材料，可直接制造蜡模及塑料、陶瓷和金属零件。

2014 年，3D 打印机生产厂商 Sintratec 公司正式推出桌面级激光选区烧结成形机床，设备实物如图 6-31 所示。从体积上看这款保险箱式的 3D 打印机足够小，而且外观比较简约，可打印较小体积的物体，较适合小企业使用或者家用。该 3D 打印机构建尺寸为 130mm×130mm×

图 6-31 Sintratec 公司的 SINTRATEC KIT

130mm，最小层厚为 50μm，能够以高分辨率生成复杂的几何形状。作为首款桌面级激光选区烧结成形机床，它具备一定的里程碑意义。

在国内，有多家单位一直在进行 SLS 的相关研究工作，如华中科技大学、南京航空航天大学、西北工业大学、中北大学和北京隆源自动成型系统有限公司等都对 SLS 的相关研究做出了突出贡献。目前主流的激光选区烧结成形机床的相关参数见表 6-7。

6.5.3 激光选区烧结成形机床的优缺点

SLS 增材制造和其他增材制造工艺相比，其最大的独特性就是能够直接制作金属制品，同时，该工艺还具有如下优点。

① 材料范围广，开发前景广阔。从理论上讲，任何受热黏结的粉末都有被用作 SLS 增材制造成形材料的可能。通过材料或各类黏结剂涂层的颗粒制造出适应不同需要的任何造型，材料的开发前景非常广阔。

表 6-7 主流的激光选区烧结成形机床的参数

型号	研制单位	加工尺寸/mm	层厚/mm	激光光源	激光扫描速度/（m/s）	控制软件
Vanguand si2 SLS	3D System（美国）	370×320×445	—	25W 或 100W（CO_2）	7.5（标准）10（快速）	VanguandH Ssi2™SLS® system
Sinrerstation 2500plus	DTM（美国）	368×38×445	0.1014	500W（CO_2）	—	
Sinrerstation 2000		φ304.8×381	0.0762～0.508	500W（CO_2）	—	
Sinrerstation 2500		350×250×500	0.07～0.12	500W（CO_2）	—	
Eosint S750	EOS（德国）	720×380×380	0.2	2×100W（CO_2）	3	EosRPtools MagicsRP Expert series
Eosint M250		250×250×200	0.02～0.1	200W（CO_2）	3	
3 EosintP360		340×340×620	0.15	50W（CO_2）	3	
5 EosintP700		700×380×580	0.15	50W（CO_2）	5	
SINTRATEC KIT	Sintratec（德国）	130×130×130	—	2.3W（CO_2）	0.07	
AFS—320MZ	北京隆源自动成型系统有限公司	320×320×435	0.08～0.3	50W（CO_2）	4	AFS Control2.0
HRPS—Ⅲ	华中科技大学	400×400×500	—	50W（CO_2）	4	HPRS 2002

② 制造工艺简单，柔性度高。在计算机的控制下可以方便迅速地制造出传统加工方法难以实现的复杂形状的零件。在成形过程中不需要先设计支撑，未烧结的松散粉末可以作为自然支撑，这样省料、省时，也降低了对设计人员的要求。可以成形几乎任意几何形状的零件，尤其是制造含有悬臂结构、中空结构、槽中套槽等结构的零件特别方便、有效。

③制造精度高，材料利用率高。依赖于使用的材料种类和粒径、产品的几何形状和复杂程度，SLS增材制造工艺一般能够达到工件整体范围内±（0.05～2.5）mm的公差。当粉末粒径为0.1mm以下时，成形的原型精度可达到±1%。粉末材料可以回收利用，利用率近100%。

④ 材料价格便宜，生产成本较低。一般SLS增材制造材料的价格为60～800元/kg。材料价格相对便宜，生产成本较低。

⑤ 应用面广，生产周期短。各项高新技术的集中应用使得这种成形方法的生产周期很短。随着成形材料越来越多样化，SLS增材制造技术越来越适用于多个领域。例如，用蜡做精密铸造蜡模；用热塑性塑料做消失模；用陶瓷做铸造型壳、型芯和陶瓷件；用金属粉末做金属零件；等等。

当然，SLS增材制造也有一定的缺点，如能量消耗高，原型表面粗糙疏松，对某些材料需要单独处理，后处理复杂等，还有一点就是设备体积大而且价格昂贵。如今，随着该技术的发展，激光选区烧结成形机床也开始变得越来越实惠、越来越紧凑。

6.5.4 激光选区烧结成形机床的典型应用

SLS增材制造可以提供高的设计自由度、高精度和出色的力学性能。近年来，SLS增材制造已经成功应用于汽车、船舶、航天和航空等制造行业，为许多传统制造行业注入了新的生命力和创造力。SLS工艺有以下几种典型应用案例。

① 快速原型制造。SLS可快速制造设计零件的原型，并及时进行评价、修正，以提高产品的设计质量，并且可获得直观的模型。图6-32所示为由SLS工艺制造出来的汽车及零件原型。

图6-32 SLS快速原型制造应用

② 快速模具和工具制造。SLS制造的零件可以直接作为模具使用，如砂型铸造用模、金属冷喷模、低熔点合金模等。也可将成形件进行后处理，作为功能性零部件使用。图6-33所示为运用SLS制造的砂型型芯。

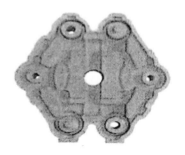

图6-33 SLS制造的砂型型芯

③ 单件或小批量生产。对于无法批量生产或形状复杂的零件,可利用 SLS 来制造,从而降低成本,节约生产时间。这对航空航天及国防工业来说具有重大的意义。

6.6 激光选区熔化成形机床(SLM)

GB/T 14896.7—2015 定义激光选区熔化成形机床(selective laser melting machines)是采用激光选区熔化工艺的增材制造机床。激光选区熔化增材制造,英文名为 selecting laser melting,简称 SLM。它是 20 世纪 90 年代中期在激光选区烧结技术的基础上发展起来的,是发展最快的 3D 打印技术之一,特别是在金属成形领域。激光选区熔化增材制造技术可直接制造精密复杂的金属零件,是增材制造技术的主要发展方向之一。SLM 技术利用高功率密度的激光束直接熔化金属粉末,获得冶金结合、材料致密性接近 100%、具有一定尺寸精度和表面粗糙度的金属实体零件,并且可以实现全自动化高速生产,产品在数小时内就能生产出来,甚至无须热处理或渗透等后处理工艺过程。

6.6.1 激光选区熔化成形机床的成形原理

激光选区熔化是粉末床熔融技术的一种,SLM 成形原理与 SLS 非常相似,都是用激光束扫描金属粉末分层法制备所需金属零件,成形过程均由前处理、分层激光烧结和后处理组成。其主要区别是 SLM 熔融金属材料温度极高,通常要使用惰性气体,如氩气或氦气来控制氧气的气氛。其次 SLM 使用单纯金属粉末,而 SLS 使用添加了黏结剂的混合粉末,使得成品质量差异较大。SLM 成形过程如图 6-34 所示。

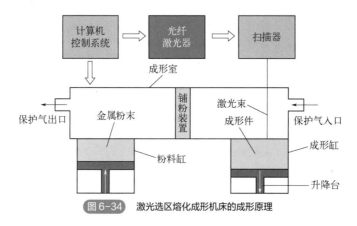

图 6-34 激光选区熔化成形机床的成形原理

整个工艺装置由粉料缸和成形缸组成。首先在计算机上利用三维造型软件设计出零件的三维实体模型,通过切片软件对该三维 CAD 数据模型进行路径扫描,计算机逐层读入路径信息文件,计算机根据原型的切片模型控制激光束的二维扫描轨迹,有选择地烧结固体粉末材料以形成零件的一个层面;然后成形缸下降一个加工层厚的高度,同时粉料缸上升一定的高度,铺粉装置将粉末从粉料缸刮到成形缸,设备调入下一层轮廓的数据进行加工,如此重复,层层熔化并堆积成组织致密的实体,直至三维零件成形。

在加工成形时,需要支撑机构。支撑机构的作用是承接下一层未成形粉末层,防止激光扫描到过厚的金属粉末层，发生塌陷。由于成形过程中粉末受热熔化冷却后，内部存在收缩应力，易导致零件发生翘曲等，支撑结构连接已成形部分与未成形部分，可有效抑制这种收缩，能使成形件保持应力平衡。

整个加工成形过程，是在通有惰性气体保护的加工室中进行，以避免金属在高温下与其他气体发生反应。但是目前这种技术受成形设备的限制，无法成形出大尺寸的零件。

SLM 成形型过程中的球化现象应引起重视。球化现象通常是指在增材制造过程中，金属粉末在激光束作用下形成熔融状态的熔池，工艺参数的不同导致冷却后的熔池形状也不同，形成多个熔池相互搭接形貌从而构成零件整体，未能搭接的熔池则会部分或者全部形成独立的金属球。球化现象对 SLM 成形过程和质量有影响，会使成形层留有大量孔隙，降低零件的强度和致密度，而且也妨碍下一粉末层的铺放，成形质量会变差，成形的过程也受到影响。球化现象主要出现在低功率、高扫描速率和较大层厚情况下，即较低激光能量密度时，球化现象比较明显。可以通过适当地调整激光功率、扫描速度、扫描间隔、铺粉厚度、保护气氛等工艺参数，减弱球化现象。大部分的单一金属粉末在激光的作用下都会发生球化现象，如镍粉、锌粉、铝粉和铅粉等。其中铝粉和铅粉球化现象最为明显。铁粉的球化现象不是很明显，其球化的颗粒也较小。实验证明，在采用惰性气体保护时，球化现象明显减弱。

6.6.2 激光选区熔化成形机床的装备简介

目前，欧美等发达国家在激光选区熔化成形机床的研发及商业化进程上处于领先地位。早在 1995 年，德国的 Fraunhofer 就提出 SLM 技术，并于 2002 年研制成功。随后，于 2003 年底，德国MCP-HEK 公司生产出第一台SLM 设备，利用该设备加工出来的工件致密度达到了 100%，可以直接应用于工业领域。德国的 EOS 公司是目前全球最大，也是技术最为领先的激光选择性增材制造成形系统的制造商。该公司最新推出的 EOSINT M290 激光熔融系统，采用的是 Yb-fibre 激光发射器，具有高效能、长寿命、光学系统精准度高的特点，可成形尺寸为 250mm×250mm×325mm。

从 2000 年开始，国内初步实现的产业化设备已接近国外产品水平，改变了该类设备早期依赖进口的局面。在国家和地方政府的支持下，全国建立了多个 SLM 增材制造服务中心，设备用户遍布医疗、航空航天、汽车、军工、模具、电子电器、船舶制造等行业，极大地推动了我国制造技术的发展。

2014 年，武汉华科三维科技有限公司推出了 HK 系列设备。该类设备材料利用率超过了90%，特别适用于钛合金、镍合金等贵重和难加工金属零部件的制造，其中 HK M250 采用 Fiber laser 400W 激光器，可成形尺寸为 250mm×250mm×250mm。

2015 年，湖南华曙高科技有限公司研发了全球首款开源可定制化的激光选区熔化成形机床FS271M，如图 6-35 所示，其外形尺寸为 2315mm×1425mm×2100mm，该设备配有 500W 连续单模光纤激光器，最大成形尺寸为275mm×275mm×320mm，用氮气或氩气作为实验保护气体，可实现成形仓内环境氧含量低于 0.1%，成形材料主要有钛合金、铝合金、铜及铜合金、模具钢、不锈钢、高温合金、钴铬合金等，该设备主要性能参数如表 6-8 所示。该产品具有两大特点：一是控制系统软件开源，二是设备的安全性高。当时在国际市场上，包括 3D 打印技术最为成熟的美国和德国在内，所有工业级 3D 打印设备生产厂商均采用闭源系统，这意味着购买了 3D 打印机的客户既不能自行设计，也不能自由选择打印耗材，每一次打印新的产品都必须向 3D 打印机生产商支付高额的参数包购买费用。FS271M 的面世打破了这一困境，这款激光选区熔化成形机床不仅可以使用由华曙高科已设定的金属粉末进行打印，使用者还可以根据自身需求调整任意参数，用自己想用的金属材料进行 3D 打印。

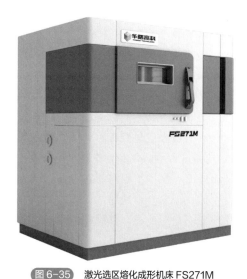

图 6-35 激光选区熔化成形机床 FS271M

表 6-8　FS271M 激光选区熔化成形机床主要性能参数

技术参数	FS271M 参数
激光器	500W 连续激光器
光斑直径/μm	70～200
扫描系统	全数字动态聚焦，高精度激光振镜扫描
最大扫描速度/m·s^{-1}	15.2
最大成形尺寸（长×宽×高）/mm	275×275×320
铺粉层厚/μm	20～100（可调）
送粉方式	铺粉
保护气	氩气或氮气
成形速率/cm^3·h^{-1}	20
铺粉工具	橡胶刮刀

2016 年，湖南华曙高科技有限公司针对高校、研究院所及医疗行业开发了 FS121M 激光选区熔化成形机床，如图 6-36 所示。该打印机拥有全开放式系统，成形尺寸为 120mm×120mm×100mm，可用于 316L 不锈钢、AlSi10Mg、Ti6Al4V、GH3536 等多种金属材料的打印。设备基本技术参数如表 6-9 所示，提供了高性价比的紧凑型工业级金属 3D 打印解决方案，紧凑的体积和小型工作缸特别适用于医疗、饰品和科研机构的需求。

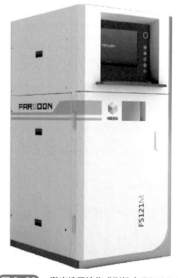

图 6-36　激光选区熔化成形机床 FS121M

表 6-9　FS121M 激光选区熔化成形机床基本技术参数

技术参数	FS121M
激光系统	光纤激光器
最大成形尺寸	120mm×120mm×100mm
光斑直径	40～100μm
铺粉层厚	20～80μm
惰性气体消耗	3～5L/min（N$_2$/Ar）
最大扫描速度	15.2m/s
运行环境温度	22～28℃
文件格式	STL

6.6.3　激光选区熔化成形机床的优缺点

（1）优点

① 零件成形精度高。激光光斑的直径非常小，加工出来的金属零件具有很高的尺寸精度，一般可达 0.1mm，表面粗糙度可达 $Ra25\sim Ra50$。因为光斑能量高，可以熔化较高熔点的金属，所以相较于传统的单一金属材料加工，SLM 可加工混合金属制成品。这样可供选用的金属粉末种类也就大大拓展了。

② 零件致密性好。激光选区熔化技术使用相应的金属粉末制造零件。由于单纯金属粉末的致密性、相对密度可接近 100%，这大大提高了金属部件的性能。SLM 由材料直接制成终端金属制品，缩短了成形周期，同时，解决了传统机械加工中复杂零件加工死角等问题，因此可用于制造复杂的金属零部件。

（2）缺点

① 加工制造工艺相对复杂。SLM 是一项工艺复杂的加工制造技术，涉及参数众多，如粉末粒度、扫描速度、激光功率、扫描方式等。这些参数对 SLM 工艺加工过程、产品外形及性能有不同程度的影响，且参数之间也相互影响。如果对这些参数加以控制，就可得到成形良好、性能优异的成形件。如果这些参数不能合理地进行选择，则会在 SLM 过程中出现一些典型问题，如球化、孔隙、残余应力及应变等，并对成形件的显微组织产生影响。

② 需要用高功率密度的激光。为保证成形精度以及得到高致密性金属零件，SLM 工艺要求激光束能聚焦到几十微米大小的光斑，以较快的扫描速度熔化大部分的金属材料，并且不会因为热变形影响成形零件的精度，这就需要用到高功率密度的激光器，但是高功率密度激光器价格昂贵。

③ SLM 工艺成本高。目前工业级别的 SLM 设备的价格较高。国外 SLM 设备售价在500～700 万元人民币，这还不包括后续的材料使用费等，一般制造企业通常承担不了如此高的成本。这从市场的角度是非常不利于 SLM 的推广的，如何降低工业用 SLM 增材制造设备的成本也是近年来有待解决的重要问题。

6.6.4　激光选区熔化成形机床的典型应用

SLM 增材制造的应用范围比较广泛，主要用于制作机械领域的工具及模具、生物医疗领域的生物植入零件或替代零件、电子领域的散热元器件、航空航天领域的超轻结构件、梯度功能复合材料零件等。

（1）航空航天领域的应用

传统的航空航天组件加工需要耗费很长的时间，在铣削的过程中需要移除高达 95%（体积分数）的昂贵材料。采用激光选区熔化成形机床成形航空金属零件，可以极大节约成本并提高生产效率。西北工业大学和中国航天科工集团北京动力机械研究所于 2016 年联合实现了 SLM 技术在航天发动机涡轮泵上的应用，在国内首次实现了 3D 打印技术在转子类零件上的应用。图 6-37 所示为美国 GE/Morris 公司采用 SLM 技术制造的一系列复杂航空部件。此外，美国

NASA 公司从 2012 年开始采用 SLM 技术制造航天发动机中的一些复杂部件。

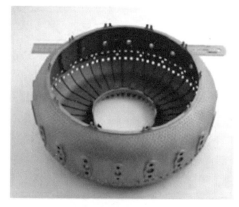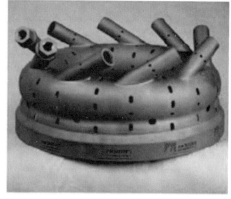

图6-37　SLM 成形的复杂航空部件

（2）生物医学应用

SLM 技术在国内医疗行业的应用始于 20 世纪 80 年代后期，最初主要用于快速制造 3D 医疗模型。随着 SLM 技术的发展以及医疗行业精准化、个性化的需求增长，SLM 技术在医疗行业的应用也越来越广泛，逐渐用于制造骨科植入物、定制化假体、个性化定制口腔正畸托槽和口腔修复体等。图 6-38 所示为利用 SLM 成形的个性化膝关节假体。

（3）汽车领域应用

在汽车行业中，汽车制造大致可分为三个环节：研发、生产以及使用。目前，SLM 技术在汽车制造领域中的应用主要包括两个方面：汽车发动机及关键零部件直接成形制造和发动机复杂铸造件成形制造。由于各方面技术难题尚未解决，SLM 技术制造的汽车零部件只是用于实验和功能性原型制造，还未大规模地投入实际生产使用中。随着 SLM 技术不断发展，SLM 技术在零部件生产、汽车维修、汽车改装等方面的应用会逐渐成熟。

（4）模具行业的应用

SLM 技术在模具行业中的应用主要包括成形冲压模、锻模、铸模、挤压模、拉丝模和粉末冶金模等。例如，采用 SLM 技术成形的带有随形冷却通道的压铸模具，如图 6-39 所示，实验结果表明：随形冷却的存在减少了喷雾冷却次数，提高了冷却速率，冷却效果更均匀，铸件表面的质量有所提高，缩短了周期时间并且避免了缩孔现象发生。

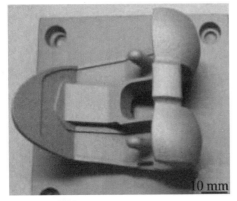

图 6-38　SLM 成形的膝关节假体

图 6-39　SLM 制造的压铸模具

（5）其他领域应用

SLM 技术在珠宝、家电、文化创意、创新教育等领域的应用也越来越广泛。利用 SLM 技术打印的珠宝首饰致密度高，几何形状复杂，支持多自由度设计，更能突显珠宝首饰设计个性化和定制化的特点，能给消费者提供更多的选择，并且 SLM 在文化创意、创新教育方面也会有广阔的发展空间。

6.7 我国增材制造技术发展现状与方向

6.7.1 我国增材制造技术的发展现状

我国增材制造技术和产业发展速度快，规模稳步增长，技术体系和产业链条不断完善，产业格局初步形成，支撑体系逐渐健全，已逐步建立起较为完善的增材制造产业生态体系。根据中国增材制造产业联盟的统计，在 2015—2017 年三年间，我国增材制造产业规模年均增速超过30%，增速高于世界平均水平；我国本土企业实现快速成长，涌现出一批龙头企业，产业发展速度加快。

（1）创新能力不断提升

增材制造在相关国家科技计划的持续支持下，已为我国航空航天、动力能源领域高端装备的飞跃发展和品质提升作出了重要贡献。目前我国已初步建立了涵盖 3D 打印金属材料、工艺、装备技术到重大工程型号应用的全链条增材制造的技术创新体系，整体技术达到国际先进水平，并在部分领域处于国际领先水平，如我国采用激光熔覆沉积技术实现了世界上最大、投影面积达 16m² 的飞机钛合金整体承力框的增材制造；制造出了长达 1.2m 的世界最大单方向尺寸的激光选区熔化钛合金制件，解决了传统方法难以实现的极端复杂结构的多结构、功能集成整体制造难题。同时，我国在增材制造技术的研究和产业发展方面已经形成一定的规模，从增材制造前处理模块产业到中游的设备制造和材料生产产业，再到下游的技术服务商和客户群体，已形成小规模的产业链。

我国于 2016 年底建立了支撑增材制造技术发展的研发机构——国家增材制造创新中心，旨在开发创新型增材制造工艺装备，专注于服务产业的共性技术研究，推进增材制造在各领域的创新应用，聚焦技术成熟度介于 4~7 级的产业化技术的孵化与开发，为我国增材制造领域提供创新技术、共性技术以及信息化、检测检验、标准研究等服务。同时一批省级增材制造创新中心也相继成立或宣布筹建，形成了国家级、省级增材制造创新中心协同布局的发展格局，逐渐形成以企业为主体、市场为导向、政产学研用协同的"1+N"增材制造创新体系。

（2）产业规模快速增长

我国增材制造产业仍处于快速发展阶段，产业规模逐步增长。2018 年，中国增材制造产业产值约为 130 亿元，相较于 2017 年的 100 亿元，同比增长 30%。根据中国增材制造产业联盟对 40 家重点联系企业的统计结果显示，2018 年，这些企业的总产值达 40.63 亿元，比 2017 年的 32.83 亿元增加 7.8 亿元，同比增长 23.8%。2018 年，中国增材制造装备保有量占全球装备保有量的 10.6%，仅次于美国（美国的该参数为 35.3%），位居全球第二。

我国增材制造产业已初步形成了以环渤海地区、长三角地区、珠三角地区为核心，中西部地区为纽带的产业空间发展格局。其中，环渤海地区是我国增材制造人才培养中心、技术研发中心和成果转化基地。长江三角地区具备良好经济发展优势、区位条件和较强的工业基础，已初步形成了包括增材制造材料制备、装备生产、软件开发、应用服务及相关配套服务的完整增材制造产业链。珠三角地区，随着粤港澳大湾区建设的推进，其增材制造产业得到进一步集聚。中西部地区，陕西、广东、湖北、山东、湖南等省份是我国增材制造技术中心和产业化发展的重点区域，集聚了一批龙头企业和重点园区。

（3）应用领域持续拓展

增材制造技术应用已从简单的概念模型、功能型原型制作向功能部件直接制造方向发展，各领域应用持续拓展，尤其在航空、航天、医疗等领域的应用更为深入。以北京航空航天大学、西北工业大学、北京煜鼎增材制造研究院有限公司、西安铂力特增材技术股份有限公司为代表的金属增材制造产学研链条高校和企业，已初步建立了涵盖 3D 打印金属材料、工艺、装备技术到重大工程型号应用的全链条增材制造的技术创新体系，整体技术达到了国际先进水平，并在部分领域居于国际领先水平。除此之外，在航空航天领域，中国航空发动机集团成立了增材制造技术创新中心，旨在推动增材制造燃油喷嘴等零部件逐步走向规模化应用。2018 年发射的嫦娥四号中继卫星搭载了多个采用增材制造技术研制的复杂形状铝合金结构件。在医疗领域，目前已有 5 个 3D 打印医疗器械获得 CFDA（中国食品药品监督管理总局）批准上市，尤其是 2019 年初，第二类医疗器械定制式增材制造膝关节矫形器获批上市，标志着 CFDA 认证的增材制造医疗器械正从标准化走向个性化。在消费领域，先临三维科技股份有限公司量产 3D 打印鞋的数量已超过一万双，显示了 3D 打印技术在制鞋行业中的应用前景。

6.7.2 我国增材制造技术面临的挑战

我国增材制造研究及产业发展面临的问题和挑战主要包括以下几个方面。

（1）原始创新和变革性技术不足

近些年增材制造具有变革性的技术均来源于国外，一些显著影响增材制造全局的重大技术进步都来自欧美国家，如德国的电子束高效增材制造装备、MIT和惠普的金属粉末床黏结剂喷射打印技术、空客公司的增材制造专用铝合金Scalmalloy等。国内相关技术仍然处于跟跑位置，原始创新能力有待加强和引导。

（2）自主创新和标准的体系尚待完善

从技术创新层面看，知识产权和专利技术一直是各国抢占战略制高点的主要战场。目前以欧、美、日等发达国家和地区构建的专业技术壁垒对我国企业在增材制造和激光制造领域的布局和研究产生了较大程度的冲击。为打破国外技术壁垒和封锁，拥有一套核心自主知识产权体系是我国发展增材制造产业的重中之重。从标准层面来看，技术标准研究往往引领产业发展，如何推行完善的行业准则，使增材制造和激光制造的产品符合商业化的应用是我国增材制造和激光制造标准化发展的瓶颈。因此，建立完善的专用材料、工艺和设备，以及产品的检测和评价规范与标准也是未来所面临的挑战之一。

（3）增材制造形性主动控制难度大

控形与控性是增材制造工艺的两个重要考察指标。但是，增材制造过程中材料往往存在强烈的物理、化学变化以及复杂的物理冶金过程，同时伴随着复杂的形变过程，以上过程影响因素众多，涉及材料、结构设计、工艺过程、后处理等诸多因素，这也使得增材制造过程的材料-工艺-组织-性能关系往往难以准确把握，形性的主动、有效调控较难实现。因此，基于人工智能技术，发展形性可控的智能化增材制造技术和装备，构建完备的工艺质量体系是未来增材制造面临的挑战之一。

（4）生物增材制造器官功能化困难

生物制造是未来的重点发展方向。现有生物墨水体系仿生度低、可打印性差、种类少，打印工艺稳定性及效率低、与生物墨水匹配性差，打印组织结构存在营养物质输送局限，因而无法实现真正功能化。未来需要攻关的关键核心技术包括：高精度微观仿生设计及单细胞微纳跨尺度建模与组装；多尺度、多组织的生物3D打印高效调控技术；血管自组装与网络建立；保证打印大体积组织的维持存活的生物反应器的制造。随着生物医用材料从"非活体"修复到"活体"修复的趋势转变，生物制造面临的战略性前瞻性重大科学问题包括：如何实现生物医用材料的活性化、功能化构建，甚至构建功能性组织器官，满足组织器官短缺、个性化新药研发等重大需求。

6.7.3　我国增材制造技术的发展方向

过去五年，增材制造实现了爆发式发展，从一个个的研究点发展为一个个热点的科学技术领域。目前增材制造研究覆盖了增材制造新原理、新方法、控形控性原理与方法、材料设计、结构优化设计、装备质量与效能提升、质量检测与标准、复合增材制造等全系统，成为较为完整的学科方向。我国增材制造的发展要基于科学基础的研究，面向国家战略性产品和战略性领域的重大需求，瞄准世界先进制造技术与产业发展的制高点，抓住我国"换道超车"的历史性发展机遇，从而为我国 2035 年成为世界制造强国的重大战略目标提供支撑。为此，要以增材制造的多学科融合为核心，通过多制造技术融合、多制造功能融合，向制造的智能化、极端化和高性能化发展，必须通过自主创新重点掌握如下制造技术与装备。

（1）加强基础科学问题研究

由于增材制造技术的发展历史较短，随着技术的发展，很多传统的机理研究理论无法应用于增材制造的物理环境和成形机制。从基础科学入手加强增材制造新问题的研究是首先需要面对的科研方向。在近期内需要解决的科学问题主要有：

① 金属成形中的强非平衡态凝固学。

由于增材制造过程中的材料与能量源交互作用时间极短，瞬间实现熔化-凝固的循环过程，尤其是对于金属材料来说，这样的强非平衡态凝固学机理是传统平衡凝固学理论无法完全解释的，因此建立强非平衡态下的金属凝固学理论是增材制造领域需要解决的一个重要的科学问题。

② 极端条件下增材制造新机理。

随着人类探索外太空的需求越来越迫切，增材制造技术被更多地应用于太空探索领域，人们甚至希望直接在外太空实现原位增材制造，这种情况及类似极端条件下的增材制造机理以及增材制造件在这种服役环境下的寿命和失效机理的研究将是相关研究人员关注的问题。

③ 梯度材料、结构的增材制造机理。

增材制造是结构功能一体化实现的制造技术，甚至可以实现在同一构件中材料组成梯度连续变化、多种结构有机结合，实现这样的设计对材料力学和结构力学提出了挑战。

④ 组织器官个性化制造及功能再生原理。

具有生命活力的活体及器官个性化打印是增材制造在生物医疗领域中最重要的应用之一，但无论是制造过程的生命体活力的保持，还是在使用过程中器官功能再创机理的研究，都还处于初期阶段，需要多个学科和领域的专家学者共同努力。

（2）解决形性可控的智能化技术与装备

增材制造过程是涉及材料、结构、多种物理场和化学场的多因素、多层次和跨尺度耦合的极端复杂系统，在此条件下，"完全按照设计要求实现一致的、可重复的产品精度和性能"以及"使以往不能制造的全新结构和功能器件变为可能"是增材制造发展的核心目标。结合大数据和人工智能技术来研究这一极端复杂系统，在增材制造的多功能集成优化设计原理和方法上实现突破，发展形性主动可控的智能化增材制造技术，将为增材制造技术的材料、工艺、结构设计、产品质量和服役效能的跨越式提升奠定充分的科学和技术基础。在此基础上，发展具有自采集、自建模、自诊断、自学习、自决策的智能化增材制造装备也是未来增材制造技术实现大规模应用的重要基础。

同时，重视与材料、软件、人工智能、生命与医学的学科交叉研究，开展重大技术原始创新研究，注重在航空、航天、航海、核电等新能源、医疗、建筑、文化创意等领域拓展增材制造技术的应用，是我国增材制造技术可望引领世界的关键之所在。形性主动可控的智能化增材制造技术和装备的发展将有望带动未来增材制造技术的前沿发展，从而提升增材制造技术应用的可靠性，创造出颠覆性新结构和新功能器件，更好地支撑国家及国防制造能力的提升。

（3）突破制造过程跨尺度建模仿真及材料物性变化的时空调控技术

增材制造过程中材料的物性变化、形态演化以及组织转化极大地影响了成形的质量和性能，是增材制造实现从"结构"可控成形到"功能"可控形成的基础和关键核心。开展增材制造熔池强非平衡态凝固动力学理论研究、"制造过程的纳观-微观-宏观跨尺度建模仿真"技术研究，以及"微米-微秒介观时空尺度上材料物性变化的时空调控"研究，是提高我国增材制造领域竞争力，突破技术瓶颈的重要基础。

以功能需求为导向，主要研究针对高分子、陶瓷等有机/无机非金属材料，甚至细胞、因子、蛋白等生物活性材料的增材制造工艺，进行兼具成形性能和功能要求的制造过程纳观-微观-宏观跨尺度建模仿真，以及微米-微秒介观时空尺度上的原位和透视观测技术与装置的研究与开发，建立相应的多尺度、多场计算模拟模型，在高时空分辨率下，研究和揭示非金属、生物材料、细胞等在挤出、喷射、光固化等典型增材制造过程中的物性变化、形态演化、组织转化甚至细胞的基因转入等细节过程及其影响因素，掌握工艺现象的本质原理和成形缺陷的形成机制，为改进和提高现有工艺水平、提升制件质量、突破技术瓶颈奠定理论基础。在此基础之上，与人工智能、大数据和深度学习等技术结合，突破先进智能材料、柔性材料、响应性材料、生物活性墨水的增材制造关键技术工艺，研究打印过程中以及打印后材料物性变化规律和调控规律。

（4）注重发展未来颠覆性技术

太空打印、生物打印（生物增材制造）是增材制造两个具有颠覆性引领性质的重大研究方向，它们既关系到我们的空天科技及生命科学前沿，又直接关系到我们的国防安全及健康生活。太空打印可以以小设备制造大装置，可以在太空制造巨型太阳能电站，建立月基发射基地，乃至发展成太空装备新材料，实现把制造搬到天空去的美好愿望。太空打印是我们走向太空的阶梯。生物打印已经在人工心肺制造方面显示了良好的开端，我国应大力发展生物打印技术，实现新一代智能型医疗器械、生物机械装置及体外生命系统等的原创性技术工艺的突破，从而占领基础研究和产业应用的制高点，实现我国新型生物医疗器械领域的自主创新及转型升级。

6.7.4 我国增材制造技术的发展思路

增材制造是我国实体经济转型升级的利器。围绕国家制造业强国战略，针对国民经济和国防安全的需求，增材制造应开展新材料、新结构、智能控制、组织和性能调控、精度调控等研究，为增材制造主动形性调控和智能化发展奠定基础。我国在增材制造领域正处在高速发展期，但是与欧、美、日等发达国家和地区相比，我国增材制造技术及设备还处于劣势，所以推进增材制造技术和装备的升级和革新显得尤为重要，这也是我国抢占战略制高点的重要环节。为此要推动高可靠、高性能、高精密增材制造工艺与装备及其配套技术的创新性发展。

增材制造的发展将遵循"应用发展为先导，技术创新为驱动，产业发展为目标"的原则。应用方面需结合增材制造工艺特点进行产品设计和优化、创新型应用的开发、个性化定制生产等，以拓展增材制造的应用领域；利用增材制造云平台等新模式拓展增材制造的应用路径；结合增材制造设备和技术的高精高效发展特点，应提高增材制造批量化生产能力，拓展领域规模化应用；结合增材制造设备的多样化生产特点，可推广增材制造产品在社会各行各业的应用。

同时，产业可持续发展方面，力求建立健全的增材制造产业标准体系，结合云制造、大数据、物联网等新兴技术及其他基于"工业 4.0"的智能集成系统，促进增材制造设备和技术的全面革新，培育一批具有国际竞争力的尖端科技和制造企业，最终实现增材制造产业的快速可持续发展。生物增材制造需有效促进先进技术转化应用落地，构筑总产值达千亿元的生物增材制造创新产业体系，培育生物增材制造产业国际性领军企业，带动我国再生医学、生物材料、医学工程等多个相关产业快速发展。

 习题

一、填空题

1. 制造技术按照在制造过程中材料质量的减少或增加，可分为（　　　）制造、（　　　）制造、（　　　）制造三种技术。

2. 根据增材制造技术的成形原理，分成（　　　）、（　　　）、（　　　）、黏结剂喷射、粉末床熔融、薄材叠层和定向能量沉积等七种基本的增材制造工艺。

3. 根据国际标准 ISO 17296-2—2015《增材制造总则第 2 部分：工艺分类和原料》，将增材制造的原料分为（　　　）、（　　　）、（　　　）和生物材料。

二、判断题

1. 增材制造技术是通过 CAD 设计数据采用材料逐层累加的方法制造实体零件的技术，相对于传统的材料去除（切削加工）技术，是一种"自下而上"材料累加的制造方法。（　　　）

2. 粉末床熔融是指，通过光致聚合作用选择性地固化液态光敏聚合物的增材制造工艺。（　　　）

3. SLM 成形原理与 SLS 非常相似，都是用激光束扫描金属粉末分层法制备了所需金属零件。（　　　）

三、简答题

1. 简述增材制造技术的优势有哪些？
2. 简述熔融沉积成形机床的结构组成。
3. 简述激光选区烧结成形机床的工作原理。

参考文献

[1]　卢秉恒. 增材制造技术_现状与未来. 中国机械工程, 2020, 31(01): 19.

[2]　卢秉恒. 增材制造_3D 打印_技术发展. 机械制造与自动化, 2013, 42(04): 2.

[3]　卢秉恒. 增材制造_3D 打印_发展趋势. Engineering, 2015, 1(01): 85.

[4]　吴超群. 增材制造技术. 北京: 机械工业出版社, 2020.

[5]　张衡. 增材制造的现状与应用综述. 包装工程, 2021, 42(16): 11.

[6]　赵延国. 3D 打印技术及设备发展现状. 机械研究与应用, 2021, 34(03): 224.

[7]　International Organization for Standardization. ISO17296-2-2015, General Principles of Additive Manufacturing Technology Part 2:Process Classification and Raw Ma-terials. Geneva: International Organization for Stan-dardization, 2015.

[8]　杨延华. 增材制造_3D 打印_分类及研究进展. 航空工程进展, 2019, 10(03): 311.

[9]　杨占尧, 赵敬云. 增材制造与 3D 打印技术及应用. 北京: 清华大学出版社, 2017.

[10]　赵钱孙. 3D 打印机发展及其结构分析. 橡塑技术与装备, 2021, 47(24): 46.

[11]　吴国庆. 3D 打印成型工艺及材料. 北京: 高等教育出版社, 2018.

[12]　朱伟. 非金属复合材料激光选区烧结制备与成形研究. 武汉: 华中科技大学, 2019.

[13]　杨永强. 金属零件激光选区熔化技术的现状及进展. 激光与光电子学进展, 2018, 55(01): 6.

扫码获取答案

第7章

智能传感器

 本章思维导图

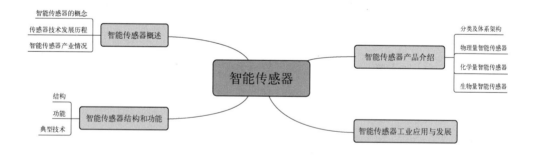

 导 读

本章主要介绍智能传感器的基础知识、智能传感器的结构和功能、智能传感器产品分类、智能传感器的应用与发展。

 学习目标

掌握：智能传感器的概念，智能传感器的基本结构和功能。

了解：传感器技术发展历程，智能传感器的典型技术，智能传感器产品分类，智能传感器的应用与发展趋势。

传感器技术与通信技术、计算机技术并称为现代信息产业的三大支柱，它们构成了信息技术系统的"感官""神经"和"大脑"。当前全球智能传感技术创新势头迅猛，基于新材料、新原理、新工艺、新应用的产品不断涌现。敏感材料、MEMS 芯片、驱动程序和应用软件等智能传感器核心技术的不断进步，促进了智能传感器的快速发展和应用。智能传感器是设备、装备和系统感知外界环境信息的主要来源，是智能制造、机器人、工业互联网、车联网和无人驾驶、智慧城市发展的重要支撑，在工业电子、消费电子、汽车电子和医疗电子方面有着广泛的应用。世界主要工业强国均已在智能传感器领域谋篇布局，欧洲、美国、日本等国家和地区已具有良好的技术基础，呈现高速增长态势。智能传感器已成为我国实现制造强国和网络强国目标战略必争的关键领域。

7.1 智能传感器的概述

现代信息技术发展到今天，传感器的重要性越来越高，物联网、人工智能、数字孪生、智能制造以及元宇宙等，都离不开传感器。人们在研究自然现象和规律以及生产活动中凭借自身的感觉器官从外界获取信息是远远不够的，为适应瞬息万变的环境需求，就必须借助外部设备：传感器。从智能手机到智能语音设备，从能源平台到工业设备，传感器自然而然地"化身"为人类连接机器、人类自身以及自然环境的外延"器官"，它帮助人类将曾经不可知、难判断的信息变成易获取、更精准的数据。传感器已经成为数字化社会最为重要的基础设施。随着传感器，以及与之相关的数据存储、储能、新材料、网络基础设备等软硬件技术的发展，还有成本的持续下降，传感器的应用场景将变得越来越丰富。

7.1.1 智能传感器的概念

根据《传感器通用术语》（GB/T 7665—2005）规定，传感器（transducer/sensor）是"能感受规定的被测量并按照一定的规律转换成可用信号的器件或装置，通常由敏感元件和转换元件

组成"。传感器是一种检测装置，其能够感受到被测量的信息，并将感受到的信息转换成电信号或其他所需形式的信息输出，以满足信息的传输、处理、存储、显示、记录和控制等要求。传感器的输出和输入之间满足一定的规律，并具有一定的精度。

传感器的一般组成包括敏感元件、转换元件和信号调理与转换电路三部分。其中，敏感元件是传感器直接感受被测量的部分，常见的敏感元件如热敏电阻器、压敏电阻器、光敏电阻器等；转换元件是传感器中能够将被测量转换成适于传输或测量的电信号的部分，输出的电信号与被测量之间成确定关系；信号调理与转换电路是传感器中能够将信号进行转移和放大，使其更适合做进一步处理和传输的部分，常见的信号调理与转换电路有放大器、电桥、振荡器、电荷放大器、滤波器等。

智能传感器的概念最初来源于美国宇航局。美国宇航局在开发宇宙飞船的过程中提出宇宙飞船需要安装各式各样的传感器来获取太空中的环境信息以及宇宙飞船自身的速度和位置等信息，大量传感器获取的数据需要大型计算机进行处理，但这无法在宇宙飞船上实施，因而专家们希望能够将数据处理功能嵌入到传感器中，这种需求催生了传感器与微处理器技术的结合。

中国电子技术标准化研究院主编的《智能传感器型谱体系与发展战略白皮书（2019版）》中定义，智能传感器是指具有信息采集、信息处理、信息交换、信息存储等功能的多元件集成电路，是集传感器、通信芯片、微处理器、驱动程序、软件算法等于一体的系统级产品。

智能传感器是具备自动状态（物理量、化学量及生物量）感知、信息分析处理和实时通信交换的传感器，是连接物理世界与数字世界的桥梁，在航空航天、医疗健康、智慧交通、汽车电子等领域应用广泛。

7.1.2 传感器技术发展历程

传感器的发展历程可大致分为三代，如图7-1所示。第一代是结构型传感器，第二代是20世纪70年代发展起来的固体型传感器，第三代是2000年开始逐渐发展的智能型传感器。

（1）结构型传感器

结构型传感器利用结构参量变化或由它们引起某种场的变化来反映被测量的大小及变化。经常使用的方法是以传感器机构的位移或力的作用使传感器产生电阻、电感或电容等值的变化来反映被测量的大小。

（2）固体型传感器

固体型传感器利用构成传感器的某些材料本身的物理特性在被测量的作用下发生变化，从而将被测量转换为电信号或其他信号输出。由于固体型传感器无可动部件，灵敏度高，因此，可减少对被测对象的影响，从而能解决结构型传感器不能解决的某些参数及非接触测量的问题，扩大了传感器应用领域。如用半导体、电解质、磁性材料等固体元件制作的传感器。

（3）智能型传感器

传感技术和产品的发展朝着具有感、知、联一体化功能的智能感知系统方向发展，传感器、通信芯片、微处理器、驱动程序、软件算法等有机结合，通过高度敏感的传感器实现多功能检测，通过边缘计算实现在线数据处理，基于无线网络实现感知测量系统的数据汇聚。一般智能传感器采用半固态或全固态材料，结构微型化、集成化，系统向多功能、分布式、智能化、无线网络化方向发展。

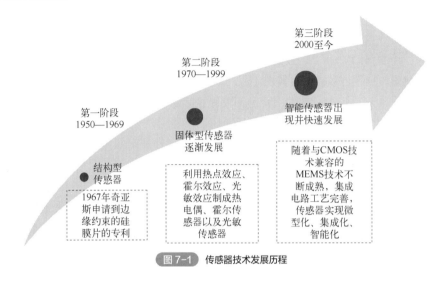

图 7-1　传感器技术发展历程

7.1.3　智能传感器产业情况

（1）全球智能传感器产业情况

当前，智能传感器市场约占全部传感器市场的四分之一，产业发展迅猛。欧洲、美国、日本等在智能传感器领域具有良好的技术基础，产业上下游配套成熟，几乎垄断了"高、精、尖"智能传感器市场。

受汽车、工业自动化、医疗、环保、消费等领域的智能化、数字化市场需求的持续带动，2020 年全球传感器市场规模保持稳步增长，为智能传感器的发展奠定了市场基础。2020 年全球智能传感器市场规模达到 358.1 亿美元，如图 7-2 所示，占传感器市场总体规模的 22.3%。2020年全球智能传感器产业结构，如图 7-3 所示，美国智能传感器产值占比最高，达到 43.3%，欧洲

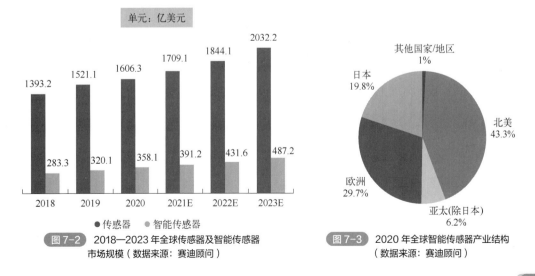

图 7-2　2018—2023 年全球传感器及智能传感器市场规模（数据来源：赛迪顾问）

图 7-3　2020 年全球智能传感器产业结构（数据来源：赛迪顾问）

次之，占比 29.7%，欧美成为全球智能传感器主要生产基地，占比超过 70%，而亚太地区（如我国、印度等）仍将保持较快的增速。

（2）我国智能传感器产业情况

智能传感器行业具有技术壁垒较高、产业细分环节多而分散等特点，目前国内市场机遇主要来自下游新兴应用的强劲拉动。得益于国内应用需求的快速发展，我国已形成涵盖芯片设计、晶圆制造、封装测试、软件与数据处理算法、应用等环节的初步的智能传感器产业链，但目前存在产业档次偏低、企业规模较小、技术创新基础较弱等问题。如部分企业引进国外元件进行加工，同质化较为严重；部分企业生产装备较为落后、工艺不稳定，导致产品指标分散、稳定性较差。

总体来看，目前我国智能传感器技术和产品滞后于国外及产业需求，一方面表现为传感器在感知信息方面的落后，另一方面表现在传感器在智能化和网络化方面的落后。由于没有形成足够的规模化应用，国内多数传感器不仅技术水平较低，而且价格高，在市场上竞争力较弱。

目前我国智能传感器产品主要以压力传感器、硅麦克风、加速度计等成熟产品为主，主要面向中低端市场，智能制造涉及的关键产品如智能光电传感器、光纤传感器等国产化率低于 20%。同时由于晶圆制造对工艺及设备要求极高，投入资金巨大，国内绝大部分厂商为无晶圆厂。

过去几年，相关部门也在不断加大对传感器和智能传感器产业发展的支持。在 2012 年工信部颁布的《物联网"十二五"规划》中重点提到了发展微型和智能传感器、无线传感器网络的相关工作，而 2015 年《中国制造 2025》战略也再次提及，为传感器产业发展指明了方向。2016 年 7 月，科技部《"十三五"国家科技创新规划》出台，强调新型传感器的研发创新。工业和信息化部还编制印刷了《智能传感器产业三年行动指南（2017—2019 年）》，为把握新一代信息技术深度调整战略机遇期，提升智能传感器产业核心竞争力奠定了基础。

7.2 智能传感器的结构和功能

7.2.1 智能传感器的结构

智能传感器基本结构如图 7-4 所示，一般包含传感单元、计算单元和接口单元。

传感器单元负责信号采集，计算单元根据设定对输入信号进行处理，再通过网络接口与其他装置进行通信。

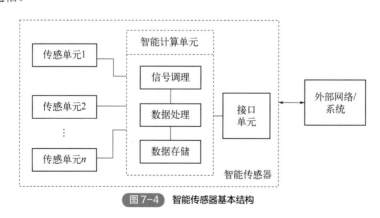

图 7-4 智能传感器基本结构

智能传感器有模块式、集成式、混合式等多种结构。

（1）模块式智能传感器

模块式智能传感器将传感器、信号调理电路和带总线接口的微处理器组合成一个整体。

（2）集成式智能传感器

集成式智能传感器采用微机械加工技术和大规模集成电路工艺技术将敏感元件、信号调理电路、接口电路和微处理器等集成在同一块芯片上。

（3）混合式智能传感器

混合式智能传感器将传感器各环节以不同的组合方式集成在数块芯片上并封装在一个外壳中。

智能传感器技术发展的共性需求集中在小型化、网络化、数字化、低功耗、高灵敏度和低成本，传感材料、MEMS 芯片、驱动程序和应用软件是智能传感器的核心技术，特别是 MEMS 芯片由于具有体积小、重量轻、功耗低、可靠性高并能与微处理器集成等特点，成为智能传感器的重要载体。

7.2.2　智能传感器的功能

从 20 世纪 70 年代至今，随着技术的不断发展，智能传感器被赋予了越来越多的功能。

（1）自补偿功能

通过软件对传感器的非线性、温度漂移、时间漂移、响应时间等进行自动补偿。

（2）自校准功能

操作者输入零值或某一标准量值后，自校准软件可以自动地对传感器进行在线校准。

（3）自诊断功能

接通电源后，可对传感器进行自检，检查传感器各部分是否正常，并可诊断发生故障的部件。

（4）数值处理功能

可以根据智能传感器内部的程序，自动处理数据，如进行统计处理、剔除异常值等。

（5）双向通信功能

微处理器和基本传感器之间构成闭环，微处理器不但接收、处理传感器的数据，还可将信息反馈至传感器，对测量过程进行调节和控制。

（6）信息存储和记忆功能

智能传感器可以存储大量信息数据，用户可随时查询。这些信息可包括装置的历史信息，如传感器已工作多少时间，更换多少次电源，等。信息内容大小只受智能传感器本身存储容量的限制。

（7）人机交互功能

智能传感器和仪表相结合，可以配合各种显示装置和输入设备实现人机交互。

（8）自学习功能

智能传感器利用微处理器中的编程算法，可以使智能传感器具有自学习功能。例如，在操作过程中学习特定采样值，基于近似和迭代算法自主感知被测量。

传感器技术是实现智能制造的基石，智能传感器的功能正在逐渐增强。人工智能、信息处理技术的快速发展，使传感器具有更高级的智能，能够进行分析判断、自适应、自学习，还可以完成图像识别、多维检测等多种复杂性任务。未来，智能化、微型化、多功能化、低功耗、低成本、高灵敏度、高可靠性将是新型传感器件的发展趋势，新型传感材料与器件将是未来智能传感技术发展的重要方向。

7.2.3　智能传感器的典型技术

智能传感器上述智能化功能的实现依赖于大量软硬件技术的支持，其中典型的有以下几种。

（1）非线性自校正技术

理想的传感器的输入物理量与输出信号之间应该尽可能呈线性关系，对于信号处理单元而言，这种线性程度越高，其精度也就越高。但在实际应用中，传感器自身的输入-输出特性往往是非线性的，这就需要在智能传感器中引入非线性自校正技术。非线性自校正是按照反非线性特性对传感器的输出信号进行刻度转换来实现传感器输入-输出特性之间的线性关系的。举例而言，假设传感器自身的输入-输出特性为 $y_1=f(x)$，其中 $f(x)$ 为非线性函数，希望校正后传感器的输入-输出呈 $y_0=kx+m$ 的线性关系，则需要求 y_0 与 y_1 之间的函数关系，并设计一个实现该函数关系的运算模块，简单计算可以得出 $y_0 = kf^{-1}(y_1) + m$，这里的反函数 f^{-1} 即上述提到的反非线性特性。常用的非线性自校正技术实现方法包括查表法、曲线拟合法、函数链神经网络法以及遗传算法等智能算法。

（2）自校零与自校准技术

假设传感器的输入-输出特性为 $y=a_1x+a_0$，其中 a_1 称为灵敏度，a_0 称为零位值，在理想的传感器中，灵敏度和零位值等参数应该保持不变。但在实际应用中，因为环境变化等因素的影响，零位值和灵敏度等参数都有可能发生漂移而引入测量误差，这就需要在智能传感器中引入自校零与自校准技术。

（3）自补偿技术

自补偿技术主要用于应对传感器因为多种误差因素的影响而性能下降的问题，在要求测量精度较高的情况下，采用以监测法为基础的软件自补偿智能化技术，能够消除因工作条件、环境参数发生变化而引起的系统漂移，使传感器系统的动态特性得到改善。自补偿技术的一个典型应用是在压阻式压力传感器中添加测温元件监测工作温度，然后根据监测结果由软件实现自动补偿。

（4）噪声抑制技术

传感器获取的信号中常常夹杂着噪声和干扰信号，噪声抑制技术使得智能传感器不仅能感受外界信息，还可以通过信息处理从噪声中自动准确地提取表征被检测对象特征的定量有用信息。常见的噪声抑制技术包括滤波法、差动法、调制法等。

（5）自诊断技术

随着现代科学技术的发展，系统的可靠性得到了越来越多的关注，在航天航空、核电站、化工、制造等行业中，如何快速准确地对故障进行诊断是一个非常重要的问题。传感器采集的数据可用于对其所监测的对象进行故障诊断，同时也需注意，传感器自身也有可能发生故障，这就要求智能传感器具备一定的能够检测自身故障以及排除故障的自诊断能力。目前已经得到实际应用的自诊断方法主要有硬件冗余方法、解析冗余方法和人工神经网络方法。

除了上述技术之外，微传感器（micro-sensor）、嵌入式传感器等硬件技术和以模糊技术、神经网络技术等为代表的智能技术与算法都在智能传感器中有着广泛应用。此外，工业系统中往往会大量使用传感器，这些传感器的运作并不是相互独立的，而是构成一个庞大的传感器系统协同运作。传感器系统的使能技术包括：

① 网络通信与现场总线技术，该技术使得控制系统与传感器等现场设备之间能够进行通信，并组成信息网络,美国国家标准与技术研究院和电气与电子工程师协会(IEEE)联合制定的 IEEE 1451 标准（智能传感器接口标准）即对传感器与网络之间的接口进行了规范，以实现不同厂商的传感器和现场总线之间的互换性和互通性；

② 多传感器信息融合技术，该技术通过多传感器采集的大量多样的数据的组合来获取更多的信息，利用多传感器共同或联合操作的优势提高传感器系统的有效性，典型的应用场景是对飞行器航行的预测与跟踪；

③ 分布式技术，该技术用以构建分布式的传感器网络，分布式的传感器系统不仅能够同时测量空间中多个点的环境参数，提供大量的数据，而且每个传感器或部分传感器组成的子系统具有独立的信息处理能力。

7.3　智能传感器产品介绍

传感器是多学科领域交织形成的产物，涉及物理、化学、生物、电子、机械、材料等多个领域，这使传感器本身具备了可选工艺多、功能多样化、定制性强、小批量、多批次等特点。传感器的分类方式很多，可按被测量、工作原理、输出信号方式（数字传感器、模拟传感器和开关传感器）、制造工艺（集成、薄膜、厚膜、陶瓷）、构成（基本型、组合型、应用型）、作用形式（主动型、被动型）等方式分类。

7.3.1　智能传感器分类及体系架构

GB/T 7665—2005《传感器通用术语》中，以"被测量+工作原理"作为传感器主要分类依据，列举了物理量、化学量和生物量三大类共 107 个被测量，包括力学、热学、光学、磁学、电学、声学、气体、湿度、离子、生化等。107 个被测量根据不同的工作原理来实现，如电阻、电容、霍尔、PN 结压阻、光电等。不同工作原理由不同的材料或结构实现，在性能、环境适应性和可靠性等方面有很大的差异，这种差异决定了产品的不同应用领域。

　　智能传感器与传统传感器相比，增加了信息处理与传输等功能，其"感知"功能实现的基础仍然是敏感单元部分，参考 GB/T 7665—2005 中分类原则，目前智能化程度较高、用量较大的智能传感器产品体系架构如图 7-5 所示。

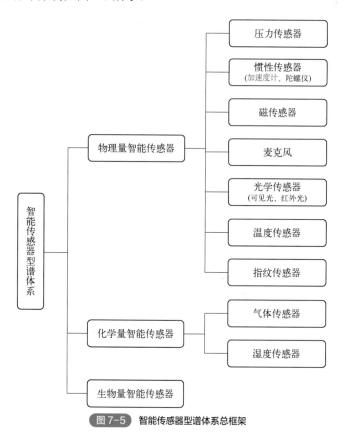

图 7-5　智能传感器型谱体系总框架

7.3.2　物理量智能传感器

　　物理量传感器是指能感受规定的物理量并转换成可用输出信号的传感器，被测物理量可以简单归纳为力、热、声、光、电、磁六大类，对应传感器为力学量传感器、热学量传感器、声学量传感器、光学量传感器、电学量传感器、磁学量传感器。每一大类传感器中又包括多个种类的被测量，如力学量传感器包括压力传感器、惯性传感器、位移传感器、位置传感器、流量传感器、速度传感器、尺度传感器、密度传感器等；热学量传感器包括温度传感器、热流传感器；光学量传感器包括可见光传感器、红外光传感器、紫外光传感器、射线传感器等；声学量传感器包括空气声传感器（如麦克风）、水声传感器（如水听器）；电学量传感器包括电压传感器、电流传感器、电场强度传感器等。

　　在智能传感器领域，目前已有智能化产品，并在消费电子、汽车电子、工业电子和医疗电子等领域使用广泛的物理量传感器主要包括压力传感器、惯性传感器、磁传感器、麦克风、光学传感器、温度传感器、指纹传感器。

（1）压力传感器

压力传感器在工业领域最为常用，根据工艺和工作原理不同分为 MEMS 压力传感器、陶瓷压力传感器、溅射薄膜压力传感器、微熔压力传感器、传统应变片压力传感器、蓝宝石压力传感器、压电压力传感器、光纤压力传感器和谐振压力传感器。

① MEMS 压力传感器。MEMS 全称 micro electro mechanical system，即微机电系统。它是以微电子、微机械及材料科学为基础，研究、设计、制造、具有特定功能的微型装置，主要包括微结构器件、微传感器、微执行器和微系统等。

MEMS 压力传感器量程一般在 1kPa～100MPa 之间，具有小型化、可量产、易集成等优点。其市场需求量最大、应用领域最广，是智能压力传感器的重要载体。MEMS 压力传感器技术现在已较为成熟，基本可以分为压阻式和电容式两类。汽车电子是 MEMS 压力传感器的主要应用市场，在动力传动系统、安全系统、胎压监测系统、燃油系统等大量应用。消费电子是 MEMS 压力传感器的第二大应用市场，主要应用于智能手机、无人机、可穿戴设备的高度计等。随着成本和功耗的降低，其在可穿戴设备、无人机和智能家居等领域需求迅速扩大。此外，MEMS 压力传感器在石油、电力、轨道交通工业过程控制和状态监测、航空航天气流压力检测等领域也广泛应用。MEMS 压力传感器市场分布及预测如图 7-6 所示。据 Yole 发布数据显示，全球 MEMS 压力传感器市场将以每年 3.8%的速度增长，到 2023 年将达到 20 亿美元。

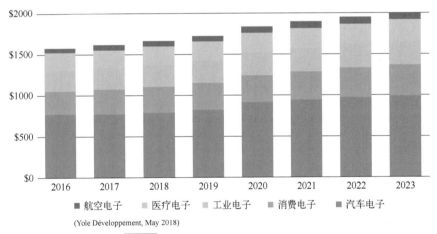

(Yole Développement, May 2018)

图 7-6 MEMS 压力传感器市场分布及预测

② 其他技术压力传感器。从产品用量看，陶瓷压力传感器是除 MEMS 压力传感器外用量最大的种类，耐腐蚀的优点使其广泛应用于汽车电子和工业电子领域，如汽车的发动机系统、暖通空调系统、柴油尿素包、工业制冷系统等，国内年需求量约为数千万只。溅射薄膜压力传感器和微熔压力传感器环境适应性较强，主要用于汽车电子和工业电子。传统应变片技术制作的压力传感器逐渐被 MEMS 技术和溅射薄膜技术所取代，但由于其具备形状可变、应用灵活的特点，目前在计量等一些有特殊要求的领域仍在使用。蓝宝石压力传感器、压电压力传感器、光纤压力传感器和谐振压力传感器具备耐高温、耐恶劣环境等强环境适应性，一般多用于国防军工、航空航天、石油勘探等领域。

（2）惯性传感器

惯性传感器是一种运动传感器，主要用于测量物体在惯性空间中的运动参数。惯性传感器依据敏感量的不同分为加速度计和陀螺仪两大类。

① 加速度计。加速度计按照自由度分为单轴、双轴、三轴加速度计，其中三轴加速度计市场占有率最高。加速度计和陀螺仪、磁力计多组合应用（加速度计与陀螺仪组合构成惯性测量单元，加速度计、陀螺仪和磁力计组合构成电子罗盘），以达到集成化、多功能的运动检测。加速度计的主要类型有 MEMS 加速度计、石英挠性加速度计、压电加速度计和光纤加速度计。

a. MEMS 加速度计是智能加速度计的主要实现形式，占据了最大的市场份额，其中消费电子是最大的应用市场，预估年用量在数十亿只左右，广泛用于智能手机、可穿戴设备的方向显示、运动检测，AR/VR 设备的人体运动轨迹捕捉，无人机的导航与运动检测等。MEMS 加速度计在汽车的惯导系统、动力系统、防抱死制动系统中也有着大量需求，年需求量亿只以上。尤其在自动驾驶解决方案中，需要将惯性测量单元（由加速度计和陀螺仪组成）和 GPS 等绝对定位系统融合使用，一方面可验证 GPS 定位结果的自洽性，另一方面可在 GPS 信号消失的区域继续提供持续若干秒的亚米级定位精度，为自动驾驶汽车争取宝贵的异常处理时间，是自动驾驶系统在定位领域的最后一道防线。

b. 压电式加速度计具有测量范围广、耐高温、高频响等特点，主要用于工业过程测量控制、振动试验设备监测、航空航天发动机监测等。光纤加速度计的主要特点是一根光纤可布设多点，成本大大降低，目前国内技术已能达到国际先进水平。石英挠性加速度计能达到较高的精度和稳定性，主要应用在国防军工、航天航空的惯导制导等系统。

② 陀螺仪。陀螺仪按照工作原理和结构特点分为 MEMS 陀螺仪、光纤陀螺仪、激光陀螺仪、压电陀螺仪、半球谐振陀螺仪等。同加速度计类似，MEMS 陀螺仪是智能化陀螺仪的主要实现方式，它的精度虽然不如光纤陀螺仪、激光陀螺仪等高端产品，但其体积小、功耗低、易于数字化和智能化，特别是成本低，易于批量生产，非常适合手机、汽车、医疗器材等需要大规模生产的设备。

光纤陀螺仪、激光陀螺仪、压电陀螺仪、半球谐振陀螺仪等高精度陀螺仪用量小、成本高，主要用于国防军工、航空航天等高端惯性领域，几种技术间竞争较为激烈。陀螺仪能提供准确的方位、水平、位置、加速度等信号，以便驾驶员或自动导航仪控制飞机、舰船等航行体按一定的航线飞行，而在导弹、卫星运载器或空间探测火箭等航行体的制导中，则可直接利用这些信号完成航行体姿态控制和轨道控制。

（3）磁传感器

磁传感器是通过感测磁场强度、磁场分布、磁场扰动等来精确测量电流、位置、方向、角度等物理参数，广泛用于消费电子、现代工农业、汽车和高端信息化装备中。磁传感器主要实现技术包括霍尔技术（hall technology）、各向异性磁阻技术（AMR technology）、巨磁阻技术（GMR technology）、隧道结磁阻技术（TMR technology）等。其中霍尔技术由于成本较低，是市场上大多数应用的优先选择，而 AMR、TWR 技术凭借其高灵敏度及精准度的优势，也逐渐拓宽了其应用领域。

汽车市场是磁传感器最大的应用市场。磁传感器可用于位置和速度传感、开关控制、电流传感等，未来随着自动驾驶汽车可靠性要求的提高，动力总成系统和辅助无刷电机系统对磁传感器的可靠性将提出更高的需求。磁传感器在工业控制、交通、智能家居、消费电子等领域的应用较汽车领域更为分散，且单价更高，但在可穿戴设备、无人机、机器人等新兴应用领域有着较高的市场潜力。

（4）麦克风

随着 Alexa、Cortana、Siri 等智能语音控制功能的出现，麦克风在智能终端的需求迅速扩大，核心技术发展方向包括语音识别、噪声消除、身份识别等。麦克风实现技术主要分为两类，MEMS 麦克风和传统的驻极体麦克风（ECM）。

MEMS 麦克风凭借微型化、低功耗等特性更好地满足了智能手机、智能音箱、智能耳机、机器人等应用的语音交互需求。相比之下，ECM 麦克风尽管具有高信噪比、一致性好等特点，但成本优势渐弱，在语音交互普及的浪潮中被替代的趋势越来越明显。在全部智能传感器种类中，我国 MEMS 麦克风产业发展水平相对较高。

（5）光学传感器

光学智能传感器按照感测波段的不同分为可见光传感器、红外光传感器和紫外光传感器等，其中可见光图像传感器占据了最大的市场份额，也是智能传感器中价值较高的产品。

① 可见光传感器。可见光传感器主要包括化合物可见光传感器、硅 PN 结型可见光传感器和硅阵列型可见光传感器（即图像传感器）。其中化合物可见光传感器和硅 PN 结型可见光传感器主要用于手机、电脑、仪表盘等显示设备的光线感知和自动调节，国内制造技术已较为成熟，年需求量在数亿只左右。

② 图像传感器。图像传感器主要实现方式有 CMOS 和 CCD 两种技术，CCD 图像传感器具备成像质量高、灵敏度高、噪声低、动态范围大的优势，但由于成本较高、功耗大且读取速度较慢，主要用于航空航天、天文观测、扫描仪等成像质量需求较高的领域。CMOS 图像传感器成本低、功耗低且读取方式简单，广泛应用于手机摄像头、数码相机、AR/VR 设备、无人机、先进驾驶辅助系统、机器人视觉等领域。CMOS 图像传感器在手机等移动设备上被广泛采用，制造商之间的竞争和差异化受到 CMOS 图像传感器的性能水平制约。

③ 红外光传感器。红外光传感器具有精度高、检测范围宽、不易受外界环境干扰等优点，近年来随着技术的提高和成本的大幅降低，在工业检测、智能家居、节能控制、气体检测、移动智能终端、火灾监控、家庭安防等商业应用上的需求迅速提升，新兴的自动驾驶和商用无人机技术扩大了非制冷红外成像的市场需求。红外光传感器包括单元红外光传感器、阵列红外光传感器和焦平面红外光传感器三大类别。

a. 单元红外光传感器主要为热传感器，成本较低，使用简单，主要应用于自动感应、入侵报警、非色散气体检测、工业测温、人体测温等领域。

b. 阵列红外光传感器主要为热传感器，成本适中，可同时输出图像及温度数据。

c. 焦平面红外光传感器包括非制冷型和制冷型焦平面传感器（或称探测器），非制冷型红外光焦平面传感器具有体积小、重量轻、寿命长等特点，由于成本大幅降低，在工业测温热像仪、安防监控、汽车辅助驾驶等装备中大量应用，而制冷型焦平面红外光传感器由于成本较高主要用于卫星等航空航天领域。

（6）温度传感器

目前国际上新型温度传感器正从模拟式向数字式，由集成化向智能化、网络化的方向发展。智能温度传感器技术发展方向为高精度、多功能、总线标准化、高可靠性及安全性等。温度传感器的应用市场主要有化工、石油天然气、消费电子、能源和电力、汽车电子、医疗保健、食品、金属矿业等。在医疗电子领域，随着先进的病人监护系统和便携式健康监测系统等技术的出现，对温度传感器的需求不断增加，小型化、高精度的温度传感器是推动医疗电子设备迅猛发展的巨大动力。在消费电子领域，温度传感器主要应用在如手机电池、笔记本主板、显示器、计算机微处理器等通信类产品的温度探测上。在汽车电子领域，温度传感器主要用于发动机、冷却系统、传动系统、空调系统等，其性能和可靠性水平对汽车的安全性、舒适性、智能性和节能性都有着重要影响。

（7）指纹传感器

当前指纹识别等生物识别技术向着便捷、高效、低成本、微型化等方向发展，下游应用场景也从传统的门禁、考勤等领域向移动终端、智能家居、智能汽车等领域快速渗透。指纹传感器是指纹识别系统的核心模块，其通过采集指纹信息并同数据库中的指纹数据进行比对，实现指纹识别的功能。

指纹传感器主要实现方式有光学感应技术、电容感应技术和超声波感应技术三种，三种技术的性能特点对比见表7-1。

表7-1　指纹传感器性能特点对比

特性	光学感应	电容感应	超声波感应
尺寸	相对较大，需配图像传感器	可以纳入小型器件	可以纳入小型器件
原理	图像捕捉与对比	射频电场	声波阻抗探测
成本	中等	低	高
精确度	可能被水、灰尘影响	可能被水、灰尘影响	不受水、灰尘影响
工作电流	120mA	200mA	6μA
穿透厚度	高（1mm以上）	低（200～300μm）	中（400μm）
优点	抗静电、耐用	轻薄、价格便宜	不易受污物影响
缺点	体积偏大	防静电能力弱、穿透能力强	成本高、怕油污

① 光学指纹传感器。光学指纹传感器成本较低、体积较大，主要用于考勤机、门禁等设备。

② 电容指纹传感器。电容指纹传感器相对而言体积较小、精度较高，其发出的信号能穿透手指表皮到达真皮层，获取的数据可靠性更强，是目前主流的指纹识别解决方案。

③ 超声波指纹传感器。超声波指纹传感器可以实现无接触地扫描指纹，精度不受污渍、油脂、汗水等影响，但由于成本较高，且目前技术和工艺尚未达到理想的穿透厚度，暂未在智能终端广泛使用。

7.3.3　化学量智能传感器

化学量智能传感器是指能够感受规定化学量并转换成可用输出信号的传感器，在智能传感器领域应用广泛的主要为气体传感器和颗粒物传感器。

在过去很长的一段时间，气体传感器与颗粒物传感器主要应用于工业生产领域，如石油、化工、钢铁、冶金、矿山等。随着互联网与物联网的高速发展，气体传感器在智能家居、可穿戴设备、智能移动终端、汽车电子等领域的应用突飞猛进。智能气体传感器的技术发展方向集中在低功耗、低成本、无线通信和支持多气体检测等，种类主要包括半导体气体传感器、电化学气体传感器、催化燃烧式气体传感器和光学气体传感器四大类。

（1）半导体气体传感器

半导体气体传感器适用面广、简单易用、成本低，但线性范围小，易受背景气体和温度干扰，在家用、工业、商业可燃气体泄漏报警、防火安全探测、便携式气体检测器等领域广泛应用。

（2）电化学气体传感器

电化学气体传感器具有功耗低、体积小、重复性好、线性范围宽、易受干扰的特点，适合低浓度毒性气体检测，以及氧气、酒精等无毒气体检测，多用于石油、化工、冶金、矿山等工业领域和道路交通安全检测领域。

（3）催化燃烧式气体传感器

催化燃烧式气体传感器具有对可燃气体响应光谱性、对温湿度不敏感、结构简单、精度较低的特点，多用于工业现场的可燃气体浓度检测，以及有机溶剂蒸气检测。

（4）光学气体传感器

光学气体传感器主要包括红外光气体传感器和紫外光气体传感器，具有灵敏度高、分辨率高、响应时间快、功耗低、多种输出方式、技术难度较大、价格较高等特点，是智能气体传感器的重要载体，主要应用在暖通制冷与室内空气质量监控、新风系统、工业过程及安全防护监控、农业及畜牧业生产过程监控等领域。

7.3.4　生物量智能传感器

生物量传感器是指能够感受规定生物量并转换成可用输出信号的传感器。按照被测量分类，生物量传感器包括生化量传感器和生理量传感器。其中生化量传感器包括酶传感器、免疫传感器、微生物传感器、生物亲和性传感器和各种血液指标传感器。生理量传感器包括血压传感器、脉搏传感器、心音传感器、呼吸传感器、体温传感器、血流传感器等。

生物量传感器具有较高的选择性，主要用于临床诊断检查、治疗时实施监控等领域。随着医疗系统对便携式、可穿戴医疗设备需求的提升，给能及时、按需实现患者体征指标监测的生物量传感器带来了巨大的市场机遇，如通过智能手表测量血糖等。生物量传感器属高价值传感器，其设计与应用需考虑生物信号的特殊性、复杂性，以及生物相容性、可靠性、安全性等方面，技术含量较高，目前我国尚未有成熟的产品，在医疗电子领域的智能生物传感器布局基本空白，仍高度依赖进口。

7.4 智能传感器的工业应用与发展

　　智能传感器是连接物理世界与数字世界的桥梁，随着工业互联网、智能制造等的快速发展，智能传感器已成为制造业数字化的基础保障与核心技术。智能传感器在现代工厂中起着各种各样的作用。除了为过程控制提供数据外，它们还有助于质量评估、资产跟踪，甚至保护工人安全。基于云计算的分析软件和人工智能也允许使用传感器数据，通过流程优化和预测性维护来降低生产成本。

7.4.1 智能传感器典型应用场景

　　智能传感器采集的数据经过物联网处理后，就可以用于从供应管理到全球生产资源协调等各种用途。智能传感器产业链全景图，如图 7-7 所示。各种类型的智能传感器正在不断改进和优化，以满足以上使用目的。智能传感器集成了信号调理、MEMS 技术和固件，从而能够满足工业设计工程师易使用、低成本、多样化的感知需求，大大减轻了设计工程师的开发负担，对于优化和降低工业运营成本具有巨大的潜力。

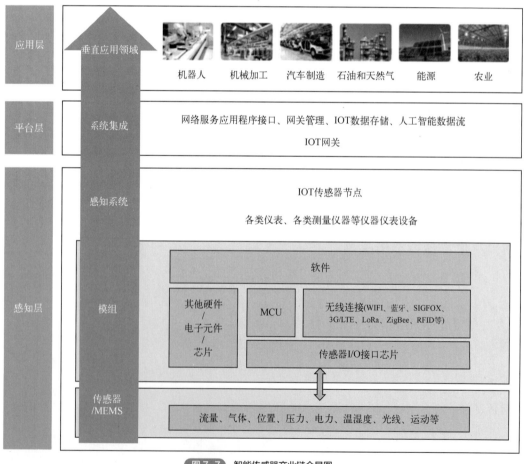

图 7-7　智能传感器产业链全景图

　　对于制造业来说，智能传感器是实现智能制造的基础。大量传统制造业在实现智能制造的转型过程中，广泛地在生产、检测及物流领域采用传感器。本小节选取机械制造、汽车、高端装备、电子、石化及冶金等典型行业，对其中涉及的智能传感器应用进行介绍。

（1）机械制造行业

智能传感在制造过程中的典型应用之一，体现在机械制造行业广泛采用的数控机床中。现代数控机床在检测位移、位置、速度、压力等方面均部署了高性能传感器，如图 7-8 所示，能够对加工状态、刀具状态、磨损情况以及能耗等过程进行实时监控，以实现灵活的误差补偿与自校正，展现了数控机床智能化的发展趋势。此外，基于视觉传感器的可视化监控技术，数控机床的智能监控变得更加便捷。

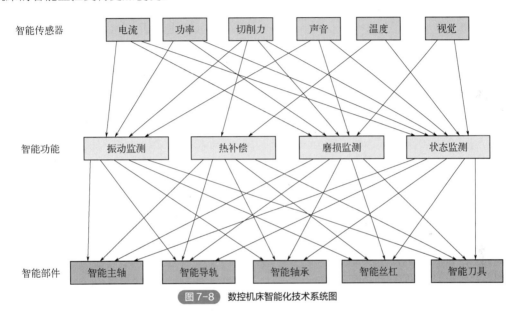

图 7-8　数控机床智能化技术系统图

（2）汽车制造行业

汽车制造行业应用的智能传感器也较多。以基于光学传感器的机器视觉为例，在工业领域的三大主要应用有视觉测量、视觉引导和视觉检测。在汽车制造行业，视觉测量技术通过测量产品关键尺寸、表面质量、装配效果等，可以确保出厂产品合格；视觉引导技术通过引导机器完成自动化搬运、最佳匹配装配、精确制孔等，可以显著提升制造效率和车身装配质量；视觉检测技术可以监控车身制造工艺的稳定性，同时也可以用于保证产品的完整性和可追溯性，有利于降低制造成本。

（3）高端装备行业

高端装备行业的传感器多应用在设备运维与健康管理环节。如航空发动机装备的智能传感器，使控制系统具备故障自诊断、故障处理能力，提高了系统应对复杂环境和精确控制的能力。基于智能传感技术，综合多领域建模技术和新兴信息技术，构建出可精确模拟物理实体的数字孪生体，该模型能反应系统的物理特性和应对环境的多变特性，实现发动机的性能评估、故障诊断、寿命预测等，同时基于全生命周期多维反馈数据源，在行为状态空间迅速学习和自主模拟，预测对安全事件的响应，并通过物理实体与数字实体的交互数据对比，及时发现问题，激活自修复机制，减轻损伤和退化，有效避免具有致命损伤的系统行为。

（4）工业电子领域

工业电子领域，在生产、搬运、检测、维护等方面均涉及智能传感器，如机械臂、AGV 导航车、AOI 检测等装备。在消费电子和医疗电子产品领域，智能传感器的应用更具多样化。如智能手机中比较常见的智能传感器有距离传感器、光线传感器、重力传感器、图像传感器、三轴陀螺仪和电子罗盘等。可穿戴设备最基本的功能就是通过传感器实现运动传感，通常内置 MEMS 加速度计、心率传感器、脉搏传感器、陀螺仪、MEMS 麦克风等多种传感器。智能家居（如扫地机器人、洗衣机等）涉及位置传感器、接近传感器、液位传感器、流量和速度控制、环境监测、安防感应等。

（5）流程行业

相比离散行业，流程行业应用传感器的环节和数量更多，特别是石化、冶金等行业，整个生产、加工、运输、使用环节会排放较多危险性、污染性气体，需要对一氧化碳、二氧化硫、硫化氢、氨气、环氧乙烷、丙烯、氯乙烯、乙炔等毒性气体和苯、醛、酮等有机蒸气进行检测，需要大量气体传感器应用于安全防护，防止中毒与爆炸事故。此外，在原料配比管理、工艺参数控制、设备运维与健康管理方面均需部署大量传感器。

7.4.2　智能传感器的发展趋势

当前全球智能传感器技术创新势头迅猛，基于新材料、新原理、新工艺、新应用的产品不断涌现，部分产品已大量应用，如指纹传感器、心率传感器、虹膜传感器等。集成电路、MEMS 芯片以及纳米材料科技的进步，促进了智能传感器的快速发展，也促进了智能传感器的快速应用。如低成本、小微型化节点的纳米传感器在构建各类物联网的进程中拥有可观的发展前景和巨大的应用潜力，产品可以大量布撒，形成无线纳米传感器网络，使纳米传感器的探测能力大大扩展，为气候监测与环境保护等领域带来革命性的变化，有望成为推动世界范围内新一轮科技革命、产业革命和军事革命的"颠覆性"技术。

智能传感器作为感知层核心部件，主要用于信息采集处理，其技术趋势与应用行业发展要求保持高度一致，未来主要向更加集成化、智能化、微型化、网络化、多样化等方向发展。

（1）集成化

一方面是同类型多个传感器的集成，即将同一功能的多个传感元件用集成工艺排列在同一平面上，组成线性传感器。其主要用于增强功能，如线性 CCD 图像传感器。

另一方面是不同类型的传感器的集成，即多功能一体化，如将几种不同的敏感元件放在同一硅片上，集成度高、体积小，容易实现补偿和校正功能的同时也更符合终端设备对传感模块小体积、轻型化的发展要求，如 ADI 的惯性传感 IMU 就集成了三轴陀螺仪、加速度计、磁力计和压力传感器等多种传感功能。

（2）智能化

主要是基于多功能集成带来更加智能化的信号探测、变换处理、逻辑判断、功能计算和内部自检、自校、自补偿、自诊断功能。此外，与生物化学、大数据、无线传感、定位技术等其他领域新兴技术的融合也进一步拓宽了智能化的外延范围。

（3）微型化

主要是以 CMOS 为代表的微纳电子加工技术（氧化、光刻、刻蚀、掺杂、沉积和扩散等）和微机械三维立体精密加工技术（微细电火花 EDM、超声波加工、微注塑、微电镀等）引入智能传感器制造前道过程中，以及把封装、测试、划片、切割等半导体工艺流程引入智能传感器制造后道过程中。先进工艺的应用不断推动传感器步入微米级甚至纳米级，在实现部件小型化的同时也进一步降低了智能传感器的功耗。

（4）网络化

智能传感器可以在现场实现 TCP/IP 协议，现场测量的数据就近上网，在网络所能及的范围内实时发布和共享信息。网络化传感器要成为独立节点，就需要实现网络接口标准化。在实际应用中，众多的微传感器协同工作，形成网络化。

（5）多样化

一方面是采用新型敏感材料。除传统半导体材料外，光导纤维、有机敏感材料、陶瓷材料、超导材料和生物材料已成为研究热点，生物传感器、光纤传感器等新型智能传感器加快涌现。另一方面是传感技术与光学、生物学、自动控制、化学等学科的交叉融合，进一步拓宽了传感器应用范围。

除上述主要趋势外，具体应用的灵敏度、精度、可靠性要求，也影响着该领域智能传感器的发展趋势。

7.4.3　我国智能传感器的发展建议

随着智能化时代的逐步临近，智能传感器将成为未来智能系统和物联网的核心部件，是一切数据采集的入口以及智能感知外界的前端。随着人工智能技术不断地发展和成熟，其重要性将日益凸显。

然而，传感器产业基础与应用"两头依附"、技术与投资"两个密集"、产品与产业"两大分散"的特点，导致我国传感器产业整体素质参差不齐，"散、小、低、弱、缺芯"的状况十分突出，缺乏核心技术，与国际差距更加明显。国内对传感器与 CMOS 控制处理芯片混合集成或者单片集成技术虽有研究，但具有影响力的研究还不多见。结合我国国情，以及当前智能传感器的发展趋势，发展建议如下。

（1）坚持市场导向，促进产业发展

坚持市场化配置资源和政府引导相结合，研究智能传感器的发展规划，通过"产、学、研、用、政"一体化协同创新机制，促进"传感芯片-集成应用-系统方案及信息服务"厂商的高效协

同，建立健全产业生态链，缩短技术到产品的研发周期，快速提升技术产品研发能力，实现产业突破，促进产业发展。

（2）聚焦应用市场，抓住重点领域核心产品

重点瞄准智能制造、智慧生活、汽车电子、仪器仪表、国家安全等应用行业的核心关键产品，加速推进 MEMS、CMOS、光谱学等主流技术制作的智能传感器的产品研发和推广应用，掌握关键核心技术，快速形成产品研发能力，支撑产业发展。

（3）重视基础研究，促进科技创新

鼓励原始创新，发展新原理、新材料、新结构的智能传感器，如量子传感、MEMS 生物芯片、纳机电系统（NEMS）、新型集成传感微系统、3D 和单芯片异质异构集成技术等传感新技术。

（4）军民融合发展

重点瞄准 MEMS、CMOS、光谱学等具有广泛军民应用和产业化前景的关键技术。军用领域重点关注光电和红外/听觉、地震和磁/射频传感器的智能化和数据融合。民用领域重点关注图像传感器、汽车传感器、航空无线传感微系统，积极推动以多种航天传感器为代表的民转军、军转民和军民融合发展。

传感器早已渗透到工业生产、海洋探测、环境保护、医学诊断、生物工程等诸多领域。不夸张地说，从茫茫的太空，到浩瀚的海洋，以至各种复杂的工程系统，几乎每一个现代化项目，都离不开各种各样的传感器。因此，作为现代生产生活体系中的重要组成部分，传感器的智能化是大势所趋。在智能化、网络化推动下，预计接下来智能传感器的发展将会持续提速。

 习题

一、填空题

1. 传感器的发展历程的可大致分为三代，第一代是（　　　　），第二代是（　　　　），第三代传感器是（　　　　）。
2. 工业智能传感器基本结构一般包含（　　　）单元、（　　　）单元和（　　　）单元。
3. 智能传感器有（　　　）式、（　　　）式、（　　　）式等多种结构。

二、判断题

1. 智能传感器是具备自动状态（物理量、化学量及生物量）感知、信息分析处理和实时通信交换的传感器。（　　　）
2. 模块式智能传感器采用微机械加工技术和大规模集成电路工艺技术将敏感元件、信号调理电路、接口电路和微处理器等集成在同一块芯片上。（　　　）
3. 生物量传感器是指能感受规定的物理量并转换成可用输出信号的传感器。（　　　）

三. 简答题

1. 智能传感器有哪些功能?

2. 智能传感器的典型技术有哪些?

3. 在消费电子、汽车电子、工业电子和医疗电子等领域使用广泛的物理量传感器有哪些?

参考文献

[1]　中国电子技术标准化研究院. 智能传感器型谱体系与发展战略白皮书. http://www.cesi.cn/201908/5426.html

[2]　郑力. 智能制造:技术前沿与探索应用. 北京: 清华大学出版社, 2021.

[3]　刘若冰. 智能传感器产品体系架构及其应用. 信息技术与标准化, 2021(04): 54.

[4]　殷毅. 智能传感器技术发展综述. 微电子学, 2018, 48(04): 506.

扫码获取答案

第8章

智能工厂

本章思维导图

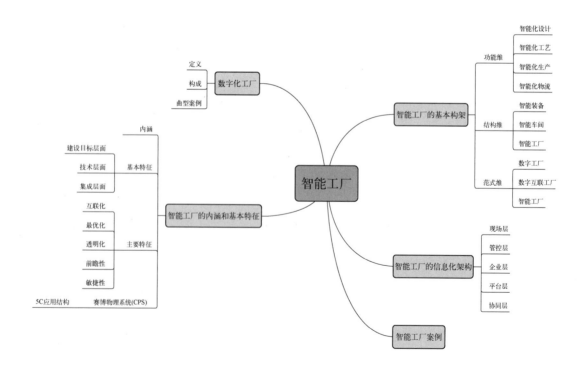

导　读

　　本章从数字化工厂引入，主要介绍智能工厂的内涵和基本特征、智能工厂的基本构架、智能工厂的典型案例等。

学习目标

　　掌握：智能工厂的内涵和基本特征，智能工厂的基本构架。
　　了解：数字化工厂的基础知识，智能工厂的典型案例。

　　全球制造业正在向个性化、服务化、智能化、协同化、生态化和绿色化的方向发展，为实现提振制造业的战略目标，欧美工业发达国家都在积极发展新一代网络制造和智能工厂的技术体系，构建创新生态环境，抢占技术升级换代的战略制高点。我国是世界制造业大国，拥有全球最大的制造业，产业领域齐全，市场规模庞大，又面临制造业转型升级和劳动力红利消失的大背景，对智能工厂需求最强烈。建设智能工厂是形成高度灵活、个性化、智能化的生产模式，推动我国制造业的生产方式从大规模生产向大规模定制转型、从生产型制造向服务型制造转型、从要素驱动向创新驱动转型的关键途径。智能工厂将柔性自动化技术、工业物联网、工业大数据、云计算、人工智能、数字孪生、工业互联网、工业元宇宙等全面应用于产品设计、工艺设计、生产制造、工厂运营等各个阶段。发展智能工厂有助于满足客户的个性化需求、优化生产过程、提升制造智能、促进工厂管理模式的改变。

8.1　智能工厂的基础——数字化工厂

　　德国在"工业4.0"计划中提出围绕智能制造的两大主题，即智能生产和智能工厂。而研究智能制造装备的最终目的是搭建智能工厂，采用智能生产方式实现智能制造。而构建智能工厂的基础是数字化工厂（digital factory）。所谓数字化工厂是计算机虚拟仿真技术、现代数字化制造与先进制造运营管理理念相结合的产物，它以产品全生命周期的相关数据为基础，在计算机虚拟环境中，利用三维建模、虚拟仿真等数字化技术，为涵盖从产品设计、生产规划、工程组态、生产执行直至后期运营服务在内的生产活动全价值链，打造无缝集成、虚实精准映射的工厂解决方案，助力企业实现生产效率、质量、灵活性的提升，以及成本的下降。数字化工厂在现代制造领域将发挥越来越大的作用，其相关技术已经广泛应用在了工厂管理与生产制造中。

8.1.1　数字化工厂的定义

　　数字化工厂借助信息化和数字化技术，通过集成、仿真、分析和控制等手段，可为制造型企业的制造和生产全过程提供全面管控的整体解决方案。自20世纪90年代开始，全球相关的企业和科研机构纷纷开展数字化工厂技术的研究，工程技术界一直在探索应该如何完整而精确地描述数字化工厂。

德国工程师协会给出的数字化工厂的定义是：数字化工厂是由数字化模型、方法和工具构成的综合网络，包含仿真和3D/虚拟现实可视化，它们通过连续的、不间断的数据管理集成在一起，集成了产品、过程和工厂模型数据库，通过先进的可视化、仿真和文档管理，提高生产过程管控能力、动态响应能力，以达到提高产品质量和产量以及降低生产成本的目的。

数字化工厂主要涉及产品设计、生产规划与生产执行三大环节。

（1）基于三维建模的产品设计

三维数字化建模技术通过各种软件工具为产品开发设计提供了数字化方法。在产品研发设计环节利用三维建模和虚拟仿真，可以大大缩短物理实体样机制造、试验测试和反复修改的过程，有效减少这一过程时间、资源和经费的使用成本。此外，三维数字化模型涵盖了产品所有的几何设计信息与非几何制造信息，给产品全生命周期管理（PLM）、产品数据管理（PDM）和协同产品定义管理（cPDM）提供了统一的数据来源，为数字化设计制造提供了基础。产品的三维数字化模型将伴随产品的完整生命周期，是产品协同研制开发、设计制造一体化的重要保证。

（2）基于制造工艺仿真的生产规划

基于产品三维数字化建模，产品设计环节数据可在PDM/cPDM中同步和共享，在生产规划环节，利用工厂和工艺建模及虚拟仿真技术，可以对工厂的生产线布局、设备配置、生产制造工艺过程、物流路径等进行仿真和规划。例如：生产线布局优化与确认、零件流静态分析与动态仿真、装配过程平衡、物流过程仿真、机器人运动仿真、零件加工仿真、人力资源仿真、人机工效仿真等。

（3）基于实时数据联通的生产执行

数字化生产过程的执行，依赖于制造执行系统（MES）与其他系统之间信息和数据的互联互通。制造执行系统与企业资源计划（ERP）、PDM/cPDM以及物理设备之间集成，才能有效保证所有相关产品属性和制造过程信息从始至终保持同步，并实现实时更新。

8.1.2 数字化工厂的构成

（1）数字化工厂构成模型

图8-1所示为一个数字化工厂构成框图，其核心是基于数据分享的协同制造平台，而产品全生命周期管理（PLM）、制造执行系统（MES）和工业自动化集成系统（IAI）三大系统是其主要组成部分。PLM提供CAD/CAE/CAM等计算机辅助软件工具，以支持用户进行数字化的产品设计、工程分析和工艺规划；MES提供了高度灵活、标准导向和可扩展的制造执行系统解决方案（例如Simatic IT），它建立在架构和组件方法的基础上，有架构、生产建模、组件（包括产品定义管理、生产订单、物料管理、工厂的性能分析、报告的管理和调度、软件集成服务、信息管理和产品规范管理等）、库（包括混合制造库、离散制造库和跨行业库）。IAI遵循统一的数据管理、统一的标准和统一的接口原则，提供集成工程组态、工业数据管理、工业通信、工

业信息安全和安全集成等功能，可实现数字化工厂里所有自动化组件的高效交互协作。

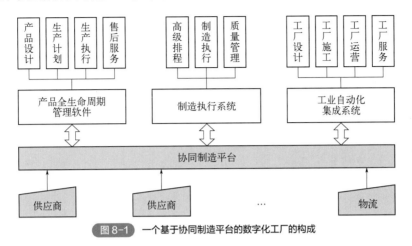

图 8-1　一个基于协同制造平台的数字化工厂的构成

协同制造平台和 PLM、MES、IAI 可将生产者与用户、供应商共同组成"数字工厂"，从而实现产品从研发设计到售后服务的全生命周期数字化管理，其中包括生产执行过程中自动化设备与制造执行系统的数据实时互通和共享。

（2）数字化工厂的主要功能模块

数字化工厂一般由 6 大功能模块构成，如图 8-2 所示。

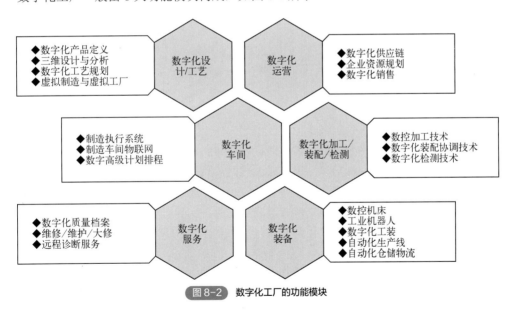

图 8-2　数字化工厂的功能模块

8.1.3　数字化工厂的典型案例

全球最负盛名的数字化工厂是西门子基于"工业 4.0"概念创建的安贝格数字化工厂，如图 8-3 所示。这家工厂主要生产 SIMATIC 可编程逻辑控制器（PLC）及相关产品，生产设备和电脑可以自主处理 75% 的工序，只有剩余 1/4 的工作需要人工完成，在产品的设计研发、生产制造、管理调度、物流配送等过程中，都实现了数字化操作。安贝格数字化工厂突出数字化、信息化等特征，为制造产业的可持续发展提供了借鉴与启迪。安贝格数字化工厂已经完全实现了生产过程的自动化，在生产过程的制造研发方面，与国际化的质量标准相对接。安贝格数字化工厂的理念是通过将企业现实和虚拟世界结合在一起，从全局角度看待整个产品开发与生产过程，实现高能效生产覆盖从产品设计到生产规划、生产工程、生产实施以及后续服务的整个过程。安贝格数字化工厂对"工业4.0"概念作出了最佳实践，处于制造业革命的应用前沿。

图8-3　西门子德国安贝格数字化工厂

8.2　智能工厂的内涵和基本特征

8.2.1　智能工厂的内涵

智能制造是人工智能技术与制造技术的结合，是面向产品全生命周期，以新一代信息技术为基础，以制造系统为载体，在其关键环节或过程中，具有一定自主性的感知、学习、分析、预测、决策、通信与协调控制能力，能动态地适应制造环境的变化，从而实现质量、成本及交货期等目标优化。制造系统从微观到宏观有不同的层次，如制造装备、制造单元、生产线、制造车间、制造工厂和制造生态系统等；其构成包括产品、制造资源、各种过程活动以及运行与管理模式。

智能工厂是面向工厂层级的智能制造系统。通过物联网对工厂内部参与产品制造的设备、材料、环境等全要素的有机互联与泛在感知，结合工业大数据、云计算、虚拟制造等数字化和智能化技术，实现对生产过程的深度感知、智慧决策、精准控制等功能，达到对制造过程的高效、高质量管控一体化运营的目的。

智能工厂是信息与物理深度融合的生产系统，通过信息与物理一体化的设计与实现，其制造系统构成可定义、可组合，其制造流程可配置、可验证，在个性化生产任务和场景驱动下，可自主重构生产过程，大幅降低生产系统的组织难度，提高制造效率及产品质量。智能工厂作为实现柔性化、自主化、个性化定制生产任务的核心技术，将显著提升企业制造水平和竞争力。

8.2.2 智能工厂的基本特征

智能工厂是一个柔性系统，能够自行优化整个网络的表现，自动适应和实时或近实时学习新的环境条件，并自动运行整个生产流程。由于产品对象、生产线布局和自动化设备等方面的差异性，智能工厂并没有唯一的结构和解决方案，建设智能工厂有许多不同的途径，每个智能工厂可能不尽相同，但一个智能工厂要获得成功，在数据、技术、流程、人员和网络安全等方面的一些必要元素却大致相同，而且每个元素都很重要，这些即为智能工厂的基本特征。

智能工厂的基本特征可以从多方面来表述，图 8-4 所示是从三个层面表述智能工厂的基本特征：一是在建设目标层面，智能工厂具有敏捷化、高生产率、高质量产出、可持续性和舒适人性化等特征；二是在技术层面，智能工厂具有全面数字化、制造柔性化、工厂互联化、高度人机协同和过程智能化（实现智能管控）五大特征；三是在集成层面，智能工厂应具备产品生命周期端到端集成、工厂结构纵向集成和供应链横向集成三大特征，这一层面与"工业 4.0"的三大集成理念是一致的。

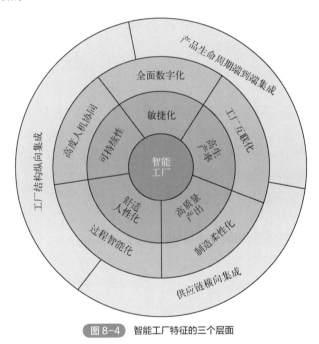

图 8-4　智能工厂特征的三个层面

从工厂生产活动方面来审视，智能工厂的主要特征可以集中概括为五个方面：互联化、最优化、透明化、前瞻性和敏捷性。

（1）互联化

互联是智能工厂最重要的特征，也是智能工厂的基础。智能工厂中的互联主要涉及三个方面，一是工厂与供应商和客户相关的实时协作数据的互联互通，以保证工厂与外部的协同；二是通过传统数据和遍布各项资产的传感数据，确保数据持续更新，实现基本生产流程与物料之间、"人-机-物"之间的及时互联互通，以生成实时决策所需的各项数据；三是通过融合来自运营系统、业务系统以及供应商和客户的数据，实现各环节数据的反馈，从而全面掌握供应链上下游流程，全面提高供应网络的整体效率。

（2）最优化

通过对工厂各层级的数字孪生建模、仿真，智能工厂实现优化运行，即可用最低限度的人机交互、最小化的生产成本、最佳的生产效率，实现高度可靠且可以预测的运行。基于互联，智能工厂具备自动化工作流程，可同步了解所有资产和生产过程的状况，可追踪制造系统执行进度计划并加以优化，从而使能源消耗更加合理，有效提高产量、运行效率以及产品质量，并降低成本、避免浪费。

（3）透明化

智能工厂的各种数据应具有透明和可视化特性，从生产流程以及半成品、成品获取的数据，分析处理后转换为实施洞察（actionable insights），即具备可行性且有价值的建议，从而协助智能工厂中人工或自主决策流程。透明化的数据和网络还将增强对各种设施、装备状况的认识，并通过基于角色的视图、实时报警和提示，以及实时追踪与监控等手段，确保企业决策更加精准。

（4）前瞻性

在智能工厂中，员工和系统可预见将出现的问题和挑战，并提前予以应对，而非静待问题发生再做响应，如识别异常状况、重新存储补充库存、识别和预防质量问题、监控安全和维护问题。智能工厂具有基于历史和实时数据预测未来结果的能力，从而改善运行时间、产量和质量，并防止安全问题。在智能工厂中，还可以利用数字孪生等过程，使有关的操作数字化，建立模型并可仿真预测，赋予智能工厂预测能力。

（5）敏捷性

敏捷性使智能工厂能够以最少的干预来适应计划和产品的变化。先进的智能工厂也可以根据产品要求和计划变更，自行配置设备和材料流，然后实时查看这些变更的影响。此外，当计划或产品改变而导致变化时，敏捷性可使这种变化最小化，并通过灵活调度而提高生产率。

8.2.3 赛博物理系统（CPS）

国内外学者普遍认为智能工厂的核心技术是构建赛博物理系统（cyber physical systems，CPS）。CPS 的概念最早是由美国航空航天局（NASA）于 1992 年提出，2006 年美国科学基金会（NSF）进一步给出其确切定义——CPS 是由计算（computational）和物理组件（physical components）无缝集成所构造的并依赖于这种无缝集成的工程化系统。在 CPS 中，物理组件是由"计算"控制，并可互相协作和监控；计算被深深嵌入每一个物理成分，甚至可能进入材料，这个计算的核心是一个嵌入式系统，通常需要实时响应，并且一般是分布式的。

CPS 是一个综合计算网络和物理环境的多维复杂系统，通过"3C"——计算（computation）、通信（communication）和控制（control）技术的有机融合与深度协作，实现大型工程系统的实时感知、动态控制和信息服务。CPS 实现计算、通信与物理系统的一体化设计，可使系统更加可靠、高效、实时协同。CPS 包含了将来无处不在的环境感知、嵌入式计算、网络通信和网络控制等系统工程，使物理系统具有计算、通信、精确控制、远程协作和自治五大功能。CPS 可应用于很多领域，如航空航天、汽车、化工、能源、医疗、制造、运输、娱乐和消费电子等。在德国"工业 4.0"中，CPS 被定位为核心技术。CPS 应用于制造系统则是将物理空间的元件、材料、机器、工厂、产品等的信息通过传感器网络感知，传递给赛博空间，可进行数据存储、数据分析和决策，并将优化决策通过控制网络，反馈给物理对象和过程，进行控制。

　　CPS 的概念实际上包含实体虚拟化和虚拟实体化两个方面。实体虚拟化就是在赛博空间建立物理空间实体的映射，即在虚拟信息系统中建立物理空间实体的映射对象——数字孪生，它以工业互联或物联的方式进行数据通信、信息交互，可以仿真、重现物理实体的真实工作状况和动态过程。虚拟实体化就是用赛博空间的模型仿真、优化计算结果去指挥、操作或控制物理空间的实体对象，使物理对象或过程能够自适应、自组织地运行。

　　CPS 的体系架构由"5C"——connection（互联）、conversion（转换）、cyber（赛博）、cognition（认知）和 configuration（配置）五个层级构成，简称为"5C"架构，如图 8-5 所示。这个架构为建立工业场景中的 CPS 系统提供了理论支持与参考。

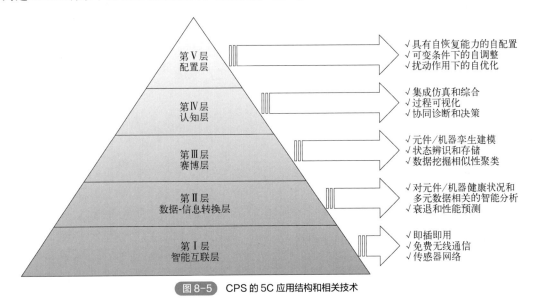

图 8-5　CPS 的 5C 应用结构和相关技术

（1）层级 Ⅰ：互联层

互联用于获取来自机器及其组件的准确可靠数据。数据源包括基于物联网的机器控制器、附加传感器、质量检测、维护日志和企业管理系统（如 ERP、MES 和 CMM）。无缝和无线的数据管理和通信、适当选择传感器、数据流是这一层级的重要考虑因素。该层级上，基于条件的监控系统通常用于监视机器状态。

（2）层级 Ⅱ：转换层

转换属于本地机器智能，在此层级数据被处理并转换为有意义的信息（例如机器退化信息）。信号处理、特征提取和常用的预测与健康管理算法（如自组织映射、logistic 回归、支持向量机等）以及预测分析等在该层级上进行集成，输出包括但不限于与机器健康相关的特性、健康状态和运行规则标志等，其目标是对用于组件和机器级别的自我感知进行使能（enabling）。

（3）层级Ⅲ：赛博层

所有信息在赛博层级汇集并进行处理，对等比较、信息共享、协同建模，以及机器使用记录和健康状态记录等都被用于分析处理。这些分析给机器提供自比较能力，其中单个机器的性能可以在机群里进行比较和评价。另一方面，机器性能之间的相似性和过去资产的历史信息可以用于预测机器的未来性能。历史数据也可用于关联多重特征的界面效应，CPS 方法通常用于评估不同周期或体系中的机器健康状况，以及同等机器的进一步比较。

（4）层级Ⅳ：认知层

该层级生成所监测系统的完整知识，提供与系统中的不同组件具有关联效果的推理信息，适当的知识组织与呈现将支持做出适当的决策。例如，Info-Graphics 应用程序可用于机器与用户友好的移动设备（如智能手机）的集成。

（5）层级Ⅴ：配置层

该层级从赛博空间向物理空间形成反馈，可以通过"人在环路（human-in-the Loop）"或监督控制的活动使机器进行自配置、自适应和自维护。该阶段可以作为一种具有"韧性（resilience）"的控制系统，为认知层级提供正确的和预防性的决策。

8.3 智能工厂的基本构架

智能工厂是一种赛博（Cyber）物理深度融合的生产系统，它通过数字孪生、CPS 等的设计与实施，进行"工业 4.0"的横向集成、纵向集成和端到端集成的三大集成，实现制造系统构成可定义、可组合，制造工艺流程可配置、可验证，从而在个性化生产任务驱动下，可自主重构生产过程和场景，构建出高效、节能、绿色、环保、舒适的个性化工厂，降低生产系统组织难度，提高制造效率及产品质量。智能工厂的基本架构可通过图 8-6 所示的功能维、结构维和范式维等三个维度进行描述。

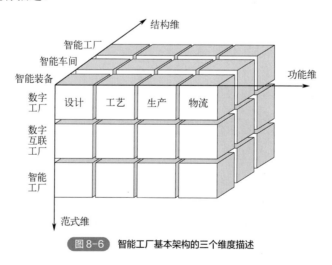

图8-6 智能工厂基本架构的三个维度描述

8.3.1　智能工厂的功能维

智能工厂的功能维描述产品从虚拟设计到物理实现的过程。功能维与"工业 4.0"的三大集成中的端到端的集成相关联。

（1）智能化设计

通过工业大数据分析手段准确获取产品需求与设计定位，通过创新设计方法进行产品概念设计，通过虚拟仿真和优化，实现产品性能最优化，并通过并行、协同策略实现设计制造信息的有效反馈和共享。智能化设计保证了设计出适合市场需求的精良产品，快速完成产品开发上市过程。

（2）智能化工艺

智能化工艺包括工厂生产过程建模和虚拟仿真、生产工艺仿真分析与优化、基于知识和规则的工艺创成、基于数字孪生的工艺过程感知、预测与控制等。智能化工艺保证了生产过程的可靠性和产品质量的一致性，降低了制造成本。

（3）智能化生产

通过智能化运营和管控手段，实现生产资源最优化配置、生产任务和物流实时优化调度、生产过程精细化管理和智慧科学管理决策。智能制造保证了设备的优化利用，从而提升了对市场的响应能力，摊薄了在每件产品上的设备折旧。智能化生产保证了敏捷生产，做到准时化生产（just in time，JIT），保证了生产线的足够柔性，使企业能快速响应市场的变化，有效提高实际竞争力。

（4）智能化物流

通过工业物联网技术，可实现物料的主动识别和物流全程可视化跟踪；通过智能仓储物流设施，可实现物料自动配送与配套防错；通过智能协同优化技术，可实现生产物流与计划的精准同步。另外，工具流等其他辅助流有时比物料流更为复杂，如金属加工企业中，一个复杂零件的加工过程就可能需要几十甚至上百把刀具。智能物流保证生产制造准时化，从而降低在制品的成本消耗。

8.3.2　智能工厂的结构维

该维度描述从智能制造装备、智能车间到智能工厂的进阶，结构维实质上与"工业 4.0"的三大集成中的纵向集成是一致的。

（1）智能制造装备

智能制造装备作为最基本的制造单元，能对装备自身状态、加工对象、制造过程和环境实现自感知，能对感知获得的有关信息和数据进行自分析，根据产品设计要求与现场实时动态信息进行自决策，依据动态优化的决策指令完成自执行，通过"感知—分析—决策—执行—反馈"的制造过程大闭环，保证装备性能及其适应能力，实现优质、高效及安全可靠的制造过程。例如，在离散制造中的机械制造领域常用的智能制造装备有数控机床、工业机器人、3D 打印装备和增减材复合加工装备等（图 8-7）。

(a) 多轴联动数控机床　　(b) 工业机器人　　(c) 3D打印装备　　(d) 增减材复合加工装备

图 8-7　常用的智能制造装备

（2）智能车间（生产线）

智能车间（生产线）一般由多台（条）智能装备（产线）构成，如图 8-8 所示，除了基本的加工/装配活动外，还涉及计划调度、物流配送、质量控制、生产跟踪、设备维护等业务活动。智能生产管控能力体现为形成"优化计划—智能感知—动态调度—协调控制"的大闭环生产流程，提升生产线的可配置性、自主化和适应性，从而对异常变化具有快速响应能力。

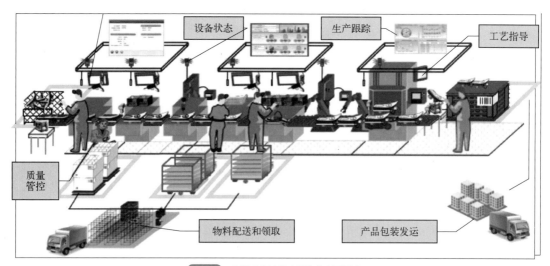

图 8-8　制造车间（生产线）的主要活动

一个面向航空制造的智能生产线架构如图 8-9 所示，生产线的设备、加工工艺、检测等状态和参数，通过生产线上的状态感知传感器采集并进入制造数据库，用于支持对生产线的数据分析和工艺设计。智能管控系统的优化决策通过作业指令和控制命令下达到生产线上的设备，完成精准执行并实时反馈执行情况。自动物料库和保障服务模块为生产线提供物料供应、能源、通信、设备维护等服务。

（3）智能工厂

从结构维的角度，制造工厂除了生产活动外，还包括产品设计与工艺、工厂运营等业务活动，如图8-10所示。智能工厂是以打通企业生产经营全部流程为着眼点实现从产品设计到销售，从设备控制到企业资源管理所有环节的信息快速交换、传递、存储、处理和无缝智能化集成。

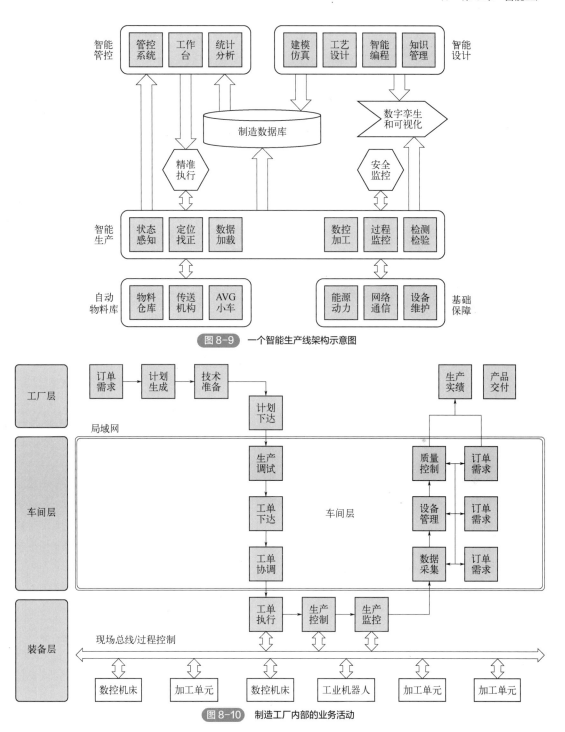

图 8-9　一个智能生产线架构示意图

图 8-10　制造工厂内部的业务活动

　　图 8-11 所示为三菱电机 e-F@ctory 的智能工厂示意图，它是面向制造业推出的"三明治"结构整体解决方案，底层为硬件、顶层为软件、中间层"夹心"为人机界面，其中硬件层主要是动力分配输送系统、生产设备系统等，中间层由工厂自动化信息通信产品群组成，软件层主要是企业级的信息系统，如 ERP、MES 等，整个工厂通过工业以太网贯穿整个"三明治"。

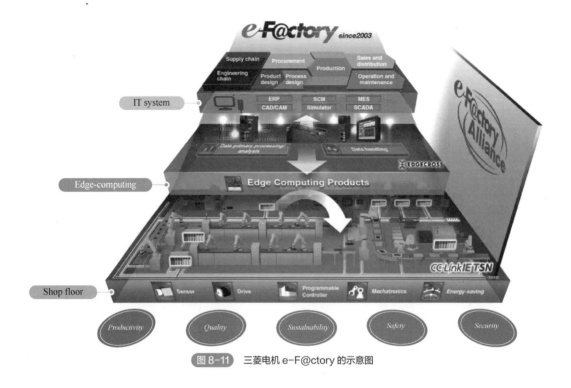

图 8-11　三菱电机 e-F@ctory 的示意图

8.3.3　智能工厂的范式维

该维度描述从数字工厂、数字互联工厂到智能工厂的演变范式（paradigm）。

数字化、网络化、智能化技术是实现制造业创新发展、转型升级的三项关键技术，对应到制造工厂层面，体现为从数字工厂、数字互联工厂到智能工厂的演变。数字化是实现自动化制造和网络化互联，最终实现智能制造的基础。网络化是使原来的数字化孤岛连为一体，并提供制造系统在工厂范围内乃至全社会范围内实施智能化和全局优化的支撑环境。智能化则充分利用这一环境，用人工智能取代了人对生产制造的干预，加快了响应速度，提高了准确性和科学性，使制造系统高效、稳定、安全地运行。

(1) 数字工厂

数字工厂是工业化与信息化融合的应用体现，它借助于信息化和数字化技术，通过集成、仿真、分析、控制等手段，为制造工厂的生产全过程提供全面管控的整体解决方案。它不限于虚拟工厂，更重要的是实际工厂的集成，包括产品工程、工厂设计与优化、车间装备建设及生产运作控制等。

(2) 数字互联工厂

数字互联工厂是指将工业物联网技术全面应用于工厂运作的各个环节，实现工厂内部人、机、料、法、环、测的泛在感知和万物互联，互联的范围甚至可以延伸到供应链和客户环节。通过工厂互联化，一方面可以缩短时空距离，为制造过程中"人-人""人-机""机-机"之间的信息共享和协同工作奠定基础，另一方面还可以获得制造过程更为全面的状态数据，使得数据驱动的决策支持与优化成为可能。

（3）智能工厂

从范式维的角度看，智能工厂是制造工厂层面的信息化与工业化的深度融合，是数字化工厂、网络化互联工厂和自动化工厂的延伸和发展，通过将人工智能技术用于产品设计、工艺、生产等过程，使得制造工厂在其关键环节或过程中能够体现出一定的智能化特征，即自主性感知、学习、分析、预测、决策、通信与协调控制能力，能动地适应制造环境的变化，从而实现提质增效、节能降本的目标。

8.4 智能工厂的信息化架构

智能工厂的信息系统架构如图8-12所示，从下到上依次为现场层、管控层、企业层、平台

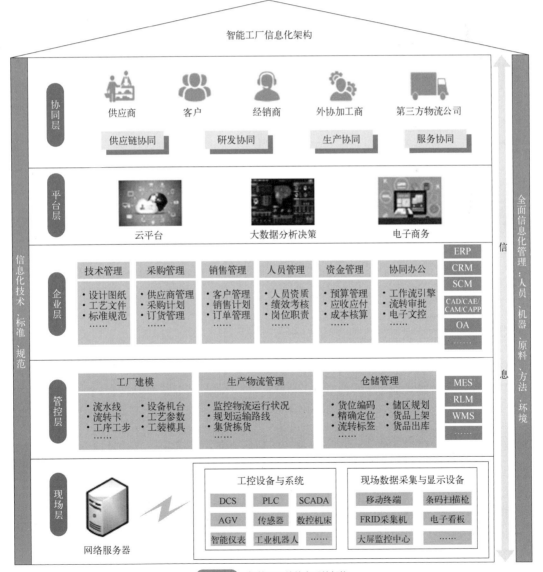

图8-12 智能工厂的信息系统架构

层、协同层。每层分工不同，但紧密联系、上下交互，通过应用各类智能工厂信息化技术、标准与规范，实现智能工厂的全面信息化管理。

8.4.1 现场层

通过网络服务器、网络通信链路等基础设施实现车间网络布局，进而支持现场设备的通信功能。现场工控设备与系统包含集散控制系统（DCS）、可编程逻辑控制器（PLC）、数据采集与监视控制系统（SCADA）、自动导引运输车（AGV）、传感器、数控机床、智能仪表、工业机器人等。现场数据采集与显示设备包含移动终端（手机、平板电脑等）、条码扫描枪、FRID 采集机、电子看板（机台看板、产线看板、车间看板）、大屏监控中心等。

8.4.2 管控层

该层级利用制造执行系统（MES）、产品全生命周期管理（PLM）、仓储管理系统（WMS）等信息系统，加强对车间信息的智能管控，连接现场层和企业层两个层级，实现整体架构的互联互通。该层级主要包含工厂建模、生产物流管理和仓储管理等内容，其中，工厂建模包含流水线、流转卡、工序工步、设备机台、工艺参数、工装模具等信息；生产物流管理包含监控物流运行状况、规划运输路线、集货拣货等；仓储管理包含货位编码、精确定位、流转标签、储区规划、货品上架、货品出库等。

制造执行系统（MES）：负责车间中生产过程的数字化管理，实现信息与设备的深度融合，为企业资源计划系统提供完整、及时、准确的生产执行数据，是智能工厂的基础。

产品全生命周期管理（PLM）：负责产品设计的图文档、设计过程、设计变更、工程配置的管理，为企业资源计划系统提供最主要的数据源 BOM 表，同时为制造执行系统提供最主要的数据源工艺路线文件。

仓储管理系统（WMS）：具备入库业务、出库业务、仓库调拨等功能，从企业资源计划系统接收入出库物料清单，从制造执行系统中接收入出库指令，协同 AGV 小车完成物料配送的自动化，实现立体仓库、平面库的统一仓储信息管理。

8.4.3 企业层

整合企业信息管理系统，利用企业资源计划（ERP）、客户关系管理（CRM）、供应链管理（SCM）、计算机辅助设计（CAD）、计算机辅助工程（CAE）、计算机辅助制造（CAM）、计算机辅助工艺过程设计（CAPP）、办公自动化（OA）等软件系统，加强对技术、采购、销售、人员、资金的管理，同时，实现企业各部门间的协同办公。其中，技术管理包含对设计图纸、工艺文件、标准规范等方面的管理；采购管理包含供应链管理、制定采购计划、订货管理等；销售管理包含客户管理、制定销售计划、订单管理等；人员管理包含对人员资质、绩效考核、岗位职责等方面的管理；资金管理包含预算管理、应收应付账单管理、成本核算等；协同办公包含工作流引擎、流转审批、电子文控等。

企业资源计划（ERP）是企业信息化的核心系统，管理销售、生产、采购、仓库、质量、成本核算等。

8.4.4 平台层

平台层主要指利用云计算、工业大数据等信息化技术，构建云平台、工业大数据分析平台、电子商务平台等网络平台，加强企业信息化管理的集中性、灵活性和同一性，提高企业整体运作效率，帮助企业快速掌握市场需求，加快产品更新速率，加强企业与用户之间的商业联系，提升企业创新能力和服务水平。

8.4.5 协同层

协同层打通供应商、客户、经销商、外协加工商、第三方物流公司间的信息化渠道，优化配置产业链中不同环节的资源要素，加强供应链协同、研发协同、生产协同和服务协同，在产业链中的上下游间形成提质、增效、降本的多赢局面。

8.5 智能工厂案例

智能工厂的主要建设模式有三种。第一种模式是从生产过程数字化到智能工厂。在石化、钢铁、冶金、建材、纺织、造纸、医药、食品等流程制造领域，企业发展智能制造的内在动力在于产品品质可控，侧重从生产数字化建设起步，基于品控需求从产品末端控制向全流程控制转变。第二种模式是从智能制造生产单元（装备和产品）到智能工厂。在机械、汽车、航空、船舶、轻工、家用电器和电子信息等离散制造领域，企业发展智能制造的核心目的是拓展产品价值空间，侧重从单台设备自动化和产品智能化入手，基于生产效率和产品效能的提升实现价值增长。第三种模式是从个性化定制到互联工厂。在家电、服装、家居等距离用户最近的消费品制造领域，企业发展智能制造的重点在于充分满足消费者多元化需求的同时实现规模经济生产，侧重通过互联网平台开展大规模个性定制模式创新。

8.5.1 九江石化智能工厂

中国石油化工股份有限公司九江分公司（以下简称"九江石化"）于 1980 年 10 月建成投产，是我国中部地区和长江流域的重点炼化企业，隶属于中国石化。近年来，从理念到实践、从实践到示范、从示范到标杆，九江石化探索出了一条适合石化流程型行业面向数字化、网络化、智能化制造的路径，实现了高质量发展。

（1）必要性

石化生产非常复杂，传统的生产过程面临诸多难点和挑战。一是石化涉及物料物性复杂，从原料、中间体、半成品到产品，以及各种溶剂、添加剂、催化剂、试剂等，多以气体和液体状态存在，而绝大多数的上述物料属于易燃、易爆、易挥发、毒性物质。二是生产工艺的复杂性。石化行业的生产工艺运行条件较为苛刻，例如：石脑油制乙烯温度高达 1100℃、深冷分离低至 −100℃ 以下；高压聚乙烯聚合压力达到 350MPa；在减压蒸馏、催化裂化、延迟焦化等很多加工过程中，物料温度若超过其自燃点，一旦操作失误或设备故障、失修，极易发生火灾爆炸事故。三是生产装备的复杂性。石化行业涉及炼油塔、罐区、换热设备、机泵、管线等众多类型的设备、设施，且设备运行环境多为高温、高压、高腐蚀环境，生产过程中可能使用或产生强腐蚀性的酸、碱类物质（如硫酸、盐酸等），易对设备造成腐蚀。因此，在设备维修时需重点观测，对设备的抗腐蚀性、可靠性有严格要求。四是环保及职业卫生的刚性约束。国家对安全生产、环境保护的要求日渐严格。生产操作环境和施工作业场所若存在工业噪声、高温、粉尘、射线等有害因素，极易造成人员急性中毒或受伤，人员长时间暴露在上述场所下，即便接触有害因素的剂量很低也可能导致慢性职业病的发生。

面对竞争激烈的外部环境和安全环保效益的双重压力，如何克服上述难点与挑战，实现企业高质量发展是摆在九江石化面前亟待解决的重大课题。根据中国石化战略部署，九江石化放眼未来提出了"建设千万吨级绿色智能一流炼化企业"的愿景目标，倾力培育"绿色低碳""智能工厂"两大核心竞争优势。

（2）实施路径

在智能工厂建设中，数字化是根本，标准化是基础，集中集成是重点，效益是目标。九江石化智能工厂建设内容包括：运用工业物联网、云计算、移动宽带网络、数字孪生、工业大数据、移动平台等先进信息化技术，围绕"建设千万吨级绿色智能一流炼化企业"的愿景目标，在已建成的经营管理、生产运行、信息基础设施与运维"三大平台"基础上，在经营管理、生产运行、安全环保、设备管理、IT 基础设施等业务领域开展智能工厂建设，完善和提升以企业资源计划为核心的经营管理平台、以制造执行系统为核心的生产运行平台、以新一代信息通信技术为重点的信息基础设施与运维平台，新建集中集成平台、应急指挥平台、数字孪生炼厂平台。主要内容包括以下 11 个方面。

① 搭建智能工厂总体框架。在石化企业典型信息化三层平台架构之上，构建了集中集成、数字孪生炼厂和应急指挥等公共服务平台，使系统集成及应用进一步完善，实现了"装置数字化、网络高速化、数据标准化、应用集成化、感知实时化"，形成了石化流程型企业面向数字化、网络化、智能化制造的基本框架 1.0。

② 重塑生产运营指挥中枢。2014 年 7 月，体现九江石化智能工厂核心理念的生产管控中心建成投用，实现了"经营优化、生产指挥、工艺操作、运行管理、专业支持、应急保障"六位一体的功能定位，生产运行由单装置操作、管控分离向系统化操作、管控一体转变，有效地支撑生产运行管理变革式提升。同时，水务分控中心、油品分控中心、动力分控中心、电力分控中心建成投用，形成"1+4"生产运营集中管控模式。

③ 实现业务数据集中集成（图 8-13）。为解决普遍存在的信息孤岛、业务孤岛等问题，九江石化在国内率先建成生产运营企业级中央数据库（ODS）和企业服务总线（ESB），完成生产物料等 40 个模块和 36 类主数据的标准化，同时集成 MES、LIMS、ERP 等 25 个生产核心系统，为调度指挥、工业大数据分析、数字化炼厂平台等 21 个系统提供数据支撑，共享近 100 类业务数据，总量达 1684 万条，突破了此前普遍采用的"插管式"集成模式的限制。

④ 提升流程管控智能优化。炼油全流程优化闭环管理，提升生产计划、流程模拟、生产调度与执行一体化联动优化功效，助推企业经济效益逐年稳步提升。其原料油快评分析系统建模461 个，涵盖 14 套装置 40 余种物料，是国内率先完整建立从原油到各装置物料物性分析模型的企业；虚拟制造系统建立 21 套装置机理模型，实现"实时仿真""性能评估""操作优化""计

划优化"功能；19 套主装置实现先进优化控制（APC）全覆盖，提高装置运行平稳率，主要工艺参数标准偏差平均可降低 45%；基于稳态机理模型，在常减压装置投用国内首套炼油装置 RTO，实现装置效益最大化，每小时增效 2474 元。

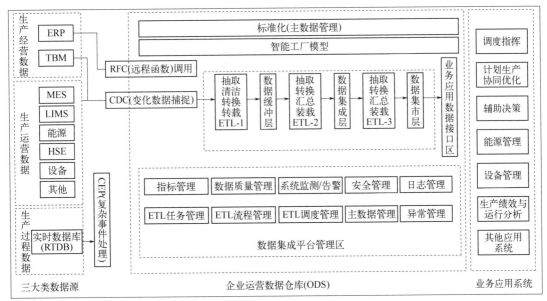

图 8-13　九江石化智能工厂集中集成

⑤ 构建数字孪生炼厂创新应用。通过正（逆）向建模，建成与物理空间完全一致的数字孪生炼厂，建有 80 余套单元模型，集成了 4000 余个工艺实时数据、1100 余个采样点质量分析数据、600 余个腐蚀监测点数据、1000 余台主要设备实时数据、600 余个机组及油泵监测点数据、1900 余个可燃气体检测仪数据、600 个视频监控画面，可视化呈现装置人员定位、厂区综合安防、施工作业备案等虚拟场景，实现了企业级全场景覆盖、海量数据实时动态交互。

⑥ 实现 HSE 管控实时可视。HSE 是 Health（健康）、Safety（安全）、Environment（环境）的英文缩略语。健全风险作业监管体系，通过施工作业线上提前备案、监控信息公开展示，实施"源头把关、过程控制、各方监督、闭环管理"，累计访问量达 151 万人次，录入备案信息 22.6 万余条。建立"集中接警、同时响应、专业处置、部门联动、快速反应、信息共享"的调度指挥模式，1900 余个各类可燃/有毒有害气体检测、600 余个视频监控可集成联动，提高事故响应速度。建立敏捷环境监管体系，集成各类环境监测数据，实现环保管理可视化、一体化，异常情况及时处置、闭环管理。外排污染物实时监测数据在 5 个公共场所对外公开展示，主动接受社会监督。4G 移动终端全天候监测装置四周及厂界空气挥发性有机物（VOCs）及异味，形成数据轨迹图。

⑦ 精益设备管理预知预防。初步构建设备预知维修管理体系，设备运行状态监测系统涵盖 17 套大机组、115 台机泵，设置 54 个腐蚀探针、618 个在线腐蚀测厚设施，实现全厂 55 个仪表机柜间温湿度、89 套工控系统重要机柜温度、12692 个 DCS 和 961 个监控信息系统（SIS）故障点的信息采集，并与 DCS 集中实时监控。电调自动化系统实现对全厂电气设备关键参数实时监控，35kV 以上一次系统设备实现安全远程操作，劳动功效提升 27.5%。

⑧ 快捷质量管控联动实效。建设并提升 LIMS/LES 功能，实现实验数据录入与分析过程无

纸化移动，816 个分析方法、结果计算与验证操作的程序化，分析检验、物料评价、仪器数据编码的标准化，确保过程数据完整可靠、质量管理与 LIMS 指标联动。在线分析仪表运行监控与管理系统实现 439 套在线分析仪运行全过程实时监控管理，支撑由分散管理向集中管控和专业化管理转变。

⑨ 精准计量管理集成应用（图 8-14）。以物料进出厂计量点无人值守、计量全过程监控为目标，构建"公路、铁路、管输"三位一体的计量集中管控模式，实现物料进出厂计量作业自动化、计量过程可视化、计量数据集成化、计量管理标准化，作业时间缩短 1/3，劳动用工减少近 40%，风险防控能力明显增强。

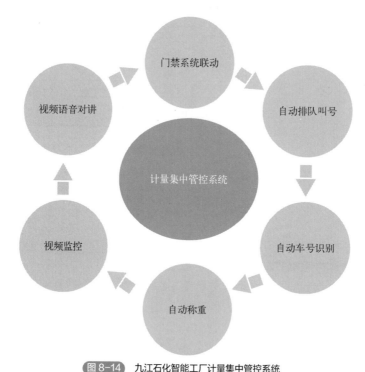

图 8-14 九江石化智能工厂计量集中管控系统

⑩ 推广生产运行及智能巡检。建设并推广 4G 智能巡检，实现 12 个生产运行单位全覆盖，配置巡检路线 160 条、巡检点 1060 个、巡检项目 8136 个。温振一体试点实现机泵测温、测振数据自动录入，音视频升级试点实现跨业务、多场景信息交互，GPS 平面定位实现实时位置及历史轨迹查询，与数字化平台、宇视平台进行集成展示。

⑪ 实现精细物资管理和智能仓储。建设并整合物资采购桌面快捷办公系统和智能物资管理系统，将企业物资管理向供应商延伸，配置手持 Pad18 个、手持打印机 10 个、货架标签 8000 个、地堆标签 60 个，实现对物资需求计划动态掌控及物资库存实物出入库、转储的全面管理和业务优化，与企业资源计划、门禁、立体货架（WMS）等系统集成，实现信息快速、自动传输，达到缩短供应周期、提高保供的目标，并基于制造执行系统建立仓储模型，实现库存优化。

（3）实施成效

九江石化智能工厂建设始终围绕核心业务管理、绩效提升，以需求为导向、以价值为引领、以创新为驱动、以效益为目标，大力推进国产化，在经济新常态下，为"两化"（信息化、工业化）深度融合、促进企业提质增效探索出新道路。

① 发展质量稳步提升。经过一系列智能化布局，数字化转型、智能化发展助推九江石化结构调整和"两化"深度融合，设备自动化控制率达 95%，生产数据自动采集率在 95% 以上，运行成本降低 22.5%，能耗降低 2%，软硬件国产化率达到 95%，有效提高企业核心竞争力。"十三五"期间，企业经营业绩持续提升，累计盈利 57 亿元。

② 优化运营挖潜增效。基于分子炼油和全价值链的理念，围绕从原油到操作参数的炼油全流程一体化智能协同优化目标，九江石化以提升价值增量为重点，持续开展资源配置优化、加工路线比选、装置操作优化，致力实现企业整体效益最大化，"十三五"期间，完成滚动测算案例 1800 余个，增效约 8 亿元。"炼油全流程一体化智能协同优化"入选中国石油和化工联合会"首批石油和化工行业智能制造先进应用案例"。

③ 绿色制造指标领先。九江石化积极落实国家长江经济带"共抓大保护"的部署，通过智能工厂建设，实时采集污染源、环境质量等信息，构建全方位、多层次、全覆盖的环境监测网络，实现污染物产生、处理、排放等全过程闭环管理，分别通过九江市、江西省和中国石化清洁生产审核，助力绿色企业创建，实现绿色制造。2020 年，九江石化外排废水达标率 100%，有控废气达标率 100%，危险废物妥善处理率 100%。其中，外排达标污水化学需氧量（COD）控制在 40mg/L 以下，主要污染物排放指标达到业内领先水平。九江石化入选工业和信息化部第一批绿色工厂示范企业、江西省第一批绿色工厂、中国石化绿色企业，获评"石油和化工行业绿色工厂"。

④ 过程管理精准可控。九江石化着力数据、应用集成，以智能工厂自动化、可视化、模型化、实时化、集成化手段为过程管控提供强有力支撑，助推扁平化、矩阵式管理及业务流程进一步优化，促进经营管理工作共享协同、规范便捷、精准可控。在生产能力、加工装置不断增加的情况下，与 2011 年年初相比，2020 年九江石化员工总数减少 22%、班组数量减少 13%、外操室数量减少 35%。

九江石化的案例为流程型制造企业智能制造建设提供了借鉴。

a. 顶层设计是核心。智能制造需要全局布局，加强全产业链协同。流程型企业打造智能工厂，要站在全局、整体层面进行研究，把握流程型生产系统全过程智能化改造的需求和规律。

b. 数据集成是关键。积极建设数据处理中心，实现信息集成。企业要建立数据中心，以及服务于数据中心的信息化基础设施，要有前瞻性思维，在进行基础设备、生产建设的规划时就应该考虑到生产过程中数据的采集和应用。

c. 智能装备是支撑。采用智能化技术和设备，夯实改造基础。流程型制造企业应主动应用和完善智能化设备，并且升级现有设备、通信网络和数据中心，满足智能化需求。

d. 流程优化是手段。实现生产流程的智能化，变革生产理念。建立基于流程生产设备、信息技术的规范管理系统和与智能工厂相匹配的企业理念与文化，助力生产经营方式和组织变革，使智能工厂的生产模式、管理模式和企业文化互相协同。

8.5.2 苏州胜利精密智能工厂

苏州胜利精密制造科技有限公司（以下简称"苏州胜利"）是制造消费性电子产品机壳的领跑者。苏州胜利以承接工信部 2016 智能制造专项"便携式电子产品结构模组精密加工智能制造新模式"项目为契机，打造以"三国八化一核心（图 8-15）"为主体的智能工厂，实现在行业和区域的示范作用，引领制造转型升级。它目前为国家级的智能制造示范工厂。

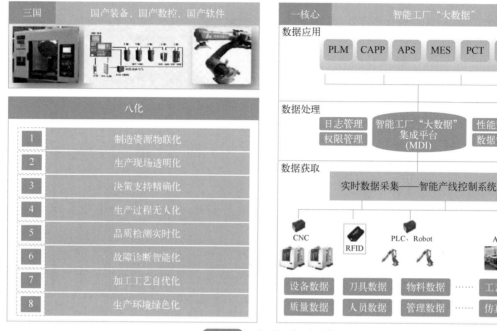

图 8-15　"三国八化一核心"

该国家智能制造示范项目由苏州胜利精密制造科技股份有限公司、苏州富强科技有限公司、武汉华中数控股份有限公司、苏州华数机器人有限公司、艾普工华科技（武汉）有限公司等单位承担。

（1）必要性

在国家智能制造示范项目实施前，苏州胜利在苏州附近的加工厂区，大约有 4 千台加工设备。这些加工厂，采用一人操作 2~3 台机器的方式，若智能工厂也采用相同的操作方式，每一班至少需要 60 个操作人员。由于《中国制造 2025》的政策鼓励，以及提升产能的需要，智能工厂用关节机器人完全取代操作人员，实现生产过程无人化。

人工上下料百密仍会有一疏，人的疏忽就会衍生加工不良的问题。由机器人与加工机组成的弹性化自动加工线中，机器人上下料的时间、动作顺序每次一致，百依百顺、稳定可靠，可以提升加工质量、稳定产出，提高产线的有效产出。

因 3C 行业快速变化需要，产线的加工信息需要更透明、可视、实时，才能提升制造决策的反应能力。智能工厂可以充分掌握设备运转状态，缩短制造周期。

（2）总体构架

苏州胜利精密智能工厂系统架构，如图 8-16 所示，分为设备层、传感层、执行层和决策层。苏州胜利精密智能工厂具有"三国八化一核心"的特点。"三国"是指智能工厂全部使用国产智能制造装备、国产数控系统、国产工业软件。"八化"是指制造资源物联化、生产现场透明化、决策支持精确化、生产过程无人化、品质检测实时化、故障诊断智能化、加工工艺自由化、生产环境绿色化。"一核心"是指智能工厂工业大数据，包括工厂的人员数据、物料数据、设备数据、工艺数据、质量数据等，通过对这些数据的集成、统计分析和应用，最终实现工厂的数字化和智能化。

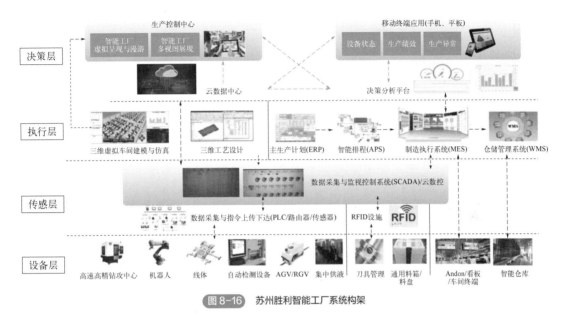

图8-16 苏州胜利智能工厂系统构架

（3）技术特点

项目全部采用国产智能制造装备构建的智能车间，如图8-17所示，由配置华中8型数控系统的189台高速高精钻攻中心、106台华数机器人、20台CCD与在线激光检测设备、8台AGV小车、清洗烘干机，组成19条CNC自动化生产线和1条机器人自动打磨线；还有两座合计3200个库位的立体智能仓库；透过数据采集与监控系统（SCADA），搭配植入RFID的刀具、料盘，将设备信息与生产执行层交换。应用CCD与激光检测设备，实时检测加工精度并修正补偿，实现生产线智能化的加工补偿。

图8-17 批量配置华中8型数控系统的高速钻攻中心和华数机器人

项目全部采用国产工业软件，建设包括PLM、三维CAPP、ERP、MES、APS、WMS系统的产品全生命周期管理系统（图 8-18）。通过三维 CAPP 与工艺知识库，有效缩短了产品开发周期。通过 MES 系统和 APS 系统，实现了生产计划自动排产和物料精准配送。通过数据驱动云平台的建设，实现了设备状态可视化管理，并进行了工艺参数评估与优化、刀具管理与断刀监测（图 8-19），检测数据实时反馈于误差补偿等工业大数据分析与优化。实现了便携式电子产品结构模组在批量定制环境下的高质量、规模化、柔性化、数字化生产。

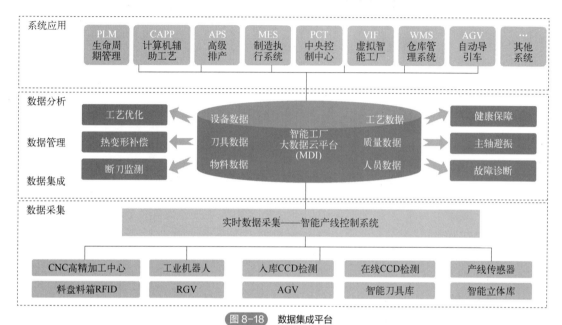

图 8-18　数据集成平台

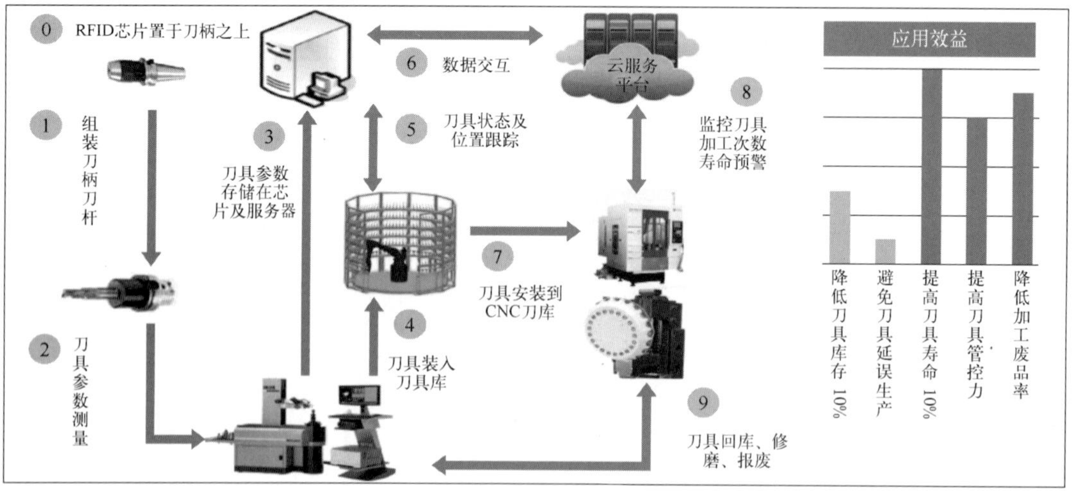

图 8-19　智能刀具管理

华中数控 Inc-cloud 云管家已经在苏州胜利公司车间全面部署。通过对机床 7×24h 不间断采集到的数据进行统计和分析，使用"云管家"APP 和 web 网页实时查看车间每条生产线中机床的当前运行状态，记录每个机床的今日产量，为用户提供车间，机床相关利用率、开机率、运行率、加工件数和报警次数等统计报表，用户依据机床利用率等数据，合理排序或调整每台机床加工零件的工序，大幅度提高产品加工效率，节约人力、物力资源。

项目进行了车间整体三维建模和运行仿真,通过网络系统实现了实时数据采集与资源互联,建成虚实融合的数字孪生车间(图 8-20)。

图 8-20 数字孪生车间

(4)实施成效

2019 年该项目通过了由江苏省工业和信息化厅组织的正式验收。苏州胜利通过智能制造系统的实践,取得了显著的成效。项目实施后生产效率提高 45.38%,生产成本降低 24.59%,产品研发周期缩短 39%,产品不良率下降 37.5%,能源利用率提高 23.01%。该项目通过智能化功能的应用,降低产品研发和生产过程对人的依赖度,提高产品的质量和生产效率,降低能耗和成本。

该项目形成了发明专利 9 项,获得软件著作权 8 项,制定企业标准 5 项。项目还增加了切削液循环、集中排屑、油雾分离等系统,提高了制造过程绿色化水平。

苏州胜利在"胜利智造未来"的公司战略下,通过建设国家智能制造示范工厂,在 3C 产品制造中引领制造升级。先后被授予工信部"智能制造示范工厂"、科技部"国家火炬计划重点高新技术企业""江苏省智能制造先进企业""江苏省工业互联网示范工程标杆工厂"等荣誉。

8.5.3 海尔互联工厂

海尔是传统的家电行业,在国内国际市场保持多年领先。在 2020 中国数字化转型与创新评选中,海尔智家数字化场景服务获得"数字化服务典范"案例奖,并成功入选《中国数字企业白皮书:2020 年度篇》,成为行业唯一入选案例,为行业树立了数字化场景服务示范样板,推动行业加快布局数字化服务生态。海尔智家是家电行业数字化变革方面的引领者,2020 年公司延续之前的投入力度,进一步加大对人工智能、5G、物联网等前沿技术的投入。2020 整年度,海尔智家研发投入总额较上年提高约 10%,并获得了许多创新性的成果。专利获批方面,智慧家庭类专利数远超两千件,名冠全球。2022 年世界经济论坛网站发布 WEF 智能工业指数认证白皮书《制造业转型洞察报告》,分析了 30 个国家近 600 家制造商涵盖 14 个行业的智能工业成熟度情况,共 5 家入选优秀案例代表。海尔智家凭借灯塔工厂的引领能力和影响力成为国内、行业内唯一入选的优秀案例代表,海尔智家的智能制造成熟度再次获得国际权威认可,树立了中国智造典范。

　　"灯塔工厂"被称为"世界上最先进的工厂"，由达沃斯世界经济论坛和麦肯锡咨询公司共同遴选，是全球智能制造领域的风向标。海尔自2018年至2022年已经摘得全球空调、冰箱、洗衣机、热水器行业"灯塔工厂"的四个"第一"。基于此，世界经济论坛充分肯定了海尔"以用户为中心的大规模定制模式"，称"海尔以卓越的表现和领导力成为灯塔并塑造先进制造和生产的未来。"

　　海尔集团还是工业互联网领域的标杆企业。其于2017年向全球发布的COSMOPlat平台，将用户需求和整个智能制造体系连接起来，用户可以全流程参与产品设计研发、生产制造、物流配送、迭代升级等产业链环节，以"用户驱动"作为企业不断创新、提供产品解决方案的原动力，把以往"企业和用户之间只是生产和消费关系"的传统思维转化为"创造用户终身价值"。COSMOPlat平台提供能源管理、数字化生产制造执行、智能排产、智能仓储物流、实验室信息管理等多环节的解决方案。2018年经国家发改委批复，海尔COSMOPlat成为"国家级工业互联网＋智能制造集成应用示范平台"，这是全国首个国家级工业互联网示范平台。

　　海尔互联工厂涵盖了市场、研发、采购、制造、物流、服务等全流程、全产业链。海尔互联工厂实践与国家智能制造示范项目要素完全匹配，覆盖离散制造、智能产品、智能制造新业态新模式、智能化管理、智能服务5个领域。

（1）海尔互联工厂总体构架

　　海尔集团公司的数字化转型与智能化升级主要经历了3个阶段。

　　① 定制化与信息化升级阶段，通过大电商平台的规划，实现了企业对企业、企业对消费者、跨境电商等全电商业务的融合，打通用户的前端获取、购买、配送、接收的全流程交互体验，为用户提供了家电产品以外的增值服务。

　　② 自动化、网络化建设阶段，海尔互联工厂实现了精密装配机器人集群，引入企业资源规划系统（ERP）、制造执行系统（MES）、仓库管理系统（WMS）等，实现产品与设备、产品与模块、产品与人员之间的多重互联，颠覆了传统的串联式作业模式，实现并联式生产。

　　③ 全面网络化、数字化转型、智能化探索阶段，建立了COSMOPlat工业互联网平台，通过聚合高水平获奖案例，为行业提供数字化转型实践的路径参考，显现了工业互联网领域数字化转型创新价值。

　　在海尔用户需求驱动生产的C2B（customer to business）端到端互联工厂中，基于海尔的COSMOPlat产业互联网云平台（图8-21），数字化工业工程IE平台和包括虚拟展厅、虚拟体验、虚拟设计、虚拟排产、虚拟生产、虚拟装配再到实体制造在内的虚实融合的数字孪生系统，以及人工智能、物联网、柔性制造等先进技术，用设备层、传感层、物流层、网络层和信息层五层技术与功能架构，通过以制造执行系统iMES为中心的ERP、控制、物流、产品生命周期管理五大应用系统，以及互联模块设计资源和模块供货资源的海达源平台的智能化整合，以柔性化、数字化、智能化三大支持互联的能力为基础，实现从设备到车间到企业的"人-机-物"互联的纵向集成，和从用户需求到产品设计，到制造，到物流，到服务的横向并联数字化闭环的横向集成，以及通过全覆盖的人人互联、人机互联、机物互联、机机互联和用户互联、网器互联、全流程互联、全生态互联、全周期互联的端到端集成，由为库存生产转向为用户生产，进行以用户体验为中心的大规模定制，最终形成产品制造全流程、全生命周期、全价值链体系颠覆。

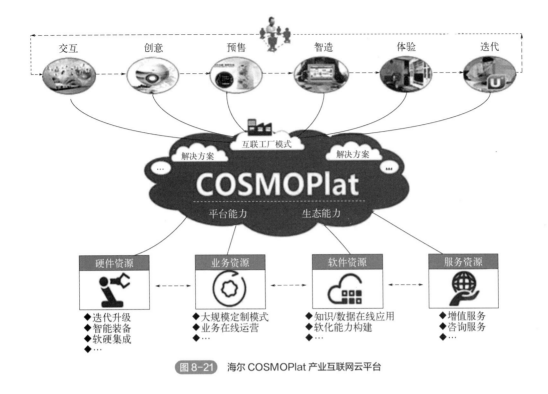

图 8-21　海尔 COSMOPlat 产业互联网云平台

（2）海尔互联工厂实施案例

以海尔集团第 7 家互联工厂——海尔胶州空调互联工厂为例，工厂建筑面积 10 平方米，年产能 300 万+，工厂应用高柔性的定制单元装配线、智慧立体配送系统、智能立体库等 8 项引领行业的智造技术，以 COSMOPlat 为核心将 5 大系统集成，实现以用户订单信息为索引的全流程数据链贯通，满足用户订单全流程透明可视的最佳体验。

海尔互联工厂的核心竞争力是高精度驱动下的高效率，不是单纯的机器换人，而要以用户需求为中心，创造用户最佳体验。海尔胶州空调互联工厂在制造装备升级的同时，通过 RFID、各类工业传感器等实现三大互联（人、机、料、法、环的内外互联、信息互联、虚实互联），所有的生产流程与用户进行了互联，信息实时传递，以用户订单驱动工序间协同制造、精准匹配，这种"按单生产、柔性制造"的模式颠覆了传统的人工周转、手工匹配的生产方式，可快速应对用户的多样化需求。海尔胶州空调互联工厂依托 COSMOPlat 构建了设备层、传感层、物流层、网络层和信息层互联互通的五层数字化架构，如图 8-22 所示，保证互联工厂与用户实时互联互通，满足用户的最佳体验。

① 设备层。互联工厂应用了先进的自动化设备，这些自动化设备有几大特点：第一个特点是柔性化，可以应对大规模定制订单进行节拍匹配；第二个特点是集成化，设备和设备之间形成集成的匹配，前工序和后工序之间可进行匹配，在满足用户个性化需求的构成中，形成了接近零库存、不落地的状态；第三个特点是设备之间是互联的，设备和设备之间具备交互能力，用户信息可以实时传递驱动生产。

② 传感层。互联工厂布置了上万个传感器，每天产生数万组数据，对整个工厂的运行情况进行实时监控，实时报警，同时基于这些传感器布置在设备之中，对自动化设备可进行实时预警，在设备发生故障之前，通过工业大数据预测的方式对设备进行及时维护修复，保证设备可

以健康正常有效运行。

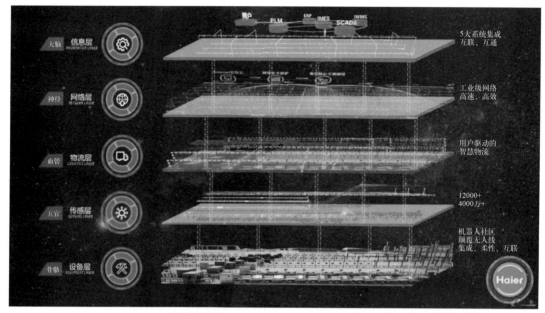

图 8-22　海尔空调胶州互联工厂五层数字化架构

③ 物流层。通过构建颠覆性的智慧物流模式，实现了用户定制订单在生产线上混线生产情况下，物流可以实现智能应对，提高生产效率，减少差错，降低库存。工厂在物流总装和 AGV 之间，实现自动交互，AGV 可根据总装情况，进行智能调整，满足生产需求。

④ 网络层。工厂布局的网络按照工业网络架构来设计，包括光纤宽带的设计、工业交换机的设计、AT 的设计、有线网络和无线网络的布局，形成高速、安全的工业网络，可以实现百万级的订单瞬间传递到工厂及时响应。

⑤ 信息层。信息层实现了横向的集成，横向集成从 ERP 和 PLM、iMES、SCADA 等多个系统之间无缝集成，信息可实现瞬间到达。在这个基础之上，纵向包括设备层，传感层，物流和装备实现连接，可以实现所有节点的实时互联。

海尔胶州空调互联工厂依托 COSMOPlat 平台赋能数字化能力的升级，同时将新一代人工智能技术率先和先进制造技术融合实践，实现生产效率提高 20% 以上，运营成本降低 20% 以上，产品不良品率降低 20% 以上，能源利用率提高 10%，产品不入库率＞80%，研发周期缩短 50%，单位面积产出提升 2 倍。海尔胶州空调互联工厂荣获国家首批"2025 示范企业"，同时也被列为青岛市首批互联工厂，未来互联工厂会基于 AI+5G 的技术和模式深度融合，建立全流程信息自感知、全要素事件自决策、全周期场景自迭代，持续满足用户美好生活体验。

（3）海尔互联工厂的实施成效

海尔 COSMOPlat 平台上有模块定制、众创定制、专属定制三种定制方式，其中冰箱有 36 个标准模块，可配置出 500 多个定制方案，用户可自主选配。海尔沈阳冰箱互联工厂作为"以用户为中心的大规模定制模式的典范"，通过部署可扩展的数字平台，实现供应商和用户的端到端连接，使新产品开发周期缩短 30% 以上，一次开发成功率提高 20% 以上，排产时间缩短 80%，一条生产线年产能约为传统的冰箱生产线的 2 倍。在海尔青岛中央空调互联工厂，海尔中央空调通过节能共创平台汇集 3000 余优质资源商、1000 余家设计院、100 余家专业机构实时在线交互，用户可实现创意交互、虚拟设计体验、按需定制、全流程可视，订单直达工厂与模块商，全程信息互联，以工业大数据实时分析实现智能化管理，产品下线直接送达用户，海尔中央空调通过互联工厂使产品不入库率高达 100%。

依托开放的多边交互、增值分享，不断迭代升级，已连接 390 万家生态资源、2600 万台智能终端、4.3 万家服务企业、3.3 亿个服务用户的规模化、多样性生态平台 COSMOPlat，将大规模个性化定制模块化、软件化，利用经过千锤百炼沉淀了海尔 30 年制造丰富经验和资源，且简单易用的 7 大业务应用模块（即交互定制、开放创新与设计、精准营销、模块采购、智能生产、智慧物流、智能服务）和在智能制造系统开发运营上积累起来的 5 大能力（即接入工业全要素的泛在物联能力，基于出色的工业机理模型和微服务的知识沉淀能力，进行海量异构数据处理的工业大数据分析能力，培育新模式、新业态的生态聚合能力，基于主流安全防护系统的安全保障能力），海尔正在将自己的智能制造体系建设经验，通过技术与全价值链赋能、产业链资源协同连接和跨行业融合应用，复制到国内外其他行业和企业，目前已赋能 15 大行业 60 个细分行业，提供提质增效、资源配置、模式转型 3 大类 28 个应用场景，取得了显著的成果，帮助一些企业实现了脱胎换骨式的智能化升级发展。

海尔集团公司积极实施数字化转型，致力成为互联网时代智慧家庭的引领者；已从传统家电制造企业转型为面向全社会孵化创客的平台，为中小企业提供智能制造、个性化定制的解决方案。

 习题

一、填空题

1. 研究智能制造装备的最终目的是搭建（　　　　　　），采用（　　　　　　）方式实现智能制造。

2. 数字化工厂主要涉及（　　　　　　），（　　　　　　）与生产执行三大环节。

3. 制造系统从微观到宏观有不同的层次，如（　　　　）、（　　　　　）、（　　　　　　）、制造车间、制造工厂和制造生态系统等。

二. 判断题

1. 数字化工厂借助信息化和数字化技术，通过集成、仿真、分析和控制等手段，可为制造型企业的制造和生产全过程提供全面管控的整体解决方案。（　　　）

2. 智能工厂通过将人工智能技术用于产品设计、工艺、生产等过程，使得制造工厂在其关键环节或过程中能够体现出一定的智能化特征，即自主性的感知、学习、分析、预测、决策、通信与协调控制能力，能动地适应制造环境的变化，从而实现提质增效、节能降本的目标。（　　　）

3. 互联是智能工厂最重要的特征，也是智能工厂的基础。（　　　）

三、简答题

1. 从工厂生产活动方面来审视，智能工厂的主要特征有哪些？
2. 智能工厂的基本架构可通过哪几个维度进行描述？
3. 简述数字化工厂的主要功能模块。

参考文献

[1] 刘强. 智能制造概论. 北京：机械工业出版社，2021.
[2] 卢秉恒. 离散型制造智能工厂发展战略. 中国工程科学，2018，20(04)：45.
[3] 高京. 智能工厂信息化标准体系架构研究. 制造业自动化，2020，42(05)：112.
[4] 张泉灵. 智能工厂综述. 自动化仪表，2018，39(08)：4.
[5] 孙俊杰. 九江石化智能制造实践. 中国工业和信息化，2022(04)：73.
[6] 朱海平. 数字化、智能化车间规划与建设. 微信公众号：先进制造业，2022.06.1.
[7] 江宏. 海尔空调胶州互联工厂实现用户需求驱动的大规模定制. 物流技术与应用，2019，24(01)：72.
[8] 胡汝银. 从智能制造到经济与社会全方位智能化重塑. 上海对外经贸大学学报，2020，27(05)：88.

扫码获取答案